U0232175

GARTEN!

花园百科

一步一步学园艺

[德国] W.汉泽尔等 著

黄华丹 译

译林出版社

园艺护理基础

花园的布置与护理

菜园的布置与护理

水景的布置与护理

园艺护理基础

阳台和盆栽植物的护理

226 自己育苗

238 正确的护理使开花更佳

272 植物肖像部分导引

植物肖像

观赏植物

278 春天的似锦繁花

292 美丽的夏季花卉

308 优良的月季品种

322 夺目的秋色

植物肖像

园艺
护理基础

花园的布置与护理

好土才能促生长

很多园丁在谈到他们的土壤品质时都会情不自禁地讲上许多。事实上，不仅在花园中，所有生物的成长都需要土壤。对你的植物来说，一片松软、料理得当的沃土便是它们最好的依托。土壤中的有机生命与矿物质之间会相互影响，想要充分利用这种关系其实并不困难。

土壤指的是从地球陆地表面到其往下几掌深的那一部分。土壤的形成仰仗于细菌、真菌、蠕虫、昆虫和其他许多有机生命的共同作用，是一个生生不息的自然过程：所有掉落到地面的物质都会分化、降解，并最终作为有机营养回到大自然的循环中。植物的生长离不开土壤，它们需要在土壤中扎根，并从中吸取生长所需的水分和养料。

土质是好是坏？

土质的好坏取决于两个因素：土壤矿物质和土壤中有机质的含量。土壤的矿物质含量取决于基岩，即土壤的承载者。虽然你可以通过有目的的施肥（见46及之后几页）人为地影响矿物质含量，但这并不能使其发生根本性的改变。因而，从土壤的有机质部分着手更容易达到改善土质的目的：

· 定期使用自制肥料或购买的肥料在地面堆肥，并在花坛上铺置护根物。这样可以使土壤保持湿润和松软，而且能为土壤生物发挥作用提供最好的条件。

· 不要翻土，只需在春天进行一次全面松土即可。

· 定期除草。杂草会与你的观赏植物抢夺生长所需的水分和养料。此外，长势茂盛的杂草还会和园艺植物争夺阳光。

分析你的花土

你可以通过一系列方法分析自己花园中的土壤。对于家用的土壤通常只需了解其酸碱度（即pH值）和类型即可。

这些信息可帮助你选择合适的观赏植物和园艺作物，并采取适宜的种植方式。

有些土壤研究所能为你提供专业的帮助，你可通过网络或咨询相关机构获得帮助。你只需向这些机构提供一份土壤样品（通常为花园不同地点的土壤采样，总量在0.5—1kg左右），便可获得一份详细的报告，其中包括土壤的类型、土壤的成分以及土壤中矿物质的含量。如果你需要，有时他们还会附上一份施肥建议。这样一份报告的优势在于，它对土壤特性分析得很精准。这些信息在你选择适宜的植物和肥料时都能发挥一定的作用。

测pH值的方法

虽然大部分普通花园作物都能在一定范围的酸碱度下存活，但至少在第一次规划花园时你应该了解其土壤的pH值。测量pH值最好选择一套专门用于pH值测量的产品，其中还需包括关于如何操作的说明书。pH试纸（即药店中可以买到的石蕊试纸）是一种实惠的选择。你只需从约20—30cm深的地下取出一份土样，将其置于盛水的杯中轻轻摇晃至混合均匀，然后将试纸条浸入混合液中并将其颜色与标准pH值对比即可。

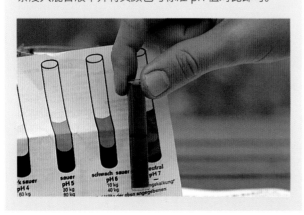

确定土壤类型的方法

土壤类型由其中所含的粗土物质（沙土）和细土物质（黏土）的比重决定。这种混合比例决定了土壤涵纳水分和矿物质（肥料）的能力。你可按以下方法来确定土壤类型：从约20cm深处取出一定的土样，掺入适量的水得到如生面团般的湿润土块，但要注意不能加过多的水使其成为糊状。有了这块湿润的土样你就可以轻松判别出最重要的三种土壤类型。

什么是轻壤土？

轻壤土的含沙量相对较高。如果将湿润的土样放在手指间捻动，你可以明显地感觉到细小的沙砾。你是无法将这样的土样搓成球形的。

含沙量较高的轻壤土并不是最糟糕的土壤类型。这种土质地疏松，透气性好，排水容易，不会发生水涝。但同时，这也是沙壤土的缺点：夏天相对容易干旱，且无法涵纳矿物质养料，因其极易被雨水冲刷而溶入地下水中。

你可以通过多种方法改善轻壤土：

· 定期大规模堆肥。使用能涵养更多水分和养料的有机物使沙壤土变得肥沃。市面上出售的黏土矿物或专用的多孔发泡片也能起到同样的作用。

· 定时更换地面护根物，可以防止土壤中的水分蒸发。

· 轻壤土不宜使用无机肥，这些肥料很容易被雨水冲走。应使用有机长效肥料，它们分解较慢，并能长时间分批释放矿物质养料。

黑色的土样（左）完全由腐殖质组成，中间的土样为沙壤土，右边的为壤土。

什么是中壤土？

中壤土中，沙土和黏土相互混合，依其比例的不同而呈沙质或黏土质。当你将湿润的土样放在手指间捻动时，既可以感觉到粗糙的沙砾，也能看到嵌在指纹中的黏土部分。你可以将土样搓成球体，但它并不稳定，通常很快就会散开。

中壤土或称壤土，是优良的花园用土：它能储存水分和养料，足够疏松，且容易耕作。在土壤的养护过程中，最重要的是保留并发挥它的这些良性特征。地面护根物可以保持土壤的湿润，适量的有机复合肥则能保证土壤的肥沃。在春天进行疏松的堆肥还能进一步加强这些特性。

什么是重壤土？

重壤土中黏土的比重较高。湿润的土样能黏在手上，光洁的表面说明它有着很高的黏土含量，你可以毫不费力地将它捏成球体，甚至还能搓成圆柱形的长条。

遗憾的是，拥有重壤土的花园主人不得不克服一个严重的问题：黏土涵纳水分和养料的能力非常出色，但却难以耕作，容易发生水涝，炎热的夏天表面还会结块，并最终干燥开裂。对植物来说，想在重壤土中生存也并不容易：大部分根的生长受到了抑制，土壤的透气性很糟，想从黏土中吸取矿物质更是难上加难。

如果你在造房子和（或）花园时已经发现你的花土是重壤土，你可以选择在花园下方铺设排水装置，以排除多余的水分，进而改善土质。或者，你也可以在土壤深处混入沙土，将其改造成中壤土了。混合时，你最好再加入一些粗糙的堆肥材料，如细碎的树枝、秸秆、带垫窝草的粪便等，这样可以改善土壤的透气性并保证养料的供应。

辛勤耕作至关重要

如前文所述，植物的健康生长离不开良好的土质。你当然无法改变自然因素，但通过正确的耕作，你还是能对植物的生长产生积极的影响。

通过正确的松土，你可以使土壤既能抓牢植物的根，又具备良好的透气性。对轻壤土定期覆盖护根物并堆肥，可以减少水分渗透并进而降低蒸发作用。此外，还要对土壤施以充足的养料和腐殖质。

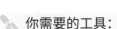

你需要的工具：
- 铲子
- 挖掘叉
- 镰刀
- 松土耙
- 锄头
- 护根物

需要的时间：
翻土：每平方米约 20 分钟
松土：每平方米约 5—10 分钟

适宜的时间：
翻土：新开垦花坛时
松土：春天
铺护根物：秋天和春天

翻土：深层的松土

翻土通常是指翻动一铲深的土壤，使泥土疏松，并将底层的土翻到表层。这种方法会整体改变土壤的自然分层，因此只有在初次开垦花坛时才使用。黏土含量过高或者板结严重的土可以通过深层翻土（两铲深）得到明显的改善。

小建议：在翻下层土时，你可以先将上层的土堆在边上。通过这种方法，即所谓的深翻，土壤可以得到深层的疏松，多余的水分也能及时排除，因而避免了水涝的发生。

春天需要疏松土壤

在园艺劳动中，松土是春天里的一项常规工作。对于有护根物的土壤，你最好用镰刀来疏松。这种新月形的园艺工具能切入土中而不损伤植物的根和球根，在划开土壤的同时又不改变其自然分层。镰刀还能用来向土中施肥。但在遇到硬土时，镰刀就无用武之地了。这时你最好改用挖掘叉，将它插入土中，并来回扒动。这种方法不会改变土壤分层，也不会伤到植物，但相对来说比较费力，因为叉齿扒动一次的距离只能是你手臂所及的范围。

改善表层土壤透气性

在对土壤表层进行基础通风时，松土耙是最好用的一种工具。松土耙是一种特殊的锄头，耙齿的顶部像小型的犁一样宽扁。大部分松土耙可以通过改变耙齿间的距离来调整宽度。耙齿挖得并不深，但恰当地使用松土耙可以对表层土壤进行基础的疏松，并可改善其透气性。松土耙可能会伤到植物的根，因此并不适用于种植密度较大的花坛。但对于春天准备播种的菜畦来说，松土耙绝对是犁地的首选。

定期锄地对土壤有益

有一句古老的农家谚语，说的是："一次锄地顶两遍浇水。"当地面因为下雨或浇水过猛而硬化时，就有必要锄地。一方面，现在土壤中有了充足的水，锄地后水分可以轻松地渗透到表面并蒸发；另一方面，疏松的土壤也能为植物的细根提供充足的空气。

锄头根据其锄片的宽窄有两种完全不同的类型。此外还有一种非常实用的双面锄，一边是多齿锄，另一边则只有一块固定的锄片。有了这种锄头，你既可以将大土块锄碎，又可以同时除去观赏植物或蔬菜之间的杂草，而不必辛苦地弯腰劳动。

护根物好处多

从各方面来说，护根物都对土壤颇有好处：护根物可以保持土壤的湿度，降低一年生杂草的发芽率，并防止土壤因雨水冲刷而硬化。

堆肥、落叶、碎干草、细碎的树枝和树皮都可以用作护根物。

像一些蔬菜和多年生草本植物，你都可以在生长期时为其铺上薄薄的一层护根物，灌木丛下也可以铺。但需要注意的是，护根物也是蜗牛乐于安家的地方。你可以在秋天加厚护根物，在松土后将护根物均匀地铺在整个地面，春天再将它们混进土里改善土质。

堆肥：园丁的黑色金子

可用于堆肥的物料：

- 园林废弃物（但不要用植物受过病虫害的部位或带有种子的杂草）
- 生的厨房垃圾（绝对不能用熟的）
- 干草屑
- 落叶
- 树篱和木本植物修剪后的碎枝
- 秸秆
- 残留的护根物
- 纸板、咖啡过滤纸和纸片（适量）

堆肥是指生活垃圾和园林废弃物中的有机物分解后，被以腐殖质的形式再利用的过程。从某种程度上讲，堆肥堆就是一个小型的生态循环。由于实际发生腐化的过程不需要园丁的参与，因此，堆肥时唯一重要的一点是为完成腐化过程的土壤生物创造良好的条件。

堆制合理的堆肥堆不会发臭，也不需要许多人为的干预。如果用于堆肥的物料能保持通风，且有充足的水分供给，几个月内它们就会腐化，你的花坛和菜畦便有了优质且非常便宜的肥料。

1. 堆制堆肥的方法

堆制堆肥的方法很多，但不管采用什么方法，有两个容器是非常重要的：一个用来堆放堆肥用的有机物原料，一个用来堆放转移后的堆肥，堆肥可以在这里成熟，即腐化。

你可以直接在地面上堆放用于堆肥的有机物，但这样占的空间较大，且不太美观。

堆肥的容器最好由木板条或铁丝网做成。如果空间不够，也可以采用塑料制的所谓的高温堆肥箱（见 19 页上图）。

但堆肥的空间不能太小，100 m^2 的花园面积需要 3 m^2 的堆肥面积。

此外，堆肥的容器还需和地面连通，这样那些分解有机物的

土壤生物（蚯蚓、甲虫、细菌、真菌）才能快速发挥作用。高温堆肥箱也一样。

堆肥堆应该安置在不受天气条件影响的地方，既不能将其置于阳光直射下，也不能完全放在荫蔽处。

专家提醒

为了避免争执，最好不要在和邻居的边界线上堆制堆肥。

2. 混合: 填满堆肥堆的最佳方法

堆肥的原料要比较小。一些经过粗略切碎处理的树枝则有益于堆肥必要的通风。因此,最好的办法是将粗糙的原料和精细的原料均匀混合。草屑在投入堆肥前应先晒干,以防止腐烂。

通过以下方法可以加速堆肥的形成: 在堆肥堆中放入买来的"堆肥发酵剂";如果有的话,也可以放入以前的堆肥堆中产出的成熟堆肥。

3. 先堆集,后成熟: 为什么堆肥还要转移?

从理论上说,堆肥堆完全可以自生自灭。但如果你能在堆制堆肥的两到三周后给堆肥换一个地方,这时再任其自然发展,腐化作用会更活跃。

这时仍需要注意将粗糙和细碎的原料一起混合。如果你能在原料堆里每隔两掌高度填充一层薄薄的花园土或堆肥,以及一点石粉和有机肥,堆肥会成熟得更快。

4. 堆肥什么时候才能成熟?

最晚在半年后,堆肥就能成熟。堆肥成熟后,原料中精细的部分就成了散发出特有芳香的黑色腐殖质,可以堆放在花坛、菜畦里,直接用于改善土质。因为成熟的堆肥中也含有粗糙的原料,使用前最好将其过筛。你可以自己动手用木框和铁丝网做一张简易的堆肥筛。不能通过筛子的部分可以作为粗糙的疏松物质循环利用,重新堆制堆肥。

播种和种植前的准备

为了保持土壤健康，除了常规的护理措施外，在种植或播种前还需对土壤进行一些特殊的处理。对于定期种植的花园，只需对某些地块进行特殊处理即可。相反，如果是新的花园，尤其当盖完房子后直接在生土上开辟花坛时，则通常需要进行大面积的整地工作。在开始种植前，你首先要如16—17页所述对土地进行基础处理，使其疏松透气。最好在秋季进行以上步骤的处理，在次年春天开始整地。如果要在现有的花坛上新种多年生草本植物或播撒夏季花卉的种子，你需要利用手耙和整平耙蹲在地上进行精细的操作。种植得越早，原有的多年生草本植物幼苗越小，对其造成伤害的可能性也就越小。

1. 去除杂草

为了保证园林植物有一个好的成长环境，首先要除去会影响其生长的杂草。初秋在土地上铺设护根物后，借助块根的作用，许多多年生野草都能度过严冬，在春天成功发芽。

如果杂草生长的面积较小，你可以屈膝用手耙松土，将杂草拔除，注意要连根拔起。对于大面积的杂草，使用耘锄则更加现实而高效。

2. 获得平整的土表

首先用镰刀松土，并将残余的护根物推到一旁（之后还会将它薄薄地盖在花坛上）。然后用松土耙在土表轻轻地划拉。

手耙与松土耙的区别在于前者的齿更细，并只疏松表层的土，主要用于割碎粗大的土块。

3. 植物的根更易固定于细碎的土中

当计划播种时，需要保证最上层几厘米的土壤细碎，以确保种子发芽后娇嫩的根部能更好地抓附土壤。此外，细碎的土壤还能阻断土壤水和大气间的毛细管道，从而减少蒸发。星轮耙是很好的碎土工具，只要水平推动就能以星形的轮子将浅层的土割碎。

4. 用整平耙进行最后的润色

粉碎表层土壤可以使用金属制的整平耙。在用手耙处理过的土表用整平耙梳理，并轻轻将粗糙的土块敲碎。注意要使土壤表面尽可能保持水平，且要经常变换梳理的方向，避免形成低洼。只有在无压力下整个土壤表面都平整时才算完成。

5. 准备播种和种植

现在你已经准备好了用于种植的土地，在种植或播种前，最好先粗略地划分一下区域，避免出现植株种植间隔过密或过大的情况。现在，可以按照预定的计划将选中的植物种到土里了，但还是要确保能按计划分布种植。当然，如果已经完成了种植，你也可以事后再重新规划。

必要的园林工具

基础粗略处理：挖掘工具

与其他工具相比，挖掘工具使用频率较低，但却是必不可少的。因此，买一套称手的高品质工具也很必要。

铲子（为了方便使用，有些会安装 T 字形的手柄）用于翻土或挖出边角部分的土和杂草等

铁锹用于分配土壤、沙或堆肥

挖掘叉用于松土（经常种植大型多年生草本植物的人需要两把挖掘叉）

锄头用于粗略的松土

松土、碎土、平整：整地工具

这些中等大小的园林工具经常会用到，尤其当你经常要在花坛中种植新的植物时。最好选择质量好的工具。在挑选此类工具时，你可以模仿自己在花园中使用时的动作，如果手感不好，它们带给你的将不只是怒火。

镰刀和**松土耙**用于松土

手耙用于敲碎土块

整平耙用于平整花坛的表面

一切尽在掌握：组合工具

这种工具的手柄和工具本身是分开的。我们使用的是知名公司提供的样品，只要将工具用力一按钩住手柄就能完成组装，且非常牢固。

组合工具比单独的工具要贵，但对面积较小的花园而言是更好的选择，因为它所占空间较小，而且可以根据需求随意增添。只要有两副长手柄和两副短手柄，你就能轻松搞定所有工具。

种植与除草的好帮手：小工具

在花坛上进行某些特殊的作业，或在花盆中种花时需要用到一些较小的工具。这些工具必须非常称手，因为手柄上的接缝和边角很容易磨手，并引起水泡。为了健康的双手和较长久的使用时间，选择价格稍贵一些的产品也是值得的。

手锹用于种植，**手耙**用于松土和除草

点播铲和**球根栽植器**用于球根和块根作物的种植

娇嫩的花，粗硬的枝：使用正确的修剪工具

刀具、剪刀和锯子在园艺中的使用比人们想象的频繁得多。从切割枯萎的花序到去除腐烂的枝条，不同的修剪工作需要不同的工具。

修枝剪用于修剪多年生草本植物和较细弱的灌木枝

长把手的高枝剪用于修剪粗壮的枝条

园艺手锯用于较大型的木本植物

篱笆剪用于修剪树篱或造型修剪

园林刀（钩镰）用于刮平创口和分根

水 —— 植物生长的必要元素：灌溉工具

从电脑控制的自动喷水系统到古老但方便的洒水壶，灌溉工具的范围非常广泛。

装有可变喷嘴的洒水壶是为特定的植物浇水或施液态肥的首选（塑料水壶虽然看起来比较廉价，但比金属水壶轻）

带有挂架或水管车的浇花软管适用于大面积的灌溉

渗水管用于长期浇灌，较省水

洒水器用于草坪灌溉

有付出才有收获：草坪护理工具

有许多可以减轻工作的草坪护理工具：

割草机有多种不同的形式：手动旋转式割草机非常经济节能；电动或汽油驱动的割草机适合大面积的草坪，标准的割草机都有用来承装碎草的集草篮

草坪修边机（剪刀或电动器械）适用于完美主义者

草耙或精细的平整耙用于去除碎草

打草机利用打草绳打下高株的野草

中耕机用于通风，使用较少，可以租借

小工具，大用处：必要的辅助工具

开始园艺作业前最好准备好以下辅助工具：

手套用于防护

木桩和绳子，用于确定边界和播种的行列

扎钢筋丝和园林线用于固定

橡胶靴，有时你可能会想在雨后去花园

篮子，通用的容器

手推车，用于需要运送较大量物料时（如堆肥）

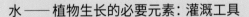

正确种植

花卉商店出售的商品对经验丰富的园丁来说是朋友，但对园艺新手却可能造成相当大的压力。其实要获得基本的了解并不难：球根花卉种植最方便（有些块根植物更好种植），一年生花卉需要播种，多年生草本植物要从容器中移栽到花园里——就像为室内观赏植物更换花盆一样，此外，新手也能成功种植大部分木本植物。

第一次负责种植一个花坛或整个花园时，最需要的是耐心。如果直接去花卉商店购买自己喜欢的植物，很可能会惨遭失败。

花园的基调通常是木本植物，但购买前，你必须想清楚，自己的花园需要哪些木本植物，需要多少。不一定要种植大型乔木，通常，一株或几株开花的灌木就能吸引眼球，且所占空间较小。低矮的果树和树冠较小的观赏乔木也很显眼，能起到抓住视线的作用。

那么，花卉又该如何处理呢？你喜欢怎样的花坛？像农家花园那样五彩缤纷，还是高贵严肃，合理配色，或张扬花哨？你可以先大概看一下供应的花卉，并列出自己喜欢的种类。再者，你是否能为这些花卉找到合适的种植场地？

把你需要购买的清单汇整，并整理好花园，这样你就能在一个周末内种植好所有新植物。最好在阴天种植，不要选择晴天。

· 购买多年和一年生花卉时，最好选择春天的品种。

· 裸根苗秋天入土（基本上只有树篱）。

· 容器栽培的苗木和多年生草本植物全年都可以种植。

· 球根花卉根据花期可在春季或秋季种植（注意包装上的说明）。

· 草坪可在整个生长季节播种，但最好是在春天。

植物购买指南

装在塑料容器中出售的植物，几乎随处可见。这种容器，也就是花盆，可以兼做运送植物的工具，因此，它在交易中起着非常重要的作用。植物在容器中已长出正常的根系，因而能直接种植，且风险较低。这对园丁来说是种优势：根系发育良好的植物在整个生长季节都能种植，适合填补花坛中零星的空缺，一时冲动最好也购买容器植物。它们不需要立即种植。如果是为了等待适宜的天气，可以搁置几天（但不要忘记浇水！）。

容器植物注意事项

虽然一整年中，容器植物都相对容易获取并进行种植，在购买前你还是需要注意几条标准：

·根系应该充满容器中的土壤，但不能纠结缠绕。

·如果能不费力地将植物从土壤中拔出，那么

土球、裸根，还是容器?

许多苗圃现在还在用捆扎土球的方式供应树苗。和容器苗不同，土球苗的根不会缠绕纠结。为了避免脱水，土球苗还是需要立即种植，或至少盖上泥土并适量浇水。

你只能在秋天或早春的生长季节找到裸根灌木。为了使其能在种植后良好地成长，你最好将它在装有水的桶中放置数小时。

它很可能是扦插繁殖的植株，且根系尚未长全，最好不要购买这种植物。

·如果拔出的植物其根系已经成为紧实的方形，且少有泥土，说明该植株可能在容器中生长过久。尽管长时间的浇水和谨慎的光照通常还能救活根系，但你最好还是换一株植物吧。

·极端情况下，植物的根已经长到容器外或已经开始撑满容器，这种商品最好也不要购买。

如果植物根系发达，且尚未充满容器，那么，恭喜你找到了最佳的容器植物。

箔纸包裹和格子花盆

和容器植物相比，其他的供应方式似乎不多，但其实依然有其市场：

·出于实用的考虑，小型灌木——比较常见的是花束月季——都不会装在容器中供应，而是用黑色箔纸包裹。这种形式的种植植物需要注意的事项与容器植物相同。

·所谓的小型容器，又称格子花盆，通常由泡沫聚苯乙烯或是可降解材料制成，多用于早发的一年生植物或是两年生植物。使用循环材料，非常利于环境保护。

土球苗木和裸根植物

基本上只有乔木采用土球苗的方式，极少情况下灌木也会用这种方式。土球苗通常在购买前直接从苗圃中挖出，并用粗麻布包裹保护根系周围的泥土。土球苗只在"经典的"种植季节（秋天到春天）供应。它们需要尽快种植，但也可以在花园中保存一段时间。这种情况下，需要将包裹的土球埋入浅

 过多可供选择的植物和种子也会使园艺新手陷入迷茫甚至产生压力，在有了一定的经验后，这些选择就能激发你的灵感，帮你更好地布置自己的花园。

坑中，并盖上泥土（记得浇水！）。

此外，还有一种裸根苗。那些按米出售的树篱植物通常采用裸根的形式，但有时一些价值较高的月季品种也会采用裸根的形式。它们也需要尽快下种，但和土球苗一样，它们也可以保存较短的一段时间。

如何选择球根和块根植物

球根和块根植物通常装在透明、多孔的塑料袋中出售，塑料袋前方配有标示植物图样和种植说明的纸板。球根和块根植物是一种园艺的恩赐，因为它们无论对种植还是后期的照料都没有多少要求。但首先必须确保选择的球根和块根新鲜、健康。你可以对其按压进行测试：组织的触感必须紧实、富有弹性，绝不能柔软、变烂。不能有可见的菌斑，也不能有已经长出绿色的茎干。

简单的健康检查

无论你以何种形式购买植物，只有在确保其健康时，你才能真正享受到园艺的乐趣。因此，在购买前请先给植物做一个简单的健康检查。

发芽期的苗木尤其需要注意检查：树枝不能明显干枯，不能有彩色的脓包；你可以通过小心地(！)弯折树枝来检查其弹性，树枝折断就说明它可能受霜冻或病菌侵害。

最后，购买这种树苗还是一个信任问题。因此，你最好选择信誉良好的苗圃，并进行详细的咨询。

容器植物需要注意以下几点：

· 多年生草本植物应该生长密实、茂盛，也就是说，各个叶芽间的距离不能过大。植物茎秆柔弱（这种植物也被称为黄化植物）是因为幼苗未能得到充足的光照，这种伤害通常是不可逆的。

· 所有叶子都应呈现健康的绿色，无论其正面还是背面都不能出现浅绿到黄色的斑点。这种萎黄的现象通常预示着缺乏营养，严重时可能还是病症的象征，甚至可能会影响周边的植株。

室内繁殖植物

在室内播种蔬菜和莴苣等作物，以及夏季花卉这样的观赏植物时，你可以营造一个比露天种植更加有利的环境。这种方式在某些情况下也适用于扦插繁殖。如果你能调控室内的温度和湿度，并使其保持恒定，露天植物也会更偏爱室内环境。最好选择那些价格低廉、相对方便，且需求数量较大（尤其是播种时）的植物。

唯一的缺点——但这也只是一种限制——是培养的位置：如果你还未奢侈到拥有一个小型暖房，那你至少需要一处宽阔的窗台。

你需要

- 种植盘（配备合适的玻璃片用作盖子）或迷你暖房
- 培养土
- 可分解的育苗花盆
- 尖头短木棍、木铲或木棒
- 带精细喷嘴或雾化器的洒水壶

适宜的时间：

包装上均注有播种的时间、播种适宜的温度、萌芽的时间以及种子上覆盖泥土的厚度。

1a. 在花盘中播种

在室内播种可以使用"迷你暖房"（花卉商店有售）或较大的平底花盘。重要的是培养土：花园土中通常都含有真菌孢子、病菌或杂草种子。所谓的"花土"也不适合，因为其中含有较多的肥料，会阻碍胚根的生长。理想的培养土是混合沙子的堆肥土，只需将其置于烤箱中，经过 100℃ 杀菌处理即可，也可以使用专门的培养土。

请按照种子包装上的说明进行播种。播撒种子时应小心地压实，有时还需要盖上泥土；用雾化器浇水，盖上玻璃片（架小木棍以通风）。

1b. 在 Jiffy 盆中播种

Jiffy 品牌推出的 Jiffy 盆由植物原料制成，可在自然中腐化，大大简化了播种的过程。只需在 Jiffy 盆中装入培养土，播下种子即可。这种方法尤其适用于种子颗粒较大的植物。浇水应少量多次，栽培种子的泥土绝对不能过干。当植物长出多层叶子时，便可移栽到露地上了（注意包装上的说明）。

与"传统"的花盆播种法不同，Jiffy 盆中的幼苗不需要挖出就可以连盆一起移栽到土中。植物的根能穿透盆壁，在土中自由地生长。

1c. 种子和幼苗需要小心浇水

刚刚播下的种子和新长出的幼苗都非常敏感，直接用洒水壶浇灌时水流过强，会将种子冲到一边，使幼苗的根露出地面。

因此，在种植的早期一定要用装有雾化器的水瓶，它们也可以用作室内观赏植物的"加湿器"。它们能将水流雾化，因此只会润湿土地而不会将其冲走。当植物稍大些后就不能再对其喷水，否则会使叶子遭受真菌侵害。此时可选用带有精细喷嘴的洒水壶。

1d. 分离过密的植株

在花盘中培养时，发芽的幼苗在长出子叶上方的第一片叶子后就要进行分离（园艺上称为"疏苗移植"），即将健康的幼苗移栽到单独的苗盆或较大的花盘中，使其有足够的空间舒展根和叶。你可以用尖头短木棍或木铲插入幼苗下方，小心地将其一株株从土中挖出。

2. 或者：通过扦插繁殖

某些观赏植物通过插条能更好、更快地繁殖，包括岩白菜、大戟、红景天、薰衣草、鼠尾草、迷迭香、百里香，以及黄杨（见图）和许多阳台或盆栽植物。基本方法是：剪下母株的一部分——通常是茎尖，使其在培养土中生根。为了避免插条干枯，可以罩上塑料袋，直到植株长出新根，能重新吸收水分为止。如何截取插条并使其生根可参见232—233页。

直接在露地播种

在露地直接播种也称为直接播种，可以省略育苗和移植的过程，因此耗费的劳力似乎较少。这种情况下种子的发芽情况便由自然因素决定，因此发芽率必定会降低，也就需要补种较多的幼苗。尽管如此，直接播种仍是快速而廉价地"填满"花坛空地的最适合的方法。

专业供应商会为新手提供一系列经过预处理的种子，可以帮助你更快地掌握这种方法。起初你可以选择广泛使用并经过验证的品种（优质种子），不要太早选择价格高昂或许还非常娇贵的品种。

条播

种植蔬菜或生菜时，一定要选择条播。这种方式不仅播种方便，而且，因为植物是成行发芽的，因此，你可以用小松土耙或锄头轻松地除去植株间的杂草。

先在整平的花坛上（平整花坛的方法20—21页曾经讲过）拉一条标记线，以确定播种行的位置。接着，你可以用耙的一角、点播器或手柄划出一条笔直的沟，如果你播种的量较大，也可以购买一个开沟器，它可以帮你一次性开出多条沟壑。现在，将种子均匀撒在沟中，盖上泥土并小心浇水。接着你可以在播种行边插上一块标签（将种子袋套在竹棍上即可）。如果你有多行植物需要播种，可以在全部完成后再盖土、浇水。

当第一批幼苗发芽后，需要对其进行间苗，也就是说，需要保障每株植物幼苗都有足够的生长空间。

在花坛中条播时可以稍加变通，因为直线太过僵硬，你可以自由地划出播种的沟壑，这样花卉就能沿曲线生长。

种子供应方式

- **单粒种子：**最常见的方式，种子装在可防止其萌芽的包装袋中。
- **包衣种子：**外围包裹有营养物质或杀菌剂的种子（见96页）。
- **种子颗粒：**多粒种子包裹在一个外壳中。
- **种子带和种子毯：**种子以一定的距离被固定在特殊的纸上。
- **种子棍：**种子被固定在棍状的承载物上。

专家提醒

在露地播种时也一定要注意种子包装袋上的说明。

播种大粒种子

　　大粒种子，即包衣种子或种子颗粒，通常多粒一起播种。术语常称为穴播或点播。先在土中挖出较小的坑，然后撒入3—5粒种子。你可以用不显眼的小棍来标示"播种穴"。

　　一个典型的案例是豆类的播种，人们通常将种子埋在支撑豆蔓的细杆底部。包衣种子在花坛中的运用也很有意义，且符合审美：当几株多年生草本植物间出现空隙时，可以撒上一年生花卉的包衣种子。种子发芽时，便立即将其清理到只剩2—3株植株，最后会有最强壮的一株植物存活下来，其他的则成为旁株或被清除。

撒播

　　撒播时，既没有条播时的播种行，也没有点播穴，而是直接在平整的地面上尽可能均匀地播撒种子。撒播的名字起源于农民最初的播种方式，他们将种子裹在手帕中挥动以播撒种子。对新手来说这种方法比较困难，因为要实现均匀播撒种子非常不易。在种子撒出后，还要用耙小心地整平，并将种子压入土中。

　　通常在播种新的草坪或大面积播种绿肥作物时选择撒播。

简单方便：种子带

　　种子带上的种子已经由生产商确定好间距，因此只要将其埋入事先挖好的沟中即可。种子带最常见的是蔬菜和生菜种子，但也有花卉种子带，它们主要适用于小路、篱笆和隔离花坛的绿化装饰，因为植株的间距和花卉的搭配都已事先确定。种子带植物既不需要移植，也不需要间苗——非常方便！

　　种子带播种后需要小心地将其展平，盖上泥土并浇水。纸带会在土中随着时间的推移而腐烂。

　　种子毯和种子棍的使用原理也相同。

打造精美的草坪

不同的草坪

草坪种子通常由不同种类的草混合组成：

实用草坪是最常见的混合方式，兼具耐踩踏与美观的优点。

观赏草坪生长茂密，但对踩踏异常敏感。

运动和游憩草坪极耐踩踏。

耐阴草坪包括那些在光线较弱时仍能正常生长的品种。

只有极少数花园完全没有草坪。草坪是装饰，也是花园的背景，对很多花园主来说，草坪还有许多其他作用。在铺设草坪前，先需要确定哪种草坪最适合你和你的花园。

草坪播种前，其地基的处理和对花坛的处理相同（见 20—21 页）。为了方便今后对草坪的料理，需要彻底清除所有的石块和杂草草根。开发新草坪的最佳时间是春末和夏末。新播种的草坪不能践踏，这是显而易见的，但草卷和草皮在使用一段时间后也需要进行修整。你可以在到期后联系供应商。

草卷 —— 打造青青草坪的捷径

现在，许多大型苗圃企业（园艺公司）和花卉店都出售草卷。与播种不同，草卷是已经生根的健康草皮，短时间内就能开始生长。一到两周后，草卷就能承受轻微的踩踏。

铺设草卷前，只需对土地进行整平和粗化即可。初始阶段需要多浇水，要让水分渗透表层草皮，润湿下方的土壤。

一块接一块，紧密拼接的绿色

对于大草坪的边缘地区，以及在草坪边缘形状复杂或者草坪面积较小时，选择草块比草卷更方便、实惠（当然两种形式也可以一起使用，互相补充）。在对土地进行相同的处理后铺设草块并浇水。但想要踏上草块还需等更长的时间 —— 必须等草根生长健康，这样草块才不会滑动，相邻的草块也能彼此连接。

1. 播种草坪：对土地的预处理

必须用准绳和水平仪检查地面是否平整；不能出现水洼，否则会产生积水。但相反的是，我们建议保留小角度的斜度，方便在暴雨天排水。

你可以租借滚筒来轧平将要种植草坪的地面（也可以铺上大木板，用脚踩平即可）。这样做不是为了压实地面，而是为了确保地面平整，使草籽播下后具有相同的深度。

2. 注意要均匀播种

你可以用整平耙在平整的地面粗略地划过，这样种子就不会暴露在表面上，而是掉进耙出的沟壑中。幼苗更容易在沟壑中扎根。

为了获得均匀的草坪，你可以借用播种机（或施肥器）来播种。将草籽与精细的石英砂混合均匀，倒入播种机中，在地面上匀速、顺畅地推动播种机就能实现播种。

3. 定期灌溉，注意水势柔和

播完种后，你还需要用整平耙轻轻地耙地。最后，再用滚筒或木板将地面压平。

灌溉时，要注意尽量使用柔和的水流，否则均匀撒播的种子可能会被冲成一堆。出现第一片绿叶后，可以对草坪进行定期的灌溉，但水量不需太多。关键原则是不能让种子遭受干旱。

开垦新的花坛

如果要将以前使用过的土地或一块草坪改成花坛或种植地，一定要对这块土地进行彻底、深层的预处理，以改良土质。如果是在新的土地上，且这块地在以前的施工阶段被过度使用，有些还过度堆放建筑垃圾，这种情况下建议铺设购买的表层土。但这种情况下你也应尽可能地疏松土壤。有时，也可以将这道工序委托给园林建筑公司，而不必自己遭受折磨，尤其是当底土严重板结时。

你最好提前检测一下土壤，这样还能同时加入石灰、沙砾或陶土粉等合适的添加物（检测方法见 14—15 页）。

对于初次使用的土地，我还建议先种植根系较深的绿肥植物或土豆，这样也能起到松土的作用。虽然这样你不得不推迟第一次种植，但等待绝对是值得的。

1. 确定范围，剥离草皮

在你为新花坛确定了用途后，就要考虑其大小和形状了。

·蔬菜畦需要充足的光照，因此最好选择南北走向。它们通常是方形的，1.2m 的宽度比较方便料理。长度视地方大小和你想要的分布方式而定，通常比较实用的是 1.8m—2.2m。

也要注意考虑到花坛间的小路（30—40cm），有时可能会比较宽（至少 60cm），之后会用石子或石块覆盖。

·同样，观赏花坛、多年生草本植物花坛和灌木花坛，或者各类隔离花坛也需要这样的准备。观赏花坛比较理想的是采用弯曲或圆弧形的边线，而非僵硬的四方形。

最好在花坛边缘插上木桩，并拉上准绳。每条边都要多空出几厘米，如果还要铺设小路或边界，则相应地需要留出更多空间。

现在，如果你选择的地点原本是草坪或草地，就可以"剥离"草皮了。你只需将铲子水平插入草毡层下方即可。（混合了其他废弃物的草皮是很好的堆肥材料。）

2. 彻底翻土

首先你需要沿着边线尽可能深地将铲子插入土中，并来回搅动，使花坛与邻近的土地有明显的界线。现在，就可以按照16—17页所讲的方法进行翻土了。

第一铲下去时，你需要先检测一下土壤的板结程度。通常情况下，你需要挖出上层土，用鹤嘴锄等工具疏松下层土，或者对2—3铲深的土都进行翻土处理，或者也可以直接请有相应电动工具的公司来操作。

3. 用板锄或钉齿耙松土

平坦地去除草皮后的土地通常已经能够使用，其预处理已通过除草后那个春天的翻土和松土完成。但如果土块非常坚硬，或者有杂草草根纠结，最好再用结实的板锄或有锋利钉齿的耙进行处理。

➥ 专家提醒

如果地面上杂草生长旺盛，你最好在翻土前就用锄头或钉齿耙除草。

4. 固定的花坛边界

如果你只想让花坛与相邻的小路直接连接，或者做一道简单的边缘，或用竖放的石块和砖做边界，你也可以将这项工作留到春天再做。否则最好还是在对土地进行预处理后就搭建固定的边界，可以用铺路石、砖石或木栅栏，这样在完成边界后还能对土地做一些改动。一般是在稍板结的底土上方的沙子和碎石层中铺设路石和砖石。

种植球根和块根植物

种植球根植物的小技巧

如果将多个球根植物一起放在塑料篮里埋入土中，在叶子萎黄后，它们可以更方便地和篮子一起从土中挖出并储存。

很多球根植物，尤其是风信子，如果将其放在室内温度较高的地方，可以提早开花（商店里能买到专门的培养瓶）。

种植深度不同的球根植物发芽会有先后，因而可以延长花期，非常适合盆栽。

球根和块根类植物一般价格低廉，且种植和照料都比较方便。只有某些珍贵的品种例外。

虽然球根花卉和大部分块根植物都非常喜欢沙壤土，但其实它们对土壤没有什么要求。它们唯一不能接受的是水涝严重的土壤，或者在夏天仍非常湿润的土壤。在这种情况下，它们会霉变，停止生长，或者至少第二年的开花情况会变差。因此，在种植前，你需要检查土壤的排水情况，必要时，可以在准备种植球根植物的土层下方加入一些沙子或细沙砾。

你需要做出的第二个决定与储存有关：留在花坛中的球根在夏天肯定会与雨水接触，可能导致霉烂。如果在叶子萎黄后将它们挖出，存放到凉爽、阴暗的地窖中，则可以避免这种危险。

用点播棒种植球根植物

当你选好种植地，处理完储存问题后，就可以开始种植了。

较小的球根植物都可以用点播棒来种植。这种尖尖的仪器能在土中打出锥形的孔，每个孔正好容纳一个球根。必须确保种植时球根的根朝下，而且要尽可能使植物自然分布。这里有一个简单但非常有用的技巧：让球根或一块小石头从手上滑到地上，在球根经常滚落的地方打孔种植。

在一块地方的球根全都种下后再盖上泥土，这样能避免重复打孔。在园艺生涯的前几年，你不必费力定期将球根从土中挖出再种入。起初你可以选择价格低廉且生命力旺盛的品种（如：黄水仙、郁金香、雪滴花和番红花），任其自由发展。

专家提醒

在前一年秋季选择种植球根和块根植物的位置后，做好标记。

用球根栽植器工作

如果球根或块根较大，则最好选用专门的球根栽植器，因为点播棒打出的孔太小。栽植器钻入土中，取出时泥土会留在金属环中，在你将球根或块根植物放入土中后，轻轻晃动就可以将泥土抖落，盖上种植孔。

专家提醒

购买时一定要注意选择手柄光滑且适合手握的栽植器。

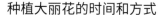

种植大丽花的时间和方式

大丽花是一种非常漂亮的夏季和夏末花卉，拥有多种不同的品种。最佳的种植时间是春末夏初，此时已不会再发生霜冻。种植时，用种植铲挖出能够容纳长条状块根的土坑，其深度必须保证发芽点能露出地面。

大丽花敏感的块根无法承受北方寒冷的冬天，因此需要在晚秋将其从土中挖出，放在装满沙子的箱子里储存在地窖中。

打造多彩的春季草甸

简单、自然的球根花卉可以将所有草坪变成生机勃勃的春季草甸。你可以在草坪上打出种植孔或用铲子划出裂口，直接将球根植物埋入其中，再用草皮压实即可。春天，植物发芽后会自己穿透草皮。等球根或块根植物的叶子枯萎后再割草，因为直到那时，它们才能为下一年储存下足够的养料。

正确种植多年生草本植物

一个花园如果没有繁茂的多年生草本植物将变成怎样？它们每年都会重新发芽、开花，因此，多年生草本植物是每个花坛中必不可少的主要元素，而且，相对来说，照料它们需要的精力也较少。为了尽可能长久地享受年复一年不断开放的花朵，在种植时多花点精力也是值得的。

种植时，抓住机会对种植点周围的土地也进行松土，从而改善土质。尽量只购买你一次能种完的花卉。

1. 选定位置

如果你打算在新的花坛上种植花卉，最好不要马上开始。

把将要种植的花卉和容器一起放在选定的花坛上，想象一下它们今后的长势，适当调整位置，直到花卉的分布理想化。但要注意，不要犯将植物平均分配的错误：先精心种植花坛的一角总好过后来再填补空缺。

接着，标记种植点，挖出定植穴（其宽度和深度大约需是土球的两倍），并稍加疏松穴壁的泥土。

2. 正确种植

为了确保植物的根不会干枯，可以将花卉从容器中取出，放进盛水的桶中。取出前一株种植后，就将下一株放进桶中——这样每株植物都能充分吸收水分。

种植前检查植物的根是否宽松，可以用手轻轻地扒散纠结的根系。然后用泥土填充定植穴，直到花卉在土中的深度和在容器中相仿。

专家提醒

水桶中同时放置3—4株植物可以加快种植速度。

你需要

- 手锹或铲子
- 手耙
- 装满水的水桶
- 洒水壶
- 腐殖质

需要的时间：

每株植物5—10分钟

适宜的时间：

容器植物终年均可种植；但最佳种植时间是春天，最好是阴天，没有阳光直射。

3. 用泥土填实花卉

现在,在植物的周围填上泥土。同时用一只手固定植物,使其保持直立,必要时还能改变位置。

用洒水壶浇水可以将泥土冲到根系之间。要让土壤保持湿润,但不能积水。填充泥土,直到植物周围的空隙都被填满,并与花坛紧密结合。

对于长势茂盛、高大的植株,还可在旁边插一根支撑杆,为生长期的花卉提供支柱。如果使用的是支撑系统,稍后可以装上支撑环,并与花卉"一起成长"。

4. 稳定的根基非常重要

将花卉周围的泥土压实,最好将手握成拳头后用手指骨按实。土壤需达到能固定土球的紧实度,使多年生草本植物植株保持直立,但同时,土壤又必须保持一定的疏松性,使根须能自由生长。在你按压时土壤肯定还会下沉,形成凹陷,此时需添加泥土填补空缺,以保证浇水或下雨时不会形成水洼。对于小的植株此时就能浇水(见右图),但如果植株较大,相应的定植穴也较深,则需先搭一道土墙,使浇灌的水形成一汪小湖。

5. 单独浇灌

虽然土壤已经润湿,但仍需对新种植的花卉进行浇灌,因为这些水会渗透到植物的根系无法到达的深层土中。用洒水壶对每株植物单独浇灌,如果你种植的较多,也可使用浇花软管。等植株生长稳定后,你可以开始定期浇水。天气炎热时要确保一天多次浇水,以避免幼嫩的花卉遭遇干旱。

▶ 专家提醒

浇水时最好不要沾湿叶子,否则可能会被真菌侵害。

种植灌木：没那么困难

🔖 正确种植月季

定植穴必须足够大，确保能很好地容纳植物的根或土球。对定植穴底部至少一铲深内的泥土进行松土，加入堆肥；定植穴穴壁的泥土也需要疏松处理。

种植时要注意将嫁接点（微微隆起处）埋入地面下方一掌深处。

灌木以树篱、单株、灌木花坛或灌木丛的形式在花园中起着重要的作用。它们可通过叶子、花朵、果实或其生长形态在整个园艺年中为花园带来不同的景观。

想要让灌木自由生长，并长出漂亮的造型，必须有足够的空间。一定要让木本植物有能够自由伸展的空间。购买时，你就应该考虑它们最终的大小，是否到那时它仍能毫无困难地在你的花园中生长？此外，在购买时，一定要问清灌木种植后是否需要修剪，如果是，又应该怎样修剪。

对灌木来说，植株的质量非常重要。因此，关键是要在知名的苗圃或真正关心植物的苗圃中购买。花鸟市场中那些廉价的容器植物都在卖给顾客并移栽到花园前被不可避免地只是"暂时储存"，没有得到悉心照料。

1. 充分吸水能事半功倍

种植前，将灌木的土球在装水的桶中浸泡至少一个小时（去除容器），直到水面上不再冒出气泡，这样可以让植物的根和周围的泥土充分吸水。

👉 专家提醒

用泥土盖住根系后，土球苗和裸根苗能在浅坑中保存数周。

2. 定植穴的大小

趁灌木吸水时开始挖定植穴。其宽度应为土球的两倍，深度则应能容纳灌木的整个根系。一定要用挖掘叉疏松定植穴底部和侧边的泥土，使根系能轻松地在土壤中生长。将挖出的土与堆肥（不要用泥炭，除非是喜酸性的灌木）和有机长效肥（角屑或角粉）混合。

3. 种植灌木：两人合作更轻松

较大的灌木最好两人一起种植：一人扶住植株使其固定，另一人处理泥土。种植时，灌木的深度应该和它在苗圃中生长的深度一致（注意树干的颜色），必要时可以用混合好的土壤填充定植穴。对于土球苗，此时需要松开土球网布，并疏松根系，但不一定要完全去除网布。通常土球中还会有内层的网布，这层也需松开。

4. 确保植株的稳定

开始向定植穴中填充混合好的泥土，同时需偶尔用洒水壶浇水，使填充的泥土紧实并完全遮盖根系。辅助者此时仍需注意植株的位置，确保种植完后能保持直立。他可以通过轻轻地晃动树干使根系周围的泥土均匀分布。完成后，先用拳头按实泥土，再用脚小心地踩实。

5. 保证充足的水分

用剩余的泥土在植株周围搭一道土墙，可以在短期内涵纳浇灌的水流。第一周需要大量浇水，此后的浇水量仍需高于正常的量，直到灌木开始生长。

最后，观赏灌木还需在迎风面插上支撑杆，用竹片固定（不能用钢丝！）；必要的修枝工作也可以在此时进行。

大树也始于小苗

适用于灌木的规则同样更加适用乔木：乔木高大且具有优美的外形，能为花园大大增色。因此，在购买前，一定要问清容器中这株"漂亮的小树苗"最后能长到多高，它很可能会长成二十米高的巨树，进而遮盖整个花园。对较小的花园来说，相对于一般的落叶乔木，通常更适合选择小树冠的果树。无论如何，乔木必须符合花园的整体构造，你可以用一根占位杆来评测预选的种植点，并观察一天中太阳的走向，以了解阴影的位置。

你需要

- ➤ 挖土的铲子
- ➤ 松土的挖掘叉
- ➤ 重锤（立支撑杆用）
- ➤ 洒水壶或浇花软管
- ➤ 修枝剪
- ➤ 棕绳或竹片
- ➤ 支撑杆
- ➤ 腐殖质
- ➤ 角屑

需要的时间：

每棵树约 2 小时

适宜的时间：

土球苗：秋末到春初
容器苗：全年

1. 准备种植

最后检查一次，确定你选择的位置是否合适：将树苗竖在选定的位置，从阳台上观察。

接着，除去容器，在挖掘定植穴的同时将土球浸在盛水的桶中。定植穴的宽度应为土球的两倍，深度则应能容纳树苗的整个根系。疏松定植穴底部（约两铲深）和侧边的泥土。

专家提醒

最好两棵树一起种：一颗放在一旁等待，另一颗种在定植穴中。

2. 种下树苗

先将挖出的泥土与堆肥和有机长效肥混合，如角屑或骨片。接着，将带土球的树苗放入穴中，树苗的深度应该和它在苗圃中生长的深度一致（寻找树干上的色线），必要时可以用混合好的土壤填充定植穴。确定深度后，需要解开土球上的麻布（容器苗无需经过此步骤）。可以用剪刀或园林刀割开绳结。不需要完全去除网布，树苗的根可以穿透粗糙的织孔。

3. 支撑物是必要的

为了固定树苗，有必要绑一根支撑柱，较大的树苗甚至需要多根。因为此时它的根系还不够发达，不足以抵抗风力。在迎风面小心地插入一根木柱，并确保其笔直树立后才能将其敲入土中。你可以这时就将树苗固定在支撑柱上，也可以等填满土并踩实后再固定。

专家提醒

支撑柱的高度应与树苗最低的枝丫持平。

4. 确保植株的稳定

用混合好的泥土填充定植穴。起初，你还能改变树苗的位置，这时需要多点耐心：如果你的肉眼不能确定，可以使用水平仪。

填充时需要不时用洒水壶浇水，使根系间的泥土保持湿润，并轻轻地摇晃树干，使泥土均匀分布。最后，先用拳头，再用脚将泥土踩实。

最晚到这时，你需要用棕绳或特殊的竹环将树苗固定到支撑柱上，但不要缠得太紧，以确保树苗还能在小范围内变动位置。

5. 充分浇灌

在树根周围挖一道环形水槽，用浇花软管引入充足的水流。重复这个过程，直到浇灌的水不再下渗。

新种下的树苗第一周需要大量浇水，此后可逐渐减量。

大约两周后，你需要检查树苗与支撑柱的固定情况，必要时可将其重新拉紧。

还有一点建议：虽然原则上容器苗终年都能移植，但落叶乔木最佳的种植时间还是秋天或春天里无霜的日子。常绿乔木则最好在春末或秋初种植。

辨别并抑制野草

羊角芹 （*Aegopodium podagraria*）

多年生植物，高和宽可达90cm；三出复叶，叶长5—10cm，互生，有明显的叶鞘包裹茎干；白色小花，组成伞状花序；生长在营养丰富的黏土中。

你可以：

宽叶羊角芹的根系分支繁多，生命力旺盛，不易铲除。你可以用挖掘叉挖出整个根系，并立即去除所有嫩芽。

匍匐冰草 （*Agropyron repens*）

多年生草类，高和宽达60cm；狭长、丛生的叶子，大多松软下垂；夏秋结棕绿色穗；对土壤没有要求，因此分布广泛。

你可以：

这种草的根系分布广泛，且所有残枝都能长成新的植株，因此几乎不可能完全清除。最佳的控制办法是将植株完全挖出，有新的生长迹象时再重新挖除。

荠菜 （*Capsella bursa-pastoris*）

一年生草本植物，高和宽为25—35cm；底部灰绿色莲座丛叶；开花小而不起眼，四瓣花瓣；果实偏心形；能在所有营养丰富的土壤中生长。

你可以：

关键需要在结子前除去幼嫩的植株。成熟的植株可以用手耙挖出。带种子的植物绝对不能（！）用作堆肥。

田旋花 （*Convolvulus arvensis*）

多年生植物，在地面上蔓生或攀缘生长；叶互生，箭头形；花朵为鲜艳的浅桃红色，有放射性条纹，漏斗形，长可达25mm；可在各种土壤中生长。

你可以：

非常麻烦的杂草，其根部很容易在除草时扯断。从土中挖出所有断根，并在种植前用黑色薄膜覆盖新花坛数月。

早熟禾（*Poa annua*）

一年生草类（草坪草的组成部分！），最高为 30cm；叶子为浅绿色，狭长；终年开绿色到棕绿色的花，圆锥花序。

你可以：

同样是非常麻烦的杂草，因为它能随时不断产生种子。无法被彻底消灭，只能通过定期除草控制其长势。

匍枝毛茛（*Ranunculus repens*）

多年生植物，高 50cm，宽 30cm；叶互生，明显的三裂片；花为亮黄色；尤其喜爱湿润的重壤土。

你可以：

匍枝毛茛不仅能通过种子繁殖，还能通过地上的匍匐茎在结节处生根繁殖；除草时不仅需去除母株，也要将子株连根挖除。

繁缕（*Stellaria media*）

一年生植物，可蔓生也可直立，最高 35cm，宽 20cm；茎被柔毛；叶对生，圆形趋向心形；白色小花，可开至 11 月；可在各种土壤中生长。

你可以：

当其长势超过观赏植物时，可将生长茂密的繁缕从底部割断，任其枯萎；此外可尽量定期除草；繁缕虽然烦扰，但并无真正的危害。

蒲公英（*Taraxacum officinale*）

多年生草本植物；叶长，锯齿边缘；花头奶油黄色；果实可飞（"絮球"）；植株含乳白色黏液；主要生长在割刈过的草坪上。

你可以：

蒲公英的主根很长，入地深，因此很难去除，可用旧刀、弹簧刀或铲子尽量将其完全挖出；在结子前就摘除花朵。

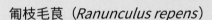

必要的护理

在第一批植物种下后，你最想做的或许就是悠闲地靠在一边欣赏自己的成果——今后植物就会自己茁壮成长了！但遗憾的是，事实并没有这么简单：没有适当的护理，花园迟早会变回荒地。土壤需要护理、灌溉、施肥，多年生草本植物需要支柱，树木需要修枝，草坪需要修剪，而害虫也从不停歇。

我们总是把工作和休息分得太过清楚，这或许就是阻碍我们为花园提供必要护理工作最大的绊脚石。我们工作是为了赚钱，休息就要放松，坐在园子里什么都不动，而园艺工作似乎并不符合这样的要求。"辛勤劳动"？没兴趣！

何不改变一下这样的想法呢，让园艺工作也成为能让你放松、满足的休息。不要专注于你为此耗费的时间和精力，而将侍弄植物作为一种休闲方式。许多现代人都定期利用健身工具进行锻炼，何不直接用挖掘叉或手动割草机来劳动呢？

在半个小时的工作后，倒退几步欣赏自己刚修剪完的灌木，这是一种非常神奇的体验。接下来它会茁壮成长，为你带来整年的赏心悦目：漂亮的造型，光亮的树叶，还有繁茂的花朵——这时你才可以在躺椅上好好享受。

表面上看，除草工作非常辛苦，但你也可以积极地看待。不要企图一次性完成很多，你可以从花坛的一角开始，慢慢推进。最好和伴侣一起工作，想想每分钟你们都在靠近目标——一个繁花似锦的花园。如果你一直推迟这项工作，或者甚至弃之不顾，那么，当你看到杂草丛生的花坛时，定会懊恼不已，而郁闷的心情只会破坏你的休闲时光。

事实上，定期对花园进行短时间的打理比每隔四周集中劳作有效得多，后者需要占据整个周末，而且通常以挫败告终。

园艺工作有哪些？

照料花园中的植物既可以做到简单方便，也可以艰难而复杂。闲散的人会在周六上午走进花园，随手将跳入眼帘的问题处理掉。而有规划的人则会制定严格的计划并一步步执行。和所有其他事情一样，想要将花园照顾周全，采取中间状态是最好的。有些需要定期完成的工作最好按计划进行，其他的则可以根据喜好，甚至视心情而为。每个人都会制定工作日程和生活日程，何不为花园也制定一张标出重要事项的日程表呢？

每年一次的园艺工作

一年一次的园艺工作通常要求在特定的时间进行，因此要提前做好计划。

· 堆肥堆每年都要转移一次，花坛也要铺一次堆肥。最好在早春选择一天进行这项工作，这样生长中的植物可以最大限度地利用堆肥。

· 乔木和灌木的剪枝需要小心处理，因此也比较费时。如果拖得太久，这项工作就会丧失意义，最晚必须在生长期开始前完成修剪。选择初冬或早春一个晴朗、无霜的日子一点点来修剪你的树木。

· 因为多年生草本植物需要在开花结束后分根，所以从事这项工作的时间是在你可能很少在花园停留的时候。抓住这个机会，和植物再来一次亲密接触吧。多年生草本植物在冬天才长出第一批新根，这样到了春天就能发挥生长优势。

一年多次的园艺工作

一年多次的园艺工作需要尽可能定期进行，其中最主要的就是施肥和护根物的铺设。

施肥：几乎所有植物对养料都有特殊的要求，从植物画报上就能找到相应的肥料需求。你可以动手做一份列表，在其中加入各种植物的施肥时间，完成后就将其勾除。这里给出几条对所有植物都适用的基本原则：

· 每年一次（最好是春天）根据生产商的说明施用有机长效肥（如角屑肥料和骨粉）。石粉本身并不是肥料，但它能改善土质，同样在春天播撒。

· 密植的花坛（多年生草本植物花坛、切花花坛或蔬菜菜畦）需要在主生长期或花期前进行二次施肥，此时最好选用无机或有机复合肥。

铺设护根物：花坛上的护根物层一年需要更换多次。尤其是大型花园中会堆积起很多碎草屑，可以将它们回收作为堆肥原料或投入有机垃圾桶中。

· 将草屑或切碎的杂草薄薄地铺在花坛上，这是良好的夏季护根物。不仅可以保持土壤湿润，还

闲逛花园

在盛花期你可以每天去花园里逛一圈，将凋谢的花朵剪掉。这比所谓的"美容"措施有效得多，因为经过这样的处理几乎所有植物都能从侧芽长出第二代花朵。同时你还可以留意一下病虫叶和那些大胆的杂草。

闲逛花园只需十分钟左右，但小投入有大回报，你将收获一个健康、繁茂的花园。

◐　天气温暖时花园中最重要的护理措施就是定时灌溉，灌溉工具有洒水壶、浇花软管和复杂的灌溉系统。

能防止暴雨直接击打土地。

· 秋天的落叶也可以直接铺在灌木和乔木下作护根物。

· 商店里出售的树皮护根物腐烂非常缓慢，秋天将树皮混入覆盖层中，它们就会在春天和腐殖质混合一起融入土中。春秋天铺设的树皮护根物层对浆果灌木和树篱也非常有用。

· 如果你的花园里种了很多乔木和灌木，通常会有许多树枝需要处理。这种情况下可以购置（也可以租赁）一台切碎机，用来处理物料以备堆肥和用作护根物。

频繁重复的园艺工作

以下园艺工作根据天气条件不同，频繁度会发生变化：

· 每位园艺新手第一年就会发现，观赏草坪每周都需要割一次草。

· 尤其在春天，同样重要的还有定期除草，使野草（见 44—45 页）无法在花坛上生根。最好在开花前就将野草除去，这样它们就不会有机会扩散种子。对于这项艰苦的工作，你一开始完成得越彻底，之后在夏季除草时所要花的精力就会越少。

· 不要忘记灌溉。使用洒水壶可以单独浇灌每株植物，但要注意保持叶子的干爽，这样可以明显降低植物遭受真菌侵害的概率。对于大面积的草坪和花坛，安装灌溉系统会比较方便（喷洒器或多孔软管）。这样可以大大节约时间：安装喷洒器，接上水源，完成。灌溉的最佳时间是清早或傍晚时分，绝对不能在白天或太阳曝晒时浇灌。

· 各个种植地间的小路上和座椅安放处都会长出杂草，这些杂草的根可能会长到种植地里，这时它们也会成为问题。越早处理则麻烦越少。

· 不时调整多年生草本植物的支撑物；要考虑到风和雨水的影响。

灌溉与施肥，轻松掌握

肥料种类

复合肥料，如"蓝粒"，包含植物所需的所有主要养分。

单质肥料，只含某些特定养分（矿物质），专家推荐在植物缺少某种特定养料时使用。

特殊肥料，是用作某些特殊目的的复合肥料（如草坪、灌木肥料等）。

有机长效肥料，如角屑肥料和骨粉，在土壤中释放养料的过程非常缓慢。

除二氧化碳和阳光外，土壤中的水分和矿物营养是植物所需的全部物质。由于自然界中各种植物群落总是不断自我调整以满足不同的需求，我们在选择花园植物时自然要从美学的角度来加以衡量。同样，这也导致了一个问题，我们需要人为地为我们的植物提供缺少的物质。

因此，灌溉和施肥也便成了植物培护中两项需定期执行的重要任务。

为了避免施肥过多或者过少，最重要的是不错过最佳的施肥时间，准备一本园艺日志或单独的花园日历是不错的选择，你可以将所有重要的时间记在上面并于完成后一一勾除。

最佳辅助工具：洒水壶

在园艺作业中，直到今天，传统的洒水壶仍是一种不可或缺的辅助工具。不装喷头时，水流直接，水势大，可用于浇灌树根周围的土壤；装上最精细的喷头时，水势柔和，又可用于浇灌暖房里娇嫩的秧苗。你也可以在洒水壶中装入液态肥料或植物农药，用于为花圃中特定的植物进行追肥或预防蔬菜遭受病菌的侵袭。

大面积也轻松浇灌

在用于更大面积的灌溉时，尤其是草坪的浇灌，建议你最好选用喷洒器。方形喷洒器（旋转喷洒器）可以浇灌到一块方形的区域，而圆形喷洒器（脉冲喷洒器）根据其设置可以浇灌到扇形至全圆形的区域。一般花园中旋转喷洒器通常效果更好，它可以连接在软管系统上，且喷水特别均匀而柔和。

用"系统"灌溉

计算机时代，花园也不例外地受到了芯片技术的光顾。由电脑控制的全自动灌溉装置既有优点，也有缺点：优点在于其可靠性；缺点除了价格外还有尚无法改变的程序化流程，尽管配备了雨水传感器，但灌溉的时间，以及灌溉的量仍需要提前设定。

▶ 专家提醒

一套灌溉系统的各个组件最好出自同一家公司，以确保互相适用。

二合一：洒水棒和洒水枪

洒水枪的构造如一把手枪，或者配有一根长长的洒水棒，是介于浇灌用的长橡皮管和洒水壶之间的一种有趣的组合装置。它既可以像洒水壶一样目标明确地对单个植物进行灌溉或者往桶内注水，又无须不停地往水壶中补水。

图中就是洒水棒，既可以用在灌溉系统中，也可以用于装备施肥药筒，非常实用，但价格也略高。

正确施肥：掌握好量

除了那些大型的草坪是靠肥料车来施肥的，人们必须徒手为苗圃中的植物施肥。肥料过多或过少都没有好处，因此，你必须严格按照说明书上的量来使用。你可以借助量杯（如测量过容积的塑料野营杯）或传统的天平来确定所需肥料的量。所有肥料都应仔细埋入土中。

精心照料才能收获漂亮的草坪

只有当你投入时间精心料理时，草坪才会健康、美观：它需要定期修剪、施肥，防止蔓生的杂草和苔藓之害，每年还要进行一次中耕松土。此外，护理草坪还包括对问题区域的处理和对草坪边缘的控制与修整。这样看来管理草坪似乎非常麻烦，但好的布局可以大大减少你的工作量：利用控根器或侧石做草坪边可以省下对边缘的护理，通风排水良好的地基可以降低草坪长青苔的风险，如果允许部分草坪发展成"野生草地"则可以减少需要割草的草坪面积。

你需要

- 可调整割草高度和装备集草篮的割草机
- 用来处理草屑的草耙
- 打草机
- 草坪修边机
- 中耕机（可租借）
- 铲子或月牙铲

适宜的时间：

割草：每周 1—2 次（基本原则）
处理问题区域：按照需要
切边：春天（夏天视需求而定）
中耕：5 月—9 月

割草的时间、方式与频率

草坪草需要定期进行修剪以保证其良好的长势。观赏草坪（春秋及特别干燥时高度约 18—20mm，夏季 12mm）比经常有人踏入的游憩草坪（春秋及特别干燥时高度约 30mm，夏季 25mm）需要更频繁的割草处理。

你可以先在边缘随意割一条草地，接着将割草机沿着之前的轨迹与之稍微重叠推动，并重复这个步骤直到割完整块草坪。

如果你经常用带有集草篮的割草机割草，则可以直接将少量的碎草留在草坪上。但如果你很少用或甚至不用集草篮，割完草后定会留下许多草屑，这时你最好用草耙把它们清除。

修剪问题区域

总是存在一些无法使用普通割草机的问题区域：如普通割草机无法修剪到的草坪边缘，沿着园中小路的边缘地带、台阶边、墙壁前、角落里或坡面上的草地。如果这些区域不大，就可以直接用剪刀，或者更简便的方法是用电池驱动的草坪修边机。如果这样的区域比较大，且又需要定期修剪，则可以选择我们所说的打草机。

专家提醒

可安装长把手的草坪修边机非常实用。

注意保持边缘整齐

所有未设障碍可直接长到花坛中的草坪都需要修理边缘。这样做除了出于美学的考虑，还有一个重要的原因：草坪草会迅速扩展到种植区内并阻碍花草的生长。使用侧石或埋入土中的塑料或金属控根器可以减少这种麻烦，割草机可以越过侧石。否则你就需要用锋利的铲子将边缘切平，最好在春天进行这步工作。切边时使用特殊的月牙铲会更加方便。

切边前一定要用绳子拉出边缘线，如果是弯曲的边缘，则可以撒沙子作为标记。

草也需要呼吸

中耕机可以切断草毡层（位于草根和叶子之间已经死亡的植物残体），增强土壤的排水透气性。机动中耕机非常昂贵，但许多专业经销商都提供租赁业务，对于大面积的草坪它们是不可替代的！手动中耕机不如机动的高效，也比较费力。

另一种增加草坪透气性的方法是刺孔，借此可以为草根上方的土层通风并改善排水。可以将钉板绑在脚下实现刺孔，或者可以用钉齿细长的挖掘叉浅浅地插入土中。

拯救草坪

无论是由于真菌侵袭、青苔横生、草坪下降还是其他的原因，精心照料的草坪也无法避免各种灾害。

如果受灾面积较小，你可以通过从花园中其他不易被发现的地方挖来的草皮进行替代补救。你需要将受到侵害的草皮全部挖出，注意要彻底除去草根，再用泥土填充挖出的小坑，压实，并铺上健康的草皮。彻底浇水，使土壤保持潮湿。如果受害的面积较大，可以重新进行播种。此时人们一般不使用剩下的种子，而选择专用于补播的混合种子。

多年生草本植物需要扶持

你需要

- 竹竿（不同粗细）
- 园林线或扎钢筋丝
- 根据需要选择合适的插接系统
- 带滑环的单杆

需要的时间：

每株多年生草本植物 1—2 分钟

适宜的时间：

从长到膝盖高时开始（带滑环的则越早越好）

一些珍贵的培植多年生草本植物不能凭自己的力量保持挺直，至少在刮大风和下暴雨时无法直立。为了避免造成损害，你需要采取一些扶持措施使其保持挺立。

借助插接系统的帮助，你既可以为单株蔓生的植株（如一枝黄花）提供支柱，也可以扶持密集地长成一丛的同类植物（如较高的风铃草、天蓝绣球）。单支柱适合细长、笔直的植物，如唐菖蒲或向日葵。为植物提供支柱的方法可以分为两种：一种完全藏在植物背后，为隐形模式，而装饰型的支柱则还要发挥装饰的作用。

用"系统"提供支撑

插接系统的基本原则是水平横杆与垂直支柱间的可交换性。根据供应商的不同，横杆可以通过环或钩固定到支柱上。选择哪种插接系统最终取决于你的钱包、品味以及商店提供的产品。

但无论如何，你一定要注意系统的稳定性，并检查横杆被固定的方式是否允许调整高度。可以调节高度的系统好处在于可以尽早使用，并和植物一起"成长"。

此外，要看横杆的形状是否能满足你的需求（直的还是弯的，长的还是短的）？支柱的颜色和外形是否与植物相配，还是会显得非常突兀？

自己动手制作一个由水平方向和垂直方向的竹竿组成的植物栅栏是一种非常经济的选择：在需要支架的多年生草本植物周围将手指粗的竹竿插入土中，每个支架以 50—60cm 边长的正方形为宜，在此基础上再用钢筋丝在不同高度水平绑上较细的竹竿。生长的植物可以从底部穿过栅格，从而获得良好的支撑。有时你可能还需要不时进行干预以确保植物顺利成长。

经济实用：竹竿

竹竿一直是园林中非常实用的辅助工具并不是没有原因的。一个好的园丁应该时刻备有充足的竹竿。它们非常便宜，而且你几乎能得到各种强度的竹竿，只要一把锯子就能得到你想要的长度，此外，竹竿来自自然，也能与植物更好地共存。

所有细长、笔直的多年生草本植物（如毛蕊花、翠雀）都适合用竹竿来提供支柱。你只需用园林线将植株绑到竹竿上，或者也可以用宽松的钢丝环。

带滑环的单杆

在许多花园中，这个系统已经取代了传统的竹竿，因为它的优势完全毋庸争议：杆子有不同的高度可选，固定支撑环的部件能在不同的高度滑动，从而适应不同生长时期的植株。现在还推出了不同直径的支撑环，也就是说，这套系统可以适用所有的植物。

 专家提醒

机不可失，失不再来！赶紧补充库存吧，以后很可能就买不到配件了。

不仅是支架，还是装饰品

经销商还提供了许多可以用作装饰的支架，从单纯的柱子或三角锥体到饰有玻璃球的玫瑰棒（见图），应有尽有。花坛的外观取决于它的各个组成部分，因此使用装饰性的支架也能为花坛加分。它可以吸引人们的眼球，在冬天甚至还能成为玩乐的设施。但无论如何，首先它们必须符合植物的大小与风格。

灌木和乔木也需要适合的支柱

你需要

- 木柱（直径至少 6—8cm）
- 重锤
- 旧浇花软管、钢丝绳用作保护垫
- 棕绳、绑树带或扎带，结实的钢丝

需要的时间：

10 分钟（单桩）到 30—40 分钟（三角支架）

适宜的时间：

种植时

虽然我们通常认为灌木和乔木是健康与挺拔的标志，但与大树相比，幼苗还是非常脆弱。这是因为刚刚种下的树木根系还没有伸展，不足以支撑树干和树冠。在强风中，树木晃动严重时会扯断树根，导致不能吸收充足的水分和养料。因此，所有乔木和高大的灌木栽培后直到长结实前（约一年）都需要坚实的支架。采用怎样的方式则取决于树木的大小和生长形态。你需要每隔一周就检查一下系绳和套环的位置。支柱和系绳需要保持完整、紧实，套环则绝对不能影响树干的成长。

何时使用单桩？

中小型树木（基本原则：树干与儿童手臂差不多粗，树高最高 2m）通常可以只用单桩支柱。因为在种植时就已将单桩敲入土中（见 43 页），所以通常它的稳定性足以支撑树木。树根会在它的周围生长，因此将它取出时也不会伤到树根。

大树需要三角支架

对于更大的树或经常处于强风中的树，我们需要用三角支架来提供防护。三根木柱分别在与树干相同的距离外被敲入土中。最方便的办法是采用环线法：

在树干外松松地绕一圈线，将它拉成一个距树干 40—60cm 的圆环，将圆环等分成三份，分别敲入木柱。再在树干上绕一圈保护垫（如穿过浇花软管的结实的钢丝绳），并从中引出钢丝或绳索与木柱相连。

针叶树需要特别的支柱

靠近树干的支柱会损伤针叶树发散开的树枝和叶簇，并进而影响到植物未来的成长。因此，人们为针叶树设计了斜向的支柱。这种安置方法可以利用斜度化解风压，也就是说，木柱的尖端是指向主风向的。以 45°角将木柱敲入土中，木柱要正好避开树干。用绑树带或棕绳将树干松松地固定在木柱上。

低调的选择：绳架

如果你觉得由木柱组成的三角支架太过显眼，还可以选择绳架。同样需要利用环线法，将它拉成一个距树干 60—100cm 的圆环。在圆环的三个等分点上敲入三根斜向的短木桩。在树干的橡胶保护垫上固定三根结实的双层钢丝，并与木桩相连。同时，利用木线棒均匀地绕紧钢丝（也可以用绳索代替钢丝）。

正确连接树干的套索

树干与支柱间的连接必须稳定，但又不能影响树干的生长。塑料制的套索有一个套环，可以自由伸缩。所谓的绑树带是一种织物带，将它在树干上环绕多圈后再以八字形绕到木柱上并连接树干与木柱（也可以使用棕绳）。不管使用何种材料，首先都要在树干上绕一圈保护垫以防刮伤。

月季需要呵护

我们以为种植月季是件省心的事，这显然是错误的。因此，在购买月季前，一定要先咨询专业人士。选择经过 ADR 认证的月季至少可以保证该品种生命力相对旺盛，且抗病性较强。对月季的护理从春季施肥开始，接着是修枝和剪枝，处理完凋谢的花和病害后还需在晚秋进行培土。而月季给我们的回报就是绚丽的花朵和（大部分情况下）馥郁的芬芳——月季就是热情的化身！

🖐 **种子供应方式**
- 修枝剪（月季专用）
- 月季专用复合肥
- 钾肥
- 护根物

📖 **适宜的时间：**
修枝：早春
施肥：春天、夏天和秋天

修剪月季的基本原则

正确地修剪月季并不容易。因此，你最好去参加一个关于修剪月季的培训班或至少要让有过相关经验的熟人指导一下。

虽然对不同的月季要采用不同的修剪方法，但至少我们还能找出一些共用的法则：

· 用干净、锋利的修枝剪。

· 修剪口最好离芽眼（位于叶腋处）1cm 以上，稍微倾斜以偏离芽眼，从而避免对其造成伤害。

· 如果不需要结蔷薇果，可以将凋谢的花一直剪到第二片完全成熟的叶子为止（斜剪）。

· 春天要完全剪除冻死的枝条。

· 对灌木月季来说，最重要的是让几簇主枝能自由地生长，因为开花的旁枝都长在这些主枝上。你需要小心地剪掉底部的老枝。对于多次开花的品种，除了主枝，你还要将旁枝修短。修剪完后，你的月季应该已经没有横生的侧枝，而剩下的枝条应该层次分明，互相保持合适的距离。

· 壮花月季在春天需要短截：粗壮的枝条只留 4—6 个芽眼，细弱的枝条只留 3—4 个芽眼。

施肥的时间与方法

如果月季生长的土地中腐殖质和养料丰富，那么一年中你只需施2—3次肥，春天（3月或4月）需要在土中埋入复合肥。你可以随意选择无机或有机肥，只要肥料中不含氯化物就可以。在主花期开始前不久（有机肥）或结束时（无机肥）再施用同一种肥料。9月再施一次钾肥可以使树干更加结实，冬天更加耐霜。

　　专家提醒

专用的月季花肥已经包含所有比例适当的养料。

如何处理野枝？

大部分月季已经不是野生品种，但苗圃还是会对其进行嫁接处理。即将接条（它会开出人们希望得到的花朵）嫁接到生命力旺盛的野生品种的砧木上。种植时，你可以在月季木的下端看到一个略微肿胀的部位，就是嫁接点。很多情况下，在嫁接点以下的砧木上也会长出嫩枝（野枝）。这些枝条通常比嫁接的品种生命力旺盛，相应的就需要更多养料，因此要尽快将它们除去。你需要小心地刮去野枝周围的泥土，尽可能从深处将它们剪掉。

正确的冬季防护

多种园艺月季都会受霜冻危害，因此需要在深秋根据地域提供或强或弱的冬季防护。

最便捷的方法就是铺设护根物。月季花坛中平时就铺有护根物，因此你只需在深秋将它加厚即可：在月季底部堆培15—20cm厚的护根物，保护嫁接点和根不受霜冻伤害。上面再铺上秸秆和云杉树枝就能提供更加全面的防护。

当春天土温升高时，只需将护根物推开，均匀分摊到花坛上即可。

攀缘植物需要扶持和固定

攀缘植物是花园中必不可少的元素。它们能在第三维度上为花园增添绿叶和红花，不仅能吸引眼球，还可以起到遮挡视线的作用。更重要的是，它们没有乔木、灌木那样的树干和横生的枝条，因而只占据极少的空间。因此，对于面积较小的花园来说，攀缘植物可以很好地替代观赏乔木和大型灌木。支撑攀缘植物直立生长的支架也并不是缺点，正好相反，它们还能为花园提供装饰，增加设计感。

不同的植物攀缘方式也不同

棘刺攀缘植物（月季、迎春花）利用刺或其他组织器官钩挂支撑，它们需要水平的钢丝或木杆辅助攀缘。

吸附攀缘植物（爬山虎、冠盖绣球）利用攀缘根直接吸附在支撑物表面。

缠绕攀缘植物（蓼、紫藤）能缠绕垂直和水平方向稳固的支架。

叶柄卷攀植物（铁线莲）叶柄卷曲缠绕在支撑物上，它们需要细棒组成的栅格状支撑架。

茎须卷攀植物（葡萄、野葡萄）侧枝异化成卷须缠绕支撑物，垂直的支架更适合它们。

独立的装饰藤架 —— 繁花锦簇的一部分

花鸟市场或建筑市场出售各种类型的独立装饰藤架。有些甚至还带集成的花盆。当然，一个灵巧的手工能人也可以自己动手制作装饰藤架。

种植时不一定要选择那些常规的多年生攀缘植物（月季、铁线莲、忍冬），你也可以从种子架上找到许多一年生的攀缘植物（翼叶山牵牛只需要简单绷紧的钢丝）。一方面，这些植物比较便宜，另一方面，每年更换新的花种也是件赏心悦目的事。

攀缘架 —— 生机盎然的视线遮挡墙

人们通常利用攀缘架来起到间隔作用。与装饰性藤架不同，攀缘架的功能重于外形，因为迟早整个架子都会被攀缘植物覆盖。图上的这株牵牛要盖住整个竹架可能还需要一段时间。

· 木架需要保护涂料或进行防水处理，以防在雨天腐烂。

· 金属架需要镀锌或加一层薄薄的塑料壳，以防止被腐蚀。

· 塑料架需要保证足够稳固，以支撑有一定重量的攀缘植物。

独立拱门支架 —— 吸引你的眼球

数百年来，覆满植物的拱门一直是园林中非常重要的装饰元素。它的风格可粗野，可精细，覆盖的植物可以繁茂到似要压弯拱门，也可以稀松地露出拱门的圆顶。

单独的拱门非常显眼，需要有相应的植物来加强衬托（如藤本月季）。两扇前后排列的拱门或者甚至整条拱道则会成为视线的中心，无论是从远处看（远景）还是在花园里，它都能操控视线。

以墙为架 —— 保护墙面

依附在墙面的藤架完全藏在它所支撑的植物后面（图中为铁线莲）。如果藤架只有几平方米大，你也可以自己动手来做：要固定藤架首先需要在墙上钉入稳固的销子，旋入带有隔绝套（木块或金属套壳）的不锈金属螺丝或螺丝挂钩。藤架需距墙 6—10cm。螺丝密度应保持在 40/50 x 40/50cm。

专家提醒

小型藤架可以直接挂在墙面的钩子上，这样能更轻松地管理墙面，需要时甚至还能粉刷墙面。

第三维上的小型攀缘架

建在花坛或阳台上的攀缘架可以将花卉提升到第三个维度，进而凭其本身的魅力成为视线的焦点。

无论你选择自己搭建一个由竹竿构成的棚架，还是让香豌豆攀爬在精致的装饰藤架上（如图），这都只是风格问题。在布局松散的农家花园或村舍花园中，即便是荷包豆攀爬在细杆上也很好看。当然，独立攀缘架成功与否最重要的是看能否支撑植物的重量（大规模的）。

如何使花开更茂盛

你需要

- 用于打顶的小剪刀
- 修枝剪
- 手套
- 无机复合肥
- 洒水壶

适宜的时间：

夏季花卉、多年生草本植物：
每天去除凋谢的花
月季、大叶醉鱼草：根据需要去
除枯萎的花朵和花序
杜鹃花：经常摘下枯萎的花序

植物是否会开花，开多少花，一方面由其基因和养料供应决定，另一方面也受某些护理措施的影响。对此，经常采用一些简单的措施会特别有效。在盛花期注意照理花园的人，通过一些简单的处理就能大大延长植物的花期。

当然，要想获得花团锦簇的花坛，最首要的原则是植物必须健康、生长旺盛。由于许多多年生草本植物的生命周期都很有限，因此需要定期分根并不时种植新的植株，这样差不多就能保证开出茂盛的花朵。

如何获得茂盛并多花的植物

植物通过一条或多条主茎向高处生长。如果主茎的生长被打断，例如受到外伤或被动物咬断，植物就不会开花也不会结子。不过，这时侧茎会开始生长，并代替主茎承担开花的任务 —— 我们就可以利用这个现象：

当你用小剪刀或拇指将幼苗的主茎除去后，就会发生同样的情况。打顶后，石竹、天竺葵以及其他许多夏季花卉都生长得更加茂盛，开花也更多。

定期修剪凋谢的花朵

很多情况下，尤其是像翠雀、风铃草这样的观赏型多年生草本植物和许多一年生花草，如果将凋谢的花朵摘除不让其结子，它们也会重复类似的过程。这些植物为了确保繁殖会二次开花，有些一年生植物则会在数周内就重新开花。为了避免错过最佳时间，你可以每天傍晚都拿一把花剪在园子里散步，一旦看到凋谢的花朵就立刻将它剪掉。

怎样使木本植物多花

一些开花的木本植物，如醉鱼草、月季，也可能会开两次花，因为初次开花时，这些花的叶腋处就已经长好了新的花苞。因此，当花序开始凋谢的时候就要立刻将它剪除，一直剪到第二片成熟的叶为止。

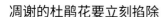 **专家提醒**

购买时就要问清楚该种或该品种花卉的开花习性。

凋谢的杜鹃花要立刻掐除

杜鹃花虽然不会二次开花，但每个花序下面都长有许多新的侧枝，如果能尽早将枯萎的花序摘除，这些侧枝就能更好地生长。

因此，你可以将整朵花序折断（戴手套！）。通过这种方法可以使灌木保持其特有的圆顶形生长方式，并在来年长出更多花序。

在盛花期再次施肥

所谓的顶肥（即追肥）并不是指从植物顶部浇灌肥料，而是指在植物盛花期时再次追加肥料。春天的基础施肥我们尽可能使用有机长效肥，但顶肥则不同，我们一般选择将无机肥溶解在水中，用洒水壶直接在植物茎干周围浇灌。

正确修剪灌木和乔木

虽然不同的树木有不同的修剪规则，但最终的目标都只有一个：让树木能自然地生长，并尽可能多开花结果。

购买木本植物前要先了解以下问题：

• 如果你在修枝时不剪掉花芽，去年的老枝上会开花吗？

• 灌木会从底部长出新枝吗？如果是，那么强壮的枝条也可以剪掉。

• 树木需要短截吗？还是只需修剪冻伤或受病虫害的枝条？

你需要

➤ 园艺手锯、园林刀、长把手的高枝剪、铁砧剪、双面剪、篱笆剪
➤ 创口愈合剂

需要的时间：
锯树枝：约 30 分钟
修剪灌木：视植株大小一般 1 小时以内
修剪树篱：视树篱长度约 20 分钟

适宜的时间：
秋末到早春任意选择一个无霜的日子
落叶树篱：秋天或春天，夏天
常绿树篱：秋末到早春（崖柏和云杉）

怎样锯树枝

锯树枝总是存在一定的危险，无论是对园丁还是乔木本身都可能造成伤害。因此，进行这项工作时一定要小心谨慎。

操作时重要的原则是锯下树枝的同时不扯下大块主干上的树皮。因为树干外围长有对侧枝粗壮生长非常重要的组织。

应该从下向上锯。细弱的枝条一次就能锯断，对于粗壮的枝条，先锯到中间，接着换一个较外侧的位置从上往下锯，并最终使树枝折断（树枝不断时可以小心地加一把力）。最后再将残留的树枝从树干上直接锯下。

小心护理切面

剪枝后你需要用锋利的园林刀将创口边缘和切面刮平，并将所有残余和突起修剪平整。如果创口边缘不清洁，或任切面暴露在空气中，病菌和雨水（引起腐烂）就会趁机而入。

专业经销商为我们提供了闭合创口的成品药膏，直接用软管（小创口，容易操作）或用刷子从桶中蘸取药膏（创口面积较大或在大面积剪枝后）刷在创口上即可。需要注意的是，创口的边缘也要涂满药膏，不能留下空隙。

清洁、平整、紧密的创口闭合是对树木最大的保护。

修剪粗壮的枝条

　　如果树枝过粗，普通的修枝剪就不能充分发挥作用，这时你会无法干脆地剪下枝条，而只能将其折断。种有许多大型灌木的人迟早要投资购买一把带长把手的高枝剪。铁砧剪只有一面刀片，可以将树枝挤压到固定的"铁砧"上。它可以将粗树枝修剪得非常平整。双面剪的两片刀片会互相错开，比较适合树枝和树干之间的夹缝。

　　毛糙的切口边缘表明剪刀不够锋利。剪枝后需要用锋利的园林刀刮平创口，并涂上闭合创口的药膏。

修剪细树枝

　　修剪细树枝时一定要使用锋利、高质的修枝剪。普通的家用剪刀不适合修剪树枝。拥有一把铁砧剪和一把用于树枝角落的弧形刀片的双面剪，你就能轻松搞定所有工作。保持剪刀的清洁与锋利（刀片可能会沾上树脂或树汁），并将其保存于儿童够不到的干燥处。

专家提醒

　　偶尔在剪刀的活动部位滴一滴油非常有效！

正确修剪树篱

　　在开始修剪树篱前，首先要张一条准绳，这样才能剪出平整的边缘和表面。选择手动还是电动的篱笆剪取决于树篱大小和你的经济条件。手工剪非常适合后期润色和修平一些问题部位（底部、上表面和侧边）。

　　电动剪刀需要足够长的电线（皮带环或皮带扣可以防止你意外剪到电线）。使用电池供能的剪刀虽然可以摆脱电线的束缚，但通常不能持续很久。

轻松繁殖

自己繁殖植物是一件妙不可言的事情。繁殖所需掌握的技术并不难，因此园艺新手也能轻松地用自己繁殖出的"下一代"植物填满花坛，同时还大大节省了费用。

多年生草本植物能通过分株保留其生命力与多花性，观赏植物和作物（木本植物同样适用）的插条能长成新的植株，种子则能让夏季花卉年复一年回到你的花坛中。

你需要

- 园林刀
- 挖掘叉
- 用来剪插条的修枝剪
- 培养土、花盆

需要的时间：

分根：加上挖掘共 15 分钟
嫩枝扦插：5 分钟
硬枝扦插：5 分钟

适宜的时间：

分根：夏末到春天
嫩枝扦插：春末到夏天
硬枝扦插：秋末

分根：繁殖且回春

对多年生草本植物分根不仅能起到繁殖的作用，还能使其恢复生机。植株老化的标志是不再繁茂地发芽、开花，有些甚至中间已经落叶，这是对植株分根的最后时机。

用挖掘叉从土中挖出植物（夏末到春天选择一个无霜的日子），分出明显长有嫩芽的外围部分。只有这些部分可以重新种植。根系中间已经木质化的部分可以切碎后用作堆肥。

只用手可能无法将它分开，可以使用园林刀或两把挖掘叉作为辅助。

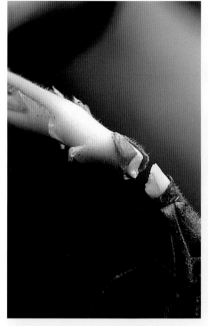

嫩枝扦插：方便、快捷

这种繁殖方法几乎适用于所有多年生草本植物，同时也适合许多木本植物。

你可以在春末到夏天寻找已经长出 3—4 层健康叶子的新鲜顶枝或侧枝。用小刀或剪刀从叶子节点下方切下嫩枝，再用手小心地去除最下层叶子。切割时要注意保持切口平整，没有挤伤（这里很容易腐烂）。

既可以将嫩枝插条直接插入土中，也可先放在水中令其生根（见右页）。

插条入土后需要大量浇水，为避免干旱，还可套上薄膜罩作为保护。

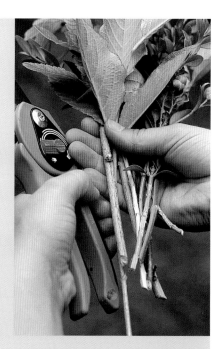

繁殖木本植物：古老的硬枝扦插技术

应在秋末植物休眠时剪取硬枝插条，最好选择上一年发芽的枝条。它们一般位于娇嫩的尖顶下方，已木质化（颜色为棕色，不易折断），笔直，且有多个芽眼（侧芽）。

上方的切口应垂直于枝条，距芽眼上方一指远，下方切口应在芽眼以下斜切（用来标记插条的下端）。

春天到来前，插条应保存在凉爽的环境中，一半插入沙中（斜切面向下）。之后，将插条插入培养土中，只露出最上端的嫩芽。充分浇水，为保持土壤湿润，还可盖上薄膜罩。

水中生根法：清晰可见

无论是嫩枝扦插还是硬枝扦插，插条都可以在水中生根。

要注意水体没有腐化，定期换水。当第一条根清晰可见时，便可将插条种到花盆中。为避免干旱，移栽后应立即浇透水，并用薄膜罩盖住植株。

➤ **专家提醒**

商店出售"生根剂"，可以保证并促进生根过程。

收集种子：简单经济的方法

许多一年生花卉都能通过种子繁殖，多年生草本植物也可以。杂交花卉（种子包上标有 F_1 种子标识）的种子可能不会发芽，或者长出的下一代完全不同。除此之外，所有其他植物都值得一试。

只收集成熟的种子（通常为深色，基本已经干且硬）。对于特别小粒的种子，你最好用纸袋套在果序上。随后小心地将它弯折（也可以摘下），把种子敲入袋中。播种前，应将种子置于阴凉干燥处保存。不要忘记贴标签！

如何避免病害

你需要

- 培养蠼螋的花盆
- 巢箱
- 诱捕器
- 黄板
- 植物抗性增强剂
- 石粉

适宜的时间：

诱捕：昆虫交配季节（见包装上的使用说明）
增强植物抗性：
长出第一片叶子后
石粉：长出叶子后

没有一种方法能绝对避免病虫灾害！

但通过精心安排与料理，可以使发生灾害的可能性降到最低，一旦发生，也能减轻影响。健康的土壤，营养充足但不过量，且得到精心照料的植物可以避免大部分的病虫伤害。这样你不仅能美化花园的环境，同时也保护了钱包，因为各种喷雾药剂很贵！遇到各种可能的威胁时，谨记一条：不要慌张！密切关注明显的变化，等确认后再做出反应。只有在极少数情况下才须采取极端措施，使用化学药剂（如月季粉霉病）。

多样性 —— 自然的屏障

所有单一品种的植物对病虫害的抵抗能力都比不同种类和形式的植物混合体要低。有些混合花坛中（不仅是园艺作物）不同植物间还能互相支撑。有些植物还能有效地用来预防特定的病虫灾害：

大蒜可防止老鼠和田鼠，万寿菊能防止短体线虫，薰衣草可抵抗蚂蚁，旱金莲能抵抗蚜虫，胡萝卜能预防洋葱蝇。

保护花园中的益虫

生态花园的园丁不会只醉心于追求多样化，因为这样也可能会抑制益虫的生长。益虫指的是所有以对植物有害的害虫为食的动物。在普通的小花园中，益虫能否占据上风，一般只是个时间问题。因此，我们对新手的建议是"越少越好"：尽量不要用化学喷雾剂，信任瓢虫、蠼螋，以及姬蜂和草蛉。

将益虫引入花园

除了被动等待，你还可以主动招引益虫，增加园中益虫的数量，这里给出一点小小的建议：

你可以在树上为蠷螋挂一个填满稻草的倒置花盆，在花园中为刺猬建一个冬眠的地方，为鸟儿创造筑巢的条件。允许瓢虫和姬蜂用树枝、树叶和野草搭出一个杂乱、荒芜的角落，让捕食昆虫的蜘蛛能在土墙中找到裂缝。

非常有用的诱捕器和黄板

果树经常遭到害虫的侵害，这时似乎只能采用喷剂。但如果人们能及时抑制并减少能繁育后代的害虫的数量，也可以减少吞吃果实的幼虫。

为此，专业商店也出售诱捕器（它可以散发气味引诱发情期的雄性蝴蝶）和黄板（许多昆虫都会被黄色吸引）。利用这两种装置，害虫都会被粘在胶带上。

增强抗性即是保护

显然，通过使用植物抗性增强剂（许多园艺商店都有出售）也可能帮助植物更好地抵抗各种侵害。

可以将它们直接撒在植物上，也可以混合在浇灌的水中。同样有效的是混合石粉的泥土，石粉本来就能用作改善土质：细小的粉末会挡住害虫的口唇和呼吸器官，从而阻碍其吞食作物。

针对性地控制害虫

再好的预防措施也不能避免偶尔的害虫侵袭，这时就不能交给时间处理了。你应该立刻前往专业商店，并向经验丰富的工作人员咨询各种杀虫剂的优势与风险。但很多情况下，不必立即动用"化学武器"也能战胜害虫。对生态花园来说，我们还能找到许多由植物原料制成的药剂。把化学喷剂当作最后的选择，并且，使用时一定要严格遵循包装上的使用说明。

你需要
- 橡胶手套
- 肥皂溶液
- 蜗牛围栏
- 塑料杯
- 涂胶纸带
- 喷洒器和农药

需要的时间：
埋入蜗牛围捕器：2 分钟
安置涂胶纸带：10 分钟

适宜的时间：
蚜虫：根据需要全天均可
蜗牛围捕器：傍晚
涂胶纸带：秋天

如何处理蚜虫？

虽然蚜虫很让人气恼，且会削弱植物的长势，但它们其实并没有真正的危害。你可以通过支持瓢虫及其幼虫，使它们能更轻松地消灭蚜虫。为此你需要用到橡胶手套和浓缩肥皂水（也可用洗洁精和水的混合物）。在喷洒农药前，摇晃树枝，用猛烈的水流冲击树枝或将受害严重的枝条与蚜虫一起折下，这些都是非常有效的方法。此外，还有利用除虫菊或苦木制造的生物杀虫剂。

蜗牛 —— 不知疲倦的吞食者

蜗牛是一种严重的灾害，因为它们专门啃噬植物的嫩芽，进而严重伤害整株植物。

想要有效地控制这种灾害有很多办法：蜗牛围栏、啤酒陷阱（将杯子埋入土中，傍晚时倒上三分之二的啤酒，早上同掉入其中的蜗牛一起倒空），引诱法、单独采集或毒杀。

专家提醒

名贵的多年生草本植物发芽时最好还是罩上密封大口玻璃瓶作为防护。

将害虫引至胶带

经过实践验证的涂胶纸带方法沉寂了一段时间后，又重新在观赏和作物花园中得到了应用。涂胶纸带适用于所有爬到树上产卵的昆虫（尤其是可怕的冬尺蠖），有成品出售。在秋末将它们尽可能紧实地装到树干上。爬进胶带的雌性昆虫被粘住后就无法再产卵，从而阻止了下一代的产生。

某些生态花园园丁推荐的瓦楞纸涂胶纸带只在定期调整并更换的情况下才有效。但使用它们的优点是，人们还可以释放被粘住的益虫。

使用农药喷剂时的注意事项

使用农药喷剂来对付害虫和病原体（如真菌）时，最重要的是安全：必须严格按照包装袋上的所有（！）说明操作（专业商店中的许多药剂都密封保存并非是没有原因的）。

农药容器只能用作这个用途，使用后应立即清洗。

剩下的农药喷剂绝不能倒入水槽或厕所，而应严格按照规定清除。

要严密保存农药，绝不能放在儿童可以触及的位置！

起风的日子不要使用农药喷剂。

仔细思考后再有目的地使用喷剂。

清除植物病变的部位

植物病变的部位不能用作堆肥！几乎所有的病原体都能在生存环境不利时以休眠期的形式度过危机，而寻常堆肥堆的温度完全无法将它们消灭。

最保险的处理方式是放火烧掉病变、干枯的枝条。但许多社区的环保法规禁止放火，有时考虑到对邻居的影响也不得不放弃这个方法。

因此，可以将垃圾倒入相应的生物垃圾桶中（垃圾处理厂的大型堆肥堆通常能达到必要的温度），也可以咨询所在社区是否有相应的地方可供处理。

真菌侵害，怎么办？

就算门外汉也能很快确定，植物或果树是否生病，但要确定是哪种病症就比较困难。病原体可能是真菌、细菌，也可能是病毒。虽然我们将在这两页中介绍一些常见的病症，但遇到严重的病害时你还是应该咨询专家，把受害的植物部位拿给他看。幸好大部分病症都有时间和空间限制，因此在处理后还能使园中剩下的植物幸免于难。

对观赏植物来说，应彻底清除遭病害的植株，并以另一个完全不同的种类代替，使病原体无宿主可寻。

真菌导致：白粉病和霜霉病

白粉病和霜霉病是由真菌引起的病症，其表现为植物叶子上出现灰白色的覆盖层。白粉病表现为叶子正面和背面有白色粉状覆盖层，叶子卷曲，萎缩。霜霉病表现为叶子背面有白色毡状覆盖层，正面则出现斑点。

你可以：作为预防推荐使用木贼浆液、荨麻肥和生物抗性增强剂。保持叶面干燥（潮湿的叶子极易得霜霉病），一旦出现任何迹象，立刻除去得病的植株部位。专业商店出售生物药喷剂，病害严重时可以使用。

另一种真菌：蜀葵锈病和其他锈病

锈菌种类很多，有些专门寄生在某些特定植株上，其他的则会在夏天和秋天更换宿主。它们在蜀葵上表现为叶片背面的棕色疣状脓包，正面则为黄褐色斑点。入秋后叶子背面长出黑色孢子层，使叶片提前掉落或导致整株植物死亡。

你可以：目前还不存在有效的应对方法。你需要彻底去除受病的叶子（必要时去除整株植物），收集掉落的叶子并彻底销毁，因为真菌能在叶子上过冬。

月季灰霉病：月季上的灰霉菌

灰霉菌（灰葡萄孢石竹变种）在其他植物上也能引起明显的灰霉病，但它对月季的伤害相对非常全面（茎、花、芽霉烂）。尤其在长期潮湿的气候环境中，花苞和花朵都容易出现灰色至棕色的腐烂。后期茎干上还会长出梗状的赘生物。

你可以：预防这种病菌最好的办法是选择适宜的、相对较干燥的种植地，并谨慎浇水（不要浇到叶子上）。过量施用氮肥也会增加真菌侵害的几率。一旦发现病菌，应立即去除植物受害的部位。

专业商店有专用于月季花坛的预防药剂出售。

郁金香灰霉病：郁金香上的灰霉菌

郁金香葡萄孢所引起的病变最初表现是叶尖枯萎，叶子上出现灰色发霉层，后期叶子开裂。受害的郁金香长势减缓，且生长畸形。它们通常比正常的植株要小，不开花，或开花异常（见图）。

你可以：因为病菌扩散很快，你需要挖出受害植株和它周围的植株并处理掉（不能用作堆肥！）。

其他鳞茎植物挖出时可以看到鳞片上有棕色的斑点，仔细观察能发现毡状的菌丝体（这样的植株也要处理掉）。

菌核病：大丽花上的病菌侵害

如果土壤营养丰富、排水良好，且光照充足，大丽花通常具有良好的抗性。如果还有干燥的储存环境（5—10℃的地窖中），它们会年复一年地生长、开花。但它们也无法完全避免疾病。核盘霉（图中块根上明显的霉层）会使嫩枝皱缩，最终彻底干枯。通常，茎干上白色腐烂的部位还会出现黑色的菌核。

你可以：为了防止扩散，最保险的方法是清除整株大丽花。对大丽花坛上剩下的花卉可喷上相应的抗病药水预防。

充分准备，安全过冬

你需要
- ► 护根物、秸秆、云杉树枝
- ► 竹竿、麻袋

需要的时间：
覆盖：5 分钟
藤本月季保护外套：20 分钟
灌木"帐篷"：30—40 分钟
观赏性草绑缚：10 分钟

适宜的时间：
秋末降霜前

虽然大部分园林植物不需要过多的防护措施也能熬过一般的冬天，但花费一定的精力帮助某些娇贵的植物安然度过寒冬也是必要的。

冬天的问题不仅在于温度低，而且昼夜温差大。冬末白天温暖的阳光可能会让朝南的藤本月季早早发芽，夜晚却又发生霜冻。对多年生草本植物花坛，除了铺设护根层（见下图），你还可以：

秋天就放弃短截，这样植物的地上部分便能起到保护根部的作用。

多年生草本植物是否需要冬季防护？

多年生草本植物依靠地下的根过冬：地下根中储存着所有第二年春天发芽必需的养料。如果秋季 —— 此时需要给花坛铺护根物——在它们周围铺上护根物，寒霜就不容易穿透土壤，纤细的根部就能得到更好的防护。对于容易受霜冻影响的花卉还可铺上一层秸秆和云杉树枝。

为幼小、娇贵的灌木提供防护

等灌木生长稳定后，通常不需要冬季防护措施，被冻伤的枝条可以在春季剪去。

但最初几年你需要为敏感的灌木提供防冻的护罩。在灌木枝丫间塞入云杉树枝和秸秆，外围再包一层云杉树枝。

由竹竿（上方绑定）固定搭成的"帐篷"能提供更好的防护。竹竿外需要加上黄麻（麻袋）制成的"帐篷布"，可以用钢筋丝固定到支架上。

观赏性草类需要温暖

许多最美观的观赏草都产自温度较高的低纬度地区，因此你需要为其提供冬季防护，以避免部分敏感的组织受冻。你可以在秋末将草叶笼成帐篷一样的锥形（轻轻拧紧），并用园林线绑紧。通常这种"垫子"就足够防冻。

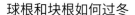 专家提醒

在外面加一层草垫能提供更全面的防护。

球根和块根如何过冬

只要在土中的深度适宜，许多球根和块根（如水仙、郁金香、番红花、雪滴花、葡萄风信子）就能安全地度过冬天。其他品种则需在秋天从土中挖出（如大丽花和唐菖蒲）。附着的土可以等干透后轻松去除。块根最好储藏在干燥的地窖中（4—5℃），放在沙堆上可以进一步降低霉烂的风险（发霉的个体应立即拣出！）。

大部分月季都需要冬季防护

野蔷薇和大部分单季灌木月季不需要冬季防护，但保险起见，你也可以像处理其他的壮花月季和杂种香水月季一样铺上护根物，再加盖一层云杉树枝作为保护。藤本月季可以通过垂挂的云杉树枝（重叠）或围挡的秸秆垫（更加安全）来阻挡干燥的寒风和晚霜。

使花园成为动物的乐园

　　没有鸟鸣的花园未免太过沉闷。虽然鸟们也会啄食种子、幼嫩的植物和果实，但总体而言它们还是花园中最受欢迎的访客。许多花园主都很乐意看到这些长羽毛的客人。类似的还有漂亮的蝴蝶、闪烁的蜻蜓、敏捷的蜥蜴、从隐身处偷偷窥视的刺猬和在树上攀爬的松鼠，它们在园林中的作用远不止孩子的玩物那样简单。

　　花园中丰富多彩的动物还能抑制害虫的增长。鸟类、刺猬、鼩鼱、青蛙、蟾蜍、瓢虫和其他许多动物都属于益虫，可以消灭害虫（参见 68 页）。这点就足以促使人们努力让它们舒适地留在花园中。

　　此外，为这些野生动物在你的花园中创造良好的居所也是对自然保护的贡献。因为现在，除了这些绿化避难所，它们经常无法找到合适的生存环境，因而对动物友好的花园也正变得日益重要。

为鸟类安置适宜的巢穴

　　对这些长羽毛的园林客人来说，不受打扰的巢穴非常重要。大部分成品巢箱最适合山雀、麻雀和其他穴洞孵卵鸟类。椋鸟和戴胜则需要更大的箱体，出入口也应相应扩大；知更鸟和鹡鸰喜欢半洞穴，楼燕、猫头鹰和燕子则需要特殊的巢箱。但也有一些鸣禽只需在树篱和茂密的灌木丛中筑巢即可，这种在空地育种的鸟类包括绿金翅雀、苍头燕雀、白鹡鸰和金丝雀。

　　·最好在秋天就装上新的巢箱，这样鸟类可以将它作为冬栖处。

　　·将巢箱固定在光照不会过强的墙上、树上或专门树立的柱子上，距地 1.5—3m 为佳。出入口应朝向东南方，箱体微微前倾，防止雨水落入。

　　·确保没有猫能靠近巢箱。

专家提醒

　　当地的鸟类和自然保护组织可以为你提供以下信息：如何选择合适的巢箱，从何处购买巢箱，以及相关的注意事项。

冬季需要喂鸟吗？

　　"完全不需要"，某些专家可能会给出这样武断的答案。事实上，某些地方的椋鸟已经习惯了人类充足的喂食而不再迁徙去更加温暖的地方，从而也能在春天占据最佳的孵卵位置。在白雪覆盖或长期霜冻时，适当地给山雀等鸟类喂一些适宜的食物还是非常有用的。但只能使用从专业商店购得的成品食物，且应放在隐蔽、干燥且洁净的位置。

各种动物的庇护所

　　鸟类、刺猬、鼩鼱、蟾蜍、沙蜥、蛇蜥、瓢虫和其他益虫，你可以通过简单的方法为这些动物搭建一个藏身和过冬的地方：在花园安静的角落中用修剪下的枝条、折断的树枝和树根疏松地搭一个木堆即可。

🖢 专家提醒

　　有些动物也会以石堆为家，如蜥蜴。

将落叶堆作为冬栖处

　　与枯木堆和石堆不同，落叶堆并非长久之地，却能为刺猬提供舒适的过冬地，此外，鼩鼱、青蛙和蟾蜍也很喜欢落叶堆。这也是处理大量落叶（有时还夹杂着树枝）的一种好方法。

正确保养工具——好处多多

许多花园主都不喜欢保养工具，但基本的清洁与保养可以提高工具的使用寿命，一定程度上还能保障操作安全。

我亲身经历过这样的事情，因而理解当你终于有时间割草，但割草机却无法启动，或者因为已经破损的斧柄终于断裂而阻碍了你在春天干活的热情时，那种懊丧确实非常讨厌。

仔细清洁工具，包括水桶和标签，也可以预防某些顽固病原体的扩散。

你需要

- 结实的塑料刷、钢丝刷、抹布水，或者还有肥皂、醋（不要加热醋！）
- 螺丝刀、钳子以及类似的工具
- 护理油、润滑油
- 或者磨刀石

需要的时间：

视不同的工具组合 1—2 小时

适宜的时间：

最好在园艺季节结束后立即进行

小工具 —— 这样保存更耐用

首先应去除铲子、锄头和其他小工具上残留的泥土，包括金属部分和木柄上的泥土。结实的刷子、抹布和水就能很好地完成任务。之后将金属部分擦干，涂上润滑油（植物油即可）。

轻度的锈蚀可以用钢丝刷除去，严重的则可使用除锈剂。同时注意检查手柄是否良好，与金属部分的连接是否紧密。涂一层亚麻油可以保护未上漆的手柄。

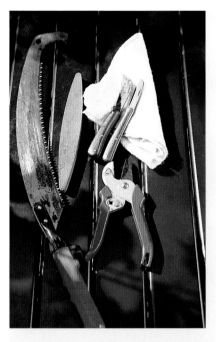

修剪工具：关键是锋利

修枝剪、园林刀和锯刀片不能等到秋天整理时再清洁，而应在每次使用后进行基础的清洁，有时还可以用水或消毒剂（如酒精）清洁，然后擦干。但一定要注意锋刃处，防止受伤。

最晚到秋季整理时一定要更换钝化的锯刀片。你可以自己用磨刀石打磨刀和剪子的锋刃。但专业公司通常可以使边缘更加光滑、清洁。

修枝剪保存时最好打开，使弹簧不必一直绷紧，从而延长使用时间。

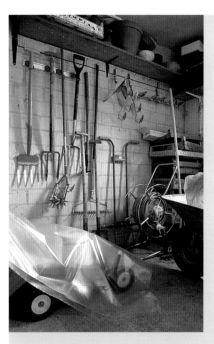

割草机——尤其需要保养

就机器设备而言，自然应该尽量延长那些价格较高的产品的使用寿命。而且这些机器的操作安全非常重要。

我们建议至少每两年由专业公司进行一次彻底的保养。注意，进行所有操作时务必拔出点火线或插头！

每次割草后都应清理割草机中的通风槽，并清除割草机中残留的草屑和碎土，在冬季收藏前尤其需要进行彻底的清理。

汽油发动机需要检查并清理火花塞，电动割草机则应检查电缆。此外，一定要注意生产商提供的保养建议。

浇灌机、喷洒器和水泵如何过冬

残留在喷桶、软管或其他类似配件中的水可能会在结冰时对配件造成损害，甚至使其爆裂。因此，你需要彻底清空喷桶和软管中的水，并尽量避免其结冰。

同样，农药喷洒器也需用清水多次冲洗，彻底清空后保存在不会遭受结冰的地方。

干燥、避免结冰——水泵也应以同样的方式保存，除了潜水泵（注意使用说明！）。

专家提醒

必要时清理冲洗头和其他喷头上的钙沉淀和其他残留物。

工具房中的秩序：不仅为了美观

整洁的工具房好处多多：不用花费大量时间寻找就能轻松地找到各种工具，也不会因到处堆放或翻倒的工具造成危险。

· 带手柄的工具和软管可以挂在挂钩或壁挂架上，不仅显眼，且能节约空间。

· 小型的立架或壁架可用来存放小工具、花盆和各种配件，非常值得投资。类似的，还可以做几个用来存放植物标签、麻绳、园林刀等的抽屉。

· 当家里有儿童时，一定要将农药藏在封闭的壁架中。

菜园的布置与护理

良好的布局保证园艺的乐趣

现在，自己布置花园已经成了许多人业余时间愉快的消遣。如果还能为厨房提供看得见的"成果"当然更好！如果能制定计划，并事先想好哪些香草、水果和蔬菜最适合你的喜好与需求，园艺工作将提供更大的乐趣。

你知道吗？自己种植水果和蔬菜已经成了流行的趋势！尽管现在的庭院越来越小，而人们可以选择的休闲活动也越来越多。和直接购买的成品相比，自己种植的蔬菜在价格上并没有优势，尤其如果考虑上花费的人力。但那种看着一颗结球生菜从种子长大成熟的经历却是无与伦比的！

自家菜园中的绿色健康

人们的健康意识在不断提高，显然这也使人们更加青睐自己种植的无污染的蔬菜和水果。在环境中有害物质日渐增多的今天，能收获未经农药喷剂处理的蔬菜和水果也成了越来越大的优势。

新鲜上桌

如果你可用的种植面积较小，或者没有大量时间来照顾菜园，你可以选择种植浆果和需要新鲜采摘、成长时间较短的蔬菜品种，如生菜和萝卜。此外，香草也有"新鲜"的优势，烹饪前直接采摘下的香草最能发挥其香气。

"从实践中学习"

选择简单的植物开始种植，且开始的量不要太多，要预先定好计划，无论是对自己还是植物都要有耐心，因为园艺中的基本原则就是"从实践中学习"——经过年复一年的积累，你会获得许多新的经验,到后来也会有勇气处理"困难"的植物。

我的菜园适合种什么？

你最喜欢的是什么香料？你最爱吃哪些蔬菜？你喜欢生菜吗？你有多少空余的时间可用来关爱、照料花园和阳台上的蔬菜？你家有几口人，其他人也喜欢生菜和蔬菜吗？你的孩子更喜欢脆口的生食蔬菜还是可口的"试验性香草"？除了这些需要预先考虑，在布置菜园时当然也要选择适合当地环境的植物。此外，你当然也需考虑"园艺护理基础"的一些基本知识，如对植物的保护和护理。但不必害怕，如果菜园中没有大面积地种植同一种植物，病虫的侵害只会局限于某些植株，只要你处理得当，你的园艺作物们也能保持安然无恙，你将收获的是纯粹的健康！

预先定好计划

菜园建成前，需要先考虑好所有必要的细节。

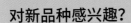

对新品种感兴趣？

是否想过在你的菜园中引入一种热带藤本植物？植物学上，番薯与马铃薯并无亲缘关系，它们原产于南美洲，后来由印加人引种。十六世纪，印第安人称为"甘薯"的植物被引入欧洲。番薯的种植与烹饪方法和马铃薯类似。很多品种的叶子色彩丰富，尤其具装饰性。秋天，它们会结出大量紫红色厚皮的块根，果肉为橙色。

你可以在冬天选择花园中适宜的位置，挑选不同种类和品种的蔬菜水果，计划好种植的顺序。

· 开始时可以选择你最喜欢的蔬菜和香草少种几行，如果种得太多你会不堪重负，很快菜园就成了负担而不是乐趣。

· 注意把蔬菜和香草菜畦安置在靠近房屋的地方，避免你每次采摘都需要穿过整个园子。

· 通向堆肥、水龙头或雨水桶的路也应尽可能地短。

· 香草和蔬菜畦最好选在阳光充足、不易受到侵害的位置。

· 此外，还要注意不要把菜畦设在大（或以后会变大）的乔木和灌木的阴影中。

· 在主风向上或靠近街道的一面可以栽培植株高度适宜的树篱（如浆果灌木），可有效地防止冷风和有害物质的侵袭。

· 按照混作原则（见 88—89 页）种植菜畦，并选择有益的轮作方式（见 86—87 页），这样从一开始你就能避免许多害虫和真菌病害。

· 或许不是所有人都能立刻接受准备堆肥的工作。但想象一下，制作堆肥不仅可以让你不花一分钱就得到极具价值的肥料，而且还能有效地处理掉大批有机垃圾。

· 新布置菜园时，可先播撒绿肥植物。法且利亚叶科等植物能为各种土壤提供休养，帮助土质恢复。

· 就算你只能在阳台上种植，你也能享受自己栽培蔬菜和香草的乐趣。生菜、萝卜、番茄、西葫芦、南瓜和菜豆可种在种植箱、花盆或花桶中，香草则可在悬挂花盆、花盆和阳台种植箱中生长。

◆ 已经拥有一些园艺经验，且时间充足的园丁们可以充分利用蔬菜、生菜和香草创造出多样的菜园。

简单种植香草

　　与蔬菜和生菜相比，香草的种植与护理更加简单方便。

· 例如沙土对许多蔬菜来说都不够理想，需要"改良"，但对典型的夏季香草却非常合适，如百里香、迷迭香、芫荽或莳萝。

· 你的菜园里没有足够的面积？这对种植香草也不是个难题，因为大部分香草只需每种一株就足以满足调制沙拉和作为调料之用了。

· 菜畦上空间不足，你更乐意种胡萝卜和花椰菜？没有问题，因为香草甚至能很好地融入观赏花园。月季花坛中可以种薰衣草、鼠尾草和神香草，百里香和墨角兰可种在假山花园中，牛至、柠檬香草和薄荷可种在多年生草本植物丛中。

· 或者你没有菜园？阳台上和露台花园中也非常适合种植香草，有些甚至还能在厨房的窗台上安然地生长很长时间。

可以选择的话……

　　蔬菜的品种非常繁多，如果你只有几行菜畦，开始时选择蔬菜种类可能会非常迷茫。无论如何，还是先有个总体的概念吧！

· 如果想快速获得最初的成功，你可以选择夏季生菜或容易种植、生长较快的蔬菜，如萝卜和水芹。它们生长周期较短，相对来说也没有特殊的护理要求。

· 如果你想在冬天也能享受自己菜园里的新鲜蔬菜，可以种植秋季和冬季生菜，它们能熬过冬季，来年很早便可收获。

· 如果你有足够的耐力可以种植生长周期较长且护理要求较高的蔬菜，你可以栽培根类、块根、球根和耐储类蔬菜。

· 想要收获成熟的地中海蔬菜和果类蔬菜，你必须选择特别温暖的位置，且需保证充足的光照，此外，你也可以通过薄膜、无纺布垫或小型暖房来实现。

· 如果你想为自己的菜畦和厨房找一些"新的"植物，你也可以试试亚洲的蔬菜，如白菜，或一些新的流行蔬菜，如彩茎的莙荙菜。

做个有计划的园丁

如果在种植时注意菜畦上种植顺序的基本原则，你很快就能在自己的菜园中收获长势良好的健康蔬菜。

轮作

不同蔬菜在很长一段时间内相继种在同一块菜畦上的方式叫作轮作。对此，你需要知道某些蔬菜能从土中吸收大量养料（高养分需求蔬菜），其他的则吸收较少的养料（低养分需求蔬菜）。经过合理的规划，你可以在菜畦上实现一种相应的平衡。大部分香草都属于中低养分需求植物，适合在收获高养分需求的蔬菜后种植。你也可以适当地将菜畦分配给不同的"养料吸收者"。如对养分需求较少的莳萝可和高养分需求的羽衣甘蓝在同一块菜畦上和睦共处。

高养分需求还是低养分需求？

低需求的有罗勒、豌豆、莴苣缬草、水芹、菊苣、萝卜、迷迭香、百里香和神香草。

中需求的有四季豆和菜豆、香薄荷、琉璃苣、西兰花、莳萝、苦苣、龙蒿、小茴香、羽衣甘蓝、黄瓜、峨参、大蒜、墨角兰、著达菜、早实胡萝卜、辣椒、香芹、结球生菜、散叶生菜和皱叶生菜、鼠尾草、细香葱、菠菜和洋葱。

高需求的有菜蓟、茄子、花椰菜、大白菜、苤蓝、南瓜、韭葱、欧当归、晚实胡萝卜、胡椒薄荷、白萝卜、抱子甘蓝、红甜菜、芹菜、番茄、柠檬香草和西葫芦。

为你的菜畦或菜园制定一个种植计划，并详细地记录下在哪里种植哪种植物，这样你就能在下一年确定轮作的种类——好记性不如烂笔头。前一年种植"极度需要养料的"抱子甘蓝的地方这一年可种植低养分需求的豌豆和莴苣缬草，反之亦然。冬天是制定下一年种植计划的最好时期。你可以确定下要种植哪些蔬菜和香草及其品种，以及在哪几块菜畦上以怎样的时间顺序种植。有了高养分需求和低养分需求植物表格和适宜的混作植物表（见 88 页），你就能为你的菜畦"想出"最佳的组合种植方式。

暂停种植甘蓝！

但制定一年的种植计划时，需要考虑的不仅是植物对养料的需求。在混作时（见 88 页）特定的植物种类不能很好地互相兼容，而某些植物如果在第二年或少数几年后就在同一片菜地上种植，则会抑制生长，明显降低产出。这种"不耐性"可能由多种原因造成，如疾病、害虫、植物在土壤中的残留物、根的分泌物以及其他代谢物。

许多蔬菜种类对自己并不友善，也就是说，它们对在同种植物或相近植物之后种植特别"敏感"。因此，西兰花（绿花椰菜）第二年不能在同一片菜地上种植，其他相近的甘蓝种类也不行，如苤蓝或大白菜。对同一块地暂停种植三到四年是非常有效的。停种期在菜地上播撒金盏花或万寿菊种子，可以帮助土壤更好地恢复。

哪些蔬菜可以一起种植？

以下列出的科组中归入了不同的植物，并为你提供菜园中最重要的一些"亲属关系"相关的信息。

对养分需求较少的生菜非常适合搭配养分需求极高的苤蓝和皱叶甘蓝，在周围的空隙中还能种植许多香草。

败酱科: 莴苣缬草

伞形科: 莳萝、球茎茴香和甜茴香、芫荽、欧当归、胡萝卜、香芹、芹菜

藜亚科: 菾菜、红甜菜、菠菜

菊科: 菜蓟、包心莴苣、苦苣、结球生菜、散叶生菜和皱叶生菜、菊苣、芦笋、洋姜

十字花科: 花椰菜、西兰花、大白菜、食用观赏甘蓝、水芹、羽衣甘蓝、苤蓝、辣根、小白菜、水萝卜、白萝卜、抱子甘蓝、芝麻菜、芥菜、托斯卡纳棕榈甘蓝

葫芦科: 黄瓜、南瓜、甜瓜、西葫芦

百合科: 熊葱、大蒜、紫娇花、韭葱、细香葱、洋葱、大葱

茄科: 灯笼果、茄子、红辣椒、辣椒、番茄

蝶形花亚科: 豆类、豌豆

哪种植物在菜畦上生长多久？

在菜畦上生长时间最长的蔬菜被称为"主要作物"，春天在"主要作物"前种植的称为"前作"，"主要作物"收割后在夏末或秋天种植的称为"后作"。"套种"和主要作物一起种植。它们可以在种植开始时填补已有的空隙，因为它们的生长周期相对较短。因此，在制定种植计划时需要考虑不同作物的种植时间。

前作: 豌豆、苤蓝、结球生菜、水萝卜、白萝卜、菠菜

主要作物: 花椰菜、豆类、黄瓜、南瓜、韭葱、胡萝卜、辣椒、红甜菜、芹菜、番茄、西葫芦、洋葱

后作: 四季豆、大白菜、苦苣、莴苣缬草、羽衣甘蓝、苤蓝、结球生菜、水萝卜、白萝卜、抱子甘蓝、红甜菜、菠菜

套种: 莴苣缬草、结球生菜、韭葱、水萝卜、白萝卜、皱叶生菜、菠菜

并不是所有蔬菜和香草作物都能接受新鲜的堆肥，有些甚至对其非常敏感。后作的种植很好地解决了这个问题。

良好的混种关系

自然界中不存在一种植物的单作，人工种植时也借鉴了这个原则，并加以利用。在多种植物共同生长的多样性植物群落中，不同的种类间能互相促进生长，保障健康，甚至还能驱走相邻植物上的害虫。

混作好处多多！

混作时，不同的蔬菜和香草毗邻种在同一片菜地上或一起成行种植。许多有益的混作作物能通过其独特的气味驱走周边作物的天敌。

· 如强烈的洋葱味会吓退胡萝卜茎蝇。相反，葱蝇则不能"闻"胡萝卜叶的芳香。

· 许多香草（如薰衣草、鼠尾草、百里香或迷迭香）浓烈的芳香也对害虫有着"迷惑"作用，因而可将它们从目标植物上引开。

· 可将散发苦味的苦艾种在黑加仑灌木间，避免醋栗茎锈病（真菌疾病）。

· 在温室的番茄之间播撒或种植罗勒，这种喜爱温暖环境的香草便能不受雨水和寒冷侵害，其芳香则能帮助番茄不受粉虱侵害。

· 峨参的香气会让生菜上的头虱丧失食欲，你可以利用这种厌恶，在生菜植物间均匀地撒上这种娇嫩的绿色香草的种子。

· 豆类和香薄荷在厨房里经常同时用到，它们在菜园里最好也一起种植，因为香草植物浓烈的香气会让黑豆蚜虫无法生存。

闲逛花园

蔬菜种类	好邻居	坏邻居
四季豆	香薄荷、苤蓝、芸薹属、草莓、生菜、红甜菜、鼠尾草	洋葱、大蒜、韭葱、豌豆、小茴香
豌豆	黄瓜、苤蓝、芸薹属、胡萝卜、小茴香、生菜、西葫芦	豆类、韭葱、番茄、洋葱
草莓	豆类、生菜、大蒜、洋葱	甘蓝
小茴香	鼠尾草、黄瓜、豌豆	番茄、豆类
甘蓝	生菜、韭葱、豆类、豌豆、芹菜、菠菜、红甜菜、番茄、鼠尾草、莳萝、芫荽	大蒜、洋葱、草莓
结球生菜	四季豆、胡萝卜、水萝卜、豌豆、草莓、黄瓜、芸薹属、苤蓝、韭葱、番茄、胡椒薄荷、峨参、水芹、莳萝	香芹、芹菜
韭葱	胡萝卜、芹菜、番茄	豆类、豌豆、红甜菜
莙荙菜	胡萝卜、芸薹属、苤蓝、白萝卜	红甜菜
胡萝卜	韭葱、生菜、细香葱、洋葱、大蒜、胡椒薄荷、鼠尾草	红甜菜
香芹	万寿菊	结球生菜
水萝卜或白萝卜	豆类、胡萝卜、结球生菜	黄瓜
芹菜	四季豆、苤蓝、韭葱	结球生菜
番茄	四季豆、胡萝卜、苤蓝、芹菜、韭葱、菠菜、罗勒、胡椒薄荷、香芹	豌豆、小茴香
洋葱	黄瓜、胡萝卜、生菜、莳萝、草莓	菜豆、豌豆、芸薹属

这些不同的植物能和谐地共存，且彼此非常有益，此外，万寿菊还负责土壤的健康。

· 将莳萝种子撒在甘蓝植物之间，伞形科植物浓烈的香气能赶走蚤跳甲。此外，莳萝精细的根系能疏松土壤，促进甘蓝对养料的吸收。

· 或许是通过根的某些分泌物的作用，菠菜也能促进周边植物或后作对养料的吸收，因此它在许多混作体系中甚至被当成绿肥使用。

· 大蒜和洋葱含有能杀死菌类的成分，可以很好地避免真菌感染。将它们种在草莓植株间，可以防止草莓遭受各种霉菌的侵害。

混作还能节省空间

合理的混作组合不仅能双向驱除不同害虫，还能帮助你轻松地实现最大化利用菜畦上已有的空间。尤其当你的菜园空间较小时，这种方法能让你快速受益。

· 例如细长的葱类植物宽度较小，因此它们可以在横向蔓生的番茄之间很好地生长。

· 生长较快与生长较慢的植物也能很好地互为补充。在快速生长的植物长大的过程中，慢速生长的植物还不需要很多空间。而当这种植物几周后需要更多生长空间时，另一种则已经收割。例如，你可以将生长周期相对较短的花椰菜品种和生长较慢的芹菜组合种植，这就是近乎完美的组合！

"种植关系"

不同的蔬菜和香草在同一片菜畦上混作也有其视觉上的魅力。

· 宽叶的种类种在窄叶的植物边，直立生长的植物和低矮、横向扩展的植物组合种植。

· 不同的生长特性 —— 如浅根和深根，高养分需求或低养分需求 —— 也能形成和谐的关系，互相产生良好的影响。

· 根分泌物或挥发油也能影响种植关系。因此，每种植物基本都能找到合适的小生境。

自己种植可口的水果

当你决定种植果树时，不久就能收获"可口的水果"。与蔬菜——它们通常首先被视为单纯的作物——相比，果树还能通过自己的特征将菜园扩展成观赏花园。这种作用在春天尤其明显：苹果花、樱桃花、桃花年复一年为菜园增添了许多美景，很快，你就会将它们视为菜园中不可缺少的部分。浆果灌木非常适合小型菜园，或用种植箱和花盆种植放在阳台或露台上，作为"方便食用的果实"，它们也很受孩子的欢迎。此外，果树还能为菜园吸引大量动物：蜜蜂、土蜂、食蚜蝇、蝴蝶、鸣禽、刺猬和松鼠都是各类菜园中很受欢迎的访客，它们通常还能帮助抑制恼人的害虫。

照料好，生长好

想收获健康的水果，且尽可能地避免使用化学药剂，就要对果树进行正确的护理。

· 疏松、通风的树冠能使叶子和果实在雨后更快恢复干燥，减少真菌病害的发病率。同时，可使果实接受全面的光照，均衡地生长、成熟。

· 每年秋天，这些平时备受宠爱的果树都会成为园丁的负担：大量的落叶总会引起愤怒。健康果树的落叶其实是很好的堆肥材料，也是极具价值的肥料！你也可以将它们作为护根物铺在树根基部、树篱边和收割后的菜畦上（除了胡桃叶）。

· 最后，你还要花费一定的时间和精力对果树进行定期的修剪。通常购买时苗圃的园丁就会帮你修枝，但想让果树结出更多的果实，你还需要继续对其进行专业的修剪。如果你不认识专业的果树专家，你最好（！）去参加一个由专业人士举办的果树修剪培训班，以掌握"修剪果树"的秘密。这种课程通常由各种组织和协会举办，有时也会由苗圃举办。

没有足够的空间？

如果你的菜园较小，但又不想放弃品尝新鲜的苹果或梨的机会，你可以选择一些小型的中秆品种，树篱苹果树或芭蕾舞美人苹果树都是不错的品种。有些苹果品种（可在苗圃咨询）非常适合用作独立的树墙，可以取代树篱或作为分界。对温暖的环境需求更高的梨、樱桃或杏则最好在墙体的保护下作为树墙。

> 专家提醒

还有一些果树品种能在花桶中很好地生长，结出丰硕的果实。

浆果占据空间少

浆果通常需要的空间较少，而且它们非常容易照料，基本没有特殊的需求。和大型的果树相比，它们的成熟时间更短，也更容易收获，而且它们的果实是园艺工作中很受欢迎的休息小甜食。你可以在专业商店中买到各种醋栗，既有灌木，也有小高秆植物。浆果灌木可作为树篱或沿着篱笆作为边界，也可以将单独的小高秆植物作为视线焦点种在花坛和隔离花坛中央。在种植槽或花桶中种植时，它们可放在阳台和露台上起到阻挡视线的作用，还能提供可口的果实。

果树可作为家庭绿化

在气候适宜的区域种植几株猕猴桃树（至少需要两株，因为猕猴桃的雄花和雌花为异株）或葡萄藤就能很好地绿化墙壁或棚架，还能收获可口的水果。尽量选择不受风吹的方向的墙边作为种植地。攀缘植物种植的位置至少离墙20cm，并搭上可让它们攀爬的木架或板条架。你需要定期进行专业的修剪，一方面可使植物结出丰硕的果实，另一方面它们又不会长得碰到你的脑袋。

品种非常重要

选择果树前你最好抽出足够的时间进行规划——毕竟果树和浆果灌木比其他的园艺作物生长得要久，通常能活上好几年，甚至几十年。你不能经常移植这些树木，而且其价格也较高。因此，你必须谨慎地选择果树的种植点，同时还要考虑到它们在今后几年中的生长。你的菜园中是否适合种高秆乔木？还是种中秆或芭蕾舞美人苹果这样的小型乔木更好？或者你想用爬藤植物来绿化树篱或墙体？果树是否不能离房屋或菜畦太近，因为最晚四五年后它就会形成大片的阴影？解决了树木大小的问题，但你还是面对着选择的难题：果树的品种极其繁多。你可以根据目录册或在网上先大致了解后再去苗圃购买。不同的品种对土壤、温度的需求，以及其生命力、成熟时间、储存能力、对病虫害的抵抗性都有很大的区别。你最好在苗圃现场听取专业的意见，选择在当地有品质保障的品种。

砧木至关重要

苹果核掉在富饶的土地上就会长出小苹果树。但我们的菜园中大部分果树都不是这样获得的。它们通常由砧木（生根部分）和优良品种组成。砧木和优良品种的"人工"组合称为嫁接（图中为嫁接点）。苗圃中有各种不同的技术可进行嫁接。许多优良的品种以自己的根生长时通常较弱，容易畸形发展。此外砧木还能影响树木的生长强度。无论对爬藤植物、中秆乔木还是高秆乔木，砧木都起着至关重要的作用！

我的果树何时能第一次结果？

果树的寿命也由嫁接的砧木或其生长形态决定。越茂盛的果树生命力越强，反之亦然。高秆乔木能生长数十年，相反，灌木几年内就会"消亡"。一定程度上，作为"补偿"，低矮的树种结果的时间明显较早：灌木苹果树很可能一两年后就能收获果实，但高秆乔木苹果树则须在购买后再等上五到六年。

合适的位置种合适的品种

并不是所有果树都能在任何菜园中生长。虽然现代的很多品种都已经具有多种抗性，能应对病害、寒冷和糟糕的土壤环境，但你还是要考虑区域关系和土壤的特性。极具活力的欧洲甜樱桃在重壤土中也无法健康生长，名贵的梨需要温暖的环境以确保甜美的口感，胡桃树则需要较大的生长空间。

需要花粉提供者

许多果树种和品种都不能自己结果，也就是说，它们的授粉和结果都需要另一个品种的花粉。理论上，这些"花粉提供者"也可以是隔壁花园中的果树，只要是在同一时间开花的合适品种即可。当你在菜园中种植多种浆果时，果树的结果率也会增加。

➡ 专家提醒

如果你喜欢的品种自己不能结果，你可以同时购买相应的授粉品种。

用于直接食用、加工、保存的水果

当你选定某一品种时，在购买前最好再次确保你预定的种植位置适合这种植物，同时你还可以再找一种抗性更强的替代品。此外，如果你打算种多种果树或灌木，你一定要考虑果实的成熟时间：你可以根据成熟时间分级选择品种，将时令品种和耐储存的品种混合种植，这样你就不会遇到水果过多的麻烦。

布置菜园

布置菜园的出发点永远是你现有的花土以及改良它的可能性。

你会发现，像铺设护根物和播撒绿肥、堆肥等当时看来或许麻烦又无用的工作，之后会帮你省下大量的时间和金钱。

不管你是想要一个只有菜畦组成的单纯的蔬菜园或果园，还是一个由盆栽组成的菜园，关于花费的时间、正确的选址，以及搭配种植的问题都需要考虑以下三个问题。

你需要投入多少时间？

菜园越大，你所要付出的时间和精力就越多。像花台或高畦这种特殊的菜畦比较费时费力，但初期的这种投入可以简化你以后的护理工作。

选择最适合本地的品种

即便全身心地投入园艺工作，你也只能种植符合你所在地域土壤和气候情况的品种。蔬菜品种繁多，且都有相应的种植、护理措施，不管你在何地都能找到适合的品种。对于非常喜热的蔬菜，尤其在气候并不适宜的地方，你也可以通过覆盖薄膜或搭建小型暖棚来实现种植。

菜园中最适合种植蔬菜的位置

蔬菜和香草都需要一个阳光充足、温暖且有防护的生长环境。有时问题在于，你是否真的把花园中这样的好位置用来种植作物，还是只在这里安置了座椅和水景。在不确定的情况下，你可以选择香草，它们能很好地融入多年生草本植物花坛和阶梯式花坛中，夏季蔬菜和生菜则可以种到相对节约空间且能自己增热的花台中。

自己播种还是购买幼苗？

春天，花鸟市场和一些苗圃都会出售各种幼苗、盆栽和种子，令人眼花缭乱，不经意就会买下太多或因未经考虑而买了错误的植物。番茄苗就是一个例子，它并没有足够的抗性，但很多人却为此将原本计划的冬苹果抛到了脑后；而 20 孔穴盘的生菜对一个家庭来说也太多了。

因此，采购前一定要先定好计划，不要轻易被低廉的价格诱惑。

自己播种的植物

自己用种子培育蔬菜、生菜或香草是一种非常经济的做法，但并不方便，需要耗费相对较多的时间。但在有些情况下，这样做是非常有利的，如对某些容易发芽的种子来说，你只需将其播撒

到空地上就不必再移植；又比如一些你需要大量幼苗的植物，如豆类和豌豆（见 28—31 页），自己种植就会比较经济。像番茄、辣椒、黄瓜和茄子这类植物如果种植量比较大，例如至少要 10—15 株，这时自己播种也比较合算，但有时可能需要用到小型暖房。对一些具有高抗性或其他特性（多实、少实或果实多样性）的品种，一般都是购买种子比幼苗方便。胡萝卜、菠菜、水芹、莴苣缬草和其他种类的生菜也应选择自己播种，因为这类植物的需求量通常较大，因此一个季度里播种一次或多次都是必要的。

播种一年生香草

香草通常是一年生的，且需求量较大，因此推荐自己播种。如果多次播种香芹都没有成功，不要生气，因为别人也经历过同样的事情，你可以在来年春天选择已经发芽的幼苗。有些植物，如琉璃苣、莳萝或万寿菊在适宜的条件下可以自己结子，以后你都无需再购买种子。结球生菜和散叶生菜如果不收割，任其生长直到开花，也可以提供种子。同样，如果从番茄果实中将种子取出晒干也可以用于下一年的播种。

需要注意的是，用来收获种子的植株一定要完全健康。

何种情况下推荐购买幼苗？

经过预先培植的蔬菜和生菜幼苗通常带土球装在育苗穴盘、Jiffy 盆、泥炭膨胀盆、陶土或塑料花盆中出售。当你只需要一株或少量的植株时，选择幼苗是比较经济方便的，如菜蓟、花椰菜、羽

包衣种子的优势

现在很多蔬菜种子都经过特殊的处理。如包衣种子，种子外面有一层药片大小的覆盖物包裹。接触到水分时，包衣就会溶解，将种子释放出来。虽然大部分包衣种子都比普通种子贵，但包衣的存在大大方便了极小粒种子的播种。同时，包衣种子长成的植物品质更好。尤其是萝卜、胡萝卜、生菜和白菜，非常值得尝试这类种子。

➤　春天花市和苗圃会出售多种预先培植的植物幼苗，要考虑清楚哪些需要购买幼苗，而哪些你更愿意自己育苗。

衣甘蓝、南瓜或西葫芦等。如果你没有暖房，而在窗台上播种又太麻烦时，对于那些至少春天不能直接播种在露地上的蔬菜来说，还是选择预先栽培的幼苗比较方便。

自己繁殖香草？

你随时都能买到盆栽的香草。早春时，花鸟市场出售的植物通常是催生的，还不适合移栽到花园中。而晚秋的盆栽香草通常已经过老，也无法在菜畦上保持良好的长势。因此，你必须考虑清楚购买盆栽植物是否值得。

大部分多年生香草都会在一个合适的地方持续生长，因此一般你只需购买一株或少量此类植株便不必再作操心。对于经常使用的一些香草，你还可以通过扦插或分根（见 117 页）来轻松获得新的植株。如果你在逛花市或苗圃时发现了一些特殊或罕见的品种，就赶紧下手吧，否则你定会懊恼不已，因为之后你可能再也找不到这种浅粉红色花的薰衣草了。

裸根苗还是容器苗？

你可以在春秋季买到果树的裸根苗，这些植物已经从苗床中挖出，但因为是不带土的裸根，为了避免干枯，通常会进行假植。如果你能在 24 小时内种植（且期间保持凉爽、湿润），这种不带土球、相对较便宜的果树苗是最佳的选择。

通常只有大树才会采用由黄麻包裹的土球，如果你要种植单株已经长大成熟的果树，这种树苗价格较高，但却是必要的。

容器苗和灌木苗价格居于两者之间，几乎终年都能移植，而且在移植前可以放上多天，因为土球会保护植物的根。

改良你的土地

绿肥植物
- 钟穗花（法且利亚属）
- 白芥
- 羽扇豆
- 金盏花或万寿菊
- 窄叶野豌豆
- 冬黑麦（耐寒）
- 紫云英（耐寒）

现成混种绿肥
- 埃及三叶草、波斯三叶草
- 园林腐殖质
- 兰茨贝格混合物（指由长柔毛野豌豆、绛三叶、意大利黑麦草组成的混种绿肥）（耐寒）

如果你想改良土壤，可以在菜畦上覆盖一层护根物或种植绿肥植物。这样可以让下方的土地细腻、肥沃，也能为有益的土壤生物提供最佳的生长环境。

护根物或绿肥植物形成的地被不仅可以防止土地因降水过度形成淤塞，也可以避免因夏日曝晒而造成干旱。此外，有机护根物和枯萎的绿肥植物还可以为栽培植物提供丰富的养料。

定期堆肥和栽培适合这块土地的植物对改善土质也有帮助，它们可以促进并改善土地的透气性、活性及蓄水能力（见 14—17 页）。

护根物

我们知道，像干燥的草屑、无子的野草、干草、秸秆、树叶或半腐烂的堆肥等有机植物垃圾都适合做空菜地或其他种植地上的覆盖物。

·果树下应该堆放树皮护根物，通常它可以酸化土壤。

·你可以通过铡、切等方式将过长的护根物切碎。

·草坪剪草后的碎屑应先晒干再用作护根物，否则可能会发霉腐烂。

·通常护根物的厚度为 2cm 到 5cm。如果你的花园里有田鼠或蜗牛，护根物可以盖得薄一点，多盖几次，因为两种动物都容易

在厚厚的护根物中藏身，而且护根物还能保护蜗牛免遭干旱。

·当护根物无法完全遮住土地时，需要更换一批新的。护根物不仅能抑制杂草生长，还能保持良好的土壤结构，维持均衡的土壤湿度，节约灌溉水。对于靠近地面的果蔬，如草莓、南瓜或西葫芦，护根物还能使果实在大雨过后仍保持干净。

绿肥 —— 保持土壤健康

对于因过度种植而板结或疲累的土壤，在重新种植蔬菜或香草前可以先做一次"绿肥疗法"。你可以在春季（4月前）或秋季（最晚到8月或9月）播种绿肥植物或通用的混种绿肥（见左页），约半年后将残余的植物掘起后埋入土中或直接割除即可。现在，土壤已经变得细腻、疏松，充满活性，你可以开始种植了。

"灵丹妙药" —— 堆肥

春天（3月或4月）你可以于种植后在菜畦或其他种植地面上播撒约1—2cm厚的堆肥作为肥料，再将它平整地混入土中。为了改善腐殖质贫瘠的土壤，你可以每两三年于冬季或早春再用堆肥施一次肥。

🔹 专家提醒

根据气候不同，获得彻底腐化的成熟堆肥大约要12—15个月。

充分松土保证良好的透气性

对于普通的花园土，不时用挖掘叉进行松土就足够了。将挖掘叉插入土中，在10cm左右的距离内扒动，你需要重复这个过程直到整个种植面积都松土完毕。用这种方式可以保护土壤结构和土壤生物，而深翻通常会对土壤生物造成伤害。

在高畦上种植蔬菜

你需要

- 木材废料、树枝、枝丫、灌木修剪枝
- 草皮（根部朝上堆叠）
- 树叶（或秸秆）
- 半腐烂和成熟的堆肥

需要的时间：

堆筑：4—5 小时
种植：1—2 小时

适宜的时间：

秋天或早春

对蔬菜和生菜来说，高畦种植不仅是一种富有创意的想法，同时还是一种真正能促进生长的方法。

这种菜畦用作混作（见 88—89 页）也能有杰出的表现，还能实现多样化的组合。应时蔬菜或喜热的蔬菜，如番茄、辣椒，尤其适合在能从底部自己产热的土丘形成的菜畦中生长。

值得注意的是，你最好在尽可能短的时间内在高畦上种满蔬菜，即不要有大面积的空地，否则雨水会很容易将泥土冲走。内部逐渐腐烂的物料可以持续提供养料，因此使用高畦能在一年内多次种植而不必重新施肥。

1. 如何开始堆筑高畦

新堆筑这样一个内部有多层层叠的拱形菜畦虽然比较费力，但却是一种在狭小的花园里为不同蔬菜争取足够生长空间的有效方法。尤其在凉爽、多雨的气候环境下，高畦还能起到另一种作用：像堆肥堆中发生的变化一样，高畦内部的有机物料也会通过腐烂释放热量，从而促进植物的生长。由于存在不同的物料层，暴雨时能轻松排出雨水，从而避免了水涝。因此高畦上的植物长得特别快而茁壮。

· 在花园中选择一片光照充足的平地来堆筑高畦。

· 高畦的宽约为 1.4m，长度可自由决定，主要取决于花园的空间。

· 先测出土地面积，并用园林线和木桩标记。

· 接着沿标记线挖出约25cm 深的土。

· 最好将挖出的土留在菜畦边，这样可以方便稍后用它们来填充高畦。

2. 如何在内部堆叠物料

首先在挖空的基底中填上 10—20cm 厚的树叶，上面盖一层同样厚度的木材废料。在此最好使用树篱或灌木的碎枝（不要用针叶树！）。将物料折碎，使其能平整地铺叠而不至于空隙太大。上面再盖一层 10—20cm 厚的树叶，再用从基底挖出的草皮覆盖。最后还要铺一层半成熟的堆肥，厚度同样为 10—20cm。

3. 如何将物料堆变成高畦

最后将起先挖出后堆在一旁的泥土和成熟的堆肥以 1：1 的比例混合，用这堆土肥混合物在物料堆上堆叠 30—40cm。

完成的土丘总高度应为 80—100cm。用铁锹或铲子和整平耙搂平最后一层混合物，使其形成平整的种植地，你就可以在上面种植蔬菜了。由于物料一直在分解，因此高畦每年都会下沉，需要补充堆肥。5—6 年后需要重新堆筑高畦。

4. 如何在高畦上种植

因为不同的物料层保证了高畦的排水，那些容易遭水涝之害的植物可以在这里长得很好，如香芹、胡萝卜、萝卜和生菜。在两侧的斜坡上不容易播种，因为种子容易在浇水时被水冲走，而不浇水又会遭遇干旱。两侧最好种植幼苗，可以选择在"山脊"或"斜坡"底部播种。

花台：方便、整齐、实用

花台使你能在有限的空间里种植尽可能多的植物，同时它还有其他好处：

有了花台，在种植、除草或收获时你都不必再弯腰操作，因为其高度正好符合你的身高。而且，花台内部的不同物料层在分解时会释放热量，促使植物更快成熟。因此，相比传统菜畦上的植物，你可以更早收获花台上的植物。

通过内部的有机物作用，花台上的植物特别高产，而且一年内可以多次种植。

可以单独种植和收获植物的小花台也非常适合孩子，他们能在自己的视线所及之处方便地观察植物的生长过程。

🌱 **你需要**
- 可以自己组装的木质堆肥设施（在花市或建筑市场可以买到）
- 有时还需要不锈钢螺纹杆和相应的螺母
- 铁丝网，防止老鼠进入

🕐 **需要的时间：**
搭建边框：1—2 天
堆叠：4—5 小时

📦 **适宜的时间：**
秋天或早春

1. 这种菜畦不会落土

搭建花台的最佳时间是秋天（9 月或 10 月）或春天（4 月或 5 月）。应该选择光照充足的位置。首先要挖起地表可能长有的草皮堆在一旁。粗略地搂平地面并确保底土没有严重板结或硬化。你可以选择木板或结实的木条作为搭建框架的材料。也可以选择经过预处理的堆肥设施（见图）。如果选择木板作为框架材料，你还可以钉上铁丝网，之后种植攀缘或蔓生植物作为装饰。

2. 搭建花台的框架

因为搭建一个花台对你的花园非常有用，因此不要将它设计得太小，同时要注意确保可以从各个方向对花台进行操作。

实践证明，约 1.2m 宽、0.8m 高，至少 2m 长的花台是非常实用的。

标记好基底，挖出约 25cm 的土，然后开始搭建由木板或圆木组成的侧墙，用木桩、结实的圆木或横向的螺杆固定。

为了防止田鼠的侵害，可以在堆叠物料前在花台底部铺设一层细铁丝网。

3. 层层叠叠——花台的内部世界

首先在挖空的基底中填上10—20cm厚的树叶，上面盖一层同样厚度的木材废料、树篱或灌木碎枝。将长树枝和枝丫折断，使其方便堆叠（不要使用针叶树枝，它们会使土壤酸化）。继续在现有的"骨架"上面铺一层10—20cm厚的树叶，再用挖出的草皮覆盖。

👉 专家提醒

花台非常适合行动不便的园艺爱好者和轮椅使用者。

4. 上层覆盖：土壤堆肥混合物

在树叶、木材废料和草皮层上方还要加一层10—20cm厚的半腐烂堆肥。

现在将起先挖出后堆在一旁的泥土和成熟的堆肥以1∶1的比例混合，用这堆土肥混合物在物料堆上堆叠30—40cm。

用力按压所有物料层，使种植面尽可能平整，不至于发生某些部分下沉，某些地方又特别松散的情况。

需要考虑的是，随着物料的分解，花台每年都会下沉，因此需要补充堆肥。5—6年后就得重新搭建花台。

5. 在花台上种植——一年不止一季

生菜和蔬菜作物在花台上生长特别快，因此一年中可以种植并收获多次。初夏你可以在花台上种植例如生菜或韭葱等植物，还可以在其间种一些金盏花作为点缀。你也可以选择胡萝卜、水萝卜、莙荙菜、散叶生菜和莳萝作为第一批种植物。这些蔬菜在花台上的生长时间比在传统菜畦上会缩短7—10天。

要勤浇水，因为最初水分很容易通过刚刚堆叠好的花台流失。

简单有效 —— 作为暖房的塑料袋

对于小规模的播种，只需在尽量明亮、温暖的窗台上使用花盆和塑料袋即可。在花盆中插入 3—4 根木棍，盖上塑料袋，用橡皮筋固定。塑料袋上需有通风口，以避免形成冷凝水，导致腐烂，生成霉菌。当种子发芽且幼苗开始生长后，除去塑料袋。

在促进香草插条生根时，塑料袋下的"压缩"空气也是最佳的选择。

充分保护

专业商店出售塑料制的成品植物保护罩，它们有多种用法，非常实用。保护罩配置通风口，材料为部分透明，即便在光照强烈时也能投下阴影。如果你在早春种植了最早的生菜植物，这些保护罩可以为它们营造最佳的成长环境。就算是特别容易受冻的幼苗（如豆类）在受到寒冷的晚夜霜威胁时，这些保护罩也能提供有效的防护 —— 它们可以在短时间内安装，然后很快再除去。

与植物共同生长的薄膜

春季种在带孔或缝的薄膜下的植物如结球生菜、皱叶生菜、水萝卜或白萝卜可提前 3 周成熟。小孔或裂缝可以实现空气和湿度的交换，而且带缝的薄膜和能一起生长的薄膜会随着植物的生长膨胀成隧道状的拱顶，因此就算长势旺盛的蔬菜也不会感到拥挤。将薄膜松松地盖在菜畦上，用木板或石块固定边缘。当植物可收获时，揭掉薄膜，最好在阴天进行，这样可让植物更好地适应"新鲜空气"。

用薄膜做护根物

护根物能保证土壤中最佳的水含量，保持土壤温度恒定，促进土壤生物的生长，抑制野草。如果你没有有机物作为护根材料，也可以使用黑色塑料制的护根薄膜。喜欢温暖的蔬菜都能在黑色薄膜下健康地生长，如茄子、黄瓜、球茎茴香、辣椒或西葫芦，此外，草莓也很喜欢薄膜下恒定的热度。有不带孔的护根薄膜，也有带十字缝的薄膜，这种情况下植物可从缝中直接长出。

保护罩下的番茄

在露地栽培的番茄经常受到褐腐病、凋萎病或其他真菌病害侵袭。带孔的薄膜罩可在多雨的天气和阴冷、潮湿的夜晚提供防护。但要注意，薄膜罩中不能出现冷凝水、水涝或湿气，天气转好时需将其去除。尤其是在番茄开花期间的白天和天气晴好时都要拿掉保护罩，否则传播花粉的昆虫就会被挡在外面，而无法完成授粉的花则不会结果。

大棚中的蔬菜

塑料大棚是对生菜和蔬菜来说非常实用且灵活的暖房。在弧形的金属架上盖上 PE 膜或带孔的薄膜，固定边缘 —— 完成！薄膜大棚很容易搭建，也很容易拆除。通风和收割时只需揭起边缘的薄膜即可。大棚的位置最好在东西方向上，这样就算刮大风也不会吹起薄膜。在充分通风（绝对必要！）的条件下，大棚甚至能保留到植物最终收获的时候。

温床 —— 经济实惠的迷你暖房

从 2 月中旬，在室外还很冷的时候，你就可以在温床中种植最早的生菜，在秋末和冬天 —— 甚至下雪时也能收获新鲜的莴苣缬草。当温床中不需要种植冬季生菜时，你可以将它们用作秋季储存蔬菜的场所。温床上通常不需要浇很多水，因为那里的土壤具有适宜而持续的湿度。但一定要定期且频繁地通风！

你可以自己搭建温床，也可以在专业商店中购买不同大小和结构的温床。

小型暖房 —— 昂贵的变体

专业商店中出售各种大小和配置的暖房，有专业搭建的，也有可自己搭建的 —— 一切都取决于你的钱包。如果你是热带地区蔬菜的粉丝，或者想整年都能收获新鲜的生菜、蔬菜或香草，而且你的园子里也有合适的位置，那你完全可以买一个暖房。早春，暖房也非常适合用来繁殖植物和培育幼苗。玻璃下的空气温暖且湿度充盈，能为植物的生长提供最佳的环境。

正确的种植与护理

布置好第一块菜畦和种植地后，就可以继续种植灌木、乔木、蔬菜、生菜和香草了。掌握正确的浇灌和施肥技术，加上"园丁基本常识"中的基础建议，就算新手也能轻松地照料好菜园。如果能在收获和储藏时注意恰当的时间与方法的话，那么，尽管享受自己劳动产出的果实吧！

在恰如其分的种植后，果树、蔬菜和香草们还需要一些护理措施，有些要求多一点，有些则少一点。

浇水是温暖的月份里菜园主的主要任务之一，也似乎非常简单：打开龙头——通水！但施肥就没这么容易。施多少肥料？施什么肥？何时施肥？是否需要施肥？

接下来的几页中你将得到许多指引与建议，帮助你保持菜园中作物繁茂的生长。

修剪灌木和乔木 —— 专家的工作？

购买时你就应该让苗圃工人修剪果树和浆果灌木的幼苗。只有正确的种植与护理，才能最大程度地让树木在你的园子中茁壮成长。如果你想收获大量健康的果实，至少在最初几年中还需要继续修剪工作。你最好（多次！）参加果树修剪的培训班，从专业人员处习得如何修剪果树的秘诀。

如何处理蚜虫等害虫？

所有园丁一看到蚜虫就使用化学药剂的时代已经过去了。我们的环境中包含了过多的有害物质，已引起人们的反思。你需要认识园艺中各种益虫，并学会利用。如果你已预先使用植物原浆、甘蓝领和蔬菜保护网，且从一开始就为植物营造了有利的环境，你和孩子便能放心地食用菜园中的浆果和蔬菜。

何时灌溉、施肥？如何控制量？

如果你能正确地掌握灌溉与施肥，并注意一些基本原则，你已经在菜园中取得了第一步胜利。

水流出发！

灌溉时需记住以下基本原则：

· 通过定期锄地或铺设护根物形成的良好的土壤可以少浇水，或者可以说在这样的土壤中，植物更容易吸水。"一次锄地顶两次浇水！"不是毫无根据的。

· 可能的话最好在早上浇水。傍晚当然也可以，但如果晚上土壤和植物保持湿润的话，会吸引更多蜗牛和有害的真菌。

· 最好针对性地对单株植物浇水，不要大面积地直接浇灌。这样能节约水流，还能避免沾湿叶子和花朵，防止真菌病害的扩散。

· 浇水要浇透，这样可充分湿润深层的土壤。

· 有机会收集雨水的话最好用雨水。经短期存放的雨水是自来水的一种经济有效的替代品。

· 盆栽植物会在托盘上积留多余的水分，可在半小时后倒出。这样能有效地避免水涝与霉根。

· 盆栽香草和蔬菜如果出现干枯下垂的叶子，就表明植物严重缺水。如果花盆和根球之间已出现明显的裂痕，土壤发生龟裂，举起花盆时感觉明显变轻，这时你需要尽快采取措施！作为有效的紧急措施你可以把较小的容器放入装水的桶中，将其按入水中，直到不再有气泡上升。

· 对新种的果树和灌木，需要尽可能频繁地浇水，直到植株开始健康地生长。炎热的夏天也需偶尔为树木浇水。

用"系统"浇灌

在计算机时代，连接自动控制系统的滴灌带承担起了菜园中的浇灌任务。尤其在假期，你可以利用这种系统避免植物遭受"干旱"。

但购置一套由电脑控制的全自动浇灌系统时，你也需要接受芯片科技的一项缺点，即虽然它装有雨量传感器，但还是需要手动预设浇灌时间和浇灌的水量。购买浇灌系统时，所有配件都要出自同一家公司，这样可确保互相适配。

适量施肥

所有绿色植物在生长和结果实与种子时都需要比例均衡的不同养料。

大量植物营养包括氮（N）、磷（P）、钙（Ca）和镁（Mg）。此外，植物还需要一些所谓的微量元素如铁（Fe）、铜（Cu）、锌（Zn）或硼（B），但所需的量较少。

在适宜的自然环境中，植物通常能获得足够的养料来保证生长。但和自然的生长环境不同，菜园中的土壤使用率很高。你会想在相对较短的时间里从菜园中收获尽可能多的健康、繁茂的蔬菜或水果。在收获的同时，有机物和养料也在自然循环中被再次消费。因此，你需要针对性地施肥为其补充养料，否则，随着时间的推移，植物生长会明显减弱，其

由生菜、花卉和香草组成的菜畦也可以如此美丽。配合适当的照料、正确的施肥和足量浇水，你就能长期享受其中的乐趣。

果实也会明显减产。

相应的养料包含在无机和有机肥料中。

·**有机肥**来源于自然。包括如厕肥、堆肥、植物性护根材料、绿肥、植物性液态肥和制成品如角屑、骨粉和血粉，或者鸟粪。它们生效较慢，但能在较长的时间内发挥作用。

·**无机肥**是化学制成品。专业商店里出售的多是复合肥，其中以均衡确定的比例包含了所有大量元素。它们不含盐和氯化物，也适用于对盐过敏的作物如茄子、豆类和许多浆果灌木。

黄金施肥规则

·只在多云的天气施肥，土壤必须保持湿润，这样可保障植物的叶和根不会因肥料的盐分而"焦化"。

·施肥最晚到8月中或8月底，之后就要停止！

唯一的例外：如果你的菜园土壤中钾或钙含量过低，可在秋天施用这些养料作为储备肥。

·通过简单的 pH 值测试或酸度测试确定土壤中可能的钙含量。

·一定要注意肥料包装上的说明和剂量指示。

·尝试一下钾含量较高的长效有机专用肥，可以施于南瓜、辣椒、番茄或西葫芦地中。你一定会被蔬菜在口味、甜度和储存能力方面的提升所震惊。

·商店中也有用于浆果灌木和果树的钾含量较高的有机复合肥，可以促进结果，增高产量，并改善口感。

·尝试尽可能通过使用堆肥、护根物、绿肥和其他有机肥的方式减少无机肥的用量——这对你的钱包和环境都有好处！

番茄——园丁们的最爱

超市的货架上终年都能看到来自不同产地的番茄。但自己种植的番茄其口味和新鲜度都是无可比拟的！

即便是对种植蔬菜没有多少兴趣的园丁通常也会在菜园某个光照充足的位置种上几株番茄。植株紧凑、小巧的矮番茄则尤其适合盆栽。或许在自己菜园或阳台上种植番茄如此受欢迎的另一个原因是，即便不爱吃蔬菜的孩子也很喜欢樱桃番茄或鸡尾酒番茄，他们尤其喜欢直接从枝条上采摘食用！

你需要

- 由木头、竹子、塑料或金属制成的番茄支撑杆
- 树皮纤维或麻绳
- 番茄专用肥
- 番茄罩

适宜的时间：

种植：5月中旬之后才能在露地种植
支撑：一直需要
摘除侧芽：一直需要
浇水：保持充分湿润
施肥：每3—4周

正确种植番茄

在菜园中为你的番茄选择光照最充足、最温暖的位置。放在朝南的墙壁和围墙边的花桶也是番茄绝佳的生长地。

种植前需充分松土，最好混入成熟的堆肥，以确保充足的养料供应。植株的间距为50x80cm。定植穴的大小应该能轻松地容纳幼苗的根球。植株种得越深，侧根就越多。

> **专家提醒**
>
> 番茄是深根性植物，喜欢富含腐殖质和养料的土壤。

番茄需要支撑

除了矮番茄，其他种类你只需培育一条主茎，上面就能长出许多大而味美的果实。因此番茄植株需要稳固的支撑，支撑物可以支持并引导其生长。木棒、结实的竹竿、塑料棒或粗糙的金属棒都能达到这个目的，你可以在专业商店买到。

支撑杆既可以随植株一起种入穴中，也可在种植后敲入幼苗旁边的土壤中。

固定时使用树皮纤维或粗糙麻绳，绝对不能用钢丝，当沉重的果实垂在茎干上时，它会勒住甚至伤害多肉的茎干。

少量叶，大量果实

定期摘除不断从叶腋中长出的侧芽，你就能避免植株枝条过于茂盛，导致将过多的养料用于生长叶子，而不是结果上。

第一批果实长出后，截断主茎的芽尖（除了矮番茄）。露地的番茄通常最多只有五条花枝能结果成熟，因此，你需要掐除多余的花，使剩下的能更好地生长。

定期摘除最下方的叶子，使地面以上 40cm 内的茎干保持无叶，这样可促进土壤上方空气流通，避免从地面感染真菌疾病。

为番茄浇水、施肥

番茄喜欢湿润。浇水时要注意只浇到植株下方的土壤，不能打湿叶子。果实开始成熟时，植株对水分的需求量最大。

现在果实还很容易掉落，因此浇水的量不要发生大的波动。如果在种植前你已经撒入堆肥，生长期时只需施 1—3 次商店中常见的复合肥或番茄专用肥即可。8 月中旬施最后一次肥，此后即可停止施肥。

🍂 **专家提醒**

插在植株边上土壤中的花盆（见图）是很好的浇水辅助工具。

番茄需要温暖

在露地栽培番茄时，春天你需要为这种对温度需求较高的植物提供防冻保护。你可以在专业商店中买到由 PE 薄膜制成的番茄罩。每隔几小时就要给罩子通风。因为长期遮盖很容易产生冷凝水，并进而引起真菌疾病，在光照强烈时甚至会发生焦叶。

8 月底后，热气已经结束，这时需再次使用薄膜罩。此时你应该进一步增加热量，使番茄果实更快地成熟，并保证优质。

生菜如何结球

结球生菜、菊苣等植物富含维生素矿物质以及能增强体力的氧化镁，且还含有一定量有益健康的叶绿素，难怪它们深受人们宠爱。生菜对园艺新手和经验丰富的园丁都充满诱惑，其原因在于：相对较短的生长周期；多种能实现提早收获的方法（见104—105页），许多品种可在夏末和秋天种植；甚至还有大量彩色的品种。

生菜最好每天新鲜采摘，因此每次通常只需种10—12天的量。由于生菜的生长周期明显较短，因此你只需每两周种植一次就能保证几乎每天都能吃到脆口的绿色结球生菜或新鲜采摘的散叶和皱叶生菜！

 搭配植物

- 四季豆
- 莳萝
- 豌豆
- 草莓
- 黄瓜
- 峨参
- 芸薹属
- 苤蓝
- 豌豆
- 韭葱
- 胡萝卜
- 水萝卜
- 番茄

正确种植生菜

由于生菜所需的养料较少，你可以将它们作为前作、套种或后作纳入你的种植计划或菜畦中。依据混作的原则，生菜也是非常适合与其他蔬菜一起种植的一种作物。但生菜对过度使用氮肥非常敏感，这可能会导致它极易受病虫害的侵袭，且收获的食用部分容易硝酸盐含量超标。因此最好在种植前检测土壤中养料的含量。

生菜能长出巨大的结球，如结球生菜或苦苣，因此在菜畦上需要较大的空间以保障自由地生长。如果你将生菜成行相邻种植，尤其在较小的菜园中，预留的空间很快会被用尽，而各个叶球之间未种植植株的地方又会出现空隙。这里给出一种能节约空间的分组种植法（见图）。相邻的种植行不是平行设定，而采用交叉种植，每一株生菜都位于另两株的空隙处，这样菜畦能明显容纳更多的植株。此外，你也可以充分利用空间，在每一行内的空地上种植生长时间较短的作物如水芹或峨参。

生菜喜欢居于高位

　　种植前充分松土，并在表面施一层薄薄的（约1cm）成熟堆肥。挖一个小洞，稍大于植株的根球或容器土球，放入植株。记住，生菜喜欢浅种！要确保子叶露在土壤外面，根颈也不没入土中。这样能避免生菜的底腐病。

　　带容器土球的幼苗其土球应有三分之一露出地面。这样即便种下后还要迁移也不会对植株造成伤害。一句古老但仍有意义的园艺法则是这样说的："生菜需在风中舞动。"这样，你可以用洒水壶充分浇透携带泥土的细根。

覆盖玻璃和薄膜的生菜

　　无论在暖房中还是薄膜覆盖下，植物都需要定期通风，以避免形成冷凝水，导致有害真菌的感染。

　　由于春秋白天较短，光照强度较弱，薄膜下和暖房中的生菜很容易在叶子中积累不必要的硝酸盐。为了尽可能避免这种情况，你可以选择在下午采摘生菜，因为此时，在黑暗环境中形成的硝酸盐已经分解了一部分。

🍃 专家提醒

　　生菜很适合作为一年中暖房、温床和薄膜种植的首次和最后一次使用的植物。

浇水，并充分防护

　　由于生菜的根相对只在土壤浅层生长，因此它们不能深入到深层的湿润土壤中。所以你需要保证土壤表层足够湿润，使你的生菜作物保持稳定的湿度。

　　对生菜周边的土壤浇水，应尽量避免直接浇灌生菜的叶球，否则很快就会引起如生菜底腐病等真菌病害。

　　春天种植的第一批生菜可能会受到寒冷的晚霜威胁。一种塑料制的成品植物保护罩是非常有效的道具，它们能保护单独的植株不受霜冻侵害，很容易套上，也能方便地除去。

蔬菜的种植和护理

对许多蔬菜来说，要想保证其健康的生长，稳定的土壤湿度和良好的土壤结构非常重要。采用相应的种植措施，你可以在自己的菜园中轻松地把握这些因素。如果你能做到对菜畦定期浇水、锄地、铺护根物并除草，你就已经完成了大部分护理步骤。蔓生或植株较高的蔬菜（如豆类和豌豆或番茄）需要攀缘物或支撑杆来固定并引导其生长。对于其他作物如韭葱和胡萝卜，你可以用沙子或土壤进行堆培。

攀缘辅助物

豌豆的攀缘辅助：
- ➤ 干树枝
- ➤ 在两根杆子间张上钢丝或绳索（距离约 10cm）
- ➤ 约 80cm 高的金属丝网

豆类的攀缘辅助：
- ➤ 木杆
- ➤ 金属棒
- ➤ 绷紧的绳索
- ➤ 木头或金属制的攀缘架

豌豆和菜豆的攀缘辅助物

最晚到豌豆植株 10cm 高时，它们就需要辅助物来支撑攀缘茎向上生长，否则，植株的茎干就会落到地上互相纠缠。豌豆角则会被地面弄脏，甚至霉烂。

菜豆需要约 2m 高的攀缘辅助物以向上生长。有些攀缘茎可能还需要一些后续辅助——注意菜豆是否逆时针缠绕生长。

➤ **专家提醒**

你也可以以棚屋的形式来支持菜豆直立生长。

种子发芽过密怎么办？

对蔬菜采用条播时很容易出现发芽过密的情况。这种情况下，例如在过于密实的胡萝卜或水萝卜幼苗行中，如果想收获适宜的胡萝卜或水萝卜，你就得主动采取干预：小心地拔除多余的或分布过密的幼苗。这个步骤在整个生长过程中还需重复几次，直到剩下的植株有足够的生长空间，能结出漂亮、厚实的胡萝卜或圆润的水萝卜。拔苗时通常也会疏松周围的土壤，你需要将剩下的植株重新压实，避免其生长受到影响。

如何长出厚实、粗壮的葱白

植株的深度和宽度对培育厚实、粗壮的葱白起着决定性的作用。因此，最好将葱类植物种在约15cm深的沟中。两行之间的距离应为30—40cm，单行内植株间的距离约15cm。在此后的培育过程中，可以不断将疏松的土壤堆到葱白基部。当幼株开始稳定生长时即可采用这个方法。

对于其他蔬菜，如胡萝卜，通过堆土可以避免上半部分绿化。番茄、黄瓜、豆类或甘蓝则能通过堆土在茎干附近长出更多根须，使植株更加稳定。

确保土壤良好的透气性

通过定期对表面土壤锄地能避免土壤龟裂、硬化，或防止其在雨后淤塞，此外，还能保持土壤均衡的湿度和良好的透气性。你可以使用小型的锄头或松土耙。

锄地时要确保你只疏松了表层土壤（约2cm）。这样能避免集中生活在10—15cm深处土壤中有益的土壤生物既不受到干扰也不会受到伤害。

　　● 专家提醒

如果你不想过于频繁地锄地，那就尽可能多地为裸露的地面铺设护根物。

洒水壶：久经考验的实用工具

在主生长期时，浇水也是菜园中的日常工作。如果你只有少量菜畦或一个相对较小的菜园需要照料，传统的洒水壶仍是非常实用的浇水工具。相对于整体浇水，针对性地为每株植物浇水能提供更好的护理，且最好只浇灌植株周围的土壤，不要沾湿植物的叶和茎干。

如果对养分需求较高的作物需要在夏天通过"顶肥"追肥时，你也可以选择久经考验的洒水壶，快速准确地将溶于水中的无机肥洒在每株植物上。这也适用于增强植物生命力的植物原浆和植物液态肥。

香草的种植、护理和繁殖

护理计划

种植： 从 4 月到 10 月

播种： 抗寒的品种从 3 月到 8 月直接在露地播种

浇水： 典型的"阳生香草"只需少量浇水，盆栽香草视情况而定

施肥： 3 月或 4 月施以堆肥或有机肥，5 月或 6 月可对高养分需求的香草施以快速生效的无机或液态肥

短截： 4 月发新芽前，开花结束后，每次采摘香草类植物时

分根： 从 4 月到 10 月

大部分香草都非常容易照料。只要你在种植时做到小心谨慎，并在接下来的几天中充分浇水，就已经完成了大部分的工作。

许多香草还是真正的"绝食大王"，也就是说，它们只需要少量的养料就能满足。是的，它们在贫瘠的土壤中就能充分展示自己的特性。它们对环境最大的要求便是尽可能多的阳光和热量。

如果你为香草们找了一个阳光充足的位置，且它们也生长得非常茁壮，你便能从自己的植株中获得下一代香草，或者为你的菜畦围一道香气馥郁的香草篱笆。从自己的香草中衍生新的植株不仅实用、省钱，而且非常有趣！

正确种植容器香草

用挖掘叉先疏松土壤，挖出种植穴，其体积需稍大于容器土球。

这段时间中对容器植物浇水（最好在装水的桶中浸半个小时），这样能轻松地将植株从容器中取出，且使根球充分吸水。然后，将植株从容器中取出，把严重纠结的根系弄松。将植株放入种植穴中，其深度需与之前在容器中种植的深度一致。将挖出的土填回种植穴，用不加喷嘴的洒水壶浇透水。

为香草浇水、施肥 —— 把握量和频率

许多厨房用香草都有非常好的耐干旱性。薰衣草、鼠尾草或迷迭香等属于真正的"阳光的孩子"，在炎热的烈日下也能安然无恙地生长，除此之外，还有一些偏"草本"的植物如胡椒薄荷或柠檬香草。这些植物不能接受完全的干燥，从耷拉的叶子上很快就能看出植株缺水。至于施肥，几乎对所有香草来说，种植前用堆肥肥沃土壤或施用长效有机肥（如角屑）即可。

保持香草的造型

　　所有基部木质化的香草都属于亚灌木，需要偶尔对它们进行短截，以保持其相应的形态。这种香草包括薰衣草、多年生香薄荷、迷迭香、鼠尾草、百里香或海索草。

　　当植株看起来不再紧凑、密实、茂盛，下半部分已不再长叶，且植株变高时，你就可以拿起剪刀了。最好每隔一两年在3月或4月时，趁植株长出大量侧枝前修剪掉约三分之一的植株。

由一生二 —— 香草的分根

　　明显的草本香草很容易增殖，如欧当归、香芹、胡椒薄荷、细香葱或柠檬香草。你只需准备一把铲子或锋利的园林刀即可。将根茎分成两份或多份，再分别种植即可（充分浇水！）。分根最佳的时间是秋天（9月或10月）。

　　🟢 专家提醒

　　如果香草生命力比较旺盛，则4月也能进行分根。

用插条培育香草

　　多年生香草可通过插条更加方便地繁殖。不要用当年生的柔软茎尖。用锋利的园林刀或修枝剪从叶子或对叶下方剪下插条。剪下的茎条应至少带有三到四对叶子。在花盆或Jiffy盆中装满培养土，土壤要没到盆边，插入茎条，将花盆放在温暖、明亮的地方。之后需保持土壤恒定湿润。

蔬菜和香草的冬季贴士

冬天通常意味着园艺季节的结束。但这并不全对，事实上，你也可以在冬天培育并收获某些作物。某些蔬菜有晚熟品种或冬季品种，通常能一直生长到12月，某些甘蓝植物是非常好的代表。还有一系列冬季生菜也能在寒冷的季节为你提供浓烈的绿意。

只有在阳台上和露台上盆栽的不抗寒的多年生香草需要冬季防护。

这些材料能抗寒

护根物、秸秆、落叶、干树枝、刨花、毛垫：在菜畦上作为某些敏感作物的覆盖物，如菜蓟、咖喱草、法国龙蒿。

干树枝、无纺布垫、薄膜大棚：用于覆盖在冬季仍能收获的作物，如莴苣缬草。

秸秆垫、无纺布垫：用于包裹容易受寒的盆栽香草，如彩叶鼠尾草、法国龙蒿。

气泡膜、麻袋布、泡沫塑料：用于保护阳台和露台栽培香草作物的根球。

富含维生素的冬甘蓝

甘蓝有特殊的耐储存或冬季品种，即便到12月还能从菜畦上采摘食用。

4月底将这些品种的种子撒在露天培养土中。从5月中到6月底，将幼苗移栽到最终生长的位置。耐储存的甘蓝尤其适合在富含腐殖质的重壤土中种植。因为适当的养料供应不仅能保证植株快速生长，还影响着甘蓝叶球后期的保存能力与耐久性。

不要在10月底11月初前收割冬甘蓝！轻微的霜冻不会伤害它们。但也不要在霜冻当时收割，因为被冻伤的叶球需要数小时来解冻。

脆口的莴苣缬草

预计在冬天收割的莴苣缬草可于8月中旬至9月中旬直接在菜畦上播种。

购买种子时，注意选择相应的冬季品种。此类品种大部分生长结构紧凑，莲座型叶丛，叶子较小，如"暗绿全心"或"韦尔特坎巴拉"。

莴苣缬草几乎能在所有富含腐殖质的土壤中生长，且能满足于之前种植过作物后土壤中残留的养料。为了保护莲座型叶丛不受严寒和强烈光照的伤害，12月中旬后，可以在没有积雪时用干树枝或园艺无纺布垫覆盖。

帮助盆栽香草过冬

对于种植在花盆和花桶中在室外过冬的香草，你必须保护其根球不受寒冷的威胁。可以用气泡膜、黄麻或秸秆垫包裹花盆，并将它放在木板或泡沫塑料板上。如果植株本身也需要防护，可以用园艺无纺布垫松松地缠绕。还要注意偶尔给植株浇水（尤其在冬季阳光强烈时）。抗寒能力不强的香草你最好把它们放在明亮、无霜冻（2—8℃）的房间内过冬（见图）。

🗨 **专家提醒**

像柠檬马鞭草这样落叶的植物也可以放在较暗的位置。

帮助韭葱过冬

事实上，韭葱是一种两年生植物，也就是说，如果你选择了正确的品种，它肯定能度过一个冬季。很多品种抗寒性都较强。通常它们能承受零下15—20℃的温度。

用干树枝覆盖植株（如能用配备无纺布垫或薄膜大棚则更好），你就能从12月到3月或4月一直收获新鲜的韭葱。土壤最好没有结冻，否则会导致葱白在拔出时容易折断。

入冬后韭葱会产生特殊的芳香，因此其独特的内含物会增加，口味也会增强。

促进细香葱的生长

想在圣诞节收获新鲜的细香葱？大约9月中时挖出一些两年生植物，把它们保存在露天干燥的位置，如有覆盖物的温床中或雨篷下方一个有所防护的位置。就算这些植物会遭遇低温和霜冻，甚至根球会被冻坏，都没有关系！11月中旬后你可以修短植物的根，剪去黄化的叶子，接着将根球放在35—40℃的水中约十二个小时。

随后将植物种入盆中，在室温条件下放在窗台边明亮处，并保持土壤恒定湿润。短期内它就能长出新鲜的绿色香葱！

果树的种植和护理

护理计划

浇水： 最初几年中长期干旱或炎热时

松土： 种植前，此后就只在最初几年，最好在秋季（用挖掘叉）

护根： 1—3cm 高

施肥： 堆肥每年一到两次（最高10cm），或者在 3 月或 4 月前施有机肥或无机肥

修枝： 最初的五到七年每年 2 月或 3 月，此后每隔两三年修枝（视品种而定）

果树生长时间很长，价格也不便宜，还会随着时间的推移长到不容忽视的大小。因此，你需要仔细考虑果树的种植位置。要注意树荫、落叶和菜园边界等问题。十年后你还能爬上树冠采摘多汁的梨或脆口的苹果吗？还是更愿意选择植株较低的品种或爬藤水果？

裸根买来的果树苗最好在秋天或春天种植。因为此时果树已经没有叶子或还未长出叶子，就不会发生蒸腾作用消耗水分，因而也能更好地度过植株长出新根前的这段时间。种植后的前几年中你需要多加关注小树。保护它们不受虫咬以及烈日的伤害，在树木下方的土上铺护根物，长期干旱时浇水，并确保定期在冬末（2月到3月）进行专业的修剪。

这样种植果树

种植穴的大小要能容纳果树的根，且不会使其发生弯折，嫁接点要在土壤上方距地面 10cm 的位置。疏松穴壁和底部的土壤，放入植株，在尽可能靠近树干的位置敲入支撑柱，其深度约为 50cm。此时盖上泥土，并将其压实。在填土过程中最好一直浇水，使土壤充分填充根系。接着在种植点周围筑一道土墙，它可以作为"灌溉边"方便浇水。接着再次透彻地浇水，但不要将泥土冲走。

果树下方繁花似锦

在果树下方的根基周围种植旱金莲、金盏花、万寿菊或辣根，可防止土壤直接暴露在空气中，避免引起干燥或淤塞垃圾。铺护根物也能实现同样的目标，但种植花卉还能让你享受美丽的花朵。此外，漂亮的花朵和叶子还有其他作用：旱金莲能驱散绵蚜，金盏花和万寿菊能驱走土壤中的线虫，辣根则能预防念珠菌引起的果腐病。

修剪果树的目的何在？

通过定期修剪你可以保持果树树冠疏松，提高结果能力，并能均衡地接受光照。果树结果的时间也会延长，因修枝激活了它连续不断的再生能力。果实成熟得更快，也更健康，因为树叶在雨后能更快恢复干燥。

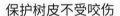 专家提醒

修剪果树非常实用，你可以在专门的修剪课程中从专业人员处习得修剪的技能。

保护树皮不受咬伤

如果你的菜园在居民区边上，靠近森林或大型公园，你还需要保护幼小的果树不受野兽伤害。狍、兔子和栗鼠都非常喜欢啃食树干和枝丫上的树皮。幼苗受到这种伤害后通常无法康复，甚至还会因此死亡。专业商店里出售用于树木的螺旋形缠绕塑料外壳，其安装非常方便快捷，且能有效地保护树苗不被贪婪的动物吞食侵害。此外，你也可以用黄麻绑带缠绕树干。

穿白色外衣的果树

冬天里白天阳光普照，深色的树皮就会吸收热量，导致温度上升，晚上气温下降，树皮和树干中就会形成较大的温差。这经常导致树皮，甚至整条树干开裂（冻裂）。

在树干和树冠基部（见图）刷上能反射强烈光照的浅色材料就能避免这种情况。可以用石灰乳或商店出售的成品制剂作为粉刷的材料。你也可以用树皮纤维垫缠绕树干。

正确地种植和护理浆果灌木

强壮的浆果品种

黑莓：尼斯湖

覆盆子：秋福（秋季结果）、卢贝卡、鲁米罗巴、遗产（结两次果）、顶尖西姆博（结两次果）

红醋栗：罗泰特、罗伦

黑加仑：欧米塔、泰坦尼亚

白色红醋栗：维特·冯·胡斯曼

鹅莓：因维卡（白色）、瑞美卡（红色）、洛克珊塔（黄色）、罗隆达（红色）

并不是每个人都能有足够的空间来种植果树。但醋栗或鹅莓、覆盆子和黑莓则可在菜园的任意角落生长。

利用浆果的品种多样性，尽量选择成熟期不同的多种浆果。这样做的优点是，数周内你都能享受浆果的美味，且不必一次性采摘完所有的果实。注意选择生命力旺盛且抗性强的品种！种植时要确保你能从各个方向照料灌木并采摘果实。

过于繁茂的浆果灌木要注意其生长，定期进行充分地疏枝，这样能方便采摘。此外，黑莓和覆盆子还需要攀缘辅助物和支撑架。

这样种植浆果灌木

无论你种植的是裸根苗、土球苗还是容器苗，其步骤都是一样的：

· 用铲子挖出定植穴，其深度要能容纳植物的根，且使其不发生弯折，疏松定植穴的穴壁和底土。

· 浆果灌木种植的深度可比原先在苗圃或容器中的深度略深，这样能促进靠近地面的新枝的生长。

· 扶正植株，将挖出的土填回定植穴。如果你在挖出的土中混入了成熟的堆肥，灌木最初的生长就已经有了充足的养料。

· 填土时不断浇水，这样能使土壤充分填满根系，对裸根苗尤其有效。

· 充分压实土壤。

· 在种植点周围筑一道土墙，能起到"灌溉边"的作用，充分浇水，最好分多次连续浇水，以防冲倒土墙。

 专家提醒

容器中的浆果灌木终年均可种植；裸根苗或土球苗最好在春秋季种植。

为醋栗疏枝

最初几年中需在春季将黑加仑已有的顶枝剪去三分之一左右。对于红醋栗和白色红醋栗长势较弱的品种需剪去三分之一到二分之一的顶枝。在2月或3月除去所有弱枝和下垂的枝条，以及四年以上的老枝。红醋栗和白色红醋栗通常在两三年的枝条上结果，因此良好的分枝非常重要。黑加仑长在一年的枝条上（颜色较浅），收获后便可将它们剪去。

覆盆子，一次和两次结果

覆盆子的果实长在一年的枝条上。收获果实后便可将枝条短截至地面。同时除去死亡或干枯的枝条。两次结果的品种第一年秋天就会在枝条的上部结果。收获后截去这部分枝条。但下半部分需保留，第二年它们会在底部结果。

> **专家提醒**
> 已经稳定结果的植株每株保留约十条树枝。

黑莓需要既定的轨道

黑莓能长出长达2m的健壮的枝条。用既定的轨道来引导它们的生长！最好沿着灌木丛在两根木柱间张上两到三条钢丝，高度分别为40、80和160cm。

每株植株第一年可保留三到四条健壮的枝条，此后最多六条，将它们绑或夹到绷紧的钢丝上。下一年，这些攀缘茎就会长出果实，因为黑莓的果实长在两年的枝条上。

甜蜜的美味——草莓

如果要将夏季菜园的所有甜蜜都集聚在一种水果上，那就是草莓！每年，一片小小的草莓地就能为你提供丰盛可口的水果，而且种植后一年你就能享受可观的收获。草莓最喜欢富含腐殖质的壤土，它们透气性佳，能很快生热，且能在雨后快速恢复干燥。此外，草莓偏爱微酸性土壤。

它们需要足量的光照，最好在阳光充足的位置种植。当所处环境过于背阴时，它们的生长会受到阻碍，且极易受各种真菌病害的侵袭。

草莓护理基础

种植： 7月—8月

浇水： 定期频繁浇水；不要浇在叶子、花和果实上

土壤护理： 只对表面锄地，最好用秸秆或树皮堆肥护根或覆盖护根薄膜

施肥： 7月底8月初施堆肥或有机特效复合肥

栽培： 最晚在三年后开始新的种植——更换种植地！

正确种植

种植时选择阴天，并在早上或傍晚种植。

最好将草莓植株沿着用线标记的既定行种植草莓苗，并注意保持种植行中植株间足够的距离（25—35cm）。两行植株间的距离应为40—60cm，这样能方便护理与采摘。

为每株植物挖出定植穴，其深度要能放下整个根系，既不会使其弯折也不会拥挤。苗心应正好露出地面！用土将定植穴填满，并将植株固定压实。

之后用不加喷嘴的洒水壶在植株周边充分浇水，使根系间填满泥土，并充分吸水。

绝佳的邻居

草莓果实很容易遭到各种粉霉菌和霉菌的侵害。但不必担心，除了选择高抗性品种，扩大植株间距，在裸露的地面铺护根物也是一种不错的预防措施：在草莓植株间种植正确的混作植株！这里指的是大蒜或洋葱，其浓烈的葱类挥发油能起到杀灭真菌和细菌的作用（见上图边缘或88—89页）。

由于葱科植物的这两种代表其茎和叶都纤细狭长，因而占据空间较小，非常适合种在草莓植株之间，也不会影响其护理或采摘。

铺护根物的草莓地

草莓植物能长出非常繁密的根系，它们在地表紧密地纠结缠绕，几乎容不下其他一切物质。因此，你只能对极浅层的土壤进行处理，以避免伤到草莓的根，更简便的办法是铺护根物。护根物层能防止草莓行间杂草的生长，还能保障土壤均衡的湿度，这对位于土壤表层精细的根很有好处。你可以用树皮堆肥（尽可能使用切碎的树皮护根物）、碎干草、碎叶子或碎木头护根。

▶ 专家提醒

塑料制成的黑色护根薄膜也能起到同样的作用，同时还能升高土壤温度。

垫在刨花上的健康果实

如果你想收获没有霉斑的健康草莓，且保证其在夏季的降雨后也不会溅满泥浆，你可以借助刨花或秸秆。

在草莓开花后，最好则是5月中旬后就在草莓植株周围的地上垫一层厚厚的秸秆或刨花。这样能保持果实清洁、干燥，同时还能通过护根作用营造良好的土壤环境。炎热时土壤不会太快干燥，因而能更长久地保持湿润。植株的压力自然也会减小。

刨花或木屑层还能以简单的方式避免植株感染各种在土中繁育的有害真菌，如可怕的灰霉菌。

自己繁殖草莓

草莓植株最晚在三年后就会被"耗尽"——果实的大小和数量都会明显减少。因此，两年后你就需要在另一个位置开辟一块新的草莓地。

你可以轻松地获得用于这块新地的幼苗：草莓植株6月或7月会在长长的地上侧枝上长出子株。如果它们长势健壮，且已长出正常的根，你就能从母株上分离这些幼苗（匍匐茎），直接将其种在新的草莓地上即可。你也可以让匍匐茎长到放在母株旁的花盆中。对这种草莓的后代需要充分浇水：分离的幼株绝不能遭受会使它们枯萎的干旱。

不受欢迎的客人和有害真菌

在菜园里所有不请自来的生物中，经常也会有许多不受欢迎的"客人"和有害真菌，会为主人惹下许多麻烦。谁愿意为蚜虫或蜗牛种植生菜和蔬菜？或者，当出现粉霉病、褐腐病或锈菌时，会有人感到高兴吗？

另一方面，如果菜园里洒满了化学药剂，也会让人对自己的菜园失去食欲。通过针对性地选择品种，采用正确的培育措施，均衡施肥，促进益虫生长，可以有效地控制害虫和疾病。

园中的益虫

- 蝙蝠
- 草蛉，尤其是它们的幼虫
- 青蛙
- 刺猬
- 蟾蜍
- 步行虫
- 瓢虫，尤其是它们的幼虫
- 螳螂
- 革螨
- 寄生蝇
- 姬蜂
- 食蚜蝇
- 鸟类

及时辨别蚜虫

目光警惕的人能很快注意到这些绿色或黑色的小虫子：受到侵袭的叶子通常会卷曲，茎尖萎缩，在植株上或其下方出现黏性层的可能性也不小。虽然蚜虫的吮吸会削弱植物生长，但事实上真正的危害并不大。

直接用手将蚜虫从茎上扫落，用高速的水流喷蚜虫，或用荨麻液态肥（见 128 页）冲洗植株受侵害部分，促进益虫的生长（见左侧）！

🍃 专家提醒

避免对植物施过量氮肥，否则会很容易受蚜虫侵袭。

蜗牛 —— 夜间的盗贼

蜗牛是所有园丁特殊的"朋友"。尤其是蛞蝓，它们很喜欢在夜间或雨天袭击幼嫩的叶子、茎和果实。许多园丁都使用修枝剪来除去它们。但你也可以使用蜗牛围栏、蜗牛颗粒和啤酒陷阱来除去它们，或通过播撒锋利的沙砾或用边缘锋利的芦苇碎屑护根刺破它们的身体。

在早上浇水，整平播种或种植的地面，精细地整土，这些培育措施至少能营造出不受蜗牛欢迎的环境。此外，印度跑鸭、刺猬和蟾蜍（！）都是重要的蜗牛吞食者。

粉霉病——白粉病还是霜霉病？

粉霉菌是一种喜欢湿润且空气不流通的环境的有害真菌。

如果叶子背面出现棕灰色覆盖层，并很快死亡，通常是霜霉病。叶子上表面出现白色粉状可抹去的覆盖层，且在气候干燥时也会出现，则是白粉病。

你并不一定能完全防止这些有害真菌，因为气候对此影响很大。但许多培育措施都能起到预防作用：植株种植不能过密；浇水时尽量不要沾湿叶子和茎；早上浇水；注意均衡施肥；选择有抗性的品种；尽快去除遭受袭击的植株和植株部位。

凋萎病和褐腐病

番茄、辣椒和茄子的凋萎病和褐腐病也是有害真菌引起的。它们最初表现为老叶上棕色或黑色的斑点，之后也会出现在茎和果实上。叶子干枯或霉烂，果肉先变硬，随后腐烂，最后整株植物死亡。

这种真菌在 6 月底后会通过灰尘大小的孢子随风传到很远的地方。孢子发芽需要湿润的环境。因此，理论上只有植物潮湿才会有被侵袭的危险。因此需避免你的植物处于潮湿的环境中。植株栽植不要过密。只对土壤浇水。每周浇一次木贼原浆或大蒜浆液（见 128 页）作为预防。

锈菌 —— 另一种有害真菌

豆类、韭葱或胡椒薄荷植株有时会出现棕色或黑色的脓包和斑点。这是由锈菌引起的。植株生长会被削弱，受病的部分不适合食用。

和其他病菌一样，锈菌也能随风传播，偏好温暖、潮湿的气候。注意要保持足够的植株间距，以保证通风。均衡施肥，并选择有抗性的品种。立即除去受病害的植株部分，但不能用作堆肥！定期喷洒木贼原浆（见 128 页）可起到预防作用。

应对害虫

植物原浆

问荆原浆： 每两周喷洒，预防各种真菌病害，1∶5 稀释

聚合草液态肥： 提供氮和钾，1∶20 稀释（作顶肥）

荨麻液态肥： 提供氮素，对蚜虫有效，1∶20 稀释

大蒜浆液： 无需稀释，对各种真菌病害有效

菊蒿原浆： 无需稀释，对蚜虫、螨虫和其他昆虫有效

只要有娇嫩的蔬菜和爽脆的生菜在菜园中生长，就会出现许多不受欢迎的"蹭食者"，它们也像你一样喜爱这些可口的园艺作物。但不必担心，只要采用合适的方法，你就能针对性地消灭它们的食欲，而且不必使用化学杀虫剂！

如果时间适宜，陷阱、网、诱饵或保护篱笆等物理措施非常有用。因此，你需要了解哪些害虫在何时行动活跃，进而采取相应的措施。

但也有许多自发的帮助者，能帮你大量消灭各种害虫（见 126 页）。通过多样性的种植、提供食物、保障其躲藏的需要、提供栖身处，并放弃使用化学杀虫剂，以吸引多种益虫在你的园中生活。

植物原浆——促进生长，防病虫害

制作问荆原浆你需要约 1kg 新鲜的（或 200g 干燥的）药草。将切碎的植物放在十升冷水中浸泡 24 小时，随后整体煎煮，焖半小时左右。冷却后过筛——完成！

制作荨麻液态肥需要将约 1kg 切碎的植物放在十升水中泡十到二十天，直到液态肥发酵。

制作大蒜浆液时，将约 70g 蒜瓣切碎，浇上一升热水，整体泡至少五小时。

混作的保护作用

混作（见 88—89 页）不仅能互相补充，促进不同蔬菜的生长，还能针对性地防止害虫。通常这是通过植株本身的气味实现的，它们能吓跑某些害虫。如胡萝卜和洋葱就是绝佳的搭档。其他植物还能通过其根分泌物或其根系独特的生长方式，积极改善整体的土壤质量。这类植物包括金盏花、万寿菊和韭葱。

大网可避免小飞蝇的危害

小型蔬菜蝇的幼虫会吞食豆类、甘蓝、韭葱、胡萝卜、水萝卜、白萝卜和洋葱，会大大破坏园艺的乐趣。

细网的蔬菜专用保护网能为此提供帮助。在播种或种植时将其松松地张在菜畦上方，并用石头或砖块固定边角。蔬菜植株较高时也可用钢筋做拱。这样还能同时预防蚜虫、菜粉蝶等其他飞行的害虫。

啤酒陷阱、蜗牛围栏、采集……

有些方法能对付蜗牛，有些则可能没有效果，你可以自己尝试选择的方法。有人保证将装有啤酒的杯子埋在土中非常有用。在设置蜗牛围栏时要注意不要让植物的某些部位悬垂下来，否则可能会被蜗牛作为"桥梁"逃走。一种非常有效但较费时的方法是早上去需要保护的菜地采集蜗牛。

> ### 专家提醒

专业商店里还出售一种有效且防雨的蜗牛颗粒，还能对益虫起促进作用。

为苤蓝套上领子

当你将纸板或油毛毡制成的圆盘紧紧套在甘蓝和苤蓝植株的基部时，花蝇就只能将卵产在远离植株的土中。孵出的幼虫通常在到达"食物源"时就已经死亡。你可以自己制作这种圆盘，也可在专业商店购买成品。

为了让这种方法生效，你需要在七叶树刚开花时就装上甘蓝领，因为之后花蝇就已经产卵。

当虫子已钻到内部时……

不要一遇到蚜虫就丧失了对园艺的兴趣，而应该吸引益虫，并尽量使你的作物达到最佳的健康状态。

例如，对果树进行专业的修剪就能明显提高其对病虫害的抗性。修剪良好的果树树冠各个部位都能获得充足的阳光和空气，并且在雨后能迅速、均衡地恢复干燥。

施肥时避免施用过多的氮肥，这会促使树枝过快生长，并进而招引蚜虫、真菌病害等。

购买和种植时应注意树木没有受病虫害，种植后也应时刻关注你的植物。

具抗性且生长旺盛的品种

苹果： "飞行员"、"皮罗什"、"皮诺瓦"、"雷安达"、"雷格凌蒂丝"、"瑞蒙"、"雷迪娜"、"雷文娜"

梨： "亚历山大卢卡斯"、"特列弗之晨"、"盖勒乳汁梨"

欧洲酸樱桃： "卡内欧尔"、"狗头人"、"路德维希之晨"、"沃伊"

甜樱桃： "布尔拉"、"山姆"、"万代"

李子： "伊莲娜"、"汉妮塔"、"卡丁卡"、"布雷森塔"、"瓦列卡"

卷叶蛾

"苹果中的蠕虫"指的是卷叶蛾的毛毛虫阶段。卷叶蛾从5月底到8月初会在薄暮时分出行，并将卵产在叶子和幼嫩的果实上。这种浅红色，约2cm长的毛毛虫会吞噬果肉，并钻进果实内部，秋天离开果实，以便在树皮中过冬、结蛹。如果在秋天仍保留受虫害掉落的果实，毛毛虫就会回到树上。

因此，你需要捡走掉落的果实。从6月底开始便可在树干距地面约20cm处安置瓦楞纸板的捕虫胶质粘带，每周收集抓住的毛毛虫。同时吸引这些害虫的天敌如鸟类和蝙蝠，种植具有抗性的品种。

樱桃绕实蝇

使樱桃遭受虫害的是只有约5mm大的樱桃绕实蝇的蛆。这些虫子的活跃时间为5月中旬到7月，它们将卵产在成熟的樱桃上，孵出的蛆钻进果实以果肉为食，7月后在土壤中结蛹并过冬。土壤温度适宜时，新的樱桃绕实蝇就会孵化。

果树基部种植其他植物时能推迟土壤温度的回升，这样当绕实蝇孵化时，樱桃便已经过了它们需要的生长阶段。一定要提前清除掉落的果实和因虫害而掉落的果实。

早熟的品种和种在通风位置的果树很少受虫害。

梨锈病菌

梨叶正面出现由小变大的橙黄色斑点时，表明梨树受到了梨锈病菌的侵害。秋天叶子背面会形成棕色隆起的结构，从中分化出灰尘大小的孢子并引起新的感染。

坚持去除所有遭受病害的落叶（不能用作堆肥）。家庭菜园中几乎不可能彻底消灭梨锈病菌，因为它们有一招特别的"诡计"：它们在观赏刺柏上过冬，并在上面形成棕色树胶状的结构。

🗨 专家提醒

如果你要种植梨树，就不要在周围种植任何观赏刺柏。

念珠菌果腐病

谁会不认识这些丑陋、干枯的腐烂果实？它们并不直接掉落，而是继续在苹果树冠上保留数月。这些"果实木乃伊"会在下一年春天充当念珠菌新的感染源，这种病菌专门攻击核果。

花朵会枯萎，变成棕色、干枯，但还会在树上保留很长时间。较晚遭受侵害的果实通常会在储存处皱缩，随后变黑。如果在开花时刮风、下雨，或者当果实受伤时，这种真菌将产生更大的影响。一定要立即去除所有受害的果实和枝条。已储存的水果也需要定期查看是否出现腐烂的果实。

灰霉菌

灰霉菌是一种有害的真菌，是典型的"兼性寄生菌"。因此，在受灾严重的情况下要注意植物的生长环境和生长条件。过度施肥的植物特别容易受害，在潮湿的年份或长期下雨时栽培植物也同样容易受灾。

选择有抗性的品种。在草莓行间种植大蒜。通过保持植株间距确保雨后植物能快速恢复干燥。减少氮肥的施用量。保障良好的土壤结构，通过铺护根物等方式营造疏松的土壤覆盖层。立即消除受害的植株部位（不能用作堆肥！）。

让害虫无机可乘

哪些害虫在何时活跃？

苹果花象： 3月中至4月中
卷叶蛾： 5月中至6月中（第一代）；7月初至8月初（第二代）
蚜虫： 4月至8月底
冬尺蠖： 9月至12月（蛾）；3月至5月（毛毛虫）
樱桃绕实蝇： 5月至7月
李小食心虫： 5月中至6月中（第一代）；7月至8月（第二代）
介壳虫： 7月或8月
二斑叶螨： 5月至8月底

被虫蛀伤的水果确实足以毁掉部分园丁的食欲。但千万不要一看到害虫就放弃！

果树和灌木同时也是许多动物渴望的生活场所，针对性地促进某些益虫的生长，就能消灭许多害虫。

有些害虫相对容易用捕虫胶质粘带、涂胶纸带、黄板或激素陷阱来控制，只要你在适宜的时间点安装这些道具并进行专业的维护。

但要想有效地保护你的果树，最重要的还是定期照料植物。只有这样才能尽早发现虫害最初的征兆，并有效预防进一步的伤害。

将益虫引入菜园

如果你的园子中有一只或多只山雀，你已经拥有了非常杰出的"植物保护者"，它们能消灭许多害虫，如蚜虫、毛毛虫和果蛆。因此，你需要多提供一些可让它们筑巢和栖息的地方，以使山雀和其他鸣禽能在你的园中舒适地生活。你可以自己制作适合不同鸟类的合适的巢箱，也可以在专业商店里购买成品。最好将巢箱固定在杆子顶部，下方设防猫措施。鸟类能用灌木的皮刺和棘刺搭建藏身处，因此种植灌木就能为鸟类提供天然的食物来源和筑巢的位置。

你还可以在地面层上为另一种益虫——刺猬，提供安全的住所。虽然这些全身长刺的动物也

会时常享用园中的果实（见图），但它们对菜园的好处却大得多。在园子安静的角落堆一个疏松的木条和树叶堆就能为它们提供很好的防护，同时这也是它们适宜的过冬场所。

石堆或干围墙能为蛇蜥、蜥蜴、蟾蜍和鼩鼱等以昆虫为食的动物提供良好的栖身处。

樱桃绕实蝇喜爱黄色！

樱桃绕实蝇很容易被黄色的塑料板吸引，在板上涂满胶水就能将它们粘住。为了有效地保护樱桃，你需要正好在这种昆虫开始活跃前将胶板挂在树上。主要是在5月初到6月底樱桃开始由黄转红时。也是在这个时期，你需要控制樱桃绕实蝇的产卵。这种情况下，你可以根据果树大小在每棵树上悬挂最多六块这样的黄板，最好朝南挂。

诱入陷阱

造成水果被蛀坏的通常是卷叶蛾、苹果皮小卷蛾或李小食心虫等小型蛾类的毛毛虫。你可以通过塑料制的诱惑物陷阱来捕捉它们，陷阱内壁上涂有胶水，且装有一种能散发出吸引雄性蛾类的物质。蛾会被粘在壁上直至死亡，这样可避免它们产生后代。

 专家提醒

要抗击大量果蛆时，更好的办法是使用捕虫胶质粘带或商店中出售的益虫（姬蜂）。

爬入胶水

冬尺蠖的雌虫没有翅膀，只能在9月或10月爬上树干去产卵，你可以用胶水陷阱来捕捉它们。可以用坚固的纸条和胶水自己制作陷阱，也可以在专业商店购买成品。关键是，你需要在一米高的位置将它紧紧地贴在树干上，不能留任何缝隙。

12月将涂胶纸带取下，避免粘住其他昆虫。

终于到了收获的季节！

你花了数周、数个月的时间精心照料花园，施肥、浇水，与病虫害做斗争，胜利、失败——终于，这就是你所有努力最后的成果了：收获！

有些果实为了保存其最佳的口味，你必须在特定的成熟阶段收获。而其他果实则可以让它们在菜畦上留很久，不时收获一些即可。

调料类香草的质量，或者说其香味取决于它们收获的时间。有些只有在新鲜时才能保持美味，有些则可经冰冻、干燥而不损失芳香。

哪些水果和蔬菜能保存更久？怎样保存呢？

哪些果实适合保存？保存多久？

苹果：耐储存品种 5—8 个月
梨：耐储存品种 2—6 个月
榅桲：最多 8 周
芸薹属：紫甘蓝、卷心菜、苤蓝、抱子甘蓝等的耐储存品种 2—4 个月
笋瓜：最多 6 个月
根茎和块根蔬菜：各自的耐储存品种，胡萝卜 6—7 个月，芹菜 3—4 个月，红甜菜 3—5 个月，甜茴香 4—8 周
葱蒜类蔬菜：耐储存洋葱和大蒜 6—7 个月

时间很重要

最好在上午采摘调料和茶类香草，此时其芳香和调味作用都是最佳的。对于多年生香草，你可以用剪刀或锋利的刀子割下其叶子、茎尖或整条茎。而一年生香草则只能摘下叶子或茎尖，如罗勒。

如果你想干燥保存香草，就要在采摘下之后彻底干燥，以防它们霉变或腐烂。干燥时，在一个温暖、干燥、背阴的地方准备好干净、健康的叶子、茎、花或植株的整个部位。绝不能通过阳光直射或高温干燥香草。这会使其丧失大部分芳香油和味道。

不要等太久

采摘西葫芦时不要等得太久，不要让果实长得过大（这条原则同样适用于黄瓜和夏季南瓜）。西葫芦的长度不能超过 15—20cm，越小的果实其果肉和果皮越嫩，籽也越少。此外，连续的采摘也会促进同一植株上不断长出新的脆口小西葫芦。

如果你在开花时就已在植株下方铺上刨花、秸秆或护根薄膜，你就能收获干净，没有霉烂，也没有被虫咬过的果实。

保存洋葱

用作储存的洋葱应该在叶子刚枯萎时就开始收割。选择几天尽可能干燥的日子收获洋葱。这样你可以让从土中挖出的洋葱在地面上留一段时间，使其自然干燥。

接着将洋葱叶绑成一束，也可扎成美观的辫子，将其悬挂在干燥、通风的位置。

等洋葱足够干燥后，便可将它们存放在一个阴凉、干燥的地方。干燥的洋葱甚至不会被冻伤。要时刻注意是否有腐烂的个体，一旦发现应立即处理。当环境温度较高，空气湿度较大时，洋葱很容易发芽。

苹果应单独存放！

苹果需要一个通风、阴凉（2—6℃）的环境，空气湿度应保持在90%左右。尽量将不同的果实分开放在板条栅格上单独储存。只储存未受损害的健康果实！定期检查果实。苹果应单独存放，因为它们会释放一种"催熟物质"，大大降低其他水果和蔬菜的耐存储性。梨的储存能力非常有限，它们需要尽可能低的环境温度（2—3℃）。完全成熟的榅桲最多可以在凉爽的房间中存放十周。

> **专家提醒**
>
> 少量的苹果可以放在有洞的塑料袋中在凉爽的房间里保存4—8周。

地窖中的蔬菜

蔬菜最好储存在凉爽的地窖中（4—10℃），空气湿度约保持80%左右。马铃薯需要阴暗的环境，以避免过早发芽。

· 胡萝卜、旱芹和红甜菜等根茎蔬菜能在装有潮湿沙子的箱子中保存很久。

· 笋瓜在较为温暖的环境中（10—12℃）中最多能保存6个月。

· 大蒜最好保存在非常低温的环境中（-1—0℃），温度较高时它们很容易发芽。

· 甘蓝叶球可放在篮子或箱子中保存在阴暗、凉爽的地窖中。

需要经常查看保存的所有蔬菜！

水景的布置与护理

倒映与戏水

水的魅力在哪里呢？是即便在最小的花园小溪中也好似永不会停止的运动？是倒映着天空的光滑的水面？还是自然的野性或修道院的十字形回廊中轻轻潺动的宁静？

每个在自己的花园中设置了池塘或小溪，或只是小小的艺术喷泉的人都会有不同的答案。

人类早期必要的劳动——寻找干净的饮用水——引出了后世的许多文化，并赋予水以神话般的意义。这些神话包括带来肥沃淤泥的河神和泉神与泉边的仙女，以及基督教的洗礼。那些设置了池塘或溪流，或在花桶中种植了沼泽多年生草本植物的人，虽然并不一定知道这其中的联系，但深植于其心中对水的珍惜便是我们的生态与文化遗产的一部分——水就是生命。

拥有多种迷人形式的水

水的魅力是无法被掩盖的。无论安静还是流动，水都是极其灵活的造型元素。它以自己为基础，构造了各种植物的框架，极具装饰意义。

·轻轻的一阵微风就会让池塘泛起涟漪，打破天空的倒影。浮叶和睡莲花，或许还有鱼，水和岸边植物间和谐的过渡区，这些，都为眼球提供了新鲜的景致和休整点。花园池塘中多彩的动物世界能不时为你带来新的惊喜。

·溪流、阶梯式瀑布和涌泉发出汩汩的水流声和欢快的潺潺声，吸引着人们享受休闲、放松的时刻。

·即便在狭小的空间里，水也非常迷人：喷泉石和磨石以及壁泉可以提供视觉和听觉上的魅力。花桶中生长的水生植物能把"小池塘"带上阳台，而且还不会占用巨大的空间。

重要的元素：花园中的水

池塘和溪流对花园个性与外观的影响是其他元素所无可比拟的。你需要认真考虑如何布置水景：根据大小不同，它们的周围都需要大量土方工程。草率的决定只会花费巨大的精力与财力，成效却颇微。你是想将整个花园布置成"水景花园"？还是只想将水景作为一个组成元素融入其他景致中？

静止的水？流动的水？

水景的形式会在很大程度上决定此后你的花园的个性。

· **自然池塘**需要有不规则的轮廓外形和阶梯状的深度结构，池塘的深度应由深过渡到浅。可能你还需要设置一块沼泽区。在较小的空间中无法设置这样的池塘，因此，显然也不适合新手。此外，在精心照料的草坪中安置一个"自然池塘"也没有什么装饰意义，它需要相应的边缘植物来使它融入整个花园。

· **单纯的观赏池塘**也无法在较小的空间内实现。它们的优点在于高度灵活性：它们可以在草地上作为视线的焦点，也可以和壁泉一起设置在围墙前。在视线方向狭长延伸的池塘能在视觉上放大小面积的池塘。相反，横向的池塘则像横杆，能起到分割花园的作用。用砖块搭成的高起的池塘边能使观赏池塘成为景观的中心，同时也可作为坐凳。与地面齐平的观赏池塘可通过保守的种植成为平面元素，一定意义上还可作为水上花坛。

· **瀑布、阶梯式瀑布、喷泉、喷泉石**通过运动的元素进一步丰富了花园。雷鸣般的水流，淙淙的细流或滴答的水流，根据氛围不同，它们可激烈也可安静。与池塘相连的瀑布和阶梯式瀑布将造型与生态集合在了一起：它们将空气与水流混合，以这种方式增加了池塘的含氧量。喷泉通常单独成景，也很适合观赏池塘。

· **缓缓流淌的溪流**很好地调和了静止与湍急的水流：作为流动的水它能提供更多景致，但又足够安静，不会打扰紧张的花园主人。设计时，可供选择的范围从接近自然的溪流到水沟不一而足，后者流淌在固定的渠道中，其形式更像是"流动的池塘"。

· **花桶中的迷你池塘**通常放在花园的台阶上或座位旁。它们非常适合不够果断的园丁：它们既能给人"真正的"水景的印象，又不需要确定下来。

池塘就是一件艺术品

形态规整的池塘就是一件真正的艺术品。其边缘的材料或水面的造型都是露台的组成部分。水景与其周边的环境应该融为一体：选择与露台相同的材料，水槽不要设置得太大，它应该融入整体，而不是成为主导。你可以通过相连的水渠或阶梯瀑布使两到三个小水槽间形成水流，池塘中的植物应保持低调——无需植物，平静的水面加上干净的砾石就是最美观的。

虽然形状曲折，但这种小池塘仍然非常规整。它们很适合与精心照料的草坪和修剪整齐的边缘植物搭配。

水景花园或花园中的水景？

在确定布置花园中的水景，并选择其位置时，还有一个非常重要的问题：你想要一个水景花园还是一个拥有水景的花园？

· **自然池塘**的水面大小并不等于最终的池塘大小。边缘植物和使池塘融入周边环境的过渡地带大大增加了池塘的面积。

作为自然池塘，观赏者应能直接看到水面，背景则需通过增加高度来融入其中。因此，较小的花园中自然池塘通常被安置在主要的方位上，最外围的背景植物则种在花园的边界上。较大的花园中，池塘可通过树木（也是背景植物）分隔，使其偏离一眼可见的主视线轴。这时你当然还需要在池塘边设置特殊的座椅。

· **观赏池塘**的大小总是与它的轮廓一致，因为你需要用石头、砖块、厚木板、栅栏或木甲板大范围地搭建它的边缘。和喷泉一样，它也会在你所希望的位置成为视线的焦点。

· **溪流和大型阶梯式瀑布**的情况比较复杂。设计时可以记住一个基本原则：溪流越自然、越长、越漂亮，它所需要的总面积就越大。设置自然溪流时你可以尝试用视线跟踪它的流向，避免形成长"直线"。

池塘中和池塘边缘

自然池塘中总是长着茂盛的本土植物，还有各种各样的鱼类。

观赏池塘的水面通常比较空旷，或者可点缀一些异域风情的植物。只有观赏池塘中可以养殖异域的鱼类，如广受欢迎的锦鲤。它们在观赏池塘规整的环境中会显得尤其漂亮。

当然，布局是一件完全个人的事。你也可以在自然池塘中种植异域植物，只要环境合适即可。或者也可以养异域的鱼类，只要它们能生存，但由于池塘中植物茂盛，你可能几乎看不到它们。

应该选择哪种池塘形式？

需要的空间和时间

自然池塘（加膜）：
加上周围附属物 20 ㎡以上
每周 2—5 小时

自然池塘（成品组件）：
加上周围附属物 10 ㎡以上
每周 2—3 小时

观赏池塘：
1—2 ㎡以上
每周 1 小时以上（清洁时需要更久的时间）

沼泽池：
5—10 ㎡
每周 1—2 小时

想要在自己的花园中玩水的人通常会首先想到安置一个花园池塘。选择池塘的首要因素是花园的大小。但也要考虑到照料的需求——你绝不会想要一个无人照看的池塘！

你是否想要一个自然池塘？它能成为多变的群落生境，也会吸引附近多种动物，但照料比较不易。或者你想要一个规整的观赏池塘？它的关键在于水面和其建筑造型。你的池塘是否还要具备游泳池的功能？或者你只需要一块沼泽花坛？

你可以从专业商店中买到适合各种需求、各种大小和价位的产品。你需要先掌握充分的信息，然后检测你的花园大小是否与池塘的大小相配。

纯粹的自然——加膜的大型自然池塘

自然池塘要在尽可能少的人工护理下实现自我调整，必须有至少 80—100cm 的深度和 10 ㎡的面积。相应的，如果为圆形池塘，其直径至少约为 3.6m，方形的边长约为 3.2m。这样浮叶植物和岸边植物才能比预期更快地充满整个空旷的水面。我推荐至少 4—5m 的直径。

薄膜池塘（见 162—165 页）是实现在不平整的地形上设置不同深度和形状的池塘最好的办法。

用充满活力的游泳池塘取代消毒的游泳池

有充足空间的人可以将娱乐与美观结合起来：将大约一半的池塘面积用来游泳，另一半作净化。游泳池塘至少应深 2m，面积 50—200 ㎡（100 ㎡的情况下：可以有 5x10m 大的游泳面积）。用能透水的水下屏障隔开浅层的净化区域非常有效。但其安装并不容易，这里你需要专业人员的帮助！

成品池塘 —— 贴近自然的造型与绿化

尤其对新手来说，构造具有自然绿化的成品池塘是介于观赏池塘和"真正"的自然池塘之间的折中。虽然成品池塘的形状是固定的，但现在制造商已经提供了各种形状可供选择。此外，成品池塘的塘体比薄膜对石头、田鼠和植物的根有着更强的抗性。池塘的深度梯级已经预先确定，从而也简化了设计与种植的流程。

观赏池塘 —— 建筑元素

对观赏池塘来说，其主要重点不在于植物，而在于池塘体的造型效果。池塘的轮廓追求的不是模仿自然，而是以规则的方形或圆形与流线型的植物形成鲜明的对比。观赏池塘的位置可以提高（木栅、石墙、厚木板），或者可以直接与座位相连。

➤ **专家提醒**

我建议你可以多参考网上和杂志上不同的风格。

流动性较小的水面 —— 沼泽花坛

下方铺薄膜的迷你沼泽地可能有小水洼也可能没有，它只实现了水景的一部分功能：没有流动的水，但花园主仍能从中收获岸边地带和沼泽地带植物漂亮的花朵。沼泽花坛非常适合有小孩的家庭，因为它能将危险降到最低。如果之后想要重新安置池塘，现有的沼泽花坛也可以方便地作为沼泽区融入其中。

流动的水：时而湍急，时而舒缓

流动的水还能扩展感官的体验。草坪里缓缓流淌的小溪穿过石块，会发出汩汩的流声；阶梯式瀑布会发出温和的潺潺声；从50cm高处注入水池中的瀑布则有着强烈的瀯瀯声——每种流水都有其特殊的声音。

要保持水循环流动，你需要水泵和水管，而这些又需要连接电源。

购买水泵的标准

水泵需要实现哪些目标？
必须考虑，因为有些水泵的动力不足以带动溪流。

溪流的长度和宽度？
这些数据决定了水泵的扬程和功率，以及盛接池的体积。

水流有多高？
水体出发点与盛接池水平面间的绝对高度。

管道有多长？
即水体盛接池和"水源"之间的距离，越短越好。

水泵和水源之间的管道直径？
你可以从商店获得该数值。

喷泉和喷泉石——孩子们的乐地

从粗石间或"喷泉斜坡"中冲出的喷泉是一个非常适合安静地阅读或供孩子夏天玩乐的地方。

各种喷泉——也可与较短的水流相连——都属于孩子非常喜欢的水体设施。由于运输途径较短，且水量较小，水泵的功率需求也较小（通常与软管和喷嘴成套供应）。

➤ 专家提醒

虽然花园中的水景极具美学价值，但无法否认它们可能会对孩子造成威胁。

安静的草坪小溪——纯粹的浪漫

在平坦的花园中，打造一条水流缓慢、曲线柔和、水势平坦且宽度变化多端的小溪是很好的选择，最好是垫有薄膜的小溪。从水源到盛接池之间，小溪可以有两到三道转弯，总体形成大的弧形。不同的区段可有宽有窄（之后可以种植沼泽植物），并在小溪中设置石头等障碍物，以形成旋涡和小的急流。

要想让人留下小溪缓慢流淌的印象，水体的落差必须在1—2%之内（5m长的小溪高度差为5—10cm）。不要忘记设置享受美景的座位！

阶梯式小溪 —— 可用成品组件快速搭建

如果不想让小溪流淌得太安静，你可以选择由壳式结构组装成的小溪，它们由平坦的少灰混凝土基底互相堆叠形成台阶（见 166—167 页）。这样的阶梯式小溪在原材料阶段看起来人工痕迹较重，但通水后就会变得非常自然。在边缘种植下垂的多年生草本植物（蕨类、玉簪、草类等）可以遮住成品组件突兀的边缘，使小溪就像奔流在自然的阶梯上。设置阶梯式小溪时不要让"源头小丘"突兀地显现出来，应该尽量让水流突然从林木间喷涌出来。

快速流淌的小溪适合陡峭的地形

如果你的花园里有山坡或相对陡峭的地形，你可以安置一条"山涧"。与草坪小溪一样，山涧也不能沿着直线流淌。你可以使与山坡平行的较短的水流停在拦河石前，并根据溪流长度和水势落差搭建蓄水盆。水流可以在这里暂停，水生植物也能在这里生根。

🢒 **专家提醒**

让山涧的水从植被处消失后再从别处喷发，这样会显得更自然。

瀑布对池塘生态的价值

直接注入池塘的瀑布有两大好处：它会发出淙淙的水声，同时持续使空气溶入水中，从而改善水质。由于掉落的水流会在塘面上激起水花，因此它只适合较大的池塘或没有浮叶植物的池塘。瀑布的高度不应超过 30—40cm。所有设有溪流的位置都可以设置瀑布。这种情况下，池塘就是盛接池，也是放置驱动溪流循环的水泵的位置。如果你只想将瀑布作为装饰元素（没有溪流），则应将水源掩藏在植物后面。

小型水景——为所有人带来欢乐的景致

如果你的花园面积较小，无法容纳池塘或流动的小溪，或者你家或邻居有小孩，即便如此，也不要放弃戏水的乐趣。

只要稍加创想，你就能在较小的空间中打造出对孩子也安全无害的花园水景，而且它们或多或少都能持续较长的时间。

在较小的设施中，"水"元素应该通过位置和造型完全呈现在人们眼前，丰富花园与露台上的景致：它可以是一个奇特的花桶，一种富有吸引力的植物，一块显眼的喷泉石，一处古怪的喷泉，一个滑稽的滴水嘴或一根造型奇特的水柱。

迷你版喷泉

喷泉石只需要很小的面积即可安装。涌出的水流显示了生气与活力。喷泉石放在水池中（储水池），喷泉水流直接与水泵相连。水流在石头内部被压向上方，流出后再回到储水池中。你不需要过多地考虑部件组装完成后的样子，你可以在许多地方看到不同的成品（从漂块到艺术作品都有）。

> 🔊 专家提醒
>
> 在水池中填满鹅卵石，这样可确保喷泉石对孩子完全安全。

迷你池塘：将水景花园搬到露台上

许多水生植物和沼泽植物也能在花桶中生长。如果你使用了防水的桶或其他容器，它们都可以被称为迷你水景花园。你可以打造各种不同风格的迷你水景花园：在上釉的亚洲装饰风格花桶中种植热带睡莲，搭配纸莎草或黄菖蒲笔直的叶子就能塑造出远东风情。简单的赤陶盆或槽中种植伸出盆外的浓密的沼泽植物可以抹去露地植物与水生植物间的区别。镀锌盆和木桶不仅样式粗犷，而且能为多种水生植物提供足够的生长空间。

近在眼前的水生植物：露台池塘

如果你的露台较大，而花园较小，你也可以将池塘搬到露台上——可用适合露台的成品池塘或嵌入露台的池塘盆体。

你可以按照自己的喜好以及房子和露台的风格，用木栅、水平的厚木板、石块或砖块、混凝土砖、马赛克砖或金属包裹露台上的池塘盆体，但要注意其稳定性。

▶ 专家提醒

露台池塘中，如果管理得当也能养鱼。要注意防风！

墙体中喷出的水流，水声可大可小

壁泉的意义可能有些偏离轨迹，通常来说，其前景的装饰作用大于水流。显然，一条简单、弯折的管子对人们的影响大大不如一头青铜制的狮子，从其张开的口中还会涌出水流。

每座壁泉都有两个要素：水流的下落高度和盛接池。水流的高度决定了"瀑布"的响声，盛接池的风格必须与整个泉景相配。此外，设置一座壁泉非常方便，因为它和喷泉石一样是通过闭合的水循环来实现的。

喷泉——单纯的喷泉还是艺术品？

喷泉横跨了水景到雕塑的范畴，它们通常安置在露台或从休息处能一眼看到的位置上。事实上，你可以在建筑市场买到经济实惠的迷你设施，也能买到出自艺术家之手的独特作品，这种喷泉价格相对较高，可能与中等池塘价格相仿。选择一个喷泉最终取决于个人的品位，因此很难给出普遍的建议。喷泉水流越激烈，喷泉本身的形象就越低调。而位于另一个极端上的是各种形状的喷泉，有的带有多个喷嘴和造型显眼的盛接池。

安全是第一位！

安全事关所有人，但可惜只有少数人能真正重视这个问题。

一个无人照看的小孩可能在一掌深的水坑或较大的水桶中溺水，较大的孩子在试图捡起掉入水中的皮球时也可能会低估水面的危险。在白天和天气干燥时，不设栏杆的跳板和小桥自然非常安全，但如果是在夜晚或者一个潮湿的早晨情况又会如何？一只因为好奇而捕鱼却掉入水中的猫又该如何爬出池塘？因此，在设置和照看水景花园时一定要考虑到各个方面的安全问题。

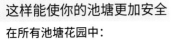

这样能使你的池塘更加安全

在所有池塘花园中：
设置河岸带，这样落水的动物能从水中爬出
小桥需设置栏杆
由专业人员安装电动装置

有小孩的花园中：
较大的池塘需围上稳定的围栏
10 ㎡以下的池塘可安装池塘格架
注意看护孩子

花园中的水，孩子的潜在威胁

首先：并不存在一个对孩子完全安全的水景花园！但你可以通过各种措施将危险降到最低，如确保设施的安全性，较小的孩子在玩耍时一定要有人看管。

· 仅仅降低池塘深度并不是有效的防护措施，因为较小的孩子在受到惊吓后，甚至可能在几厘米深的水中溺水。

· 虽然并不是所有人都会喜欢在花园中装一道围栏，但这是最安全的选择。你只需插上垂直的木条或稳固的金属架即可（保证小孩的脑袋无法穿过空隙），并锁住进出的门。需确保孩子不能越过围栏（高度至少为80cm）。

· 在水面下方平铺坚固的池塘格架（通过镀锌或加塑料套防止锈蚀）可以为较小的孩子提供良好的保护。一般用于支撑混凝土的建筑格架不适合在此使用：这种格架栅栏间距太大，其材料容易锈蚀，而且太过松软。安装格架时（最好请专业人员）需确保其稳固性，不能发生滑动或倾斜。

· 就算你自己没有孩子，也有责任从一开始就排除掉水景的危险隐患（安全保障义务）。你可以通过围栏、无法挤过的树篱和上锁的门来防止孩子进入你的花园。

专业人士的工作：花园中的电流

无论在哪里使用灯、水泵等电力设备时都需要注意用电安全。只购买安全达标的机器。（地下）电缆、插头和开关需能承受露天使用的特殊压力。最好请专业公司来帮你完成电路的安装，这样不会出错！安装时还需要加一个电路故障保护开关，当电路中进水，机器故障或电缆损坏时就能迅速切断电路。此外，所有电缆都要套塑料管作为防护。

鉴别并排除潜在的危险

在水面附近不要使用表面光滑的材料，它们在天气潮湿时会很滑。你可以选择粗糙的石块或木头，其表面具有防滑的纹路。

跳板和小桥也可能产生问题。它们必须有稳固的基础，选择的材料要能承担足够的重量。浅水区的踏脚石如果踩错一步也会弄湿鞋子，因而"真正的"桥梁自然一定要装栏杆。

专家提醒

使用高压喷射器很容易去除生长在桥梁和道路上的藻类。

浅水岸——动物的救命出口

水不仅能吸引人类，也对许多动物有着很大的诱惑。因此你需要设置一个安全的"出口"，因为即便不会游泳的猫也会为了捕鱼而跳进水中。最好设置一个非常浅的河岸带，可铺上鹅卵石，以约15—20cm的深度连接浅水区。这样落水的动物就能相对容易地爬出池塘。而且，鸟类也非常喜欢在这样的浅水地带喝水、嬉戏。此外，也可以在岸边植物和水体间安置一块木板、粗壮的树枝或树根，可作为装饰，也可作为爬出水面的梯子。

护理池塘的机器与附属工具

兜盛植物的好工具：定植篮和种植袋

定植篮和种植袋能很好地兜住水生植物，并且可以被针对性地放入池塘中或固定在池塘边缘。塑料制的硬篮子其四壁为格子状，能抑制快速生长的植物的根系和（或）葡萄茎。种在硬篮子里的植物冬天还可以从水中取出。软篮子有塑料制或椰壳纤维制两种，篮中装满泥土，用带子拉紧。椰壳纤维制的种植袋通常被固定在池塘边，悬在水中。斜坡垫能覆盖较大的面积，有些附带种植袋，有些则没有。

种植需要泥土和手工工具

池塘植物只能种在独特的养料贫瘠的池塘土中；你也可以1：3的比例混合黏土和沙土作为替代品。睡莲在养料较丰富的睡莲土中生长更佳。准备好足量的鹅卵石（至少达到蚕豆的大小）以覆盖泥土。

种植时你需要用种植锹来装土、挖定植穴（岸边），用点播棒来种球根类植物，用手耙来松土，以及用园林刀来切除受伤的植物根。

修剪和梳理植物：适宜的修剪工具

护理池塘植物时你也会用到普通的园艺工具。但也有一种专门的池塘剪，它有很长的手柄能伸到水中，而不必人走入池塘。在陆上作业时你需要修枝剪（双刀片类型，刀片相错的剪刀）和小型的高枝剪来修剪枝条。为多年生草本植物分根时还推荐使用锋利的园林刀（园艺用镰刀）。你还可以用自制的钓具（手柄和钩子都用粗壮的钢丝）将定植篮拉出水面。

用双手去除藻类、落叶和水底沉积物

即便在生态平衡的池塘中也不能避免藻类或浮游植物短期内的大量繁殖。

如果你反应够快，有机组成部分就不会下沉。浮游植物、浮叶和表面的藻类可以用精细的抄网打捞，丝藻则能用简单的园艺耙除去。秋天在池塘中张网可避免落叶掉入水中并沉到水底。少量的水底沉积物可用笊篱去除，它可通过绝缘带固定在手柄上。

清理塘底和水面：池塘吸尘器和撇渣器

在能清楚看到底部的较浅的池塘中——尤其是铺小卵石的规整的观赏池塘中，底部有脏东西是非常恼人的。这时你可以使用专门的池塘吸尘器，它能吸起数升淤泥；但大部分用于园林作业的大型吸尘器（工业吸尘器）也能起到这个作用。

当底部沉积物不再严重时，你可以放入撇渣器。这种机器能放在水中吸收表面的藻类、花粉和树叶。

水质如何：测量仪器和套装

一个平衡的池塘不该受到外界的影响——在此你可以采用盘子测试法：应该在 30cm 深处还能看到盘子！尽管如此，你还是会希望能偶尔了解一下池塘水的数据。商店中常见的测试套装根据价格不同，除了 pH 试纸外还包括用于确定水质硬度、硝酸盐含量等数值的化学试剂。购买时注意要有详细的使用说明。还有一种不能忽略的辅助工具即水体温度计，因为水中的含氧量会随着温度上升而降低（池塘中养鱼时非常重要！）。

用于池塘和植物的水

在池塘边浇水似乎毫无意义，但池塘边的植物当然也和其他植物一样需要定期浇水。对此，浇花软管和洒水壶依然是水景花园的园丁必不可少的标准装备。在炎热的夏天，水面的蒸发作用和水生植物水上部分的蒸腾作用会急剧增强，水位下降，此时就需要水管中缓慢流入的水作为补充。这也同样适用于水循环封闭的流动水体。

照料鱼类必要的附属工具

大型自然池塘中的本土鱼类如果生活在深度超过 80cm 的位置（考虑沉积的淤泥！），则可以省略照料的环节。观赏池塘则需要测量水质和水中的含氧量，并进行调节，而且还要喂鱼。

用喂食环喂食，主要喂活的食物（或者速冻的昆虫幼虫）。

秋末可在水中放入防冻器，确保最低标准的气体交换。

只有养殖异国鱼类的观赏池塘需要水暖器。

园艺池塘还是溪流？

规划一个水景花园是一件令人非常兴奋的事，可以让全家都参与进来。你可以去参观花卉商店的规划图，向你的邻居和朋友学习经验。在最终做出决定前，你最好仔细考虑多种可能性。如果要布置一个大型的水景，你需要对每种可能性都投入足够的时间。所有仓促或未经思考的决定都会产生恶果！

你当然可以按照自己的喜好来规划布置你的溪流或池塘。但为了充分享受水景带来的乐趣，你首先需要考虑选择合适的位置。你能从房中或露台上清楚看到池塘吗？池塘的位置阳光是否充足？邻居对嘈杂的蛙叫声会作何反应？你是否能确保水域对孩子的安全性？

从图纸变成现实

首先可以在花园的图纸上画出预计设施的位置和大小。然后将水景花园的图纸转移到实地：在地上铺园艺软管或在小木桩间张上园林线。你的图纸在现实中形象如何？

在池塘的背面再加上 1—1.5m 宽（如果是灌木则需要 3m）的种植带，并调整"软管池塘"的位置。需要时，宁可估大池塘的面积，因为岸边的植物会慢慢朝里生长，从而减小可见的水面面积。一定要设置一个方便进出，且没有植被的河岸带（如铺设木板），你可以在这里轻松地实施各种护理措施。

一定要考虑你打算如何挖掘池塘，将如何处理挖出的泥土。一个 1m 深，直径约 3m 的池塘就会产生 3—4m³ 的泥土！你可以直接用铲子挖较小的池塘，挖出的土也可搭成溪流，但对于较大的池塘你就需要一台迷你挖土机，而且可能需要将挖出的土运走。你选择的位置能符合这些要求吗？

从规划到现实

享受之前必须工作，如果设施较大还需要一定的组织才能：何时预定迷你挖土机？铲出的表层土在施工期间应堆放在何处？如何处理挖出的泥土（用于自己的花园还是运走）？需要预定购买多少材料（薄膜、沙子、用于边缘造型的石块等）？最后还有一个决定性的问题：你打算自己布置水景花园还是承包给园艺公司？

对于心灵手巧的花园主来说，造一个池塘并不是件难事，而且，完工后那种愉快的骄傲感完全能抵消辛勤的汗水与劳作。否则，你最好还是现实地估计自己的时间和能力，由专业人员来建造池塘后再自己种植和护理。

薄膜不只是薄膜

PVC（聚氯乙烯）：经济实惠的池塘薄膜，有黑色、绿色、蓝色或本色，厚度 0.5—2mm；相对容易处理和维修（热塑枪、发汗剂、薄膜黏胶）；只有"不可再生"的薄膜能接受长期光照。

PE（聚乙烯）或 **PE-LD**（低密度聚乙烯）：环保，可回收，防霜冻，防紫外线；比 PVC 牢固，只有黑色，0.5—1mm 厚；可用热塑枪和黏胶进行加工处理。

EPDM（橡胶）：最贵的薄膜——防撕破韧性极佳，能长期隔离热量、霜冻、紫外线及植物的根，对环境无损害。

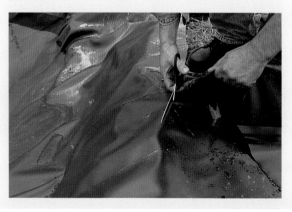

怎样的位置最适合水景花园？

你必须自己决定哪个位置在造型上最适合设置水景，考虑时，你需要注意以下几个基本因素：

·**地形：** 观赏池塘可以设置在花园中你喜欢的任何位置，自然池塘则必须在最深的地方。而且，自然池塘的特色要求地形倾斜或有斜坡，否则就需要大量支撑结构。但就算在平地上也能打造出自然池塘中不同的水深。为此，你需要用挖出的一部分土在池塘边缘铺设舒缓的斜坡。这样，从观察者的角度来看，池水就好像在脚下慢慢变深。如果池塘还与溪流相连，由下坡段、溪流和蓄水池组成的自然景观将显得更加随意、舒适。

·**光与影：** 池塘的最佳位置是，上午和（或）下午池塘完全接受光照（每天 5—6 小时），而炎热的正午时刻则有至少三分之一的面积位于房子或树木的阴影下。在正午的阳光直射下，水温上升很快，水中的含氧量就会下降，造成水生动物和植物缺氧。相反，如果池塘长时间位于阴影中，睡莲和许多其他迷人的塘边植物的生长都会停滞。因此，在新建的花园中，你既可以在池塘南面种树，使其树冠为池塘遮阴，也可以将池塘安置在房子的阴影下。在成熟的花园中，你可以将池塘安置在现有的背阴地。此外，密集种植的浮叶植物也能在紧急情况下为水面提供遮阴。虽然小溪流动的水能起到一定的降温作用，但溪流还是需要部分遮阴。

·**乔木和灌木：** 木本植物虽然能提供阴凉，但也会引起一些麻烦。叶子、针叶、花粉会掉入水中，必须定期清理，否则水底会积起过多的有机垃圾。它们的根会破坏池塘薄膜，还会与塘边植物的根形成生长竞争。

露台、水和植物形成了迷人而和谐的景致。而借助高起的木甲板，观赏者能在享受咖啡的同时真正做到悬在"水面上"。

·**水流运动：**如果池塘没有相连的溪流或充氧泵来增加水中的氧含量，鱼类和植物都会受难。对于足够大的池塘，吹动水面的风就能生效。它能在一定程度上引起水流循环，使深处含氧量丰富的凉水升到上层。

·**座位：**一个没有座位的水景是一种浪费。因此，在成熟的花园中，最好从座位的视线出发选择池塘位置，而新的花园中则一定要在水边设置漂亮的座位和方便的出入口。

何时是安置水景的最佳时间？

最佳的时间是干燥的春末：此时工作不会太冷，注入的水也不会结冻，静置一段时间后，到4—5月（注意植物容器上的说明！）就能开始种植水生植物。暑假也是建造水景的好时间。对许多水生植物来说，现在到冬天的生长时间太过短暂。你可以等到第二年春天和夏初再进行种植，并等到那时再研究植物目录册。秋天也能挖掘池塘，此时可以注水，但最好等到第二年春天再种植。但另一方面，秋天在水景周边种植的木本植物却能很好地生长。

如何开始行动？

重要的是制定尽可能详细的时间计划！因为自己建造大型的水景设施需要好多天时间，因此，你必须投入几天假期和多个周末。你需要及时弄明白何时能拿到固定的成品池塘或裁剪好的薄膜。必要时，安排好何时运输挖出的土壤，运往何处，并打听好附近哪里可以租借迷你挖土机（确定好时间后预订）。这些数据是时间计划的基本组成部分。预订好薄膜或成品池塘，及时寻求朋友和熟人的帮助，因为大部分工作不是一个人能完成的。多人联手合作能简化许多工作。

水景花园中的微型水域生态

池塘植物生长的条件与它们陆上的亲戚完全不同：水中的浮力使植物不再需要起支撑作用的结实的茎，因此，相对较重的浮叶就只需要柔软的茎，有些植物甚至能完全自由地漂在水面上。

水不再是稀缺的物质，因此不需要从土中挖出四处蔓延的根系。此外，水生植物需要从水中吸收氧气（呼吸作用）和二氧化碳（光合作用）。水中两种物质的含量都比空气中低。由于这个原因，许多浅水植物和沼泽植物长势特别茂盛：它们能从池塘中获得充足的水分，又能从空气中吸收充足的气体。

这就是池塘植物和"正常的"园艺植物间最基本的区别。为了之后能更好地护理池塘，作为刚刚开始接触水景花园的园丁，你需要一些关于水域生态的基本知识——确确实实只是一些基本的常识。

紧急求助，池塘失衡了！

每个池塘的底部都会堆积有机垃圾。细菌能通过消耗氧气经过多个阶段将它们分解成硝酸盐。硝酸盐是植物的养料，但也能被另一些细菌分解成"无害的"氮素。在生态平衡的池塘中，硝酸盐的产生与分解处于一种平衡状态。如果水中营养物质增多，硝酸盐含量就会上升，藻类也会增加（藻华）。它们会沉到水底进一步促进整个循环，直到越来越厚的污泥中产生含硫气体。

神秘的"生态平衡"

每个生态群落都是一个开放的系统，外部的物质会流入系统（如无机物、二氧化碳），被群落内部的成员吸收改造。系统内部的各个成员相互依存：植物产生氧气，作为动物的食物。食肉动物以食草动物为食，一旦动物或植物死亡，相应的受益者就会处理残骸。这样的群落中所有成员都能相安无事地彼此共存、生长，我们就说这个系统实现了"生态平衡"。但可惜花园池塘很难在自然条件下形成这样的平衡，它们通常都太小了。因此，园丁需要学会鉴别干扰平衡的因素并将之排除（见194—195页）。水体浑浊，藻类生长过盛，气味难闻，这些都是池塘生态平衡出现问题的明显标志。

生态平衡对水中氧含量的影响尤其明显：空气中的氧含量约为水中溶解氧含量的二十倍。夏天水温升高时，氧含量就会下降，在凉爽的水中其含量就会上升。在大型的自然池塘中，水生植物能为相对较少的鱼类提供足够的氧气，此外，风也能不断将含氧量丰富的深层水刮到上层。但小型到中等大小的花园池塘中养殖的鱼群数量通常会超过水体本身的承受能力，这时就需要充氧泵、氧化器或潺潺的水流来提供必要的氧气。

分级的水深保证多样性

池塘越大，就越容易在没有全面的技术辅助时仍能保持生态平衡，但这条规则并不适合观赏池塘。这里涉及的不仅是池塘面积，还包括分级的深度。

· **深水区**或**睡莲区**的水深至少为约50cm，但还必须有达到80—100cm深度的位置。这种区域的面积最好占整个池塘面积的20%左右。夏天，

植物和动物都能在一个健康、完整的水域中找到适宜的生活空间并舒适地生长。园丁只在池塘失衡时才需要干预。

深水区的水温也明显低于浅层水的温度。除了睡莲，其他制造氧气的浮游植物也能在这里良好地生长。鱼类能在这里安全过冬，因为在这样的深度不会发生冰冻。随着时间的推移，深水区的底部会堆积起一定的有机物，这些有机物可能来自池塘本身，也可能来自花园（叶子、花、花粉等）。这些物质通过分解作用再次转化成无机营养 —— 理论上是这样。但现实中，小池塘中的这些物质可能会有产生沼气的危险。

·**浅水区**从 20cm 深的位置一直延伸到深水区开始的地方。自然界中，浅水区位于地势平坦区域的上方，但在花园池塘中，它通常是在挖薄膜池塘时人工制造"台阶"形成的。成品池塘制作时就已经预设了浅水区。它的面积约占 40%。为了有充足的空间用于种植，台阶的宽度至少应为 40—50cm。夏天水体相对较为凉爽，植物水下叶子的

光合作用能增加水中的含氧量。在这个区域生长的香蒲和芦苇（它能延伸到沼泽区的浅水区域）能起到生态净化的作用，例如能改善游泳池塘的水质。

·**沼泽区**的面积与浅水区相似（占 40% 的面积），它是水体与陆地间的过渡区。它从毛细渗漏防护带一直延伸到水深 20cm 的区域，其最外层可能已经完全成为陆地。在这块区域生长的沼泽植物是开花的池塘水景所能提供的最美丽的景色之一。沼泽区也是池塘水景中最受孩子欢迎的部分，因为蜻蜓、蝴蝶和水生甲虫会在这里逗留，还有青蛙在这里产卵。

·**岸沿**（花园池塘中毛细渗漏防护带外的部分）在本质意义上不属于花园池塘。在自然中，它能为许多适宜的植物提供生长空间，因为这里的土壤仍具有相对较高的湿度。

由部件组装的成品池塘

你需要

- 沙子（粒度 0/2）
- 绳子、木桩或花园软管、挖掘工具和铁锹、用于挖出的土的遮盖物、手推车、夯实器、水平仪和方木（必须有一块能横跨整个水盆）。

需要的时间：

一个 2—3 ㎡ 的水盆需要两个人花费一天的时间；第二天将剩余的沙子冲入缝隙，并进行收尾工作。

想要寻找一种快速且相对方便的池塘？成品池塘就是你的选择。市场上有各种大小和形状的成品池塘可供选择。

小型的成品池塘和许多组件都是涂成黑色的聚乙烯（PE）。这种材料相对较轻且耐用。就算是门外汉也能轻松地运送这种池塘，简单的碰撞不会造成损害。担保可用期限为十年。

较大的池塘水盆通常是塑料制的，添加玻璃纤维固化（GFK），同样的材料还能用来做小船。GFK 池塘水盆相对较重。这种水盆需要专业人员运送、卸载，并装入园中。一定要提前检测水盆是否能毫无困难地装入花园中你选定的位置。水盆是否能顺利地通过所有的道路和转弯处？

1. 怎样挖一个精确的土坑

挖出的土坑必须完全符合成品池塘的形状。将池塘水盆放在草地上（见图），在地面上用花园软管或绳索和木桩标出水盆的边缘。然后将水盆放在一边，把标记物放大 10—15cm，这样水盆就能轻松地放入土中。不要倒置水盆，那样做出的标记会与真实的水盆左右颠倒。

2. 如何确定各级深度

为了标记不同的深度，你需要在池塘所在的区域挖出约一掌深的土，整平。然后将水盆放在上面，在地面上留下印痕。沿着印痕向下挖出深水区的高度（边缘仍需加 10—15cm，深度加 10cm）。有多种深度的水盆需要多次将水盆放到地面上，留下印痕，从内向外一级一级地挖出不同的深度。每一级都需比水盆上相应的台阶深 10cm。最后便能轻松地将水盆放入土坑中。

3. 基底应保持完全水平

现在你终于能除去石块和根，修平倾斜的台阶，并整平底部的地面。在底部地面上放入两块方木（4 x 10cm）（间距为水平仪的长度）。用水平仪测定它们是否已经水平。用沙子填充深水区，直到没过方木的上棱边，夯实。用校准木杆刮平沙子的表面。确定基底水平且稳固后，小心地取出方木。

4. 小心地放入池塘水盆

将水盆小心地放入土坑中。水盆不能滑动，也不能损伤沙层。检测水盆是否保持水平：将最长的那根方木搁在水盆上边缘，用水平仪从多个方向进行检测。如有必要可用沙子垫平。校准后在水盆中装入约三分之一的水。

> 专家提醒
>
> 　如果在这时偷懒，完成后的水面会出现倾斜，且某一侧的塑料边会清晰可见。

5. 填实水盆的缝隙

现在，你需要在不移动水盆的情况下小心地往水盆边缘和土地间铲入沙子。用柔和的水流将沙子充分冲入空隙中。这项工序要做到全面、均衡，也就是说：你需要装入沙子，用水冲实，继续下一段。冲沙子的过程要持续到沙层到达浅水区开始的地方为止。现在，可以让沙子先放一晚，第二天继续，直到沙层到达水盆边缘。

不同寻常的成品池塘

你需要

- 成品池塘或浅水池
- 158 页所列材料
- 水泥
- 用于边缘的木板或木头（观赏池塘）
- 木栅或石头,用来拦截斜坡（斜坡池塘）
- 井泵（套组）

需要的时间：

如 158 页所述；此外还需要布置边缘的时间

成品池塘也能很好地融入现有的整体中，如露台或休息地，斜坡花园或规整的观赏花园。

事实上，现在它们可以安置在所有以前用混凝土浇筑过池塘的地方。它们很容易操作，因此就算新手也不会遇到无法解决的难题。但购买前你最好还是询问清楚，因为并不是所有类型的水盆都能在任何地方安装。保险起见，你最好从"纸上"开始！你可以用纸板按照正确的比例剪出简单的长方形或正方形，在花园图纸上轻松地比划以选择合适的位置。如果这样你还不能确定？那就用纸板（如展开的行李纸箱）按照 1：1 的比例做出池塘模型，直接放到花园中，多处尝试，直到你找到最合适的位置——这时你才能真正动工。安置池塘时，遵循 158—159 页上介绍的步骤。

用墙体固定在土中……

以成品池塘为基础，你可以整合多种漂亮的元素，在理想的情况下甚至能做出浇筑的效果。图中，一个圆形的小池塘位于独特的中心位置，起到了视线焦点的作用。经验丰富的修理工可以自己完成这样的构造，其他人则最好还是请专业人员帮忙。

· 先在地上用点线组成的圆规画出座位的外环（中心插入杆子；长度为确定半径的绳子拉紧后环绕一圈画线）。

· 杆子仍留在中心，按照座位宽度缩短绳子的长度（50—70cm）。

· 继续缩短长度标记出池塘水盆的外边线。

· 现在可以挖出墙体的地基，浇筑水泥。

· 在挖深和铺设（夯实砾石和沙子）基底时，圆规棒应始终留在原位，否则之后你就得重新寻找三个同心圆的中心。

· 如果你想预先埋入水盆，在完成平面后还需对其进行最终的水平校准。

几何形状的观赏池塘

观赏池塘最好选择长方形、正方形、圆形或椭圆形的成品池塘（安装见 158—159 页）。用自然的石块或混凝土板遮盖塑料边。但石板不能直接压在上面，否则塑料边缘会不堪重负受到损伤。因此，你可以沿着池塘边缘放置混凝土路边石（承重石）或浇筑一个混凝土地基，来承受石板的重量。有些成品池塘本身带有金属结构，展开后就能作为池塘边缘，这种结构也能承受一定的重量。

露台上的水池

如果你想让露台也"漂浮"在水面上，可以直接将成品池塘安装在露台上。在水池边直接浇筑混凝土地基，上面水平铺设厚木板作为露台的基底。在这种基础上你还可以铺盖高出池塘水平面数厘米的露台木板。

📌 专家提醒

这种池塘类型对玩耍中的孩子来说特别危险，因此不适合有孩子的家庭！

浅水池可作为水柱的基础

自从专业商店出售流水喷泉、喷泉石或喷泉套装后（水泵、软管材料、喷嘴等），新手也能轻松地安装这些水景了。首先将水盆水平校准后安装在沙层上。在缝隙中冲入沙子固定。按照说明安装水泵系统，在水池中装上填充材料（如装饰鹅卵石）。水池中的装饰鹅卵石需定期清洗。

薄膜池塘的准备工作

与成品池塘相比，薄膜池塘的优势是你可以有更大程度的自主性。

由于薄膜在水压的作用下会贴紧地面，因此不需要像成品池塘那样精准的挖掘和校准工作。但你需要花更多的时间准备好基底，并确定薄膜和无纺布垫的面积（见第五步和后两页）。

对于较小的池塘，你可以购买成卷的薄膜，自己裁剪。较大池塘的薄膜由专业公司裁剪并焊接。

你可以先预定一定大小和深度的池塘薄膜（之后你就要按照这个标准进行挖掘），也可以先挖出土坑，再确定薄膜的大小，之后再铺薄膜（注意供货时间！）。

 你需要

- ➤ 手工挖掘工具或迷你挖土机
- ➤ 挖掘的图纸
- ➤ 绳索和折尺或卷尺
- ➤ 花园软管
- ➤ 手推车
- ➤ 水平仪（最好是激光水平仪）
- ➤ 长木条
- ➤ 夯实器，非常大的池塘可使用夯土机

1. 首先要确定池塘的位置和轮廓

你可以用花园软管很好地铺设出池塘的轮廓。软管比绳索硬，更适合弧形的边缘。池塘边缘的弧形越柔和，铺薄膜时就越不容易产生皱褶。当池塘的大小和形状符合你的要求时，用沙子撒出轮廓。

对新手来说，这种操作方法优于严格按照既定图纸来建造池塘。你可以自己控制大小，还能随时进行调整。在你确定池塘的大小和深度符合自己的要求后再订购薄膜。

2. 挖土坑时的注意事项

先挖掉草皮。这些草块是否能用来改善你的草坪？接着将富含腐殖质的表层土铲到一块薄膜上。你可以将它们作为很好的种植土加以利用。

你可以从 20—30cm 的深度开始布置深度台阶（见上图），随后慢慢前进到深水区。浅水区（20—50cm）的面积约占总面积的五分之二。深水区至少应深 80cm（见 156—157 页），约占总面积的五分之一。在预定的深度上至少再加 15—20cm，用于薄膜下的沙层和池塘的培养土。

3. 整平基底，进一步扩充深度台阶

粗略地挖出池塘并分好深度台阶后，你还需要进一步的精细工作：塑造并整平各个深度台阶及其坡面，直到池塘底部。除去所有大块和尖利的石头，切除植物的根。

理想的坡面并不是垂直的，而是微微倾向深处。必要时通过斜面来弥补面积损失，总面积剩下的五分之二部分，即沼泽区（最深为20cm，15—20cm 深）可向外扩展。在每个台阶向坡面过渡的地方设置一道小土墙，这样可防止此后培养土会被冲走。用夯实器夯实基底。

4. 准备好毛细渗漏防护带和溢流口

池塘水与土地直接接触会大大增加蒸发作用造成的损失，毛细渗漏防护带可减少这种损失。另一方面，大量降雨时池塘水会溢出。因此，它还需要一个溢流口。你可以在距池塘边约20cm 处挖一条宽和深均为 15—20cm 的水沟。填满粗糙的砾石后将它作为毛细渗漏防护带。

出水口位于阴沟的排水管能排出多余的水。

专家提醒

根据我的经验，较小的池塘中可用泄露的浅沼泽区代替溢流口。需要补充蒸发掉的水。

5. 确定薄膜大小，校准池塘边缘

准备工作结束后，你就能确定薄膜的大小了：将灵活的卷尺放置在池塘土坑的最大长度和宽度处（如图），记下数值。你也可以用绳索代替，之后再用折尺测出绳子长度。

长度和宽度值是计算的基础（见下页）。最后，你需要将一根长木条放置在池塘的各个位置，用水平仪确定池塘的边缘是否高度一致。如果不一致，可以通过堆积挖出的泥土进行弥补。

完成薄膜的铺设

薄膜池塘的土坑已经挖好，深度台阶和坡面已经整平、校准并夯实，池塘周围也铺好了毛细渗漏防护带。

这时的池塘对业主来说看起来似乎很大。但一旦种上塘边植物，池塘就会明显缩小。事实上，许多池塘主人后来都希望他们能在开始时把池塘挖得更大些。

现在是改变池塘大小和形状最后的机会！你可以根据池塘大小按米购买薄膜，也可以让生产商焊接成形。对于结构复杂的池塘（有狭隘口、宽松处、弧形等），你需要向供应商提供包括深度的图纸，以利于买到合适的薄膜。

你需要

- 池塘薄膜
  薄膜大小：
  测得的长度 x 宽度（各加60cm 作为边缘的扩充）。需要的厚度由池塘大小决定，可咨询供应商。
- 垫在底部的池塘无纺布垫（大小与池塘薄膜相同）
- 沙子
- 用于毛细渗漏防护带的砾石
- 用于浅水区的池塘培养土
- 剪刀（用于裁剪）

1. 铺垫柔软的基底

为了避免被水紧压到地面的薄膜被残留的石头或根戳破，地面和坡面上还需盖10—15cm 厚的沙子。

从深水区开始操作，向外扩展。铺好沙子后，最好再用精细的水流浇透。用铁锹整平沙子表面，并夯实。斜坡上的沙子很容易滑落，因此你需要特别小心，必要时可以增补沙子。

2. 无纺布垫 —— 底部的额外防护

铺在沙层上方的池塘无纺布垫为池塘薄膜提供了抵抗性强的保护性阻隔层。无纺布垫按幅面出售，不需要裁剪。铺设无纺布垫时最方便的是两人合作：一人抓住幅面的一头，另一人沿着长度的方向将无纺布垫拉到对面，在中间令其自然下沉。小心地踩在无纺布垫上，注意不要损坏沙层，将其沿池塘轮廓踩实。第二幅无纺布垫至少应与第一幅有 20cm 的重叠，直到盖满整个池塘。无纺布垫的褶皱越少，覆盖薄膜就越容易。

3.将薄膜紧实地铺入池塘土坑

铺设池塘薄膜必须有人帮助，而且最好在温暖的天气进行，因为此时的薄膜最柔软！将薄膜以正确的方位平铺在池塘旁，然后小心地转移到池塘中。铺设时要注意既不能使无纺布垫滑动，也不能损伤沙层。大型池塘按照规格定制的薄膜还可以铺在不同的深度台阶上，从内向外一层一层地铺设出来。

▶ 专家提醒

保存剩余的薄膜用作维修，注意准确的生产日期，方便确定下次购买的时间。

4. 使薄膜更加贴合

铺好薄膜后，你只能赤脚或穿袜子踩上去。

尽量整平所有的皱褶，拉平边缘和斜坡上的薄膜。随后往池塘中缓慢注入约三分之一的水。这样可以压平皱褶，薄膜也会从边缘进一步被拉入池塘。至少让水在池塘中停留一天，再在深度台阶上铺池塘培养土，并继续注水。

现在是铺设溪流和各种电缆沟（安装电力设备，水泵的水管等）的最佳时期。

5. 收尾工作：完成毛细渗漏防护带

等池塘中的水静止后，将薄膜拉至毛细渗漏防护带的水沟中，用粗糙的砾石填充。砾石能固定薄膜。砾石间的空隙很大，不会像毛细管那样吸取池塘中的水。

在防护带靠近池塘的一边抬高薄膜，盖上大石块。水和土壤不能直接接触！如果要设置溢流口，可以把这一点上的堤坝搭低些，这样水就只能从这里溢出。

之后塘边植物的叶子会盖过水沟，将它隐藏起来。

铺设溪流

虽然溪流是关键，但你还是需要设置盛接池（蓄水盆），用来容纳水泵或其进水口。这种蓄水池的体积不能太小，因为其水量必须能充满管道和整条溪流。打开水泵，蓄水池中的水平面就会下降，直到装满管道和溪流（必要时增加水量）。一条有中间过渡水池的 5m 长的溪流需要约能装 400—500ml 水的盛接池。购买水泵时可以请供应商计算精确的水量（见 144—145 页）。

你需要

- 手工挖掘工具
- 木条
- 水平仪
- 沙子、砾石和石块
- 薄膜（卷状）和无纺布垫或成品小溪外壳
- 夯实器
- 水泵和管道

需要的时间：

在有帮手的情况下，一条 2—3m 长的溪流估计两个周末

小溪外壳 —— 即时解决方案

将小溪外壳按照你喜欢的方式铺设在花园中，随后挖出蓄水池。在此基础上挖出每个壳的土坑，形成小溪的基底。每个壳都需要有适度倾斜的落差（由结构类型预先确定，这样可确保水能向下流淌）。

夯实基底，铺上沙子，准确地装入最下层的外壳，然后是上一级的外壳。它的出水口应长出几厘米。最后将水泵的管道安装到水源处，用石块装饰溪流和其边缘。

混凝土溪流 —— 长效解决方案

对斜坡而言，混凝土浇筑的溪床是不错的选择：应保持基底粗糙。你可以筑入石头，它们能阻断水流，你还能设计水湾、圆弧和垂直的边缘。

先挖出溪流的轨迹，填入模板，将其浇实（加入钢筋防止被冻裂）。混凝土未干透前你还可以用泥铲对其进行改造（挖掘、开槽、搭拦水阶梯）和（或）压入石头。

专家提醒

在狭窄的区段埋入成品 U 形石，浇筑后便是坚实的基底。

草坪小溪 —— 薄膜铺就的溪流

薄膜非常适合安静流淌、没有很大落差的草坪小溪。

以你喜欢的形状挖出小溪，整平地面。像在薄膜池塘（见 164—165 页）中那样铺一层由沙子和无纺布垫组成的保护层，并铺上薄膜。溪流薄膜的边缘至少应留出 10—15cm。整平薄膜，确保薄膜下方没有尖利的突起，薄膜没有大的褶皱。

从水管中喷出湍急的自来水，使其流过小溪，再次确认水流能顺利流通 —— 此时如果发现问题还能修正。

斜坡上的小溪 —— 铺在拦水阶梯上的薄膜

在斜坡上直接挖出溪流。压入一层沙子，在整条溪上覆盖无纺布垫和薄膜。如果地形太过陡峭，则需要搭建拦水阶梯，否则流水会很快流入"山谷"。混凝土石块搭成的拦水阶梯有着粗糙的表面。在大面积铺无纺布垫和薄膜前，先在这里多铺一道无纺布垫。现在，你可以试水了。在溪流中放入大型石块，看它们是否能自然地阻断水流。避免太过规则的摆放顺序。

如果水流顺利，再用鹅卵石覆盖薄膜。其间穿插大石块作为障碍和装饰。这里不适合使用沙子，因为会被冲走。

安置好溪流后（草坪小溪也一样），你需要挖出安装管道的渠道，装好水泵和水管。等一切都连接好后，让小溪先流淌一天。用大石块盖住薄膜的边缘，同时还能起固定作用。石块的安置应尽可能自然。为水边植物留出足够的空隙，它们应该朝溪流方向生长。

👉 专家提醒

显眼的石块最好选择同一风格的，这样溪流不会显得太乱。

小空间中的水景

需要的面积及条件

- **沼泽花坛：**

  2—3 ㎡（再大点更好）阳光
  池塘薄膜

- **湿地花坛：**

  1—2 ㎡，阳光
  池塘薄膜或水盆
  泥炭

- **迷你溪流和穿孔的石头：**

  1—2 ㎡，阳光至背阴均可
  水盆或池塘薄膜
  带喷嘴的水泵组合

不必安置开阔的池塘或蜿蜒漫长的小溪，你也能享受水景带来的好处。

对于所有想造一个池塘，但还没有下定决心的花园主，我建议你们可以先从沼泽花坛开始。它的花费较低，而且以后还能填实或纳入池塘。最重要的是，有了它，你几乎可以在干燥的地面上享受水景花园的优势。

如果你更偏爱流动的水体，那我建议你造一个凉凉的喷泉。这样你就能以最少的花费在园子里领略水流的听觉魅力。此后这样的喷泉可以作为溪流的源头或池塘的入水口。

开花的沼泽 —— 沼泽花坛

如果你只想在沼泽花坛中种几种有趣的沼泽植物，那它只需要 2—3 ㎡ 的面积即可；但如果你想打造一个有小池沼，且能供两栖动物生活的沼泽群落生境，则最好要 10 ㎡ 左右的面积。

沼泽花坛需要一个光照充足的位置，这样植物才能茁壮地生长。与水源连接可省下用洒水壶浇水的麻烦。

用绳子在地面上标出花坛的轮廓。最好是有柔和弧度的形状，如小型的花坛可做成不规则的肾形。挖出 30—40cm 深的土坑，坑壁应倾斜（对于小型群落生境需在两到三个地方挖出这样的土坑，深约 50—60cm）。除去

植物根和尖利的石头，填入沙层，压实。在土坑中铺入无纺布垫和池塘薄膜。对于较小的设施你可以不必设置毛细渗漏防护带（见165 页），较大的设施则需要避免水分流失。在沼泽盆体中装入池塘培养土，在某些地方可以深挖做出凹地。这些地方会形成水洼，使你的沼泽显得特别自然。一些野外的石块或一段老树根都是很好的装饰物。所有沼泽植物都可以在这里种植。

专业人员的工作 —— 湿地花坛

生长在湿地中的植物需要酸性土壤。在盖上薄膜的土坑中填入纯泥炭，并挖出毛细渗漏防护带。在湿地花坛中，保持培养土的湿润非常重要。由于许多地区的自来水钙含量过高（会中和酸性土壤），因此只能用雨水浇灌。要预先打听好，你所在区域哪些专业商店出售湿地植物。湿地花坛非常有用，因为在这里生长的许多植物能吞食昆虫，如图中的茅膏菜和捕虫堇。

小空间中的流水

你只需要一个小成品池塘、一台水泵、管道和出水喷嘴就能在很小的空间里打造流动的水景。图中的出水喷嘴被安装在竹管上，可营造出日式的氛围。此外，水流还能从旧水泵管、躺倒的瓦缸、雕塑、陶盆、半开的树干、平整的自然石块上流出，或通过隐藏的喷嘴从粗野的石块间流出。

 **专家提醒**

池塘的大小应符合水泵的功率，此外你可以随心所欲地安排造型。

从石块中流出的水

将真正的磨石作为喷泉石相对比较昂贵。根据同样的原则，各种形状中间穿孔的自然石或人工石也能产生相同的效果。由于水流的扬程很短，因此你只需选择较小的水泵。如果未能买到成组的系统，你需要一个池塘水盆，其直径应稍大于石头直径。将穿孔的石头放入水盆上稳定的基座中。水泵可放在水池中，也可放在石头的大孔中。

（几乎）不可见的小甲壳动物

这些透明的小生物通常为 1—2mm 大（图中为水蚤），因此肉眼还能看到。它们以水中的小型浮游动物和植物（浮游生物）为食。在自然界的食物链中，它们是小鱼和幼鱼的食物。

在平坦的玻璃皿中注入一小管水样。幸运的话你可以将这些小生物指给你的孩子看（好的放大镜就可以，最好是用小型的显微镜）。

会飞的水生甲虫

龙虱最长为 35mm。它们在水生植物上产卵。幼虫生活在水中，成年的甲虫潜水本领很强，但也能飞。它们以昆虫幼虫、蝌蚪和小型的幼鱼为食。

最长为 7mm 的豉虫（见图）经常会在其快速行动的时候出现在水面上。但它们飞行的能力也很强。它们以掉入水面的昆虫为食。豉虫会将卵黏在水生植物的表面。

在水面上行走的水黾

1—2cm 大的水黾属于隐角亚目。由于它们很轻，且体重均分到四条向外扩展的腿上，因此能在张紧的水面上爬行。它们可以用两条前足抓住那些停留在水面的昆虫。它们会将卵产在水下的植物上。幼虫几经蜕皮后长成成虫。仰泳蝽也属于隐角亚目，但它们一般只出现在大型自然池塘中。

闪烁的美：蜻蛉

通常只要有植物生长的花园池塘中就会有蜻蛉。它们是食肉动物，通常追捕飞行的昆虫。蜻蛉的飞行能力很强。它们能迅疾地飞出，随后又像直升机般停留在空中。

想区分不同的物种，你需要参考专业的分类书。图中所示的蓝晏蜓属于蜻蜓。它们长 11cm，卵产在陆地上，幼虫在水中生活。

黏滑的轨迹：水螺

蜗牛在花园池塘的生态中起着重要的作用：它们能锉去水藻层。但通常花园池塘中的蜗牛数量不足以真正控制水藻的量，因此夏季水藻还是会大量繁殖。苹果螺非常有效（见图，最大为3cm）。它们能在池塘边过冬，但只能在适宜的条件下繁殖。

椎实螺更加重要，但可惜的是它们也会以幼嫩的水生植物为食。

水陆两栖的蝾螈

幸运的话，你的耐心可能会等来蝾螈，当然池塘不能位于内陆城市。欧洲滑蝾相对比较常见，冠北螈（见图）则很少见。两种蝾螈都在交配期出现，雌蝾螈会将卵黏在水生植物的叶子上。完全长大前，幼虫一直生活在水中，之后它们会在下一个春天交配期到来时爬上陆地。蝾螈只在求偶时长出漂亮的颜色。

呱呱蹦跳的青蛙和蟾蜍

所有青蛙和蟾蜍都需要在水边产卵。花园池塘中有时也会出现绿色的食用蛙（见图）和大蟾蜍。青蛙成熟后仍生长在水中，冬天在淤泥中过冬，大蟾蜍则是陆生动物。它们在花园中很受欢迎，因为它们不仅吞食昆虫，也吞吃蜗牛和毛虫。你可以通过在"野化"的角落中用稀疏堆叠的石块、树枝为它们营造一个良好的生活空间。

洗浴、喝水，水边和水中的鸟类

鸭子或许会出现在非常大型的自然池塘中，但从中我们也能看出，鸟类并不是直接的池塘住客。但花园中的鸣禽其实非常喜欢池塘，它们能在水中梳理自己的羽毛、喝水，或在岸边植物中寻找昆虫（图中为正在梳洗的松鸦）。

因此，你可以在自然池塘的岸边用石头铺设一块浅平的区域，失足掉进水中的动物也可以从这里逃脱。

水景花园园丁的工作

春天，鸢尾和驴蹄草装点着池塘边缘和溪流；夏天，水面上会开出梦幻般美丽的睡莲；秋天，千屈菜以无数浅紫色的烛状花序装点着池塘，这时作为园丁应该会感到心情雀跃。但这些美景并非来自偶然。它们需要一双时刻保持关注的眼睛和一双细心照料（有时还可能需要艰苦的劳动）的手。

虽然水生植物乍看与"正常的"园艺植物并没有多少区别，它们仍需要以不同的方法来种植，需要专门的肥料或不必施肥，个别情况下需要特殊的冬季防护，也会受到完全不同的害虫侵袭。但水生植物与陆生植物最大的区别是它们赖以生长的基础。土壤只会慢慢改变，但池塘水的质量却会以相对较快的速度彻底地变差。因此，照料池塘边和池塘中的植物就意味着照料池塘水。

水中、水下或水边？

在池塘或溪流边种植，不同的深度有专门的不同植物可供选择。深水区也是水景花园的园丁必须掌握的生态区域。沉水植物虽然不能以绚丽的花朵为自己加分，但它们却是增加水中含氧量的必要成分——如果你放弃了它们，就需要用机器设施来弥补。

为了满足水生植物不同的种植环境需求，池塘植物的信息牌上通常会标注生长的深度（也可见 374 页开始的植物肖像）。严格按照这些规则行事的人此后可以少去很多麻烦。

常见的错误还包括将花园土当作池塘土使用。花园土中的肥料只会被藻类和微生物利用，它们会使你的池塘变成一锅绿色的汤水。

因此，即便你已是经验丰富的（陆地）园丁，在照料水景花园时也还有不少知识需要学习！

水景花园需要精心照料

水景花园的照料不仅包括正确种植和护理植物（见 176—185 页），还包括定期检测水质（见 194—195 页）、维护必要的池塘工具（见 196—197 页）。池塘中的鱼也需要定期喂食，并监控可能出现的损害（见 188—189 页）。

合理计划与护理：种植

池塘和溪流的照料工作从正确种植水生植物开始。在优质的花园土上你可以轻松地开始种植（土壤是现成的，种植器材也很容易获得），在池塘中种植则需要一定的计划。

· 只在极少数情况下你可以将深水区、中层水和浅水区的植物一起直接种在池塘培养土中：许多

什么是水质硬度？

水质硬度由水中钙盐和镁盐的含量决定。空气中的二氧化碳溶解在水中形成碳酸，再与钙和镁反应形成碳酸盐。其浓度即为碳酸盐硬度。它与硫酸盐一起组成水质总硬度。以德国硬度单位（°dH）为计量单位。

"软水"（如雨水）的总硬度通常为 4—8°dH，"硬水"（含钙的自来水）总硬度超过 18°dH。

池塘的最佳硬度为 9—17°dH。

植物会不受控制地大肆生长、扩散。异域的睡莲需要专门的培养土，冬天还需取出池塘。将植物种在定植篮里可方便照料。

· 你需要专门的养料贫瘠的池塘土，或者可以自己用黏土和沙土以 1∶3 的比例混合配制。

· 准备足量的定植篮、种植袋和无纺布垫。

· 如果你想直接在池塘底或深度台阶上种植，全部采用池塘土会使养料过于丰富。可使用沙子和碎砾石的混合物，只在真正种植的地方填充池塘土。

· 之后还要进行常规的护理，如切除枯萎的花、分根、短截、冬天的防护，以及控制病虫害的侵袭（见 184—185 页和 200—201 页）。

· 溪流需要的种植护理则相对较少，因为真正的小溪边植物也较少。岸边植物的护理与池塘沼泽区的护理方法相同（见 182—183 页）。

检测水质，维护设备

照料水景设施除了对植物的护理，还需要控制水质，并对设备进行养护。对水质的照料视池塘大小、年龄和类型不同而定。溪流的水泵、水管和过滤器需要更加频繁的维护。

新设置的池塘及其"养护"

通常第一年会决定今后你是否能成为一名兴致高昂的水景花园园丁。当池塘中刚注入水，种入植物时，它们还绝对算不上令人愉快：水体浑浊，植被稀疏，某些地方甚至还能看到薄膜。随着时间的推移，池塘中会出现单调的浮游生物和浮游藻类，它们会进一步使水浑浊，但是当它们沉淀到土壤中后，水体就会变清。

➤ 只有在照料得当且植物生长不是太密的池塘中才适合放置雕塑、水球和照明灯具等装饰品。

· 基本上每个新的池塘中都会出现浮游藻类，它们能通过风力传播。此时如果有人表示怀疑并试图换水的话，就犯了一个严重的错误。你只需等到池塘稳定下来，它们就会消失。测量池塘水的 pH 值（见 194 页）和水质硬度，必要时将 pH 值调整到 6.9 以下（如使用专业商店中出售的泥炭包）。如果池塘中的水是自来水，水质硬度可能会过高。你可以从当地的自来水厂获知自来水的硬度。通过补充雨水或加入化学软化剂（只适用于小池塘！）能降低硬度。

· 当水温升高时，表面上浮游的浮萍和线藻通常会大量增殖。两种情况都表明水体的营养相对较高。用精细的抄网除去浮萍，线藻则可用耙去除。

稳定下来的池塘

从第二年开始，池塘中就很少会发生"灾难性"的事件了。

· 春天和夏天需要控制 pH 值、水质硬度和氮含量（见 156—157 页）。

· 继续清除线藻和浮萍。

· 也要注意沉水植物和浮叶植物的量。

· 如果建造池塘时没有这样做，此时你应该在宽阔的沼泽区放几块垫脚石，并在开阔的河岸区放置石板或木板，方便护理池塘。

· 如果你想养鱼，第二年是最好的时机：池塘已经克服了早期的各种问题，鱼群也有了适宜且稳定的群落生境。

· 秋天在池塘中绷一张用来兜叶子的网（每年一次的工作）或者用抄网兜除水面的叶子。

· 沉到池塘底部的有机物会随着时间的推移形成淤泥层。你需要定期除去这些淤泥。在较小的池塘中可以用坚固的抄网或淤泥吸尘器从岸边清除淤泥；在较大的池塘中则需要穿上橡胶靴入水操作。

如何种植深水植物

- 网格篮、无纺布垫、池塘土、沙和小卵石
- 水桶、种植锹、修枝剪、剪刀、不锈钢丝
- 扫帚柄或耙和绳子或钢丝（"挂架"）

需要的时间：

每个篮子约 20—30 分钟

适宜的时间：

4 月到 5 月，向池塘中装水时

深水植物，如睡莲，最好在常见的池塘定植篮（网格篮）中种植。篮子能限制睡莲繁茂的根茎，否则它们很快就会在整个池塘底部扩散。此外，这样也能方便此后将篮子从水中取出，以清除多余的枝条或对其分根。对于不能防冻的睡莲，冬天可以将其与篮子一起从水中取出，放在室内过冬。

在大型的自然池塘中（超过 15—20 ㎡），更多的是直接将深水植物直接种在培养土中，这样能方便它们自由地扩展。这时定植篮反而可能会妨碍生态平衡。

如果你只想让植物占据半边池塘，最好还是用定植篮加以控制。

1. 选择并准备定植篮

购买深水区的植物时询问所需定植篮的大小。在不确定的情况下，最好买稍大点的篮子，这样能确保植物良好的生长。

网眼很小的篮子可以不用无纺布垫，但网眼较大的网格篮则必须铺无纺布垫，防止泥土漏出。在篮子底部铺上 3—4cm 厚的小卵石增重，并在篮子里铺上无纺布垫。

2. 不要忘记：定植篮要装上挂钩！

在往篮子中装入池塘土或睡莲培养土前，你需要用不锈钢丝弯折出两个宽而坚固的挂钩，将它们固定在定植篮的边上（上方连接以保证稳定性！）。放入水中或之后将其取出时，你的"钓钩"就钩在这里。也可以用椰壳纤维绳固定在四个角上作为替代。不过在取出时它们并不容易被"捕获"。

3. 一个篮子，一株植物

　　每个篮子中只能种一株植物。小心地切除腐烂、压扁或受伤的根和茎，将植物放在培养土层上。用池塘土或睡莲培养土填充，并用池塘水充分浇灌，使土壤充分填满根系并使培养土透湿。

　　土壤要填充至网格篮的边缘，用拳头小心地压实。

4. 完成整个定植篮

　　将边缘的无纺布垫剪至剩一掌宽，松松地向内折拢。此时再在培养土上盖一层沙子，上面再铺小卵石。沙子和无纺布垫能将池塘土保存在篮子中，卵石则再次起到了增重的作用。将种完植物的篮子放入浅水中，直到不再产生气泡。

　● 专家提醒

　　角落上的无纺布垫可以一直剪到篮子边缘，这样能方便折叠。

5. 放入深水中

　　现在，将定植篮的挂钩钩在"钓钩"（耙也可以）上，小心、缓慢地将它沉入水中已选定的位置。在岸上检查一下篮子是否能稳定地直立。不够稳定的篮子可能会在水中倾倒，这时你就需要将其吊出并重新种植。

　　对于较小的池塘，天气暖和（安全起见）时，你也可以将铝制的阶梯横在池塘上，趴在上面，直接用手臂将篮子放入水中。

种植深度台阶和池塘边缘

某些在中等深度的水和浅水中生长的植物会长得非常茂盛，如许多芦苇植物。

为了在较小的池塘中能控制植物的长势，在深度台阶上种植时我仍然建议使用定植篮：冬天，娇贵的多年生草本植物能从水中取出；与周围植物交织的根系也能轻松地分离。移植或更换多年生草本植物也（相对）更加容易。

在大型池塘中，你可以直接将植物种在深度台阶的培养土上。自带种植区（与深水区有墙体阻隔）的成品池塘中也能直接种植。

你需要

- 用于池塘边种植的斜坡垫（包括木桩、橡胶锤）、网格篮、软篮子、池塘无纺布垫、平整的石块
- 池塘土、沙和小卵石
- 水桶、种植锹、修枝剪、剪刀，可能还需要钢丝或绳子

需要的时间：

每株植物约 10—20 分钟（斜坡垫需要的时间稍长）

适宜的时间：

4 月到 5 月，向池塘中装水时

沉水植物需要固定

沉水植物其实并不需要"种植"：只要将它们放入水中，等待即可。

但最好是将它们绑在一块平整的石头上，使其沉入水中。这种方法同样适用于中水区和深水区。

在放置培养土的池塘中，也可以在事后以这种方法将水生植物种植到特定的位置。

专家提醒

对于长势比较茂盛的多年生草本植物来说，最好使用植草砖或带开口的砖，它们较重，能更好地固定植物。

使池塘边的植物不会滑落

当两级深度台阶间的斜坡过于陡峭时，为了承接培养土或定植篮，通常会使用自然纤维（剑麻、黄麻）制成的斜坡垫，可附带种植袋，也可不带。在深水中它们会覆盖池塘薄膜，因此，其各个孔洞间相对比较容易堆积悬浮物。除此之外，它们是最适合用来在陡峭的岸边种植植物的道具。

在较深的水域中用大石块固定斜坡垫（见图），这样可防止它们浮起。在岸边可用硬塑料制的木桩将垫子固定在池塘边的土中。

放入种植袋中 —— 池塘斜坡上的植物

需要种在深水中的植物既可以放在种植袋中，也可以直接小心地将植物根塞在纤维间的空隙中。一段时间后它们就会自己固定。用一些小石块为直接挂在池塘边的种植袋加重，这样可防止它们在植物小的时候浮起。结构疏松的熔岩石上能方便植物更好地生根。

通过用钢丝挂钩或绳子拉紧种植袋的边缘可以更好地固定植物。

种植袋中的池塘土不能重新增加。

在台阶上种植 —— 隐藏在"软"篮子中

如果你在薄膜池塘中设置了可防止土壤被冲刷的墙体，或者成品池塘中已经制作了种植台阶，你可以直接在台阶上种植。否则，你仍需要种植容器或种植袋。对于浅水区还有一种很好的替代品，网格篮在这里会显得格格不入，这时你可以选择所谓的软篮子。它们由柔软、精细的塑料编织而成（可以不用无纺布垫），种植方法与网格篮一致（见 176—177 页）。种完后只需将顶端拉紧即可。它们非常柔软，因而能很好地贴合底部而不会引人注目。由椰壳纤维制成的"篮子"也有同样的特点。

掩藏不够美观的池塘边

在池塘边直接与深水相连的位置植被不能过于紧密、茂盛。你需要在这里采集水样或进行重要的养护工作。如果这块区域不是完全没有植被（厚木板、木板、石板）或没有用实用且不显眼的石头膜覆盖，种植蔓生植物（图中为金钱草）是一种不错的自然解决方案。其匍匐茎能攀缘在池塘边，将它们盖住。

▶ 专家提醒

为了遮盖池塘边缘，你可以使用任何一种地被植物，不一定要池塘植物。

最美的区域——沼泽区

沼泽区有着非常美丽的植物，但这块区域一般都较小。如果你想方便种植，可以考虑增大沼泽区的面积。

这个区域的植物最明显的特征是长期生长在含水量较高的湿润的土壤中。如果你的沼泽与池塘水有直接的联系，那你已经达到了这个要求。否则，像单独的沼泽花园中就需要额外浇水。就算在很专业的花卉商店中可供选择的沼泽植物也不多，相对来说，能生活在潮湿地方的多年生草本植物原本就比较少。但尽管如此，沼泽区仍对水景花园的园丁有着很大的吸引力。

"寻常路"——准备与种植

作为长期湿润的区域，沼泽区是水景与陆地花园间的过渡地带。想通过防护墙阻止沼泽区的土壤进入水中，你可以用大石块作障碍物。沼泽区的土壤中含有丰富的养料，会对池塘造成污染。

在桶中装入两份沙子，一份黏土和一份泥炭，混合作为培养土。最好用建筑工人用的混浆桶。然后充分湿润培养土。将混合物铺到沼泽区，如有需要也可做出台阶。至少等一天后再种植。这样可使池塘水与沼泽区达到平衡。因为沼泽区培养土能起到海绵的作用，小池塘的水平面很可

能会下降，需要补水。

种植前，将沼泽植物浸入水中，直到根团充分吸水，即不再有气泡冒出为止。

用种植锹挖出适当的种植穴，展开根系，再用泥土装满种植穴。

长势繁茂的植物需要加控根设备！

到此为止，不再前进——控根设备

生长繁茂的植物，如竹子，通常直接种在培养土中。但你需要用控根器来抑制其扩张。常见的控根器由坚固的塑料带组成，只需种植时在多年生草本植物周围的土壤中环绕一圈即可。

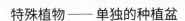 专家提醒

更好的办法是在建造薄膜池塘时就通过墙体将其与沼泽区其他位置分隔开来。

特殊植物——单独的种植盆

对有些植物来说，单独种在塑料花盆或池塘定植篮中非常有效。如长势较弱的多年生草本植物，用这种方法可以保护其根系不受损伤。相反，对于根茎能大肆伸展的多年生草本植物，用物理的方法阻止其扩张可使护理简化，也能保护周围的植物。最后，对于不同的需求还存在这样的情况：在单独的花盆中种植可以针对性地调整培养土的 pH 值。

几乎与正常花园一样——池塘边的种植

池塘边的植物种植方法和正常的多年生草本植物一样：挖出种植穴，疏松底土和侧壁，将充分吸水的多年生草本植物放入种植穴，盖上泥土，充分浇水。

种植时注意与薄膜的距离，避免不小心损坏薄膜。种植多年生草本植物几乎没有问题，但在种植树木时一定要考虑植株最后的大小。种植点与薄膜间需要保持植株宽度一半的距离，这样可防止枝条过多地伸展到水面上。

微型池塘景观

- 花桶（防水，或有防水内层）、网格篮、无纺布垫、池塘土或沙子和黏土比例为 3∶1 的混合物、小卵石（"混凝土沙"）、种植锹、修枝剪、接下的雨水

需要的时间：
取决于容器的大小和种入的植物数量，至少 30 分钟

适宜的时间：
4 月到 5 月

花园中没有足够的空间安置池塘时也不必放弃水景：池塘植物还能安然地在花桶中生长。但需要符合两个前提条件：需要适宜的种植环境和水深。

缺少了池塘作为边界，容器就成了非常重要的组成部分，通常它们也会和其中生长的植物一起成为视线的焦点。只要使用防水的部件，任何想得到的容器都能成为"池塘"。

对于热带植物来说，这样的迷你池塘绝对是更好的选择，因为这种情况下，植物能轻松地避开各种不适的天气，冬天也能更方便地运入暖房。

1. 适用于所有容器——准备种植

在准备种植容器的同时，使买来的多年生草本植物保持充足的湿度。首先彻底清洁容器或内置的部件，因为容器壁上可能附着细菌和病菌。

在向容器中种植时，直接种植的植物应该在同样深的区域生长。你也可以用砖块相应地"垫高"土层。

首先填入一层卵石，再填入一层池塘土。睡莲可以使用专门的培养土。

2. 先选择位置，再加水！

现在，你可以将根团或睡莲的根茎放入容器中，并盖上池塘土或睡莲培养土。压实表面，上面再铺一层砾石。在砾石上放一个盘子，通过盘子往容器中注水，这样可防止砾石和培养土被冲走。一升水重一千克！中等大小的容器就能装超过 50kg 的水！因此，一定要等确定好迷你池塘的种植位置后再注水！

3. 塑造小型的水景

　　想打造有丰富变化的植物组合，你需要有不同深度的水。你可以通过将单个的网格篮放在不同高度的砖块上来实现，也可以用小卵石塑造出不同的深度（如图）。这种情况下，你需要专门为花桶制作的内置配件，否则卵石会很容易滑动。

 专家提醒

　　加入浮游植物（如大萍）会让整个水景更加漂亮。

4. 露台上的热带风情 —— 睡莲

　　在花园池塘中种植热带和亚热带的睡莲普遍需要较多的精力进行护理。在露台池塘中则简单得多。有一整个系列的碗莲可供选择，它们对深度的要求也不高（可在专业商店中咨询！）。或许你还有相应的充满热带风情的容器？

　　将睡莲种在网格篮中（见 176—177 页），放入容器中，装满软水。

　　如果你已经事先接好了雨水，它们就是培养睡莲的最佳选择。

5. 茂盛、容易生长，而且漂亮 —— 鸢尾

　　鸢尾属于在迷你水景中最容易生长的多年生草本植物之一。它们那造型美观、极具装饰性的大花会在近距离内增添一番美景。许多种类都很适合浅水种植（如燕子花、黄菖蒲、变色鸢尾及它们的下属品种）。同样，你需要先对网格篮增重，铺上薄薄的一层池塘土，平整地放入根茎，再盖上池塘土和卵石。鸢尾还很适合与艺术喷泉组合到一起。

池塘植物的护理和繁殖

水景花园中的护理措施与"陆地花园"中的基本一样，但由于水的元素，你需要在开始前准备一些装备，还要选择温暖的天气（因为你可能不小心滑入冰凉的水中）。

长势茂盛的植物在适宜的条件下会大肆扩张，尤其需要注意蔓生植物和根茎植物。

将植物种在篮子中时，短截、分根以及清除多余枝条等工作都能得到简化，只需将篮子取出水面，处理完后再放回水中即可。

 你需要

* 种植锹、铲子和挖掘叉、园林刀、修枝剪、带长手柄的池塘剪、活性炭、池塘培养土（睡莲需要专门的肥料或角屑肥料）、扫帚柄或耙和绳子或钢丝（"挂架"）

需要的时间：
匍匐茎或根严重纠结的多年生草本植物，30—40 分钟；睡莲分根，约 30 分钟

适宜的时间：
根据需要清除多余枝条并去除茂盛的匍匐茎（夏天也需要！）春天或秋天分根

避免蔓延伸展 —— 切割、去除多余枝条

浅水区的许多植物都容易生长过盛。任其自由生长的话，它们能很快就覆盖整个池塘。如果你能定期清理这些植物，就能避免大量会增加水中养料含量的生物，并降低淤塞的风险。

从岸边开始着手，清除生长繁茂的植物，同时也要清除死枝和多余的枝条。

用剪刀和园林刀作为辅助，否则你可能会对纠结的根系造成伤害，或者在拉出植物时损伤池塘薄膜。

方便护理 —— 定植篮中的植物

在池水清澈的小池塘中，你通常可以用带长手柄的池塘剪从岸边修剪茂盛的根、根茎和（或）水下的叶子，当然也可以修剪岸边的植物。如果浅水和中水区的植物种在网格篮中，各种护理措施都会更加方便：你可以用"钓钩"钩住篮子的挂钩（见 177 页），将它拉出水面。如果根系已经非常有力地扩张开来，你就只能走进水中用剪刀剪断纠缠的根须。

修剪香蒲和芦苇 —— 但不要一次性剪完

香蒲和芦苇是能通过匍匐茎大肆扩张的水景花园植物。不过，它们高高的茎干可以为一些昆虫提供冬季的住所，还能有效地防止池塘边结冰。

因此，夏天只需要对部分植株疏枝即可，剩下的则留过冬季。春天及时小心地剪去水上部分。

专家提醒

修剪芦苇植物时一定要剪到水平面以上，否则水流进植株就会引起腐烂。

保持睡莲与鸢尾的生命力，并促进开花

每两年对根茎植物进行分根，不仅可以阻止植物扩张，同时还能使单株植物生命力更加旺盛，开花也更加茂盛。

用"钓钩"从水中拉出定植篮。如果根茎和根已经严重扩张，则需要事先用剪刀剪断其与池塘的联系。

用锋利、干净的刀具切分根茎，最好选择较短的侧枝。为了防止感染，在切口撒上活性炭，将切下的根茎单独放进装好培养土的新定植篮中。混入睡莲专用肥或角屑肥。

河岸区的多年生草本植物——通过分根轻松增殖

沼泽区、河岸区或池塘周围的植物如果长得过大，不再美观时，最好通过分根来使其"年轻化"。挖出根团，用铲子或园林刀切分。

除去木质化、受损或不美观的部分，重新种入有根和固定茎干的完整的部分。

在沼泽区，植物的根很容易穿透相邻的多年生草本植物。这时，你需要用挖掘叉小心地挖起多年生草本植物，并用剪刀剪断纠结的根系。这时你才能完整地挖出土球并分根。

养鱼并提供正确的护理

需要的面积及条件

- 带密封盖的水桶
- 抄网
- 符合专业商店说明的鱼饲料
- 有时还需要喂食环
- 滤水器
- 氧化器或增氧泵
- 防冻器或池塘水暖器

大型的自然池塘（水面面积大于等于 15—20 ㎡）几年后通常就能达到相对稳定的生态平衡（见 156 页）。如果条件合适，在这样的池塘中，养殖鱼类的数量也会根据食物的多少而改变。它们能控制植物的生长和昆虫的数量，同时鱼子又会被食肉的鱼类和昆虫捕食。水生植物能为其提供必要的氧气。

但花园池塘很少能实现这种完美的状态，它们通常都太小，而且植物生长也过度密集。此时，池塘主人就需要定期进行保护性地干涉：

水质需要定期监控，必要时通过添加物（可在专业商店，如动物商店购得）进行改良。夏天尤其需要额外增加氧气含量（增氧泵）。

来来回回的鱼 —— 总量和交换

你可以向专业的动物商店咨询自己池塘适合的鱼的总量。为此，你需要给出池塘的位置、大小以及深度，方便专业人员提供最好的建议。

· 专业商店将鱼放在坚固的运输袋中出售，可以通过"注射"增加水中的含氧量。需要注意的是，运输袋中的水只能装到三分之一的量。

· 购买后立即回家。

· 首先将鱼和水小心地倒入水桶或水盆中，每隔十分钟向其中注入适量池塘水。这样可使鱼适应池塘水的温度、pH 值和整体的成分。

· 1—2 小时后才能将鱼和水

一起小心地放入池塘中：将水盆或水桶的一边没入水中，鱼就会自己游向新的家园了。

· 当池塘中鱼的总量过多，你想捕出一部分转移或送人时，可以使用抄网。绝对不能用干的

手触碰鳞片。

· 如果要长途运输，你需要带密封盖的水桶。在水桶中装入约三分之一的池塘水。

喂鱼 —— 是或者否？

只在池塘中养殖鱼的数量大于池塘自己能供应的食物数量时才需要投喂。

· 从专业商店中购买适当的混合食物（片状物或冻结的活体食物）。

· 尝试只在特定的时间喂鱼，这样可使它们养成习惯。

· 一次只在水面上撒少量的食物（推荐使用喂食环），等全部吃完后再继续撒下一部分。

· 只喂食鱼群在十分钟内能吃完的食物量。

池塘鱼之王 —— 锦鲤

锦鲤对食物和照料的要求很高。它们需要清澈且富含氧气的水。人们为了方便观赏，通常喜欢将它们养在浅水区，因此水中还需放入过滤设备和增氧设备（氧化器）。许多地区的冬天都过于寒冷，因此你需要将锦鲤捞出池塘，放在水族箱中过冬。

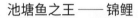 专家提醒

在花大价钱购买锦鲤前一定要先了解护理的常识。

防止结冰……

除了异国品种，只要池塘深度超过 80cm，大部分鱼类就都能在水中过冬。鱼群会躲到这块无冰的区域，几乎停止新陈代谢。防冻器能保证冬天的气体交换，尤其是释放水中的沼气。在深秋时将它放入水中，用石块加重并固定在最深的位置。带温度感应器的漂浮的池塘水暖器或小型的增氧泵也能防止一个地点结冰。

简单的鱼类介绍

金鱼

Carassius auratus

大小： 最长 30cm
产卵期： 3月到5月

形态特征： 幼鱼青灰色（野生色），从第二年开始根据培养方法不同可为大红色、红白斑点，也会出现奇特的体型（"罗袍尾"）。

食物： 杂食。

习性： 非本土；对少氧、高温和疾病都有极高的抗性；不怕人，安静，喜欢阳光；雌鱼最多可在水中产下4000枚鱼卵，等待雄鱼授精。

总量： 根据池塘大小5—7条幼鱼，注意雌雄。

特征： 能与其他鱼类共处；金鱼的缺点是过于活跃，会泛起泥土，将池水搅浑。

草鱼

Ctenopharyngodon idella

大小： 最长 60cm
产卵期： 盛夏

形态特征： 身体狭长，鳞片大，有绿色、棕色、灰色闪光。

食物： 食草；良好的藻类吞噬者；能以所有水生植物为食，每天需要同等体重的植物；可以用草屑喂食。

习性： 非本土；非常喜光，需要26℃以上温暖的水才能繁殖。

总量： 每平方米池塘一条幼鱼。

特征： 草鱼非常适合在很大（！）的自然池塘中用来控制水藻和其他茂盛的植物（它们甚至吞食草屑和浮萍）；在小型池塘中它们会以睡莲为食，因此并不推荐。

锦鲤

Cyprinus carpio

大小： 最长 1m
产卵期： 5月到7月

形态特征： 细长，能培养出丰富的色彩变幻，颜色各不相同，几乎没有两条鱼同种颜色；雄鱼比雌鱼细长。

食物： 杂食，植物、蠕虫、蜗牛、鱼籽；最好购买混合鱼食。

习性： 非本土；在水底生活；需要非常干净的池水；只有当水深超过2m时才能在池塘中过冬，因此需在地窖中过冬（凉爽，少量喂食）。

总量： 至少2—3条。

特征： 非常温顺，可以用手直接喂食；锦鲤长大后体积很大，因此只推荐真正的爱好者或大型池塘的拥有者饲养；珍稀色彩的品种很贵。

抗寒	需要在室内过冬	需要定期喂食	只适合大型池塘

小赤梢鱼
Leucaspidus delineatus

大小: 8—10cm
产卵期: 4月到5月

形态特征: 细长,银色闪光的鳞片,稍带棕色光泽。

食物: 各种小型生物(小虾、昆虫和昆虫幼虫)。

习性: 本土群生鱼,生活在表面的水生植物间;鱼卵呈线状产在水生植物茎干上。

总量: 至少7—12条。

特征: 哺育,雄鱼会照看鱼卵,并将其扇至氧含量丰富的水域;单独的一条鱼很不起眼,但成群游动时非常漂亮。

高体雅罗鱼
Leuciscus idus

大小: 25—30(50)cm
产卵期: 4月到7月

形态特征: 与金鱼相似,但颜色为嫩橙红色,细长;养殖型有不同的色彩(冰川雅罗鱼背部颜色较深)。

食物: 杂食,从水面直接采集食物;也吃浮萍和植物碎片。

习性: 本土群生鱼;比金鱼活跃,受惊时会闪电般躲入隐藏处,但很快又会出现;只在大型池塘中才能成功产卵。

总量: 5—10条;池塘至少应为8—10 m²大,以形成鱼群。

特征: 由于高体雅罗鱼会在水面上寻找蚊蚋的幼虫,因此它们能减少花园中蚊子的数量。

苦鱼
Rhodeus sericeus

大小: 5—9cm
产卵期: 4月到6月

形态特征: 高背,体侧平坦,鳞片闪银光;雄鱼在产卵期腹部会变成红色,侧腹蓝绿色;雌鱼有较长的产卵管。

食物: 杂食,但主要吃植物(藻类、植物碎片)和昆虫。

习性: 本土鲤鱼类,成长过程非常有趣:需要有河蚌才能繁殖,雌鱼将卵产在贝壳中,贝壳通过张合获取授精所需的精子;4—5周后约1cm长的幼鱼就会离开贝壳。

总量: 与河蚌一起7—10条。

特征: 发情期是非常有趣的观察对象,到时雄鱼会守卫河蚌作为自己的领地。

专家提醒
本地鱼种也应该在专业商店购买(不要捕捉野生的鱼),避免带入病菌。

 抗寒　　 需要在室内过冬　　 需要定期喂食　　 只适合大型池塘

与池塘和溪流相关的技术

严格来说，一个生态平衡的成熟水域（见156—157页）完全可以不需要技术辅助工具。但这种值得追寻的状态并不容易达到。水量太少，鱼的数量过多，选址不当，过度生长的植被……很多因素都可能破坏水体的平衡。因此，大部分池塘主迟早需要使用机械工具来改善水景花园的水质和"性能"。流动的水域也不能没有机械设备。

简单的水泵常识

过滤泵：
能将水送到过滤器中的特殊水泵

园艺泵：
电动机（碳刷发动机）；能产生高压，带动大量的水（用于溪流）；自吸；耗电量大

潜水泵：
放在水平面以下的水泵；安装较方便

池塘水泵：
电动机；使用寿命长；比园艺泵（用于溪流）功率小；通常非自吸；耗电量小

一切都在动 —— 水泵系统

水泵的特价促销非常具有迷惑性！因此，你需要去好的专业商店进行咨询。建筑市场里大特价的水泵或许确实便宜，但通常都并不合适。

当你用水泵来促进溪流的水循环时，它们还为池塘提供了滤水系统或艺术喷泉。你需要知道水泵的噪音有多大，它的耗电量如何，哪些大小的脏东西能直接通过水泵，以及它是否能作为溪流水泵或过滤泵。

🍃 专家提醒

水泵和吸管都需要底座，绝不能直接放进水底的淤泥中。

让氧气留在水中 —— 柔和的通风系统

为池塘水增加含氧量虽然是并不可少的，但并不一定要有很高的技术含量。氧化器和供氧器不用电力也能发挥作用。它们由特殊的陶瓷材料制成，装有过氧化氢（H_2O_2），放入水中后就能持续释放氧气。虽然夏天氧化器中的过氧化氢每两个月就要更新（把用完的设备拿出），对小型池塘来说，它们仍是水泵的有效且不显眼的替代物。

在不养鱼的池塘中，沉水植物释放的氧气就已经足够。此外，流入池塘中的小溪也会向水中带入氧气。

  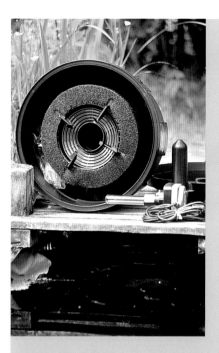

当氧气含量低时 —— 水泵中的空气

夏季高温和密集的鱼群会让池塘中的氧含量迅速降低到边界值，这时只能采用"人工肺"来作为辅助。最简单的是使用通风泵，它能吸收空气并将其送入水中。这种水泵可以和泡沫喷头连接，在使用时还能打造出艺术喷泉。与下沉的气泡石相连的膜式泵运作方式与在水族箱中一样，但你需要能露天使用。

如果对氧气的需求量很大，如在养有许多锦鲤的浅水塘中，推荐购买带气泡石的小型压缩机。

干净的水就是健康的水 —— 过滤系统

通常芦苇丛或浅水的溪流都足以起到过滤器的作用，但如果池塘水还是定期变浑浊或被弄脏，那你就需要过滤器了。

内置式过滤器（带潜水过滤装置的潜水泵）完全没入水中。水泵将水吸入过滤器，并释放滤净的水。内置式过滤器非常有效，但清洁比较麻烦。外置式过滤器只有水泵放在水中。它会将脏水压入过滤装置中，干净的水再从中流回池塘。过滤罐可藏在植物之间，或直接埋在土中。

用光线对付藻类 —— 紫外线净化器

虽然这个名字听起来似乎是能净化水体，但这个工具只有一个作用：它释放的紫外线能杀死所有种类的细胞。因此，紫外线净化器不仅能对付单细胞浮游藻类，还能杀死细菌。由于紫外线不能区分有益和有害的微生物，因此你不能长时间打开这台机器，否则你的池塘就会变成"无菌"的水域。有单独出售的紫外线净化器，也有的是与过滤器一起出售。最好是采用分流的办法，一部分通过过滤器（保留有益的微生物），另一部分则通过紫外线净化器。

池塘工具需要维护和保养

你需要
- 使用说明书，有时还需要螺丝刀、备件（磨损件），密封油脂，刷子，用来装水泵的水桶或大木桶

适宜的时间：

春天：
将水泵和过滤器放入水中

夏天：
每月一次清洁水泵的初滤器和过滤系统

秋末：
取出水泵和过滤器

水景花园中所有的机械部件都需要定期检查并进行保养，必要时当然还得维修。园艺池塘绝对不是业余爱好者的运动场。所有电动的器具、它们的电线、开关和插头都要保护好，不能更换。大部分水泵的特定区域都通过螺丝上的密封层提供保护：如果封印受到损害，你也就丧失了索赔权！

水景花园中关于水泵最重要的一条原则是：好好保存说明书，严格按照说明进行操作！在经过一整个"没有水"的冬天后，谁还能记得如何拆卸预滤器或者如何清洁泵室？

还要时刻牢记：只有在插头拔出时才能对电器设备和电线进行维护！

只有当开关关闭时才能检查固定的连接装置，如泵井！

水泵的维护和保养

·秋天将水泵取出水面。不放在水中的水泵也需要搬入室内！水泵内部的冻伤是不可逆转的。

·彻底清洁水泵，并将其装在盛水的桶中保存在不会结冰的地窖中。如果水泵整个冬天都保持干燥，它的轴可能会运转不灵。

·春天小心地转动叶轮（水泵不能通电），以检测其可用性。此后水泵就能重新下水了。

·虽然现代的水泵通常都易于养护，但粗糙的脏东西和植物碎屑还是会对其形成威胁。安全起见，你需要定期清理预滤器中的脏东西（注意使用说明！）。

每两次还需要打开泵室进行清洁。

·如果说明书上有这些部件的操作说明，你可以自己替换有缺陷的磨损件、老化的过滤器、泄露的垫圈、叶轮或滤壳，其余的则需要求助专业人员。

专家提醒
在潜水泵的手柄上可以加一个固定的线圈或铁链，方便从水中取出水泵。

过滤器维护：清洁或替换

用干净、流动的水清洁物理过滤器（刷子、海绵、垫子）。更换已经彻底脏污的内容物。

生物过滤器中微生物会在熔岩颗粒或其他载体上生活。充分冲洗过滤器，并根据制造商的说明进行更换。某些过滤器还包括额外带沸石的"自然化学"过滤室。沸石能消毒水体，形成养料，但在一定时间后就需要恢复。你可以将它放在饱和的食盐溶液中（注意制造商的说明）。

对维护要求相对较低：管道

基本上，用于喷泉或作为过滤装置入水和出水管道的水管不需要养护。秋天将地面上的水管和软管拆下擦干后保存过冬即可。春天时在螺丝连接处和垫圈上涂少量油脂，并替换有残缺的部分。秋天时清空地下的固定管道，以防止它们被冻坏。对于堵住的管道可以插入橡皮水管进行疏通。千万不能用家用清洁剂，只能使用物理的通水管工具。

维护电线和接口

根据相关规定，水泵和过滤泵的电缆都是防水设计，且没有外露的金属螺丝。绝对不要为了加长或多插几个插头自己用零件组装插座！

只使用能接受露天湿度的电缆和插头。

春天组装电器时检查插塞连接是否干净。用新的部件替换损坏的部分。

水好就能保证池塘的健康

🥄 **你需要**

➤ 确定水质的整套设备或 pH 试纸，确定水质硬度的套装，必要时还有测定氮含量的测试套装，放鱼的水桶，抄网，滤网和池塘吸尘器，不同的制剂用作添加物

📖 **适宜的时间：**

春天测 pH 值和水质硬度，夏天每两周一次；9 月或 10 月清洁池塘；根据包装袋上的说明使用添加剂

你可以通过各种不同的方法来验证池塘的水质：粗略检验可通过看与闻来感知，精确检验则要使用化学分析。

健康的水体应该清澈、不浑浊，没有异味。池塘中游动的鱼群应该给人生机勃勃的印象。当浅色的物体（盘子）在约一臂深的水下仍清晰可见，说明水质不错。但这种"感官"的方法并不能说明一切。你看不到水的酸度或碱度，也看不出水中还有哪些别的物质。因此，对水体进行化学检测也属于池塘和溪流的常规护理措施。如果你不想自己做检测，也可以向实验室求助。现在有些园艺商店也提供水质分析的服务。

你可以用这种方法获取水样：在水下打开封闭的瓶子，小心的让其灌满水。然后尽可能快地将水样送去检测。

酸还是碱——测定 pH 值

pH 值能表示水是酸性还是碱性。标度包括 0—14。pH 值 7 表明水体为中性，7 到 0 则为酸性，7—14 为碱性。池塘水的最佳 pH 值为 6—7。由于酸雨、落叶和其他因素都会影响水体的 pH 值，因此需要定期测量。你可以使用商店中常见的 pH 测试套装或试条。直接将其放入水中，从颜色标度上便能了解 pH 值。

专业商店中还出售增高或降低 pH 值（根据你的测量结果）的药剂。

硬水还是软水——测试水的硬度

花园池塘需要硬度适中的水，即 9–17°dH。同样，也有测试套装用于测量水的硬度。你可以使用化学指示剂的方法检测水的硬度（见 174 页）。只需遵循测试套装上的使用说明即可。通常可先在水样中加入所谓的缓冲剂（液体或片状）进行预处理，滴入试剂，直到颜色发生变化。根据滴入试剂的量就能知道水的硬度。如果所得的值低于 9°dH 或高于 17°dH，你就需要通过化学试剂进行调整。

换水 —— 最后的拯救措施

换水并不能获得更好的水质。但有时你没有其他选择。小心地用水泵抽出约三分之一的水。首先用物理方法除去粗糙的脏物和淤泥（精细的滤网），再用池塘吸尘器进行清理，并剪短茂盛的根系。然后再注入新鲜的自来水：注水时将水管绑在用石头加重的水桶上，让水流缓缓地通过下沉的水桶边缘流入池塘 —— 这样能避免植物的根被冲刷，也不会搅浑培养土。

有益和无益的化学

有数不清的化学制剂可以帮助水景花园的园丁护理池塘。不同的组合试剂非常有用，能帮助稳定池塘的 pH 值。带微生物的浓缩人工营养液可以生物的方式分解池塘底部的淤泥。阻止藻类繁殖的药剂也能起到很好的帮助。

➤ 专家提醒

可向熟人咨询经验。"第一手"的建议（通常）比广告更加有效。

当鱼类缺氧时

最好定期预防性地为你的池塘增加氧气：

在软管上装喷雾喷嘴补充蒸发掉的水分，布置一条小溪流入池塘或者布置一个喷水口或喷泉。

紧急情况下也可暂时用能释放氧气的片剂或浓缩氧应急。

技术问题，怎么办？

你需要

- **修补薄膜**：根据不同薄膜选择修补套装
- **修复溪流**：浇花软管，替换软管，电压测试器
- **安装撇渣器**：根据安装说明选择器材和附件，用石头加重

需要的时间：

修补薄膜：加上找漏洞 5—6 小时（分 2—3 天完成）
修复溪流：根据水管长度不同 3—4 小时
安装撇渣器：数小时

水景花园中出现的大部分问题都能通过正常人（园丁）的理解力解决，如堵塞的喷嘴（拆卸后用清水冲洗）或管道（用浇花软管冲洗），泄露的密封垫圈（涂油）或裸露的薄膜（在边缘种植植物或用其他东西覆盖）。

但水景花园中也经常出现一些需要一定经验才能解决的技术难题。遇到这种情况时，尽量不要试图用自己的能力去解决，而应该向专业商店求助。尤其是涉及电器时，作为门外汉，你很可能对机器造成不可挽回的伤害，更不用说危险了！

保存所有保修卡、使用说明和薄膜的材料试样，这样能极大地帮助你找到处理的措施，并解决问题，尤其是在你需要向专家描述问题时。

薄膜池塘中的水有规律地下降

在炎热的夏季，会有一部分水蒸发散失，这很正常，不必担心。但如果刚补完水后水平面还是继续下降，则可能是两方面的问题：

1. 毛细渗漏防护带的搭建不正确或被淤塞。池水越过障碍物被土壤吸收，因此水平面会下降到内部边缘以下。这种情况下只能重新安置毛细渗漏防护带。堆积在卵石之间的淤泥或生长在防护带上的植物都能起到桥梁的作用，吸取池塘中的水分。此时的办法是：搬出石块，清洁和（或）除去防护带上茂盛的植物。

2. 可能是薄膜受到损坏。用

防水的薄膜笔标出水位下降到的位置。只填充少量的水，在水面上撒一勺面粉。通常破洞的抽吸作用会将面粉聚成楔形。如何修补漏洞取决于薄膜的材料：PVC

可以用粘贴或焊接，PE 用粘贴。对于较小的池塘，大部分情况下最好还是在彻底清洁的旧薄膜上再覆盖一层新的薄膜。

水流枯竭

　　首先需要检查电力设备是否正常。如果接触不良或水泵本身出现问题，可以求助售后服务。

　　当水泵运作时，入水管，出水管或水泵本身都可能堵塞。此时需要关掉水泵。通过浇花软管，用湍急的水流冲刷所有管道（与流水方向相反）。软管折叠的位置很容易折断，因此最好全部换新。之后清洗水泵的预滤器，并用水流彻底冲洗水泵。

水体表面被花粉覆盖

　　这些细小的灰尘无法被抄网和网兜住。此时，只有用水面吸尘器，即所谓的撇渣器才能有效地弥补。将撇渣器放入水中，连接水泵（还可能连接过滤器）。水泵吸收表面的水，同时也吸取灰尘、花粉和小片的叶子，通过某种盘状物后进入收集器中，收集器需定期清空。

　　◆ 专家提醒

　　只有大型池塘中才值得使用放在池塘边的"专业"撇渣器。

掩藏不美观的过滤罐

　　因为过滤罐不够美观就放弃使用过滤器，这是一个错误的决定。你可以设置一条小溪作为预过滤。将过滤罐藏在源头区域（藏在土球和植物后面）。阅读水泵的说明（"水泵特征曲线"），了解你的水泵是否能将足够的水压至预定的水源高度。用灯芯草和矮香蒲在溪流中种植浅而宽的植物区，它们能起到生物净化的作用。

生态问题及其解决方法

你需要

- 用于调整 pH 值和水质硬度的添加物（专业商店）
- 微生物浓缩物（用于分解淤泥）
- 必要时，膜式泵（用于增加水中的含氧量）
- 抄网
- 耙或线轴用于清除线藻
- 池塘吸尘器
- 用于兜叶子的网（秋天）

生态问题通常比较难解决，因为它们最初发展非常缓慢，之后会在相对较短的时间内突然爆发。

解决这种难题的最好办法是保持密切的关注。你的目光不仅要用于欣赏水景花园的美景，还要时刻关注其生态问题。通常"生态"问题都是季节性的，这点认知可以帮助你保持必要的冷静，避免惊慌失措。

定期检测水质，保证充足的供氧量和适当的鱼群数量（鱼屎富含养料！）能帮助你保持池塘的生态"健康"。

池塘水变绿

这种被称为"藻华"的现象最多出现在新的池塘中，因为这些池塘的水中仍富含养料。藻华总是循环出现、消失，不需要担心。只有在此后的几年中藻华仍定期出现时，你才需要采取措施。

检测水中的氮含量。可通过种植杂属（Tausendblatt）植物等沉水植物吸取水中的养料。确保氧气的输入（溪流、增氧泵），并调整 pH 值和水质硬度。

化学藻类制剂只能起到暂时的效果，因为死掉的藻类沉入水中后又会加入养料的循环中。

水面上聚集藻丛和浮萍

浮萍经常是通过鸟类的羽毛或水生植物引入池塘。在养料充足的条件下，它们能大量繁殖。除了使用处理藻华的方法，你还可以用精密的抄网从水中打捞浮萍，用耙或线轴打捞线藻。这样你可以将大量此类生物清理出池塘。虽然这样重复的工作非常无聊，但它是长期减少池塘中养料含量的最佳办法。

水质发生变化

从长远来看，你可以使用泥炭包降低池塘水过高的 pH 值（8.5 以上），短期来看，你可以使用降 pH 值的制剂进行纠正。过低的 pH（6.5 以下）则可通过碱化物来调整。

如果水质过硬（总硬度超过 10°dH），你最好在池塘中加入软水。如果总硬度低于 4°dH，则只能使用特殊的试剂来提高硬度。

你可以用能产酸的物质降低碳酸盐硬度，用所谓的石灰反应物增加碳酸盐硬度。

水面出现泡沫

泡沫表明水中的有机物含量过高。换水可作为短期的弥补办法（约换掉三分之一）。从长期来看，你需要减少池塘中的养料，即：排除淤泥，提高含氧量，用网兜走秋季的落叶，降低 pH 值，加入微生物浓缩物，它们能促进生物的分解。

 专家提醒

可种入茂盛的热带浮游植物，它们的生长需要大量养料。

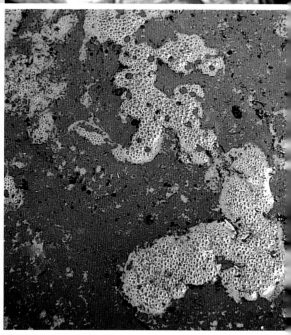

水中冒出难闻的气泡

这种现象对任何池塘主来说都非常糟糕。这种闻起来像硫化氢的气体是从池塘底部的烂泥中产生的。这时你必须尽快采取措施，否则你将失去整个池塘和里面的生物。首先要换水（见195 页）。最大程度地清洁池塘底部，此外，还可以使用池塘吸尘器。在新的水中加入富含起分解作用微生物的药剂，并用膜式泵向水中添加充足的氧气。

如何处理病虫害

一个有着丰富的植被，植物健康，且水质优秀的池塘可以不采取额外措施就承受一定的害虫压力。但当虫害严重时，你就需要将受侵害的植物拿到专业商店去咨询。

需要注意的是：几乎所有杀虫剂（甚至是除虫菊基础上的"生态"杀虫剂也一样）都会伤害其他的水生动物！因此你不能不加选择地使用用于"陆地植物"的药剂，而应该使用专用于水景花园的药剂。

认为水生植物所有潜在的威胁都具有两面性的想法是非常傲慢的。这个话题足够写一整本书。在此只介绍具有代表性的几个重要的现象。

你需要
- 橡胶手套（厨房手套），用于收集害虫
- 肥皂水
- 生物杀虫剂

适宜的时间：
终年都需要定期监管；发现威胁后应立即采取措施！

侵犯皇后 —— 睡莲害虫

威胁睡莲的主要是睡莲小萤叶甲和热带褐斑水螟。

· 萤叶甲仅数毫米大的暗色幼虫会在浮叶上表面咬出孔洞，直到植株死亡。从 5 月或 6 月开始，人们就能从叶子上的咬痕和黄色的卵堆辨别出害虫的侵袭。采集虫卵，并摘除受害严重的叶子。

· 水螟的幼虫也会咬食叶子，但会在边缘和中间留下孔洞。幼虫附着在被剪下的"叶子船"上，并转化成蛹。采集毛虫，或在池塘中养殖高体雅罗鱼，它们喜欢以水螟的幼虫为食。

水中的蚜虫 —— 这里没有天敌

睡莲还会吸引一种独特的黑色蚜虫，它们生活在邻近的蔷薇科植物（如李、樱桃、黑刺李）上，将其作为中间宿主。可惜这种害虫很少受到天敌的威胁，因为瓢虫和草蛉几乎不会飞到水面上来。而且蚜虫身上盖有一层蜡，因此用水冲刷也没用。大多数情况下，你只能采集这些害虫或当它们还在中间宿主上时就喷杀虫剂。

池塘中的其他植物会受到"普通"蚜虫的侵害。人们可以在这些蚜虫生长的最初阶段用肥皂水小心地把它们冲走。

水螺 —— 害虫还是益虫？

池塘中生活着多种水螺。

虽然静水椎实螺（见图）只会引起很小的伤害，但它们能大量扩张，造成灾难。它们不仅吃死掉的植物，也吃新鲜的嫩芽。这种螺会将卵产在浮叶的背面。你可以从这里轻松地采集。还有一种有效的方法是在水中放置"诱饵叶"，然后将它们与其造访者一起取出水面。

🍃 专家提醒

苹果螺在外壳特征明显，很容易辨认。它们能清洁池塘底，是一种益虫。

水生植物的真菌病害非常少见

幸好无所不在的真菌病害对水生植物是一个例外。

睡莲的块根腐烂很容易辨别，表现在叶子上先是枯萎，之后死亡。将装有根茎的篮子拉出水面，检查是否有变成黑色的部分，将其切除，或者保险起见可除去整株植物。

黑粉菌可能出现在鸢尾（见图）和泽泻上。受害的叶子会出现小点或斑点。剪去受害的植物部位。冬天前消灭所有老鸢尾的剩余部分，因为病菌的孢子能在这里存活。

黄叶 —— 缺铁的标志？

要保证水体的健康，必须使其缺乏养料，现在你应该已经对此非常熟悉了。但有时候你也需要"施肥"。通常水中的含铁量很低，因此植物就会缺乏这种微量元素，表现为叶子变黄。这时可以选用一种含铁量较高的单质肥。但绝不能直接将肥料撒入水中，而应该针对性地撒在定植篮中。

最好使用角屑肥料或专门的池塘用肥，它们能缓慢释放无机物。

阳台

和盆栽植物的护理

壮丽的花卉 —— 并非魔法

从春季直到秋季的壮丽花朵，一直持续到冬天的彩色装饰叶和漂亮的果实，还有阳台种植箱中收获的可口的食物，这些都不是魔法。只需要掌握一点知识，并进行定期、适当的护理，你就能把阳台或露台转变成一年四季都开花不断的绿洲。最主要的当然还是夏季，此时你可以将阳台和露台当作"绿色起居室"使用。

只要掌握一些植物知识，加上务实的护理和极富创意的想法，你就能实现美好的阳台和露台梦。即便新手也无需谦逊，可以大胆地进行创想。这不是话剧，一切都必须按照开始的计划进行，许多植物还能在夏天进行更换或补种。大部分阳台花卉都是一年生的，因此你每个花季都可以尝试新的植物，并以这种方法在第二年考虑之前的经验，无论好的还是坏的。种在大花盆中的植物和其他多年生植物则需要更多年。要避免失败，最好在选择植物时就足够小心。

好的开始就是成功的一半

为现有的生长环境选择合适的植物，稳固且符合实际的种植容器，好的花土和花盆土，这些都是保证健康生长且开花茂盛的重要的前提条件。如果种植箱、花盆、悬挂花盆和花桶中的植物都能顺利地生长，你就已经有了一个成功的开头。第一次尝试阳台种植时，你需要注意别太贪心，并控制开销。这不仅是指植物的数量，还包括这些植物需要的护理措施。你不必局限于这些经过长期验证的植物如天竺葵、垂吊矮牵牛、香茶菜或马樱丹。但这些生命力旺盛的种类确实是可靠的主要支柱，你可以在它们周围再种上相对较柔弱的种类。

我要种什么？

无论是适合阳台种植箱还是悬挂花盆的花卉，还是适合花盆、花桶和花槽的装饰植物，所有你能想到的几乎都能在市面上买到。从 404 页开始你会看到大量的植物介绍。272、406、432 和 448 页中则有关于某些重要分类的概览。你也能在这几页中找到专门的选择标准提示。

当然选择阳台和盆栽植物最重要的是："我最喜欢什么？"不仅选择单独的阳台和盆栽植物时需要问这个问题，选择植物组合和布局时这个问题也同样重要。

但最好的是，考虑自己的偏好时还要想到植物对环境和护理的需求。这时你就真正做好了目标明确且可靠的种植准备，之后就等着收获园艺的乐趣吧。

防雨的花卉？

在多雨的区域和夏天，阳台园艺的乐趣可能会打水漂，因为来自上方的长时间的雨水会对花朵造成很大的伤害，并迅速使其丧失美观。但也有一些阳台植物受雨水的影响相对较小。其中包括金币菊、紫扇花、双距花、现代垂吊矮牵牛和垂吊马鞭草，以及万寿菊。后面几种花卉甚至重瓣品种也能接受一定的雨水冲刷，而通常情况下，重瓣的花朵在频繁接受雨淋时会更快失去魅力，因为它们的花瓣被压实后只会慢慢枯萎。

我需要注意哪些环境要求？

植物要健康生长，首先多少都需要足量的阳光和温度。因此首先应观察你的阳台或露台光照条件如何。通常这由所在位置的方位所决定 —— 阳光直射的位置一般是从南面到西面以及由东面向北面转移。但周围的房子、大树、建筑物前方的突起和屋顶都能对光线关系产生决定性的影响。最后，在同一个阳台和露台上也会有不同亮度的位置，因此人们需要为较暗的角落寻找对光线要求不高的植物。根据对光照的需求可将植物大致分成三类：

· **适合光照充足环境的植物**，需要阳光直射；但其中许多植物在盛夏的中午最好也采用遮凉措施，比整天接受阳光直射要好。

· **适合半阴环境的植物**，这指的是约有半天不能接受光照的位置，或数个小时内都有部分遮阴。

· **适合多阴环境的植物**，这些植物最多只有少数几个小时内可接受直接光照。

对光照的需求通常也有可变的标准，如有些植物既能接受全光照，也能接受半阴。而且很多情况下，最适合光照充足环境的植物也能在多阴的位置生长，只是大部分会减少开花。

由于强风和雨水也会影响你的阳台或露台，在选择植物时这也是一个需要考虑的因素，因为有些植物对这种天气因素非常敏感（具体的提示参见植物肖像）。

虽然你不能为阳台或露台带来更多阳光，但其他因素通常都可以通过一些简单的措施来改善：

· 对寒冷或风特别敏感的植物应该放在靠近墙壁的防护位置或屋檐下。

· 通过阻挡视线的元素、围栏或攀有不易受天

◐　在光照不够充足的位置，倒挂金钟、落新妇和玉簪等能接受多阴环境的花卉是最好的选择，同时它们也是可靠的装饰植物。

气影响的攀缘植物的绿墙你可以阻挡或减弱不受欢迎的风雨。要想不影响光照条件，则只能在阳台或露台的部分位置加玻璃墙。

·对于朝南或西南方的阳台和露台尤其推荐对灼人的正午日光采取防护措施。这种情况下，设置一块遮蓬或好的遮阳伞非常值得。

·刷成白色的墙壁和白色的家居不仅能起到提亮效果：在光照较弱的阳台上它们能少量提升植物可使用的阳光量。但光照强烈时，浅色的墙壁也会增加热量，导致对植物有害的热量堆积，并提高害虫侵袭的威胁。

你还需要考虑的因素

除了需要尽可能适宜的种植环境，你还需要考虑其他几个重要的方面：

对空间的需求：如果你在购买时满打满算，就算你的阳台不只 5 m²也会很快就显得狭小拥挤。尽管如此，你也不要把容器放得过于紧密，种植也不可过密。因为这样很快植物就会互相纠缠，害虫和病害会很容易互相传播。此外，布局过于紧密时也会损害舒适性，首先活动空间就受到了限制，更不用说视觉上的享受了。

盆栽植物和盆栽树木：对此你在购买时尤其需要考虑植物之后的生长高度和宽度，以及每年都会增加的空间需求。异域的盆栽植物和敏感的盆栽树木还需要一个适宜的过冬场所（见 256—257 页）。

有"副作用"的植物：在肖像部分标有有毒标志的植物在护理时需要特别小心（最好戴手套，之后洗手）。其中有些还会引起皮肤过敏。木曼陀罗或风信子浓烈的花香并不令人愉快，甚至还会引起头痛。

适合孩子的植物：家里有孩子时，应该放弃所有有毒的植物，最好还有所有长刺的植物。

为各种植物选择合适的容器

阳台和露台上的种植容器通常并不仅仅是用来盛放根和土的容器。它们能以一种完全不同的方式为植物增添魅力，而漂亮的花盆或花桶本身就是一种迷人的造型工具。但不管容器有多漂亮，它首先应该能确保植物，尤其是其根系健康地生长。

对此，当然也有很多现实的要求，从价格到重量再到对气候的抗性。此外，个人的品位也能决定你到底会选择哪种材料、颜色和形状的容器。可以说，所有材料（见概览）的容器，大部分价格较高的都有着较好的品质，使用时间也较长，因此还是值得的，塑料种植箱也一样。

有哪些容器？

根据使用和种植方式你可以选择不同的容器，这些容器都能帮助你打造一个多样性且富于变化的阳台造型。

阳台种植箱或栽花木槽长度为 40—120cm。为了使植物和根能有充足的生长空间，种植箱至少15cm 高，18cm 深或宽，需要种植多行植物时最好为 20—25cm。为此，你需要寻找足够宽的支架（见 220 页）。

花盘是较宽，相对较浅的容器，大部分直径为 30—50cm。它们的中心位置应至少高 15cm，最好 20cm，可确保植物的根能很好地生长。

花盆和花桶：这个概念包括了一系列不同的容器。常见的圆形陶土或塑料花盆高大于宽，以上部的直径为标准，其大小可从 4cm 到 60cm。较大的花盆被称为花桶。有些花桶横截面为四边形或六边形，还有中间最宽的大肚容器，或者高且狭长的容器也包括在花桶中。

花槽：宽且多角的大花桶或花盘与花槽间的界限通常是可变的。"经典的"用法是将（沉重的）自然石或人工石制成的花槽放在露台上，用于长期种植小型木本植物和多年生草本植物。

悬挂花盆：挂在天花板上、墙上、木架上或雨水管上的容器。通常指的是较轻的塑料花盆或花

最重要的容器材料概览

塑料	轻，经济实惠，相对坚固，容易清洁
陶	重，不够坚固，几乎不抗冻；多孔的材料壁透气良好；能通过容器壁蒸发水分，因此需经常浇水，但能避免水涝
赤陶	壁厚，非常迷人，通常有装饰；经多次烧制，有高价保障的高品质，还具抗冻性
上釉陶	通过上釉同时消除了透气容器壁的优点和缺点；大部分具有一定的抗性，有多色可选
木	中等重量，抗冻；为了避免腐烂，要高起摆放，也可套上塑料外壳
石棉水泥	相对较重，经济实惠，透气，抗冻，不抗摔；可涂刷对植物无害的颜料
金属	稳固，抗冻，轻重均有；如果内部不上釉或加铺薄膜，会释放对植物有害的物质；不适合放在光照强烈的位置，会使根部温度过高

盘，带金属支架。壁挂花盆也可为陶制或赤陶制。要想混合种植不同的植物，悬挂花盆直径至少应为20cm。

挂篮：悬挂花盆的特殊形式；网眼较大的钢丝、金属或塑料篮，直径通常为25—50cm，种满植物后非常迷人。

以上提到的几乎所有容器，包括悬挂花盆，同时也都可作为储水容器。在此发挥储水器作用的是下端通过隔板分开的部分，你可以通过注水管套向里面加水。通过吸水锥形、灯芯、特殊的无纺布或薄片，水会不停被吸入容器上部的土中，从而被植物根吸收。这样就算在炎热的夏季你也可少浇几次水。

容器还需配备水量指示器和溢流装置。

你必须注意的内容

为了获得适合种植和现实环境的容器，你需要在挑选时考虑以下几点：

· 所有容器都需要在底部打排水孔或穿透相应的预制模具，以排出多余的水，防止水涝和根腐。水生植物和沼泽植物是个例外。对于悬挂花盆，下滴的水非常麻烦，因此只有部分模型有溢流口。但你也可以将垂吊植物种在有排水孔的花盆中，之后再将其放入底部密封的悬挂容器中。这时可以在花盆和悬挂容器之间加黏土陶粒作为排水层。

· 容器的大小要符合植物大小和根的形状，绝对不能太小。同时，容器也不能太大：当根球能舒适地放入容器中，且四周还能装下几厘米新鲜的土时，容器大小正好合适。

· 容器的重量与大小和材料有关。较重的容器比较稳定，但不易运输。同时还要考虑阳台栏杆和地面的承重能力。土壤潮湿时，大而长的阳台种植箱就有极为可观的重量。需要考虑到，储水容器会很重。

不同形状和材料的容器以完全不同的方式衬托了植物。

· 形状或颜色不同寻常的容器虽然很漂亮，但有时也会存在隐患。例如，极端大肚状的容器在换盆时很不方便。而又高又细的双耳陶罐或狭长的铁皮花盆在强风时很容易翻倒。黑色的容器不适合在光照充足的地方使用，因为深色很容易吸收阳光；在盛夏，这会导致某些植物过热。

· 购买种植容器时最好同时查看合适的固定装置（见220—223页）。足够大且稳定的托盘，用于大花盆的花桶滚轮和可将花桶架高的花桶脚也是重要且实用的附件，它们能更好地保障排水。

对购买植物和选择培养土的建议

必须承认，我有时也喜欢仅凭喜好与心情就买下某些植物，而不考虑自己是否能为它们提供适当的生长环境，或者它们是否适合整个造型。但我一定会在购买时花时间观察植物。仔细挑选的健康植株可以为你带来更多的乐趣，也省下不必要的工作。在高品质的土壤，也被称为培养土中，它们生长最佳。

阳台种植季时，超市和花鸟市场里都能买到植物幼苗，通常价格实惠，质量也能接受。但只有专业商店能保证植物从栽培到出售均得到合适的照料，且能提供实用的建议。而且，通常这里的选择更大，而不是只有一些广为传播的种类。

植物购买时间表

出售阳台植物的主要时间：
- 春季种植：2 月或 3 月
- 夏季种植：4 月或 5 月
- 秋季种植：9 月
- 冬季种植：10 月

适宜的时间：

盆栽植物：5 月，6 月
盆栽树木和可过冬的多年生草本植物：从 3 月或 4 月开始

"合乎时宜的"购买能提供最大的选择

在旁边所列的主要购买期开始后，通常你会找到大量阳台和盆栽植物，而且此时正好也是种植的最佳时间。上市和开花都特别早的植株通常是在加热的温室中以园艺方法预先栽培的。它们在阳台和露台上的表现经常会让人失望，因为它们不够壮实，或者其最浓郁的花期已经结束。

夏季花卉传统的种植时间是从 5 月中开始。如果晚上还会出现晚霜，购买过早的植株不得已时就需要采取防护措施。

为植物做个基础的检查

在购买时要仔细检查你想要的植株，包括叶子背面。植株形态瘦长，叶缘黄色或棕色，叶子严重缺绿、有斑点或干瘪，这些都意味着植株可能缺少护理，或已经受到病害侵袭。你绝不能把这些植物买回家。

同样，根系已经长出排水孔或几乎要将出售时所带的花盆撑破，这种植物也不推荐购买。

你最好选择紧凑、分枝良好，有着健康、浓密的叶子，且有大量花苞，显示出能开出繁茂花朵的植物。

仔细检查盆栽植物

盆栽植物和树木是种长时间的投资，通常价格也不便宜，因此你需要特别仔细地检查。如果你心存怀疑，可以请出售者或园丁除去花盆，以便你仔细查看根团：它应该充分长满根系，根应该饱满、浅色，不能有霉点。如果购买时的花盆较紧，你可以在购买当年的春天立即换盆，必要时也可在夏天更换。选择新容器的标准是根据植株大小，根团和容器壁之间保持2—4cm的距离。大部分容器植物必须在5月中后才能移至室外，能承受寒冷的盆栽树木从3月后就可搬至室外。

培养土的质量马虎不得

当然，你可以选择任何一种花土，但当你多次尝试质量较好，且较贵的培养土后，就能明显地注意到其中的区别。高品质的泥土能长期保持结构稳定，可良好地保存水和养料，但不会很快积水，可在一定程度上减缓每种植物的极端情况。

种植盆栽植物和其他多年生植物时，特别推荐高品质的培养土，如所谓的标准土。阳台和盆栽植物还有不含泥炭的高品质培养土，实践证明非常有效。使用这种培养土可为保留受到威胁的湿地风景尽一份虽然渺小但很重要的力量。

一些专用土是必要的吗？

很多情况下都推荐使用杜鹃专用土，不仅用作种植杜鹃花，其他所有无法接受普通土中的含钙量且因此需要酸性土壤的植物均可使用。同样，柑橘类植物也偏爱酸性土壤，或专门为其准备的培养土。

专门的矮牵牛土对极其茂盛的垂吊矮牵牛和小花矮牵牛特别有效，并能缓解因缺铁而产生的叶子缺绿现象。

虽然天竺葵在所有品质良好的阳台土中都能生长，但所谓的天竺葵土是一种特别高质的混合土，也非常适合其他热爱养料的植物。

合理地规整阳台植物

自然种植的生机勃勃的植物可以塑造出一个迷人、特别富有生机的阳台种植箱。但这种方法也会导致种植箱显得混乱。通过有目的的规整就能更好地保证所有植物之后能良好地生长，并组成和谐的整体景象。

只把对阳光和水的需求相似的植物放在一起混合种植。不同植物对养料的需求差别也不能太大，虽然之后你还可以通过有目的的施肥进行平衡。

一定要注意不同植物各自对株距的要求，要符合植物肖像部分（从 406 页开始）的数据。使娇嫩的植物与长势茂盛且横向发展的种类保持一段额外的"安全距离"，或者将后者分开种植，或只和生命力旺盛的植物一起种植。如果刚种完后种植箱中看起来还有空间剩余，不必担心，通常这些空隙很快就会被填满。

在种植箱中种植时，一定要同时考虑现实和造型，因为前者可以保证植物最佳的长势，后者则是我们组合的目的，使种植箱成为真正的视线焦点。为此，除了这里说到的生长形态的秩序，色彩的组合自然也有着决定性的影响。

宽阔的种植箱中可种两行植物

如果种植箱够宽或够深（至少 18—20cm，最好更多），你可以把植物安排成两行：后排种植较高的植物如天竺葵、玉簪或香水草。前排可以种植矮小、紧凑的种类如熊耳草或种植垂吊植物，如垂吊马鞭草或雪花蔓。这种情况下，前排的植物要种在后排两株植物的中间（空隙处）。从上方看它们就形成了三角形。

从这个基本原则出发可以有多种变体。例如，人们很喜欢在种植箱后方的边缘位置种植华丽的垂吊植物如矮牵牛或小花矮牵牛。这些植物也能占据种植箱的所有边缘，人们可以将它们种在种植箱前缘和后缘的中间。但当它们的长枝条在种植箱中心垂吊下来时，也可成为视线的焦点。

在足够宽阔的种植箱中甚至可实现三行种植：后排高株，前方中等大小的种类，最前面种植箱的边缘则为小型的垂吊植物。同样，种植时也要错开，即种在后排植物的空隙间。

种植箱狭窄或植株非常茂盛时只种一行

对于需要种植极其茂盛的植物而深度较浅的狭窄种植箱，和用于冬季种植，用来种植常绿矮型木本植物的种植箱，都推荐单行的布局。通过直立生长、半垂吊和垂吊的长茎植物组合种植，你也能实现非常多变的整体景象。只有同一种内不同花色的植物或花色协调的植物，这种种植箱也有不错的魅力。种植行不需要笔直排布，例如垂吊植物就能种得稍稍靠前些。

对称可打造和谐，并增强单独植株的影响

无论是单行还是两行种植，对称的布局中种植箱两边无论在植株高度和形状上，还是花色上（几乎）都是对称的。大量变体下两种不同的基本原则：

1. 最高的植株种在中间，两边以越来越矮的植物并最终采用垂吊植物形成下降的直线。

2. 在左右两边分别种植同样茂盛、显著的植物使其形成视觉中心，或者甚至"滑"至种植箱边缘。

不对称的布局可形成一种张力

这种情况下，你可以将视觉的重点，即最大或最令人印象深刻的植物移至一边。搭配的植物仍可向两边成高度梯级下降，形成直线，但此时两边的长度不同。还有一种漂亮的不对称布局，即种植箱的半边为直立茂密生长的种类，占主导地位，另一半边则是壮观的垂吊植物。

如何在阳台种植箱中种植

你需要
- ➤ 阳台种植箱
- ➤ 花土、培养土
- ➤ 排水材料（沙石、黏土陶粒、陶土碎片）
- ➤ 或许还要灌溉无纺布、长效肥

需要的时间：
每个种植箱 20—30 分钟

适宜的时间：
5 月，应季种植 3 月或 9 月、10 月

如果想让种植箱很快就能装饰选择的位置，你最好挑一个适度温暖且多云的日子种植。如果能将种好的阳台种植箱先放在有保护且轻度遮阴的地方，之后再渐渐外移则更好。尤其当人们较早种植植物时更推荐这种做法。因为最终可安全地让植物完全接受外界新鲜空气的日子一般是在 5 月中后期。我有时也会被 4 月里温暖的气候所迷惑，过早地将种植箱移至室外，最后只会对 5 月的寒夜造成的损伤懊恼不已。

首先用清水、软皂和坚硬的刷子清洁已经用过的种植箱；石灰层可用温暖的醋水去除。用未上釉的陶土制成的种植箱最好首先在水中完全浸 1—2 天，这样可防止疏松的容器壁吸收培养土中的水分。

1. 确保良好的排水

有些种植箱需要先小心地打通底部预先压好的排水孔。排水材料的作用是防止这种小孔被堵住，并进而避免种植箱中积水。为此，你可以在排水孔上方铺设如陶土碎片等物品。你也可以在整个种植箱底铺上一层轻质的物质如黏土陶粒，它的排水作用很好。也可用铺在种植箱底部的灌溉垫或无纺布替代。它们会吸收浇灌的水和雨水，可以缓慢地释放给根系，从而减少浇水次数。

2. 放入泥土，确定植物布局

在放入第一层土前，你可以在培养土中混入一些长效肥，对某些高养料需求的种类尤其推荐使用这种方法。接着将种植箱填满大概一半的土，并轻轻地将其压实。干燥的培养土最好马上浇水。

这时你可以将还在花盆中的植物按照将要种植的位置放在半满的种植箱中，以检测计划好的布局（见 212—213 页）。

3. 放入植物

　　将植物小心地取出花盆；有时你需要将花盆倒过来小心地在手上或种植箱边缘撞击。种植前充分湿润干燥的土球，小心地疏松紧密缠绕的根系。

▶ 专家提醒

　　种植时可以拿一根折尺作为辅助，人们总是在株距的问题上"犯迷糊"。

4. 填土

　　首先在根团下继续填入泥土，以确保植物的土球上部最后位于种植箱上边缘以下 2cm 左右。下方再填入一些泥土，因为之后整个部分还会轻微下沉。

　　在种入所有植物后，边上也要填入一些培养土，并轻轻地压实，以固定植株。最后在植物间的空隙中填入泥土，补齐不平整的位置，并将上表面压实，使上方留出 2cm 作为浇水的边界。

5. 正确、充分地浇水

　　种植完后你需要使土壤充分透湿。我通常不加喷嘴在植株间浇水，且会在短暂的间隔后多次浇灌，这样可避免水停留在培养土表面，而使其充分渗透。最好将种植箱放在较高的位置，这样多余的水分就能很好地排出。浇水时土壤通常还会下沉一部分，最好直接用培养土将产生的凹槽填平。

挂篮——全方位的壮丽

这种各个方向都种满植物的挂篮是"典型的英伦风"，英国人有着很长的种植传统。当它们在夏季被花朵和垂吊的枝条覆盖时，会展现出非常壮观的景象。种植时怎样选择垂吊植物是关键因素。在边缘位置，尤其是底部，人们比较喜欢种植长茎的垂吊植物，上方，也是在边缘，则可种植垂吊至灌木状茂密的植物。篮子的上表面边缘种植轻度垂吊至明显垂吊的植物。

如果人们把挂篮吊在能看到上表面的位置，则也可以在上方中心种植显眼的直立生长的种类。

🔖 **你需要**
- ➤ 带悬挂链和稳定挂钩的挂篮
- ➤ 棕榈或卡纸衬里，也可用青苔、毛毡或剑麻垫作为代替
- ➤ 解释的塑料薄膜
- ➤ 优质培养土
- ➤ 有时还需要长效肥

⏱ **需要的时间：**

30—60 分钟

📖 **适宜的时间：**

5 月，秋季种植 9 月或 10 月

1. 准备好挂篮

最好将挂篮放在水桶或大花盆上进行操作。通常出售挂篮时就有相应的棕榈或卡纸衬里，也可以单独购买。此外，你也可以使用自己剪裁的棕榈或毛毡垫，或泥炭藓（在花卉商店或专业的盆栽店里可买到）。用这些东西可将挂篮四壁都包裹起来。使用青苔时，建议在内部再加一层结实的薄膜，可以防止泥土漏出；在下方开个小孔可以排出多余的水。

2. 边缘种植的秘密武器

现在至少在篮子中装入一半土，用于在边缘种植植物。我推荐此时还可混入一些长效肥。现在，在铺设的材料上小心地于边缘需要种植的位置剪出裂缝或小孔。将植物的根团插入剪开的小口中有时是一件非常考验耐心的事。让土球充分湿润可以使这个过程容易成功。机智的园丁还想出了一个技巧，可以简化整个过程：用厚实、坚硬的薄膜根据长度包裹整株植物。通过这条"管道"植物能轻松地插入边缘的开口中。

3. 种植篮子边缘 —— 靠敏锐的第六感

将装在袋子中的植物土球朝前小心地穿过小孔。这时也能体现出袋子法的优势：就算这时需要抖动，土球也不会松散。现在将土球压实，直到它完全进入篮子壁，之后再用泥土盖实。然后小心地抽出薄膜。

4. 为挂篮上方的种植做好准备

现在首先要填入足量培养土充分盖住所有边缘植物的根。在此过程中将泥土在土球周围压实，使它们获得足够的支持。

干燥的培养土需要马上浇水湿润，上方再铺一层青苔也非常有效。

接下来就可以铺用于种植上层植物的泥土了，首先只放入适当的量，达到合适的高度，再填充至接近篮子边缘。

5. 在上方种植、浇水、悬挂 —— 最后是享受

种植挂篮上方的植物时和在阳台种植箱中的种植方法一样（214—215页）。最好留出2—3cm的浇水边界，这样此后水会不容易溢出。将土填至这个高度，把铺设的薄膜留在边缘的多余部分剪去，对挂篮充分浇水。在将篮子挂到选定的位置前，最好先通过多次浇水使培养土湿透，并冲出疏松的土屑和青苔屑。这时你也会发现挂篮的重量非常可观，因此需要稳固的挂架（222—223页）。

▶ 专家提醒

在边缘种植时最好选择土球狭长的小幼苗。

▶ 专家提醒

开口过大的孔洞可以用青苔作为弥补。

正确地将盆栽植物种入盆中及正确换盆步骤

你需要

- 新的花盆或花桶(比前者宽2—8cm)
- 优质培养土
- 排水材料
- 长效肥

需要的时间：
每株植物 15—20 分钟

适宜的时间：
3 月到 5 月底；最初每年换盆，之后每隔 2—3 年

定期供应新鲜的泥土对大部分盆栽植物和盆栽树木来说就像灵丹妙药一样。它们有时甚至还能解决表面上无法解释的生长问题或不开花的问题。不要等到植物的根开始长出容器才换盆，而且植物需要频繁补充新鲜的培养土。

但也有例外：如百子莲和较老的迷迭香植物就要尽量少换盆。

当你用旧容器来种植时，需要事先彻底清洁容器。陶土容器需要先在水中浸 1—2 小时，否则它们会很快吸收土壤中的水分。

新买的盆栽植物何时需要换盆？

盆栽植物买来时的容器通常足够大且美观，因此可以过一段时间再进行第一次换盆。但如果土球已经完全挤满了购买时的花盆，你需要尽快为新买的植物换一个更大的容器和新鲜的泥土。但在夏末后最好不要再换盆，因为这样会阻碍根系的生长，在不能确定时最好等到第二年春天。

新花盆的大小应该能保证根团和容器壁之间有 2—4cm 的空隙。在接下来的几年中，你可以根据植物的长势每 1—2 年换盆即可。

正确地种入盆中

在排水孔上放一片陶土碎片，较大的花盆最好铺一层 2—3cm 高的排水层（碎片、黏土陶粒、砾石），这样可确保良好的排水。同时可在培养土中混入长效肥。对于对潮湿非常敏感的植物你还可以混入一些沙子或砾石。向花盆中装入泥土，使盆栽植物土球的上表面距容器边缘 2—3cm，即之后浇水边界的高度。然后再在边上填入足量的泥土，压实上表面，充分浇水。

对老植株换盆的建议与秘诀

当土球已经挤满了容器时，将植物取出花盆需要一把结实的刀作为辅助，使根系与花盆壁分离。有时，你还可能不得不打破花盆以释放植物。取出植物时拖住植物下方最稳定的部位；对于较大的植株，将上部分疏松地捆绑起来可使换盆更加容易。对于老植株，新的容器应比旧的花盆宽 4—8cm。

如果不再有合适的花盆怎么办？

通常人们只剪短过长的根，剪除死掉的茎。但如果盆栽植物已经长到找不到合适的花盆，你也可以冒险对根部进行大量的修剪。

首先用一把锋利的刀在底部切下数厘米厚的圆片，再向边缘作 2—3 次楔形的修剪。这样你就能放入足够的新鲜泥土而不必换一个大花盆。但要注意，这个过程只推荐那些根系紧密且生长健康、良好的植株使用。例如木曼陀罗就可使用。

小高秆植物和五彩的"下层植物"

在高秆植物下方种植夏季花卉或多年生草本植物非常漂亮，尤其是垂吊植物。对于幼小的盆栽植物不要选择长势太过茂盛的陪衬植物。对光照、水分和养料的需求都应相配。如果你想种植较多的植物，可以选择较宽的花桶，并从中心开始向外种植。种植时要注意对盆栽植物造成尽可能少的伤害。

安全地固定阳台种植箱

在天气温和的 5 月将阳台种植箱搬至室外时，夏季的雷雨还远在天边。但此时你也需要考虑会打湿培养土并使其加重的雨水，以及人们在阳台上不同情况的疏忽可能造成的影响。你需要为此做好充分的准备，即尽可能稳固地安装种植箱。

遇到特别的固定问题或有特别的需要时，你可以在不同的园艺市场和建筑市场或者网上进行搜寻。你能找到各种各样独特的解决方案，同时还能增加造型的多样性。此外，有时你还能在 DIY 产品中找到一些固定的办法，虽然它们并不是为阳台种植箱设计的，但也可以这样使用。

在垂挂和固定种植箱前也要考虑可能会流出种植箱的浇灌水和雨水。如果你不能或不想使用套箱或托盘，必须确保这些从排水孔中流出的水不会损害财产或对其他人造成负担。

将种植箱固定在栏杆上的保障措施

要将阳台种植箱固定在栏杆或护墙上，通常可以使用商店里常见的支撑架，有镀锌或涂彩色油漆的可供选择。它们通常适合栏杆或宽度小于 14cm 的墙体，种植箱的宽度则为 20cm，有时也有适合 22cm 的支架。对于宽度更大的种植箱，如果商家没有现成合适的支架，你就需要专门定制了。

当种植箱挂在外面时，上方带有可调节夹板的支架特别实用。它们在种植箱的上方，可作为额外的斜向支撑。起类似作用的还有种植箱捆绑装置或缓冲装置。如果你不想将种植箱挂起来，而是想直接放在护墙上，则推荐使用 H 形的种植箱支架。专业商店中还出售能将种植箱按照自己喜好的高度固定在垂直栏杆柱上的支架。对于较重的陶土和赤陶种植箱，石棉水泥或储水容器，你尤其需要选择坚固的支架。这种情况下，你还需检查固定元件如螺丝和木钉是否稳固、结实。

钢丝套篮——种植箱和花盆机智的解决方案

　　建筑市场出售的种植箱形状的钢筋篮使用了合适的金属钢轨、垫片或钩子，几乎可保证全方位的稳固。只需将种植箱放入其中即可。

　　这样的篮子中也可以彼此相邻放置多个花盆（见 222 页）。

✎ **专家提醒**

　　在足够大的篮子中还能使用托盘。

窗前和墙边的种植箱和花盆

　　窗边如果预先有足够大的外窗台，则可以使用带有所谓的边角固定装置或种植箱稳定装置——一种侧边的突出物，能防止花盆滑落——的支架。专业商店中也出售一些用于在窗户和墙体上或下方固定的产品，包括带有可调节"望远"臂状物的窗户支架，以及不需要钻孔和螺丝的固定产品。在你能钻孔和使用暗销的地方，你也可以在墙上或窗户下方使用稳定的支架系统，只要支架的材料适合暴露在室外即可。

经济、简单的固定方式：木质的套箱

　　木质的套箱中不仅可以放下种满植物的塑料花箱，还能放下托盘，其优势在于，你可以随意、方便地在上面安装挂钩。两边各两个螺丝挂钩，通过固定链与窗户左右两边稳固的墙钩相连，再在下方使用楔子固定种植箱——安装完成，而且可根据需求进行变换。

赋予花盆和悬挂花盆充足的空间

花盆不一定只能放在地上或花架上，在不同的悬挂装置帮助下，它们也能进占阳台或露台上的其他水平面，和挂篮或悬挂花盆分享空中世界。但挂在高处的花盆也会掉落，并造成严重的后果，因此稳定的安装是最重要的。正如在固定阳台种植箱时所说的，你可以通过耐心的搜寻找到特别优质且有趣的悬挂方案。无论是园艺市场和建筑市场、苗圃、花店还是园艺和家居DIY 的供货者，专业商家明白多样创新的悬挂装置有着独特的魅力，并能对需求提出相应的解决方案。

你需要

- 支架
- 钢丝和钢丝剪
- 打孔机、锤子、用于标记的铅笔
- 木钉、螺丝、挂钩
- 用来铺设底层或作为隔离物的板条
- 石膏，包括杯子和刮刀，尤其对于承重较大的木钉

需要的时间：

加上打孔，装暗销（木钉）15—30 分钟

栏杆上的花盆

这种花盆支架直接将其把手挂到栏杆上即可。但在刮风严重的位置最好还是用钢丝进行加固。这种支架的直径一般在 18—22cm 之间。它们通常由加涂层的钢筋制成，带有集成的底盘，可作为托盘。

你可以将这种支架直接通过把手安装在有横向柱子的阳台栏杆上，并放入花盆：通过这种方式，种植不同植物的花盆可以组合出非常迷人的造型。

宽阔的花盆支架中成行的花盆

商店里也能买到较宽的花盆支架，其中能放下两到三个花盆。四边形、种植箱状的钢丝篮也能起到同样的作用（见221 页）。或者你也可以直接拿一个空的种植箱，将种好的花盆放入其中。其优势在于：单独种植在花盆中可以组合那些不能一起种在种植箱中的植物或对水和养料有着完全不同需求的植物。此外，在这种情况下，早花的植物或经常受病害的植物也很容易更换。

空中的悬挂花盆

当垂吊植物的枝条在空中摆动时，悬挂花盆和挂篮是最美的。如果没有适当高度的扶栏或凉棚横木，你也可以在天花板上打孔，只要材料和房东（如果是租房的话）允许。这种情况下，可用建筑市场买来的结实的工具（如较大的木钉、挂钩、螺丝）代替配套的固定装置和挂链，因为花盆挂在天花板上必须非常坚固。对于有点"问题"的天花板最好先旋上一块厚且短的木板，并用多枚（上石膏的）木钉固定。之后就能在这块木板上钉入螺丝挂钩用于悬挂花盆。这样花盆的重量就能分配到多个固定点上。

墙上的植物

壁挂花盆上已经打好孔或设有其他装置，可以直接拧到墙上。同样，配套的花盆架也可直接安装到墙面上。

植物生长茂密的悬挂花盆或挂篮自然需要和墙壁保持更大的距离。带长臂的侧壁支架就能满足这种需求，且它们通常都极具装饰性。在安装壁挂支架时也要注意保证稳定性。

专家提醒

必要时，这种情况下你也可以像处理悬挂花盆一样在下方垫上狭长的木板条作为隔离物。

其他种植位置

阳台扶栏、天花板、墙壁，花盆和悬挂花盆的垂吊位置还远不止这些。例如雨水管，专业商店就出售专用的雨水管种植花盆。在攀缘或视线防护格架的不同高度挂上带花盆架的花盆和悬挂花盆，它们就能变成开花的屏障。运用这种方法，你也可以在墙上固定稳定的木质或钢丝格架使其适合种植，并以此绿化墙壁。这种格架必须稳定地固定在墙上。你最好先在墙上用暗销固定一些厚实的大木块或木条作为隔离板，随后再在上面拧入格架。

安全与适当

在租赁的房屋中是否适合使用阳台？

如果租赁合同中没有表示异议，你就能按照自己的喜好利用并装扮阳台，只要不损坏租赁物或影响合租的同伴。影响"建筑美学整体外观"也会引起争执。

你可以这样避免问题：

谨慎起见，你可以向房东讲明某些可能存在争议的问题，如安装攀缘架，以及阳台上不同寻常的造型，如接近自然风格的植物。

阳台的承重能力如何？

沉重的容器（如盆栽植物、大型的观赏花木、迷你池塘）再加上结实的地板材料和家具，这些可能会对阳台底和承重结构造成巨大的压力，并超过其负荷。

你可以这样避免问题：

注意基本上每平方米最高承重 250kg，但根据结构不同，有时较低的重量也会让阳台崩溃。如果不能确定，可请建筑工程师测定你的阳台的静力和承重能力。

攀缘植物会造成损害吗？

在石灰不够紧实时，具有气生根的攀缘植物如爬山虎会损伤墙面；结实的卷须，如银环藤（*Fallopia baldschuanica*）的卷须会堵塞雨水管，甚至将其压坏。

你可以这样避免问题：

不要直接将根攀性植物引到墙上，应该使其攀到具有隔离架的攀缘架上。对于长势旺盛的植物应定期修剪控制其长势。

种植容器足够稳定吗？

在固定种植箱、花盆、挂篮和悬挂花盆时如果偷懒，在暴风雨来临时你肯定会遭到报复。掉落的容器会造成损失，对行人更是非常危险！

你可以这样避免问题：

所有种植容器都需要小心地固定，在较高层上或暴露在风中的种植箱最好只向内吊挂。要多次确定支架的稳定性。

当浇灌的水满出时怎么办？

漏出的水时间久了会损伤墙面，也会引起邻居和路人的愤怒。

你可以这样避免问题：

凭敏锐的感觉浇水，可能的话，使用托盘、套盆或当作套盆使用的大种植箱（没有排水孔）。例如下雨后需要很快清空托盘，这对植物也有好处。

使用农药时要注意什么？

虽然农药有些也是以植物成分为基础，但它们还是包含有毒物质，会对人类和环境造成伤害。对蜜蜂有害的药剂不能在开花的植物上使用。

你可以这样避免问题：

尽量放弃高毒性的药剂，选择温和的药剂和方法。严格遵守使用说明。将所有农药保存在儿童无法触及的位置！

植物可能造成哪些威胁？

有些漂亮且受人欢迎的植物具有高毒性，其他的则会刺激皮肤，还有的会引起过敏反应。长刺的植物则会使人受外伤。

你可以这样避免问题：

如果家里有孩子，应该放弃种植高毒性或长刺的植物。在处理有毒、能对皮肤产生刺激或自己有防护措施的植物时戴上手套。定期更新注射破伤风疫苗。

如何避免承受过高的重量？

大型盆栽植物、盆栽树木和种植花盘通常重量可观，但你必须不时移动这些容器。如果你过度硬撑，可能会造成腰伤或事故。

你可以这样避免问题：

运送沉重的花桶时一定要有两个人，并使用双轮运袋手推车、花桶滚轮或承重传送带等辅助工具。对于台阶可以铺设地板作为"运输轨道"来克服。

自己育苗

第一批自己育苗的植物，这对那些植物爱好者和正在变成爱好者的人来说绝对是一次特殊的经历。观察植物如何由种子或小幼苗长成全新的植株确实引人入胜。而自己繁殖的植物也更容易长进心里，尤其是盆栽植物：这不仅仅只是"一盆"夹竹桃，而是"我的"夹竹桃。

自己育苗让人愉快，光这一点理由就足够了，此外，购买的幼苗通常价格比较高，有时预算并不一定足够。而且，用这种方法你可以选择特定的种类和品种，有些在商店中并没有已经过栽培的植株出售。但只有当成功时，这个过程才会让人愉快。因此你需要了解和注意一些必要的前提条件（见 228—229 页），而且必须做好准备，因为幼苗尤其需要定期的照顾。

第一次播种可以选择金盏花、旱金莲或大花马齿苋，它们比较容易存活。木曼陀罗、夹竹桃和木茼蒿的扦插繁殖也非常方便。

有哪些繁殖方式？

基本上人们将其分为：

种子（有性）繁殖：通过种子繁殖。这种方法特别适用于生长时间较短的阳台花卉、蔬菜和有些香草。有些还能直接在种植箱或花盆中播种。但最好还是在温暖、有防护的环境中进行栽培，即所谓的预培养，之后再移植。木本植物大部分为盆栽植物，要想用种子繁殖通常比较困难、费时，甚至是不可能的。

营养（无性）繁殖：用这种方法，人们可以用从母株上分离的部分培育出新的植株。通过扦插，少数情况下还有分根、匍匐茎或空中压条，人们能快速获得可开花的植株，因此盆栽植物经常使用这种方法。还有一种独特的营养繁殖方法，即嫁接，新手基本上不可能靠自己完成这个过程。

植物的育婴房

湿度、热量、光线和空气，新长出的植物特别需要这些因素，随着它们的成长，这种需求通常会发生改变，需要经常根据敏锐的感觉进行调整。因此，这些因素在以下提到的关于实际应用和附属工具的建议中也占据着主导位置。另一个重要的因素：清洁是第一要点！因此，所有栽培的容器和附属工具都需要在使用后仔细地清洗干净，避免可能的病菌毁坏了自己育苗的所有乐趣，如泥土残留。因为需要长期保持湿润的幼嫩的植株特别容易受某些病菌的侵害。

正确的位置

并不是每种繁殖方式都需要有一个特别防护的位置。但种子育苗和春季的扦插繁殖，这两种属于最重要的繁殖方式，也只在有一定加热措施的房间（如果你没有一个小型可加热的暖房）中才能实现。为此有一些提示：

合适的育苗土

用于播种或栽培插条的培养土的养料含量要低，因为幼嫩的植株不能承受较高的盐浓度。此外，培养土还应保证没有病菌，颗粒精细，且结构稳定。这种培养土被称为育苗土或繁殖土。

疏苗移植时可采用养料含量较高的变体，通常也是专门配制的土壤。

· 因为至少在种子发芽后，植物就会需要大量光线，因此最好有合适的窗台用来放置植物。但要注意，你需要尽量避免朝南的窗户：完全接受光照的位置并不合适。

· 虽然在阴暗的位置幼苗也能生长，但很快植物的茎就会变长、细且笨拙，叶子苍白，人们将此称为"黄化"。如果你只有一个光线适度的窗台可供使用，则最好在春天等到适合播种的最后时期，此时白天已经变长，而且在略有阴云的日子也会有更加充足的光线。如果你对繁殖植物特别感兴趣，可以在专业商店购买专用的植物育苗灯。

· 开始植物通常需要较高的温度，下方为暖气片的窗台是最好的位置。由于自下而上的寒冷会让植物难以忍受，因此在那些没有加热措施或由石头或金属制成的寒凉的窗台上最好垫一块泡沫塑料板。此外，你还需要避免一个寒冷因素，即穿堂风。

· 专业商店里也出售抵抗寒冷的附属工具，即可加热的迷你或室内暖房。

· 等幼苗、插条或由其他方式获得的小植物生长得差不多时，就该离开窗台上的舒适环境了。这时它们需要一个光照仍然充足，但稍微凉爽点的位置，以确保还幼小的植物根不会因为来自下方过高的热量而过度损耗。在夏末获得的插条或在夏天播种的两年生植物冬天也只需放在 5—10℃左右明亮的环境中。

好种子，好植物

尽量使用高品质的种子，它们价格较高，但生长情况也较好，更加稳定。购买时需注意：

· 毫无疑问，最好购买具有防护包装的种子（有内袋）。

❀　泥炭膨胀花盆适合较大的种子。最好将它们放在一个有排水孔和托盘的育苗盘中，这样可使它们保持湿润。

· 注意包装日期和有效期。

· 在不能确定时，最好选择那些包装袋上清楚标明各项指标的种子包：保质期、发芽温度、喜光性种子还是需要遮盖的种子，以及栽培的提示。

如果销售台上的种子包直接放在阳光直射的窗户后面，或者放在潮湿的位置，你可以绕道而行了：过高的温度和湿度会损伤种子——你自己在家中保存种子时也需要注意这点。在适当的保存下，大部分种子都能保持2—3年的活性。将已经开封，但暂时不用的种子包封好，在干燥、最好阴暗的环境中保存在玻璃瓶里。用这种方法保存，剩下的种子正常情况下应该还能在接下来的1—2年中使用。

育苗时非常有用的附属工具！

我们已经提到过迷你暖房和植物育苗灯。在接下来的几页中你可以在不同的繁殖方法中看到其他相应有效的附属工具。

但在此，我还想提一些非常机智的产品，有些供应商在他们的项目中会专门提到这些辅助育苗的工具：

种子盘和种子带：种子以适当的距离分布在专门的纸片上形成圆盘或带状，这种产品在香草和蔬菜中特别常见。它们省下了之后对过于密集的幼苗进行疏苗或移栽的步骤。香草种子盘直径通常为10cm，有时也有不同种类的种子组合，如不同的地中海香草。直接将它们放在花盆或种植箱的培养土上，盖上少量泥土，充分保持均衡湿润即可。

可分解花盆：由泥炭或纸板做成的花盆，可直接和植物一起种植，之后逐渐在最后的容器中腐烂。你可以将它们用作疏苗移植，也可用作扦插。

泥炭膨胀花盆：被压扁的片状播种盆，在充分浇水后其高度会膨胀至原来的数倍。在每个既定的槽中放入一枚种子。幼苗之后可与膨胀花盆一起种入土中。

成功地通过种子育苗

种子育苗可以选用浅底的塑料花盘，人们通常还能为此买到相应的透明保护罩。较大的种子和一年生攀缘植物最好还是单独或以少量为组合在小花盆中播种。

栽培一年生的花卉、蔬菜和香草时最适宜的温度为18—20℃。可用种子繁殖的天竺葵、一串红、番茄、西葫芦和某些香草如牛至则需要更多的热量（20—24℃）。相反，蓝旋花、龙面花、天蓝绣球、旱金莲、蒲包花、金盏花和翠菊等花卉则需要较凉爽的环境：它们在15℃左右的环境中发芽最佳。通常它们从播种到发芽需要1—3周。

🌱 **你需要**
- ➤ 种子
- ➤ 育苗盘、保护罩
- ➤ 播种土、疏苗土
- ➤ 用于疏苗的6—10cm的花盆

🕐 **需要的时间：**
- ➤ 播种：每个育苗盘15—20分钟
- ➤ 疏苗：每个育苗盘20—30分钟

📖 **适宜的时间：**
- ➤ 一年生在2月或3月
- ➤ 两年生在6月或7月
- ➤ 疏苗：播种后2—6周

1. 尽量均匀地播种

首先在育苗盘中装满播种土，不要太满，上方应留出1cm的浇水边界。装完土后轻轻地在地上碰一下育苗盘，使泥土充分落实。用小木板刮平上表面，并轻轻地压实。

现在将种子尽量均匀地撒到上表面，不要太密。从种子包直接撒种并不经常能成功，最好先把种子放在食指、中指和拇指间，再通过搓动手指播种。或者你也可以用有褶皱的卡纸作为辅助。

较大的种子可以1—2cm的距离针对性地种植。

2. 这样种子发芽情况最佳

用木板轻轻地压实撒下的种子，这样可使它们在发芽时与土壤充分接触。对于那些喜光性种子，这样就足够了；顶多还能在上方再撒一层细细的泥土。但也有例外，植物肖像部分在"预培养"标题下会有提示（通常种子包装袋上也会有说明）。其他种类的种子，即所谓的嫌光性种子，则需要盖上泥土，最好通过筛子均匀播撒。基本原则：覆盖的泥土高度至少与种子厚度相同，但最多为种子厚度的三倍。稍后要将撒上的泥土也轻轻压实。

3. 保持育苗箱充分湿润

现在，培养土需要充分湿润。最好使用雾化器，因为精细的水雾不会将种子和覆盖的泥土冲走。在接下来的几天和几周中，你也要确保培养土不会干燥，但也不能透湿。保护罩——也可在播种容器上覆盖玻璃片或薄膜代替——能防止水分蒸发。将育苗盘放在一个温暖、明亮，但没有阳光直射的位置。

👉 **专家提醒**

用标签标记所有播下的种子，防止混淆。

4. 发芽的幼苗需要空气

当第一株幼苗冒出绿色的尖头时，种子就开始需要充足的空气。你可以在小木棍的支撑下抬高蒸发作用保护罩或其他的覆盖物，或者每天有数小时直接拿掉这些覆盖物。但必须注意，不能让小幼苗接受寒冷的穿堂风！

在幼苗全部长出后就可以完全拿掉覆盖物了。这时幼苗不再需要最初的那种湿度，但也不能让培养土变干。现在育苗盘一定要放在光亮的位置，但和之前一样，尽可能不要放在直射的阳光下。

5. 移植过密的幼苗（疏苗）

当幼苗开始长大并变得过于拥挤时，你需要将它们单独移栽至花盆中，或以4—5cm的株距移栽至新的花盘或花箱中。这时可使用专门的疏苗土或繁殖土，普通的培养土养料含量过高。当两片子叶（通常为圆形）上方展开第一对真正的叶子时（约在播种后2—6周），就是疏苗的最佳时间。主要选择长势旺盛的幼苗移植。尖头木棍可以很好地帮助你疏松根部并挖出植株。

在种入幼苗后压实周围的泥土，充分浇水。现在种植容器也需要放在温度低几度的位置。

扦插繁殖——简便的操作

你需要

- 锋利、干净的园林刀
- 育苗土、繁殖土
- 直径为 8—12cm 的花盆
- 保护罩、保护薄膜
- 洒水壶、雾化器
- 有时还需要生根粉（专业商店）

需要的时间：

每根插条 10—20 分钟

适宜的时间：

根据不同的种，春天、夏末或秋天

插条是指带叶子的茎段，会在插入培养土中后生根。它们能从茎的不同部分发展成健康生长的植株：

人们最常使用的是母株主茎或侧茎上剪下的茎尖，即所谓的嫩枝扦插。

有些植物茎干中间段也同样能很好地生根，甚至更好。它们被称为茎插、硬枝扦插或对于木质化的植物来说，为木质化插条。

罕见的基部扦插指的是从靠近植物基部的茎上剪取的插条。

根据植物种类不同，有些使用半成熟，即半木质化的插条更好，有些则更适合草本柔软的插条。人们通常在夏末或秋季切取半成熟的插条，在春季切取草本插条。

1. 如何切取插条？

只从健康、茂盛、开花多的母株上切取插条。不要使用已经开花的枝条，必要时，小心地除去插条叶腋处已经长出的嫩芽。草本的插条长度约为 10cm，有 4—5 片叶子或叶子对，半成熟的插条稍长（最长 20cm）。尽可能以光滑、斜向的切口将插条在叶节点（叶柄下方突起的位置）下方切离母株。（图示为夏末切取夹竹桃的嫩枝插条。）

2. 某些植物喜欢潮湿：在水中生根

某些嫩枝插条（图中为木曼陀罗）首先被放入水中时会很容易生根，如夹竹桃、苏丹凤仙花和彩叶草。

将插条放入玻璃杯中，使下端入水 3—5cm。当长出第一条茁壮的根后，不久就可以准备种入土中了。长而细的水根很容易折断，而且会不再适应土壤。

3. 以专业的方式种植插条

首先摘除最下方的叶子或叶子对，将茎段插入土中（图中为天竺葵插条），使剩余的最下方叶子刚刚露出地面。插入插条后压实周围的泥土。应保留 1cm 左右的浇水边界。

专家提醒

硬枝插条和木质化插条需确保插入土中的是插条的下端。

4. 注意保持土壤均衡湿润

从一开始就应保持土壤均衡且湿度湿润。如果太湿，插条会腐烂。当长出第一条根后，高湿度的空气非常重要。这时你最好采用蒸发防护措施，如塑料罩或薄膜袋，可以通过钢丝假罩在花盆上方。

专家提醒

将插条花盆放在带保护罩的育苗箱中也非常合适。

5. 生根需要热量

将花盆或育苗盘放到明亮、温暖但不会被阳光直射的位置。生根最重要的是来自下方的热量。显而易见，冰凉的石头窗台并不是合适的位置。草本插条通常 2—4 周后就会生根，半成熟的插条则需要久一点。从新长出的嫩叶可以看出插条是否已经生根。这时你可以经常拿掉防蒸发的保护罩，最后完全去除。

特殊的繁殖方法

有些植物的繁殖非常方便：它们可以通过分根或摘下自己生根的子株或匍匐茎来增殖。另一种要求较高的繁殖方法是空中压条。它比较适合木质化的、但不适合或不能用扦插繁殖的植物。这种方法主要用于室内观赏植物，但也可用于龙血树、木曼陀罗、山茶花、夹竹桃或朱槿。

你需要

- 花盆
- 育苗土、普通培养土
- 干净、锋利的园林刀
- 铲子
- 用于空中压条的泥炭藓、小木块或小石子、暗色的塑料薄膜、绳子或韧皮纤维

需要的时间：

根据不同程序 10—30 分钟

适宜的时间：

分根：通常为春天

子株、匍匐茎：春季至夏季

空中压条：夏初

简单的繁殖方法 —— 分根

最适合使用这种方法的是能从根上长出新枝条的盆栽多年生草本植物，如落新妇或翠菊，此外，某些多年生香草和盆栽植物如百子莲和竹子也可用这种方法。最适合的时间通常是春季换盆时。早花的种类最好在开完花后直接分根。分根时将植物取出花盆，将根团分成两份或三份，每份都包含许多叶子和芽。娇嫩的根系可以直接用手分开。较粗的根（根茎）则需要锋利的园林刀或者甚至铲子辅助。种植后充分浇水。

摘下子株和匍匐茎并种植

有些植物很容易长出大量子株，尤其是当你把它们种在足够大的花盆中时。芦荟和龙舌兰就属于这种植物。等到这些在芦荟底部长出的子株足够大，并生出自己的根后，你可以小心地将子株挖下并种在单独的花盆中。在种植新植株的土中混入大量沙子。较成熟的无花果树和丝兰也会长出和子株相似的匍匐茎或嫩枝，你可以摘下它们并单独种植。许多草莓品种也会长匍匐茎。它们通常在 7 月或 8 月被取下并种植。

1. 空中压条: 准备好切口

基本上你可以通过空中压条获得一种较大的嫩枝插条,它们在母株上就已经长好了根。先选择稍后需要分离的一段茎干或生长旺盛的侧枝。在你想让其生根的位置去掉所有上或下 10cm 内的叶子。然后用锋利的园林刀切入茎干,从下方斜向切,并切至树枝的中心。随后夹入一小块木头或石头,防止切口重新愈合,最好再在切面上撒一点生根粉(可在专业商店购买)。

2. 包裹切口为生根做好准备

下一步是使这种繁殖方法名副其实的一步:在切口区域周围要紧密包裹一层泥炭藓(在专业商店中有售)。苔藓可确保均衡的湿度,促进生根,并作为最初的根系的培养土。

首先在切口下方缠一块深色塑料薄膜,使上端像袖口一样在切口边缘敞开。然后填入湿润的苔藓,最后在上部固定薄膜袖口。

3. 检查切口是否生根

现在确保苔藓保持湿润。同样,植物不能接受阳光直射。

在切口处生根前可能需要几周的时间。为了检查是否已经生根,你可以偶尔松开薄膜袖口,并为苔藓加水,这点非常重要。

当长出足够的根后,你可以直接在根系下方切断茎段,并将其种入土中。

新植株需要护理

新的植株需要特别精心的护理。增加空气湿度对幼小的植物非常重要，但当它们长出足够的根后，偶尔喷水也很有用，尤其是在加热的房间中。浇水要适量，但应定期浇水，尤其当上层培养土变干时。当植物开始长出侧枝和大量叶子，且其生长形态明显可见时，你可以施用小剂量的液态肥。

离最终的种植还要很久的植物可在生长状况良好的情况下移栽到正常的培养土中。其中包含的养料通常够植物吸收 6—8 周。

一定要定期查看植株是否遭受病害，一旦发现应立即去除病株。

你需要
- 保护罩、保护薄膜、密封大口瓶
- 雾化器
- 洒水壶
- 干净、锋利的园林刀
- 有时还需要液态肥
- 较大的种植箱，用来将植物运出室外

需要的时间：
时间各不相同，但最好每天都抽出几分钟查看一番，并采取必要的护理工作

保证必要的空气湿度

在各种繁殖方法中已经多次提到过这点，但此处我仍然要加以强调：不管是幼苗还是插条，只要植物还没有长出"稳定的"根系，你就需要防止从叶子和培养土表面蒸发掉过多的水分。

比频繁喷水更有效的方法是四周封闭的保护罩（薄膜罩、颠倒的大密封大口瓶等）中所谓的"紧张"的空气，可以一直保持恒定的高湿度。重要的是，保护罩要尽可能多地让光线穿过，并随着植物的生长准时拿开。

对长势过快的幼苗打顶

打顶或修剪的目的在于获得紧凑、茂密且分枝良好的植株。疏苗或成功的扦插生根后植物就会向上疯狂生长，某种程度上，所有的力量都集中在顶芽上。为了避免这种情况，当植株长到 10cm 左右时，大部分种类的植物都可以拧断主茎的顶芽或切除茎尖。在植物肖像中你可以看到相应的提示，看哪些植物最适合哪种方法。使用这种方法的植物应该要能分枝，叶腋处会长出侧芽。例如棕榈树就不能这样处理。

如何获得更加茂密的植株

当植物长到更大时，将长势旺盛的侧枝茎尖去除可使植物分枝更佳。这种方法可用于如一串红、倒挂金钟、蓝雏菊、金鱼草、朱槿、木茼蒿或香水草。

如果你不能确定，可在一到两株植物上分别使用两种方法，观察其长势。因为你也不能过度"撕扯"植物幼苗。

专家提醒

想要获得紧凑的生长形态，明亮，但不会过热的环境也是必须的。

逐渐将幼苗搬至室外

从5月中开始才是夏季花卉和盆栽植物真正的考验时期：现在它们需要去外面装饰阳台和露台，需要承受较冷的白天和夜晚，也要能接受有时的阳光直射，还有猛烈的风或长时间的雨。而这些，都发生在幼苗在特别保护下成长数周之后。

你有必要现在就使植物为恶劣的气候做好准备。最好从4月初——此时还放在室内——就将植物渐渐转移至凉爽的地方。从4月中起，它们就可以在天气温和的白天整天放在外面呼吸新鲜空气。最初，你可以先选择防风、有遮阴的位置，可以靠近墙面或在阳台或露台上有屋檐的地方。但我也必须指出，有时候这些可自由改建的位置正好是风道——对娇嫩的幼苗来说这并不是合适的生长环境。

在夏末或秋季繁殖的植株，如由半成熟的插条发展而来的植株，只要幼苗已经生长良好，你就可以将它们在下一年第一次放至室外前放在明亮、凉爽的位置过冬。盆栽植物则适合植物肖像部分分别列出的成熟植株过冬的温度。但幼株最好避免推荐温度范围的极限值。

正确的护理使开花更佳

我们要开始探讨护理植物的主要工作了：选择植物和种植位置时要仔细考虑，生长良好的植物幼苗，合适的土壤和容器，小心地种植、换盆——这些都是不必花费过多精力就能享受园艺乐趣的前提条件。只要在浇水、施肥和其他工作中稍加注意植物的护理需求，它们就会报以健康的生长和壮丽的花朵。

在花盆或阳台种植箱中生长对植物来说既有优点也有缺点。通常它们在阳台和露台上生长可以比在花园和自然界生长获得更多防护，多年生植物还能在冬天搬入室内过冬，而不必承受寒冷和霜冻的压力。而且，单独的植物通常能比它们在露地的同伴享受更多的关心和照顾。但这也是必须的，因为容器中的植物如果缺少了水分和养料，它们的根系也无法继续向外伸展。它们必须满足于花盆中有限的培养土，还要开出大量漂亮的花朵。

而那些来自较温暖地区的盆栽植物则由于其可移动性，冬天可以被搬到无霜的位置过冬。但最长达六个月在室内或以鳞茎形式度过的时间对它们来说也算是一种考验了。

从植物自身了解它们的需求

如果你能稍微记住一点上面说过的内容，就会更容易理解某些护理措施，在现实操作中也更能正确地理解并凭合适的感觉进行操作。虽然如此，人们当然并不是每次都能为植物提供合适的生长环境和最佳的护理，这有时也是一个时间问题。此外，在必要的护理工作以外，在阳台和露台上观赏植物的休闲时光也不能太短。我自己一直认为，这也是加强护理的好办法，也是所谓的园艺技巧的一部分：在观赏植物时，它们通常会表现出各自独特的需求，这比书本更加有效。如果人们能观察植物的生长，就能从中掌握许多关于各种护理措施对植物产生的影响。

用什么浇水，何时浇水，浇多少水？

疲软的叶子，棕色的叶尖，垂挂的枝条，枯萎的花朵，掉落的花苞——植物缺水很快就会表现出来。但浇水过多时也出现类似的情况。如果容器中的土壤长期保持过湿，或有多余的水不能排出（水涝），植物的根迟早都会受到损伤。典型的表现是植物生长停滞，叶子颜色变浅，花朵较小。

所有水都适合浇灌吗？

通常我们都是用普通的自来水浇灌。但有些地方的自来水——由钙质和其他无机混合物决定——水质很硬，某些植物会无法承受。对钙质敏感的植物如杜鹃花和山茶花在使用中等硬度的水（大于 8° dH）时就会受损；后果是生长畸形，叶子发黄，花苞和花朵掉落。此外，盛夏季节水管中冰凉的水也会对敏感的植物造成一定的影响。

你可以采用不同的方法避免这些问题，并进行弥补：

假期里谁来浇水？

自动灌溉系统不仅能节约时间和水：只要正确地安装、设置，就算你要去度一个漫长的暑假也不必再担心自己的植物了。但首先你需要提前在阳台或露台上对你的系统进行测试验证。而且，当你不在时，让朋友或友好的邻居偶尔过来照看是否正常也不会有什么损失。

· 浇完水后立即重新装满水壶，这样可使部分钙质沉淀在底部，同时可升高水温。

· 如果你有地方放收集桶的话，尽量用雨水浇灌。但要注意，长期干旱后，不要用从雨水管中流下来的第一批水，因为其中包含着屋顶上堆积起来的脏东西和有害物质。

· 从园艺或池塘专业商店中购买合适的水质改良试剂，在给对钙质敏感的植物浇水前先软化水体。当水质硬度超过 20° dH 时（可咨询当地负责供水的部门）也推荐使用这种方法。

浇多少水

必要的浇水量自然取决于不同的植物种类和年份，以及天气情况。对此，你可以参考肖像部分（见 274—275 页）的图标：

大量浇水指的是，在炎热的夏天每天都要浇水，有些甚至更多。当培养土表面干燥时就需要浇水，在植物的整个生长期都保持土壤湿润，但不能潮湿。

适量浇水：此时最好保持土壤稳定且"温和"的湿度，也就是说，当下方的土壤还湿润时，上层的土壤干燥几天也没有关系。

少量浇水是说，培养土不能完全干燥，但只需要保持轻度湿润。

你最好通过手指来检验培养土的湿度，小心地在容器边缘将手指插入土中。

根据经验，相比于干燥，植物更容易因浇水过量而死。大部分植物都能从暂时的缺水状态恢复过来，但由于长期积水造成的根部损伤却很难复原。

有时一株快要干死的植物还能被救回来，你可

植物开花或生长茂盛时需要定期浇水。凭借敏锐的观察力你就能避免干燥和过度潮湿。

以将根团和容器一起在一个装满水的大水桶中放一段时间，直到不再产生气泡为止。

正确浇水

浇灌的水应在不受损失的情况下尽快到达目的地，即根部。这里给出几点重要的建议：

· 不用喷嘴直接在根部周围浇水。植物，尤其是花朵不要沾水。例外：在非常炎热的天气里早上对叶子喷水对许多植物都有好处。

· 绝对不要在阳光直射下浇水（高蒸腾作用，叶子上的水珠会产生凸透镜效应）。在炎热的日子里只在早晨或傍晚浇水，凉爽的日子里最好只在上午浇水。

· 对于放在高处的悬挂花盆植物可以用手拿的水壶（5升或2.5升）和一把（稳定的）家用梯子针对性地浇水而不会滴水。

托盘或套盆中的水？

托盘或套盆中积聚的多余的浇灌水或雨水需要尽快倒出，因为大部分阳台和盆栽植物都不能接受潮湿的底部。在特别炎热的天气可以不必急着倒掉，但也不能放太久。夹竹桃是个重要的例外：在温暖的夏日里托盘中始终留点水对它们很有好处。

非常方便：自动浇水

如果你经常定期在阳台或露台上种植大量植物，安装一个自动灌溉系统也很值得。

大部分流程下，插在植物旁边土壤中的滴管会针对性地对植物浇水。它们通过分配管或软管和水龙头或大储水罐相连。湿度感应器会把湿度报告返回给电脑，或直接调整滴管的给水量，它们能根据不同的植物和天气条件给出适当的水量。

这种系统通常以部件出售，你需要自己进行组装。

何时施肥，怎样施肥，用什么施肥？

　　阳台和盆栽植物种在养料有限的培养土中。因此迟早需要通过施肥来增加其中的养料含量，根据不同的植物，施肥间隔不同。缺乏养料通常表现为变黄的叶子，生长和开花都受滞。在肖像部分的"护理"标题下有注明多久对植物进行施肥最好。

　　只使用专门的阳台或盆栽植物肥料，因为这些肥料中以合适的比例包含了所有必需的大量元素和微量元素。某些植物组专用的肥料也很有效，尤其是对钙质敏感的杜鹃花和垂吊矮牵牛。过度施肥会造成严重的损伤——一定要注意包装上的用量说明，在不能确定时最好少放。对于需要过冬的植物，最好从 8 月初开始施肥。

长效肥：整个夏季的储备

　　常用的长效肥或储备肥由包裹有树脂或类似材料的养料粒或球组成。它们会根据温度和培养土的湿度缓慢释放养料。对养料需求中等的植物一次施肥就够六个月的储备，需求较高的植物则需要从夏季开始后经常追加。

　　但有机固态肥（见图）也具有长效的功能。它们不需要人工的包膜，因为养料都以有机体存在。它们也需要多次施用。对高养分需求的植物来说，一次施肥可持续数周有效。其优势在于，基本上不可能施肥过度。你可以在种植或换盆时直接将长效肥混入土中，或之后像使用普通固态肥一样将它们撒在土壤上表面。对养料需求较少的盆栽植物来说，能长期保留的后续施肥可能会影响其过冬能力。在此，你需要在 3 月就施用长效的肥料，最晚到 4 月。盆栽植物和树木的有机肥则要等到约 7 月初施用。

液态肥 —— 使用非常方便

就算没有使用长效肥，最初你也可以等一段时间后再施肥：好的培养土具有足够的养料储备，可供最初的 4—6 周所用。后续施肥时使用液态肥特别方便：将它溶解在水中，用洒水壶浇灌即可。不要用喷嘴，直接浇在根部区域。

🥄 专家提醒

施肥时——液态肥也一样——一定要保证培养土湿润。

如何施用固态肥

阳台和盆栽植物的肥料也有固态颗粒的形状。这种肥料可均匀地撒在培养土表面，并用小手耙或松土耙或挖掘叉将其稍稍埋入土中。注意不要伤到植物的根，完成后充分浇水。

🥄 专家提醒

不要使用"蓝粒"或类似的园林肥料。对阳台植物来说，这些肥料的成分并不适合。

当叶子颜色变浅时，缺铁

缺铁的典型标志是叶子颜色变浅，首先是嫩叶，但叶脉仍保持绿色。原因是：植物对一种重要的养料铁的吸收因为培养土中的钙含量过高而受到了阻碍。专门的铁肥可在短时间内生效。它们常作为液态肥使用，部分还能直接喷在叶子上。但要长期解决问题只有使用软化的水，并换盆。

如何使开花更美、更持久

除了浇水和施肥，还有其他值得推荐的措施可以让植物保持健康、茂盛且多花。大部分都确实只是小工序，这点时间对人们来说更像是享受而非负担，但却能很快生效，并使植物保持良好的造型。

修剪茂盛的垂吊和攀缘植物也是一个造型问题：你可以果断地拿起剪刀，剪短过长或横生的枝条。在混合种植的悬挂花盆，尤其是挂篮中，经常需要通过这种方式控制其长势，避免其他植物都被压制。

摘除枯萎的花 —— 并不只是视觉问题

当你至少每两天摘除植株上枯萎的花或花序时，植物不仅会更加美观，而且也会更容易长出新的花苞。

通常，枯萎的花朵可以直接揪掉，或用指甲掐除。但如果花柄比较坚固，容易伤到周围的植株部分时，你最好求助于剪刀。

天竺葵枯萎的花序可以直接抓住花柄着生于茎上的位置将其掰下。自洁性的垂吊天竺葵品种可以省却这步工作。其他有些植物枯萎的花朵也会自己掉落，或者用茂密的枝条将其盖住，如紫扇花和雪花蔓。

枯萎和受伤的植株部分也需要摘除

变黄或枯萎的叶子最好从着生于茎的突起部分（叶节点）连叶柄一起摘除。和花朵一样，根据连接的不同坚韧度可采用揪、掐或剪。

折断或受到其他损伤的枝条也需要尽快除去，或短截至未受损伤的部位。通常在经历恶劣的天气后会需要这种措施。

清理枝条并不仅仅是为了视觉效果：这些 —— 包括去除枯萎的花朵 —— 都能帮助避免感染病害。

你需要

- 修枝剪、锋利的园林刀
- 支撑杆
- 园林线或固定用的韧皮纤维
- 小手锄、松土耙或旧挖掘叉
- 黏土陶粒、砾石或碎石作为护根材料

需要的时间：

根据植物数量每天修枝 15—30 分钟

短截有时可促进后续开花

有些阳台花卉如六倍利和香雪球会在 6 月或 7 月的主花期后暂停一段时间。对开完花的枝条进行约三分之一的短截可促使其长出新的花苞。这种方法对许多滨菊属植物也很有效：但它们只能剪掉约四分之一长的枝条。否则还是只在清理枝条时对枯萎的枝条进行大幅度的短截，它们会抑制新花朵的形成。

► 专家提醒

对植物短截后立即施用肥料。

对高株植物的扶持：支撑并绑定

种在有风的位置，高且茂盛的植株需要提前加支撑杆，尤其是分枝较少的植物、高秆植物和花序或果实大且沉重的植物。在此，轻且稳定的竹棒或青篱竹竿非常实用。将它们小心地在距茎或树干一定距离处尽可能深地敲入土中。将植物以 30cm 左右的距离用疏松的八字形结绑在竹竿上，避免挤伤植物（见图）。

所有捆绑工作都可以用这种八字形结，如牵引攀缘植物时。

疏松板结的土壤表面

当有人建议它们疏松花盆中的泥土时，通常就算是那些定期疏松花园中的土壤的花园主也会感到吃惊。但较大的容器中，如果没有覆盖物的话，土壤表面也确实会因为干与湿的交替影响而板结。

用小手耙（松土耙）或旧挖掘叉小心地疏松土壤可以改善其吸水和通风能力，并避免长出青苔。

► 专家提醒

1cm 左右厚的黏土陶粒、砾石或碎石层也能保持土壤疏松，并降低蒸发作用。

遇到病虫害怎么办？

你需要

- 清洁工具：抹布、钢丝刷、水、软皂，可能还需要醋、消毒剂
- 修枝剪、锋利的园林刀
- 纸巾（厨房用纸）
- 旧牙刷
- 用来存放滑落或收集起来的害虫的容器
- 手持喷雾器或背负式喷雾器
- 雾化器
- 用于各种用途的农药

选择合适的种植地、健康的幼苗和良好的护理是预防各种侵害最重要的措施，在以下几页中我们将会介绍其中最常见的几种。

定期检查护理的植物也是预防的一个重要手段：越早发现病虫害，就越容易制服它们。在还可以不用农药时，你最好选择对温血动物无毒，对蜜蜂和其他益虫有益的制剂。现在已经几乎买不到毒性很强的农药了，但"温和"的植物性制剂也并不是完全无害的，因此使用时也需要小心谨慎。

有时尽早去除受害的植株，并换上新的植株可能是最简单有效的办法。这还能避免进一步的感染。

清洁可预防病虫侵害

使用后要立即清洁所有与植物有过接触的器具和小工具，包括容器。仔细擦净或清洗剪刀和刀片或支撑架等就能很好地避免病害的扩散，因为有些病原体通过附着的残余泥土或植物液就能传播。在护理过显然已经得病或可能得病的植株后最好用合适的消毒剂进行清洁，至少需要用热水，园林手套也一样，此外还要洗手。不要再使用用过的捆绑线。

探究损伤的原因

当植物生长不佳或枯萎时，可能由很多原因所致。可能是地方不对，或护理不当吗？此外，你可以将植株取出花盆，仔细检查它的根部。霉烂通常与真菌袭击互相联系，是因为土壤长期过于潮湿。虫眼、赘生物和其他畸形通常是由寄生虫引起的。病毒、细菌、根部真菌或线虫的侵袭很难分辨。这时可以向园丁或当地负责植物保护的服务部门求救。

尽早去除患病的部位

如果你很早就注意到了患病的症状，可以通过剪除受害的茎、茎段或花序抑制病原体的扩散，在较好的情况下甚至还能使其停止扩散。对于受病的枝条需要剪到枝条内部，即横截面上也没有患病的症状为止，即没有变成棕色。

▶ **专家提醒**

在混合种植的容器中最好立即去除整株患病的植株。

控制害虫的扩散

和病害一样，有些害虫，如蚜虫，如果一开始出现就立即严格去除严重受灾的部分，也能在一定程度上控制其伤害。但要注意，蚜虫等害虫大部分都很喜欢幼嫩、多汁的枝条——植物还需要其中的部分！

此外，对于拥有稳定叶子且长势旺盛的植物，你可以用湍急的水流反复冲刷。最有效的还是采集或用纸巾掸落。对于非常顽固的介壳虫和粉蚧你可以用毛很硬的牙刷将其刷落。

正确使用农药

使用农药时一定要严格遵守生产商的用量说明和使用即安全提示。用合适的农药喷雾器或雾化器喷洒药剂。只在无风时喷洒，尽量也不要在阳光直射下喷洒。

如果使用说明上没有特别说明，叶子，包括背面，需要均匀地喷上农药，直到将要滴水为止。

常见的害虫和病症

蚜虫

1—5mm 大，绿色、黑色或灰色的昆虫，群居，攀爬或吸附在幼嫩的茎尖和叶子背面；通常叶子会卷曲、起皱，并发黏，通常还会出现黑色真菌层。

你可以：

对于强壮的植株经常用湍急的水流冲刷；害虫较少时可用手指刮落害虫；严重受袭的茎条最好完全剪除；不得已时使用对蜜蜂和益虫有益的药剂。

二斑叶螨，即红蜘蛛

细小，只有用放大镜才能看到的圆形动物，黄棕色至红色，吸附在叶子背面；吸附的位置为黄色至银色斑点，清晰可见，叶发黄、枯萎。

你可以：

二斑叶螨主要出现在非常炎热、空气干燥的位置，过冬时温度过高也会出现。将受害的植物放在较凉爽的位置，并保持湿润（浇温暖的水并经常喷水）；不得已时使用专门的杀虫剂。

介壳虫和粉蚧

介壳虫：1—3mm 大，圆形，黄色或棕色，静止吸附在叶柄和叶面上；粉蚧：叶子上棉花般的覆盖层，叶子发黏，叶子发黄、掉落。

你可以：

这种害虫通常出现在过冬温度太高的盆栽植物上，夹竹桃上尤其常见。用旧牙刷等工具抓除棕色的壳或覆盖层，之后用软皂处理；虫害严重时喷洒含油的药剂。

粉虱

1—2mm 大，白色的昆虫，吸附在叶子背面，在叶子被触碰后会受惊起飞；叶发黄、枯萎。

你可以：

粉虱通常出现在过冬温度太高的植物上，倒挂金钟和马樱丹上很常见。作为预防，你需要避免炎热、通风差的位置。在受袭时可多次用软皂容积喷洒或使用合适的杀虫剂。

耳象

10mm 长，灰黑色，在暗处活跃的甲虫，吞噬叶缘，有典型的咬痕；白色的幼虫脑袋为浅棕色，生活在花盆土中，吞噬植物的根，会导致植物突然枯萎。

你可以：

在破晓后在手电筒的帮助下收集这种甲虫；其幼虫可以用寄生线虫（专业商店咨询）以生物方法消灭。

白粉病

有害真菌，会在叶子正面、花朵和花苞上形成白色粉状覆盖层；通常出现在如秋海棠、月季、菊花和百日菊上。

你可以：

作为预防，避免过度施肥，不要种植过密，并多次使用增强植物抗性的产品；除去受害的植株部分，在受害严重时施用专门的杀虫剂（如以卵磷脂为基础的制剂）。

灰霉菌

有害真菌，在叶子和植株的其他部分形成棕灰色油腻的覆盖层；持续下雨后尤其容易出现；经常出现在秋海棠和草莓上，尤其是手上且长势较弱的植株。

你可以：

作为预防，需要注意均衡施肥，种植不要过密；除去植株受害的部分，多次对植物施加增强抗性的产品，保持植物良好的通风状态，保持干燥。

锈菌

有害真菌，会形成红色或黄色的脓包，大部分在叶子背面，叶子上表面有浅色斑点；随着时间推移叶子会死亡；经常发生在天竺葵、倒挂金钟、康乃馨和月季上。

你可以：

作为预防，需均衡施肥，植物不能过湿；除去受害的部位，并多次用使植物增加抗性的产品；受害严重时除去整株植物。

自己修剪迷人的造型

你需要

- 修枝剪
- 钢丝模板等用来修剪造型
- 园林线或韧皮纤维绳
- 小高秆植物木杆、青篱竹竿或竹竿，比树干高 20—30cm

需要的时间：

修剪造型：在形成最终的造型前需要 2—4 年

小高秆植物：形成树干 2—3 年，形成树冠约需 2 年

修剪可以促进长时间的开花（245 页）或获得平衡、健康的生长形态（252—253 页）。此外，用换盆种植的园丁还能通过修剪使植物具有自然界中不可能出现的独特的造型。

观叶植物通过造型修剪可以形成具有生命的雕塑，茂密的灌木则能在剪刀的帮助下长成乔木状的小高秆植物或树冠小乔木。这种造型需要的修剪并不复杂，但需要耐心和眼力。能营造独特氛围的漂亮、有趣的造型便是你辛勤劳动的报酬。

但经验告诉我，结果并不总是和你想象的一样。不同种的植物对特定的修剪措施会有不同的反应，有时，甚至同一种的不同品种或不同植株也会有不同的发芽反应。推荐在进行确定的修剪前，先对侧枝或并不特别有价值的植株进行"试验性修剪"。

如何使观叶植物形成一定的造型

有着浓密、茂盛的绿色叶子的盆栽树木和盆栽植物，如黄杨或月桂虽然不用特别严格的修剪就很迷人，但用剪刀将其修剪成规则的几何形或艺术造型还是会赋予其独特的魅力。此外，香桃木、常春藤和盆栽树木如女桢、红豆杉或冬青也可用于修剪造型。

尽量要在植物还小的时候就开始修剪造型。最好选用一个模型，这种模型可以用结实的钢丝按照需要的形状（如球形、锥形或金字塔形）弯折而成或用帐篷形绑定的棍棒和向上不断变窄的钢丝圈组成。然后将这种"修剪

模板"罩在植物上或插在花盆中。所有从侧边、上方伸出标记框架的枝条都需要不断修剪。

幼小的植株修剪的幅度应该更大，这样可使它们长出更加紧密的分枝。之后，根据植物的生长情况，可以每年修剪一到三次。

从 3 月到 8 月均可修剪，但主要的修剪期是 5 月或 6 月。

1. 修剪成小高秆植物的第一步

适合初学这种修剪方式的植物有蓝花茄（Enzianbaum）、倒挂金钟（Fuchsie）、朱槿和马樱丹等。一开始要选择长势旺盛的幼株，且已长出笔直的主茎。首先要持续剪掉未来茎干上的侧枝（不要有残余），直到植物长到需要的高度。但要保留最初长出的叶子，即顶芽上的叶子，直到上方能形成树冠为止。将茎干松松地绑在支撑杆上。

2. 剪去茎尖

在需要的高度（60—140cm）上长出几对叶子且至少周围有 5 个均匀分布的侧芽或侧枝时，可以以整洁、轻度倾斜的切口在侧芽上方除去顶端的茎尖。最上端的侧芽就会发展成为漂亮的树冠的基础。

在此之前均只施极少量的肥料，而且只施到 7 月底，这样可使茎干到秋天都能很好地木质化。最初的造型修剪可以从 4 月到 7 月进行，较老的树冠则最好在春季修剪。

3. 如何保持漂亮的树冠

当侧枝长出 2—3 对叶子后，也需要进行修剪，使其能更好地分枝。为了达到这个目的，需要一直剪掉茎尖，它会让枝条一直长长。根据不同植物种类，你可以通过修剪实现向下垂吊的造型，也可以突出其向上的特征，这种情况下你需要除去或剪短其他横生的枝条。此外，你还需要尽早剪除茎干上新长出的侧枝。

如何修剪盆栽植物

定期修剪可以保持盆栽植物和树木的造型，并避免其过早"衰老"。根据不同的生长和发芽形态，可以采用一系列不同的修剪方法。例如，有些盆栽植物如果要在阴暗的环境中过冬，秋天就需要大幅度的短截。相反，如山樱等在春季或夏初开花的植物最好是在开花结束后就短截。

在不确定的情况下因小心地操作，以便观察你的行为对植物的影响。主要需要注意植物的新枝长在什么地方，花朵主要开在哪些嫩枝上。

好的修枝技术可美化植物

修枝时，最基本是需要保证剩余的部分不会受到伤害。只使用干净、锋利的工具，可以干脆地切断粗壮的枝条而不挤伤或撕裂边缘。在此，一把好的修枝剪非常有用，而且比较省力。

在剪短枝条时选择居于嫩芽上方不远处的一个合适的位置。嫩芽应该朝向植物外侧或至少在侧面，这样枝条才会向需要的方向生长。将剪刀放在嫩芽上方 0.5—1cm 处。

轻微斜向的切口很合适，这样在嫩芽对面的切面会略低。但如果两边长有同样高度的嫩芽，则需要垂直剪切。

如果主茎也要剪除，应尽可能剪得较深，或在长势良好的侧枝处剪断。在此，包括在剪除侧枝时，将剪刀直接放在分枝点上。剪掉枝条的位置应该保留薄薄的"切片"，绝不能有残余的枝条。

 你需要

- ➤ 修枝剪
- ➤ 高枝剪
- ➤ 锋利的园林刀，用于后续处理不平整的边缘
- ➤ 创口愈合剂

🕐 **需要的时间：**
每株植物 10—20 分钟

📖 **适宜的时间：**
大部分在早春（2 月或 3 月）
秋季搬入室内前可轻微地进行短截
茎条较长的植物最好在秋天进行主要的修剪

➤ **专家提醒**

对于特别粗壮、难剪或坚韧的枝条，可以用小高枝剪代替修枝剪。

何时疏枝，如何疏枝？

疏枝指的是剪去枯死、老化、柔弱、位置不当或过密的侧枝和主茎。根据不同的植物可每年或每两年进行一次。

对于幼嫩的盆栽植物和树木，通常只需对少量枝条疏枝即可，对于较老的植株则需要不时进行大幅度的修剪。但要注意，不要仅凭怀疑就剪掉大量枝条，有时，疏忽可能让你剪掉能开出最多花朵的枝条。根据不同植物种类，花序及后续的生长会出现在前一年、这一年或者已生长多年的更老的枝条上。在开始大规模疏枝前，需要就这些方面仔细观察你的植株。

短截的力度？

通过短截，即基本均衡地剪短所有枝条，可以促进分枝，使植株和谐地生长，并长出新的花枝。当幼嫩的植株分枝较少，生长迟钝，或较老的树木花枝减少时，就需要对植株进行大幅度的短截，至少剪短三分之一的枝条。但如果新的嫩枝只从或主要从基部长出时，如夹竹桃，则应主要依靠疏枝。

修剪长茎种类的植物

长茎和攀缘的种类秋天就需要大幅度的短截，这样能方便其移入室内。而且针对性的修剪也能阻止那些将开花区一直移至外围而使植物内部中空的枝条。蓝花茄和茉莉花（不包括迎春花）最好在春季将上一年的枝条剪短至只剩2—4个嫩芽，倒挂金钟则最好在秋季。簕杜鹃需要将过长且叶子不多的枝条剪掉约三分之二。偶尔对所有枝条短截，剪短约三分之一的长度，可使植物的生长更加和谐。西番莲通常剪至剩4片叶子。

冬季临近时怎么办？

当最后的夏季花卉逐渐告别花期，多年生盆栽植物的艰难时期开始了。根据区域和年份不同，第一场夜霜可能在 9 月底就出现，也可能直到 11 月才出现。

对寒冷敏感的植物或者幼嫩的植株需要在第一场夜霜前就安放至过冬的位置。强健的盆栽植物如月桂、无花果或桃叶珊瑚，其老植株可再在室外放置一段时间。但它们也需要在最初几场严霜前搬至室内过冬。

从 8 月初开始就不要再对需要过冬的植株施肥，这样可使所有新长出的枝条充分成熟，并迎接冬季。否则植物组织过软，会很容易受寒冷和病虫害的侵袭。

那些多少能抗冻的植物可在室外度过冬天，在冬末和春初需要特别注意这些植物：在温暖的气候条件下，它们可能会暂时长出芽、叶或花。如果后面还会有一段时间的霜冻，你最好采取措施覆盖这些植物。

健壮的植物可以这样在室外健康地过冬

可以直接在花园露地上种植的盆栽树木和多年生草本植物大部分都可直接在室外过冬。但有些种类和品种的植物在容器中种植时会变得脆弱，因此最好在凉爽、明亮的室内过冬，尤其是在气候恶劣的地方。如果自己不能确定，可在购买植物时就做好咨询。植物要在室外过冬的前提条件是容器能抗冻，且足够大，可以让根系充分地被具保护作用的泥土包围。秋天将植物移至墙边能提供一定防护的位置。

当真正开始变冷时，一定要先保护好根团。在容器下垫上厚厚的泡沫塑料板或木板，用毛毯、粗麻布、黄麻、气泡膜、椰壳纤维套盆或椰壳纤维垫包裹容器。在降严霜时，最好在培养土上表面也盖上叶子和云杉树枝，椰壳纤维材料或报纸和纸片。对于比较敏感的植物，你还可以用通风的材料如抹布或无纺布包裹其枝条。尤其是常绿植物，在无霜的日子还需要偶尔浇水，因为它们在冬天也会通过蒸腾作用散失水分。冬末不能让它们接受过多的阳光直射。

何时需要将盆栽植物搬入室内？

　　长势良好的夹竹桃或小橄榄树能在短时间内承受 0°C 左右的温度，月桂或棕榈甚至能承受零下的温度。我通常会在最后时刻再将这些植物搬入室内，尽量缩短在温室中的艰难时光。但对于娇嫩的植物则正好相反，主要是一些热带或亚热带植物如朱槿、苘麻或山茶花：当夜间温度长期低于 10°C 时，我就会将它们搬入室内。绝对不要让植物带着潮湿的土球进入温室，最好事先还要彻底检查植物是否遭受病虫害。

简化搬运

　　通常我们都推荐在搬入室内前就对大型的盆栽植物进行短截。对于枝条大幅度向外伸展的植株来说，将其枝条松松地绑定后可方便搬运。如果植物枝条长有坚硬的棘刺或皮刺，可在植物周围包裹一层覆盖物或套一个袋子。在搬运沉重的花桶时可以使用手推车、花桶滚轮或带挂钩的传送带。

　➤ **专家提醒**

　　在将龙舌兰搬入过冬场所时，可先在危险的茎尖上插软木塞。

天竺葵可这样过冬

　　某些阳台花卉其实也是多年生植物，可在室内过冬。就这一点，人们最常在实践中运用的就是天竺葵，它们需要一个明亮、凉爽的过冬场所。在第一场霜冻前，将植物搬入室内，土球不能过湿，且之前要预先摘除所有枯萎的叶子和最后的花朵。垂吊天竺葵需要剪去约一半的枝条。之后再在 2 月将枝条剪至只剩 3—4 个芽眼（嫩芽），并于 3 月将植株重新换盆种植。

在过冬处的正确护理

当你为阳台和盆栽植物找到一个合适的过冬位置后，在春天到来前，你还需要做不少工作。植物过冬时会进入休眠阶段，并减缓所有必需的生长过程。对有些植物来说，这符合它们正常的生长节奏，但对其他植物，如热带的常绿植物，这对它们来说更像是强迫其暂停生长，因此需要你花更多的精力来帮助其渡过难关。

对所有过冬的阳台和盆栽植物来说，非常重要的一点是定期检查，尤其是被放在那些你并不经常光顾的地方的植物。每周两天作为固定的时间去检查一下植物对你来说完全不会有损失。

有些苗圃还提供盆栽植物的过冬服务，对那些一开始就发现自己选择的过冬场所并不适合其植物的人或者在你选择了特别敏感的植物种类时，这都是不错的解决方法。

正确安置你的阳台和盆栽植物

从 432 页开始的植物肖像中，你可以看到不同种类植物对过冬的需求。从中，你会发现，有些植物喜欢被安置在阴暗或相对较温暖的地方。但大部分都需要一个明亮、无霜，但相对较凉爽的位置，温度约为 4—8℃。

这点可能让人很伤脑筋。因为并不是所有人都有一个暖气不强，且光线充足的经济房、工作室或储藏室，或者甚至是暖房。你能选择的通常只有走廊或楼梯间。但这里通常都会有穿堂风，对植物自然并没有好处。或许在车棚、车库或地窖中能找到一个更加合适的位置。不得已时，也可以在隔绝条件不好的房间中放一个电子暖炉或其他设备，以保

证不会霜冻。但热源绝不能直接放在植物旁边。

通常适用的规则：光线越少，温度就越低 —— 当然要在植物肖像部分给出的温度范围内。

▶ **专家提醒**

在无霜，且相对较温和的日子为植物的过冬房通风。

控制湿度

温室里的浇水问题比较棘手：浇水稍微过量就会引起灾难，但也不能让土壤完全干燥。定期将手指放入最上层的培养土中检查土壤的湿度：这里应该保持非常轻微的湿润度。

保留叶子的常绿植物需要更多的水。但对于放在阴暗且非常凉爽位置的落叶植物，我通常完全不浇水。在不能确定的情况下，最好浇极少量的水，这些就足以在冬天结束时唤起新的生命了。

摘除枯萎的叶子

定期摘除枯萎或掉落的叶子，它们可能会成为病菌的感染源。倒挂金钟、簕杜鹃和其他盆栽植物在过暗的环境中会不停落叶，不必担心，它们只是在休眠期。不要试图通过浇水来改变这个局面！

🍃 专家提醒

冬天结束时，有时会出现又长又细"缺乏光照"的枝条，叶子为黄色，这种枝条也需要除去。

冬眠何时结束？

大部分盆栽植物都要等到 5 月中才能再次放到空气新鲜的室外；只有强壮的植株才能较早搬出室外。但所谓的冬眠通常在 2 月或 3 月就已经结束，因为这时可以换盆和修枝。之后，尽量将植物放在温度高几度，且光照更加充足的位置。可以从 4 月开始锻炼植株（237 页）。搬出室外时，就算是喜爱阳光的植物也要先在半阴的地方放置 1—2 周。

工作日历

一般的园艺工作

· 对敏感的植物在降霜的夜晚控制好冬季防护覆盖物（干树枝、树叶），必要时重新覆盖或加盖无纺布垫或黄麻袋。● 见 75 页
· 定期检查园林工具和器械，必要时进行维护或修理。● 见 78—79 页
· 添加附属工具（如育苗盘、标牌、园林线）。● 见 23 页
· 根据需要测试土质。● 见 14—15 页
· 安装新的巢箱，清洁旧的，最好在 2 月就进行这项工作。● 见 76 页
· 进行所有工作时都应查看是否有蜗牛卵（白色的小堆物），并将其消灭。● 见 129 页
· 购买或预定缺少的种子和植物。
· 3 月对木本植物、多年生草本植物和过冬的两年生花卉和蔬菜施肥。● 见 50—51，108—109 页

观赏花园中的工作

· 在无霜、干燥的天气中，对花坛和隔离花坛进行预处理准备种植新的植物，彻底除去野草的根，并整平土壤。● 见 20—21 页
· 控制池塘中的防冻器。● 见 187 页
· 从 2 月底—3 月开始预栽培一年生夏季花卉。● 见 28—29 页
· 修剪夏季和秋季开花的灌木。● 见 64—65 页
· 3 月对最后的多年生草本植物进行短截，除去死掉的枝条，对老的多年生草本植物分根。● 见 66 页
· 对月季培土，并短截。● 见 58 页
· 种植多年生草本植物和两年生花卉。● 见 38—39 页

2月—3月

菜园中的工作

· 在无霜、干燥的天气里用锄头、松土耙和耙处理最早的菜畦，使其适合播种，除去野草根。● 见 20—21 页
· 在无霜的日子为醋栗和其他果树疏枝。● 见 123 页
· 如果秋天没有完成，则追补深层松土（翻土或用挖掘叉）。● 见 16 页
· 从 2 月底—3 月开始预栽培蔬菜和香草。
　● 见 28—29 和 96—97 页
· 3 月种入洋葱、甘蓝和苤蓝，生菜最好种在暖房或有薄膜保护的菜畦中。
· 可进行最早的室外播种（如豌豆、水芹、胡萝卜、水萝卜、白萝卜、芜菁）。● 见 30—31 页
· 从 3 月开始种植浆果灌木。● 见 122 页

阳台和露台上的工作

· 对室内过冬的阳台和盆栽植物定期控制湿度、害虫和病害。● 见 256—257 页
· 检查室外的防冻措施，必要时增强防护（例如隔绝花盆）。● 见 254 页
· 霜冻结束后为在室外过冬的常绿植物浇水。
· 露台上的花盆和花桶种植春季花卉。● 见 408—411 页
· 预栽培夏季花卉、蔬菜和香草。● 见 228—231 页
· 从 3 月起将盆栽植物放到较温暖的位置。● 见 257 页
· 对最后的盆栽植物和树木短截并换盆。
　● 见 218—219 和 252—253 页
· 清洁种植容器，根据需求购买新的容器。
　● 见 208—209 和 246 页

◥ 工作日历

一般的园艺工作

· 除去厚实的冬季覆盖物，但容易受冻的植物需要将覆盖材料（干树枝、无纺布垫、麻袋）一直留到5月中。●见 75 页

· 注意蜗牛和其他害虫侵袭的最初表现，采集蜗牛卵和蜗牛。●见 129 页

· 定期彻底地除去野草，疏松行与行间的泥土。
  ●见 16—17 页

· 温暖、干燥时浇水。●见 50—51 页

· 保持种子和幼苗湿润，罩上网，防止鸟类啄食。

· 只在草坪上湿度不是太大时割草。5月施肥，必要时中耕。●见 52—53 页

· 5月是最适合新铺草坪的时间。4月就应准备好种植地。●见 32—33 页

观赏花园中的工作

· 特别强壮的夏季花卉如金盏菊和矢车菊可从4月开始直接在花坛中播种。●见 30—31 页

· 从4月开始种植新的多年生草本植物，对老植株分根。●见 66 页

· 检查池塘过滤器，调整水位。●见 192—193 页

· 从5月中后可种植大部分夏季花卉，最好先逐渐锻炼其适应室外的环境。●见 237 页

· 裸根观赏树苗的种植时间即将结束。

· 注意或标记放入球根花卉的位置，防止之后造成损伤。

· 从5月中种植大丽花、唐菖蒲、秋海棠和美人蕉的块根。●见 36—37 页

· 水温超过 12℃时可养池塘鱼。

4月—5月

菜园中的工作

· 种植容易受冻的果树如猕猴桃和葡萄。◀ 见 338—339 页
· 及时进行蔬菜（夏季和秋季品种，果类蔬菜）的预栽培，或购买幼苗。◀ 见 96—97 页
· 从 4 月起在菜畦中播种强壮的蔬菜和香草。
· 生菜、水萝卜、胡萝卜等后续播种。
· 种植蔬菜和香草，大部分从 4 月起就可种植。
　◀ 见 114—115 和 116 页
· 使番茄、黄瓜和其他果类蔬菜的幼苗渐渐适应室外环境，在 5 月中旬后才能在露地种植或直接在室外播种。◀ 见 30—31 页
· 发芽的种子按照必要的距离间苗。
· 罩上网以防止种子被鸟啄食，使用栽培防护网避免昆虫伤害植物。◀ 见 129 页
· 开花前除去果树下方的护根物。

阳台和露台上的工作

· 预栽培夏季花卉、蔬菜和香草。
· 幼苗疏苗移植。◀ 见 231 页
· 经预栽培的幼苗打顶。◀ 见 236—237 页
· 开始给盆栽植物施肥。◀ 见 242—243 页
· 温暖的日子将植物移至室外锻炼其适应能力。
　◀ 见 237 页
· 5 月后购买阳台花卉。◀ 见 210—211 页
· 种植花箱。◀ 见 212—215 页
· 如果天气合适的话，5 月中后将花箱和花桶放至室外。
　◀ 见 237 页
· 特别敏感的种类最好等到 5 月底再移至室外。
· 可能出现晚霜时在植物上覆盖无纺布垫。
· 使木茼蒿、苘麻、朱槿、无花果和马樱丹的插条生根。◀ 见 232—233 页

工作日历

一般的园艺工作

· 当 6 月初左右最严重的蜗牛威胁过去后，对木本植物下方空白的花坛和地面盖护根物。● 见 17 页
· 只要天气不是太热、太干，6 月也还能开发草坪或进行后续播种。
· 定期浇水、除草、锄地，或更新护根物 —— 如果准备去度假，这些工作就显得特别必要。
　● 见 17 页，50—51 页
· 时刻注意病虫害最初的症状，在早期用合适的方法进行处理。● 见 70—73 页
· 7 月中对开花的草坪割草。
· 7 月还能给草坪施肥。
· 天气太热或紫外线过强时，暂停艰难的园艺工作 —— 没什么事情紧急到需要让人冒被晒伤或中暑的危险。

观赏花园中的工作

· 根据需要补种夏季花卉和多年生草本植物（容器植物）。
· 预栽培两年生的夏季花卉，如三色堇或藤蔓月季，最晚到 7 月初或 7 月中。
· 对直接在花坛中播种的一年生花卉间苗（根据不同的大小，至少 15—20cm 间距）。
· 定期去除枯萎的花和植株患病的部位。
· 必要时，绑定植株较高的多年生草本植物和夏季花卉或加支撑杆。● 见 54—55 页
· 7 月对开完花的多年生草本植物短截。● 见 62 页
· 对能一直开花到秋季的夏季花卉再次施肥。
· 定期去除池塘中的水藻，必要时去除浮萍。
　● 见 198 页
· 池塘水温度超过 22℃时采取措施增加水中氧气。
　● 见 195 页

6月—7月

菜园中的工作

· 种植甘蓝、生菜和韭葱。● 见 112—115 页

· 播种秋季和冬季蔬菜，从 6 月或 7 月起（根据不同
的种）种植。

· 以最佳距离对条播的植物进行间苗；对生长至约 10—
20cm 高的甘蓝、葱类和番茄植物及豌豆培土。
● 见 115 页

· 树状番茄需要经常绑定并去除叶腋处的嫩芽。
● 见 111 页

· 对高养分需求的蔬菜再次施肥，如甘蓝和番茄。
● 见 108—109 和 111 页

· 收获成熟的蔬菜，最晚到 6 月 24 日收获大黄；收获
香草用于干燥使用。● 见 134—135 页

· 干燥时给果树浇水，过度密集的果实可在 6 月自然掉
落后再人为摘取多余的果实。

阳台和露台上的工作

· 开始给阳台花卉施肥。● 见 242—243 页

· 定期浇水。● 见 240—241 页

· 定期剪除枯萎的花。● 见 244—245 页

· 为攀缘植物提供攀缘物，支撑大型的植株。
● 见 245 页

· 定期疏松板结的花盆土。● 见 245 页

· 预栽培两年生花卉，如雏菊和三色堇。

· 当植物枯萎后，清空春季花箱。

· 根据天气情况保护植物不受烈日炙烤（遮篷等）或长
期被雨淋（薄膜罩）。

· 度假前做好浇水的准备（朋友、邻居、自动灌溉系
统）。将植物移至阴凉处。● 见 240 页

· 从 7 月开始切下夹竹桃、山茶花、蓝花茄和绣球花的
插条并使其生根。● 见 232—233 页

工作日历

一般的园艺工作

· 在空下来的种植地上播种绿肥。●见 98—99 页
· 定期浇水、除草、锄地、铺护根物，并注意害虫和病患，尤其在计划假期前要彻底做好准备。
　●见 17 页和 50—51 页
· 在天气炎热、紫外线强度高时避免辛苦的园艺工作，在阴凉的地方享受花园的美景。
· 从 8 月底到 9 月中可播种草坪，如果天气不是太干太热的话。
· 从 9 月中后少量浇水，只在新种植植株和长期干旱时才增加浇水量。
· 必要时 9 月对开花的草坪再次割草。

观赏花园中的工作

· 定期除去枯萎的花，对衰败的多年生草本植物进行短截。●见 62 页
· 春季开花的多年生草本植物分根并移植。
· 8 月种入水仙、花贝母、雪滴花和圣母百合的球根。
　●见 36—37 页
· 从 8 月中后不要再对木本植物和盆栽植物施肥。
· 9 月种植多年生草本植物、两年生夏季花卉和球根花卉（除了郁金香和风信子）。
· 收集夏季花卉的种子。●见 67 页
· 从 9 月后种植常绿木本植物。
· 从基部剪掉茂盛的睡莲叶。

8月—9月

菜园中的工作

· 水萝卜、白萝卜、芝麻菜、亚洲生菜和水芹在 9 月前仍可播种；从 8 月开始播种莴苣缬草和菠菜，从 9 月开始播种穿叶春美草。

· 苤蓝和象大蒜等到约 8 月中再种植。

· 草莓在干燥时需充分浇水，可以促进开花；种植新的植株。● 见 124—125 页

· 绑定树状番茄，摘除叶腋处的嫩芽，掐除主茎的尖顶；在凉爽的 9 月盖上塑料罩促进并保证番茄成熟。● 见 111 页

· 采摘成熟的苹果和梨，及各种核果和浆果；果实过于沉重的枝条需加支撑。

· 对多年生香草分根并移植。● 见 117 页

· 结完果的核果果树和浆果灌木疏枝。

阳台和露台上的工作

· 从 8 月初停止给所有需过冬的植物施肥，以使其枝条成熟。

· 对阳台花卉继续浇水、施肥和清理枝条。● 见 244—245 页

· 继续给攀缘植物提供攀缘辅助，支撑大型的植株。● 见 245 页

· 根据天气情况保护植物不受烈日炙烤或长期被雨淋。

· 8 月截取天竺葵、木曼陀罗、夹竹桃、红千层和蓝雪花的插条并使其生根。● 见 232—233 页

· 必要时用晚花的种类填补种植箱中的空隙。● 见 428—429 页

· 清空早花的种植箱，最好立即彻底清理干净。● 见 246 页

◗ 工作日历

一般的园艺工作

· 约 10 月中时最后一次修剪草坪。
· 再次更换夏季堆放的堆肥。◗ 见 19 页
· 准备好冬季的防护材料（如叶子、云杉树枝）。
  ◗ 见 74—75 页
· 准备好第二年的种植地。
· 处理土地和堆肥时除去蜗牛卵（浅色成堆的物质）。
· 挂上巢箱，清洁旧的箱子。◗ 见 76 页
· 在下最初的几场霜前，停止室外供水，水龙头拧开，
  裹实隔离。
· 清理花园和工棚，11 月清洗器具，存放过冬。
  ◗ 见 78—79 页
· 剩余的种子分类标号日期，在阴凉干燥处保存。
  ◗ 见 228—229 页

观赏花园中的工作

· 多年生草本植物在结束开花后短截并分根；漂亮的果
  序、野生多年生草本植物和草类可一直保留到春季。
· 还可种植三色堇和勿忘我，其他两年生花卉最好在有
  防护措施的情况下过冬。
· 在最初的霜降前种入春季花卉的球根。见 36—37 页
· 在开始降霜前挖出大丽花、唐菖蒲和秋海棠以及美人
  蕉的块根，在室内过冬。◗ 见 75 页
· 等晚花的植物花谢后，清理最后的夏季花卉花坛；在
  干燥的天气中深度疏松土壤。
· 定期清除草坪上和池塘中的落叶。
· 从池塘中拆下艺术喷泉、水泵和过滤器。

10月—11月

菜园中的工作

· 在降霜前收获番茄和其他结果的蔬菜；收获其他成熟的蔬菜；如果蔬菜需要经过霜冻，则等到解冻后再收获。
· 仍保留在室外的蔬菜需要在降霜的夜晚覆盖薄膜和无纺布垫，如果霜冻比较厉害，还需在根部周围铺叶子作为防护。● 见 118—119 页
· 只能在玻璃罩下播种，如水萝卜、白萝卜、结球生菜、穿叶春美草。
· 处理空地；长满杂草的菜畦可以盖上黑色的护根薄膜。
· 向阳面的果树涂上白色防护层，避免树皮受损。
● 见 121 页
· 清洁暖房的玻璃片，这有助于增强透光性，这在冬季非常重要。

阳台和露台上的工作

· 清空植物已经衰败的种植箱，应立即清洁干净。
● 见 246 页
· 开始秋季和冬季种植。● 见 428—431 页
· 10 月在花桶和种植箱中种入球根花卉。
· 敏感的多年生植物在降霜前搬入室内，接着根据对霜冻的不同承受能力逐渐将所有盆栽植物搬入室内。
● 见 254—255 页
· 对室外过冬的植物加以防护。● 见 254 页
· 在降霜前对装在室外的水管进行防冻处理。
· 天气干燥时为常绿植物浇水。● 见 254 页

工作日历

一般的园艺工作

· 清理花园和工具棚，护理工具和器械；检查是否需要
  添置新工具或进行大规模的养护工作（如割草机、碎
  草机）。● 见 78—79 页
· 浏览园艺书籍和杂志，记下有趣的想法，从植物供应
  商处订购目录册，分析利用园艺日记或重新记录。
· 在降霜特别严重、持续积雪时根据鸟的种类为其准备
  合适的食物和水，其他时候不需要饲喂。● 见 77 页
· 必要时进行土壤检测。● 见 14 页

观赏花园中的工作

· 检查多年生草本植物和两年生夏季花卉的防冻措施，
  必要时更新。● 见 74—75 页
· 定期查看在室内过冬的植物和块根（如大丽花）；除
  去枯萎、腐烂和患病的部分。
· 落叶木本植物的主要种植期。● 见 40—43 页
· 规划花坛和隔离花坛，列出想要的植物名称，根据开
  花时间进行整理。
· 查看前一年的种子包，必要时归类。
· 在池塘中放入防冻器，霜冻时偶尔进行调控。
  ● 见 187 页
· 干燥时给常绿木本植物浇水。

12月—1月

菜园中的工作

· 保护冬季蔬菜，防止其受冻（云杉树枝、无纺布垫、麻袋布、叶子等）。▶ 见 118—119 页
· 在霜冻与温暖的天气频繁更迭时，尽快收获植物或挖出整株植株保存在温床等地，可使根扎入土中。
· 防止保存的水果和蔬菜腐烂。
· 制定种植和开垦菜畦的计划，注意某些蔬菜的间隔期（如甘蓝）。▶ 见 86—87 页
· 在无霜的日子修剪果树。
· 想要享受新鲜的维生素食物，可在窗台上栽培植物嫩芽（水芹、豌豆、大豆）。
· 检查前一年的种子带，必要时分类。
· 可在温和、湿度合适的天气处理土壤。

阳台和露台上的工作

· 定期监管过冬的阳台和盆栽植物。▶ 见 257 页
· 检查室外的防冻措施，必要时进行加强。▶ 见 254 页
· 在霜冻结束后对常绿植物浇水。
· 如果 10 月没有实施，此时需彻底清洁种植容器和器具。▶ 见 246 页
· 浏览目录册和园艺杂志，计划新的种植和布局。

植物肖像

植物肖像部分导引

几个世纪以来，植物育种者和园丁们一直致力于为全世界的花园培育出新的植物品种和种类。通过杂交和育种，人们培育出了多种多样的园艺植物。但对新手来说，要遍览这些植物并不容易。肖像部分展示了经过专门验证的一些最重要的植物。主要是一些照料方便且在园艺商店很容易买到的品种和种类。

·肖像章节也符合本书的大分类：第一章介绍的是观赏植物，第二章是作物，其后是水生植物以及阳台和容器植物。

·在这些章节中，我们按照不同的标准对植物进行了分类，以方便你根据不同的需求找到合适的种类。

·有些植物肖像还有表格作为补充，从中你可以了解一些特别推荐或与众不同的品种。

观赏植物

观赏植物的肖像部分包括一年生夏季花卉，多年生草本植物、灌木和月季。其结构按照以下标准决定：

·**季节**：所有植物都按照三个季节（春季、夏季、秋季）划分。这样你可以针对性地购买植物，并且在开垦花园的第一年就能在各个季节都看到花开。

·**观赏效果**：在季节的大类下，植物还按照不同的效果做了进一步的分类。因此，其中并未再出现木本植物、草、攀缘植物等分类方法，所有植物都是按照其最显著的观赏效果在"季节"的大类下进行划分。

·**生长形态**：月季肖像章节按照最重要的月季分类进行划分：灌木月季、壮花月季、杂种香水月季、微型月季、丰花月季和藤本月季。每个分组对应一种生长形态，因此，这样的分组对于按照花园需求选择适宜的月季非常重要。

作物

三种大的作物分类 —— 水果、蔬菜、香草 —— 均有一个单独的章节。

·**水果种类**：第一章包含了各种浆果的概览，这些水果也适合小面积的花园。随后，你可以了解一些最常见的核果与仁果的特征和种植要求。

·**生菜和蔬菜种类**：第二章介绍了一些常见的蔬菜，包括水芹和水萝卜等成长迅速的蔬菜，以及菠菜和羽衣甘蓝等容易照料的蔬菜，这些蔬菜都能帮你快速打造一个成功的菜园。此外，本书广泛的蔬菜族谱中还包括了夏季和冬季生菜、根类和块茎蔬菜、地中海和亚洲蔬菜，你在这里读到的许多种类都可以种到菜畦上为你的菜园添彩。

·**香料植物和香草**：第三章介绍的是香草，它们能散发各种不同的香气，可以在花园中多多种植，而且，香草在小花园，甚至阳台上就能种植。

池塘植物

池塘植物按照其在池塘中不同的生长位置分组，主要由水的深度决定。这种标准可以帮助你针对性地购买植物，并在开发池塘或小溪的第一年就能享受欣赏花开的乐趣。

在这些分组中，我们还会从不同的角度对植物进行分类，如根据池塘植物的外形或作用。因此，你能从中找到增加水体含氧量的植物，或适宜于较大型水域和小池塘的漂浮植物和浮叶植物，如睡莲，以及适合沼泽地的相应植物。

·**水生植物**：该分类包括所有要求水位超过10cm的植物。浮叶植物、沉水植物和漂浮植物都属于这个分类。

·**沼泽植物**：这类植物喜欢生长在水体和正常陆地的过渡地带，通常植根于湿润到潮湿的土地，

植物（图中为火炬花、大种半边莲、菁草和堆心菊）决定着花园的基调。组合种植时不仅需要考虑花朵的颜色和形状，还要考虑不同植物对环境的喜好。

极少能在干燥的土壤中生长。

·**池塘边的植物：**这类植物生长在正常土壤中，因此你可以在"观赏植物"章节的多年生草本植物肖像中选择。

阳台和容器植物

此处介绍的众多植物按照其用途可分为三大类。在这三大类中还可以根据开花季节、生长形态和大小、不同的观赏角度以及其他有用的标准进行分类。这样你就能将所有最重要的春季花卉、最壮观的垂吊植物或最富生命力的盆栽放在一起进行比较，并根据你的需求选择最合适的种类。

·**阳台植物：**包括所有能够在阳台种植箱、花盘、花盆或悬挂花盆中种植的植物，尤其是那些体积不是太大的植物，可以和其他植物一起种在种植箱或其他比较宽敞的容器中——它们能为阳台增光添彩，虽然体积不大，但同时也是各种露台上的视线焦点。这个分类中主要是一些生命周期较短的花卉，会在整个夏天开得如火如荼；当然也提供了一些春秋冬季的观赏植物以供选择。

·**盆栽植物和盆栽树木：**和大部分阳台花卉不同，这个分组的植物通常会陪伴人们多年。它们大部分是木本植物，随着时间的推移，有些可能会长到比较大的体积。幸好这类植物中也有一些长势不太旺盛的装饰盆栽，因而面积较小的阳台也能选到合适的植物。某些原产于较温暖地区的盆栽植物需要在冬天转移到一个无霜且光照充足的地方。生命力较为旺盛的盆栽树木则通常只需采取一些防冻措施便能在室外过冬。

·**香草、蔬菜、水果：**为什么不将美观与美味联系起来呢？这一章介绍了能在种植箱或其他容器中生长的作物。任何一个阳台都有足够的空间种植香草、生菜和番茄。现在还有许多小型的果树，可以在近在眼前的"花园"中为你提供新鲜的果实。

每个植物肖像的组成

每个植物肖像的组成基本上都有特定的模式。根据所属种类不同，如观赏植物、作物、水生植物、阳台或盆栽植物，其标准也会在整体模式的范围内有所不同。

· **名字：** 你可以在标题上看到常用的中文名（或由德语译成的中文名）和斜体书写的国际通用拉丁学名。专业商店、目录册和书中通常使用拉丁学名，并依此归类。它们至少由两部分组成，就像我们说的姓和名。第一部分首字母大写，代表属，如紫菀属的 *Aster*，后面是代表种的名称，如 *novae-angliae*。代表的植物就是唯一的，即美国紫菀。品种名用引号标注，如"安德"（Andenken an Alma Pötschke）。

· **植株高度、宽度和株距** 能方便你设置花坛，对种植箱与容器中的混合种植也有一定的帮助。但必须说明的是，给出的数据只是平均值，根据品种、环境和土壤的不同，其真实数据还会有所不同。此外还要注意，多年生草本植物（也包括水生植物）和木本植物在刚种下的前几年还没有完全长大。这点也适用于蔬菜和阳台植物：在幼苗和新的植株尚未长大时，只有保证充足的生长空间，它们才能随着季节的变迁茁壮成长。

· **开花时间，** 对作物则是 **收获时间：** 这些数据也是平均值，根据地理位置和气候的不同可能有所改变。

· **水深：** 池塘植物的这项数据指的是培养土上表面距水面的深度，而不是其底部距水面的距离。

· **形态特征：** 这条信息通过详细描述植物的形状、花、叶子及其特性来展示植物的外形。

· **种植：** 其中包括了种植所必需的信息，如土壤属性、种植时间，以及各个种类的特性。

· **护理：** 这个项目中列出了关于浇灌、施肥、短截等的一些特别要求。

· **造型：** 在这里你可以找到如何使植物生长最佳化的有效措施。

· **特性：** 种类和环境对月季的影响很大。在此你可以找到关于抗性以及对极端环境适应性（如炎热、高海拔和半阴环境）的相关信息。

· **栽培：** 这项提示涉及水果、蔬菜和香草的增殖。关于水果的信息主要是其种植、结果方式和储存等，生菜、蔬菜和香草则主要是播种和种植的时间。

· **土壤：** 此项目列举了种植水果、蔬菜和香草重要的环境条件。

· **收获：** 关于何时、如何收获，如何确认果实已经成熟，或者植物的哪些部分可以利用。

· **使用：** 本条目提供如何在厨房中更好地运用各种蔬菜、水果和香草的信息。

· **预培养：** 关于用种子栽培阳台花卉的说明。如未经特别说明，指的是嫌光性种子（见 230 页）。

· **繁殖：** 多年生的盆栽植物可以通过扦插或其他繁殖方式获得后代。

· **过冬：** 此条目给出了盆栽植物和盆栽树木的最佳过冬方式。

所用图标的意义

图标表示的是植物对光和水的需求及其他特征。

最重要的环境因素是植物的光需求。阳生植物和阴生植物对环境的需求完全不同。虽然大部分植物都能忍受一定范围内的光照条件，但最好不要把纯阳生植物置于阴处，反之同理。

☼ 植物在能完全接受光照的环境中长势最好，即植物整天都不能置于阴凉处，或者最多只能有 1—2 小时不接受光照。

◐ 植物在半阴的环境中长势最好。半阴是个灵活的概念，它可以指一直处于稀疏的树荫下

（植物没有完全接受光照），也可以指一天中有数小时是在全阴的地方。

- 植物在阴凉处长势更佳。全阴（从不见光）的环境非常恶劣，只有少数特殊植物能够忍受（蕨类，茂密的树林中位于下层的多年生草本植物和树木），而那些每天只接受 2—3 小时光照的地方也被称为阴处，但可在其中生存的植物则相对较多。

　　第二类图标涉及的是对水的需求。此处图标表示的也只是植物水需求的平均水平。当光照变强时，所有植物的水需求都会增加。天气炎热时，你应该多去花园巡视，一旦发现干瘪的叶子，即便是图标上推荐"少量"的植物也应立即浇水。

- 植物需每天浇水，天气炎热时，需要早晚浇两次水。

- 每 3—4 天对植物浇一次水即可。

- 植物对水分的需求不大，只需在长期干燥时针对性地浇水即可。

　　第三组图标列出了一些不同的特征，在选择植物种类时可能会有帮助：

- 可切下植物花茎，用作插花。

- 植物平铺生长，覆盖的花坛面积较大。

- 介绍的某些植物不能御寒，因此有此标志的球根和块根植物应在秋天从土中挖出，保存在阴凉干燥处。

- 植株的部分（如果实）或整株植物含有对皮肤具刺激性或有毒的成分，有孩子在园中玩耍时尤其需要注意此图标。

- 可以在花盆或其他容器中培养该植物。

- 一年只开一次花的月季，即在 6 月绽放花蕾。古代月季和蔓性月季具有这个特征。

- 一年中多次开花的月季，现代月季在 6 月第一次开花后，可能会二次开花，也可能会一直开花直到第一次霜降。

水果、蔬菜和香草的种类与品种非常繁多，你可以利用冬季的时间翻阅目录册或上网了解相关信息。

- 这个图标表示植物香气宜人。

- 这种月季既可以用作花，也可以用来收获厨房中的蔷薇果。

- 由于其花型，这种月季具有历史悠久的品种怀旧的魅力。

- 果实或蔬菜可以保存数周。

- 植物收获的部分适于干燥。

- 植物收获的部分适于冷藏。

- 植物非常适合沿溪流种植。

- 这种植物因其垂吊式的生长特别适合悬挂花盆和挂篮。

观赏植物

春天的似锦繁花

千万不要低估了你的花园对心理的影响！当漫长、沉闷的冬日逐渐变得可人，春季花带来的第一抹色彩或许是让你忘记春日劳作辛苦最好的办法。耀眼的红色，夺目的黄色，浓郁的蓝色，为冬季的忧伤写下了一个欢快的结局。现在就开始你漫长而奇妙的园艺之旅吧！

除了少数特例——如原始森林中的野生多年生草本植物——一般春季开花的都是球根和块根植物，它们能利用前一年储存的养料促进发芽和生长。虽然它们因此有了明显的优势，但也更快地消耗了能量。当其他多年生草本植物还在茁壮成长、开出第一朵花时，春季花已经开始减缓长势了。它们利用阳光，创造营养物质，并储存在储藏器官中，为下一年做好准备。对园丁来说，球根和块根植物也非常有趣，因为它们在上一年秋季种入土中后不需要多少照料便能开花。

林地边缘——最佳种植地

像希腊银莲花、蓝钟花或雪滴花等留有野性特征的春季花非常适合种在落叶灌木下方。如果你不处理落叶，它们就会形成自然的护根物，为这些植物营造良好的生长环境。当灌木开始发芽长叶时，球根和块根植物的花期通常已经结束。这时最好让它们自生自灭，因为很多都能通过子球根或种子扩散、繁殖。

花坛和隔离花坛中的春季花

在花坛中种植春季花时，最好将它们种在能从屋中看到的位置。因为球根和块根植物种植后会留下空隙，你可以从一开始就在周围种下多叶的灌木，待叶子长出后便能遮住空隙。灌木未能遮到的地方你也可以用一年生夏季花卉或盆栽植物填充。

最早的报春使者

托氏番红花
Crocus tommasinianus

高度 / 宽度: 10cm/5—7.5cm
开花时间: 2 月到 4 月

形态特征: 块根植物,浅紫色漏斗形花(直径 3—4cm),亮黄色雄蕊;叶子狭长,草绿色,5 月开始萎黄。

种植: 夏末至秋天以 5—10cm 的间距埋入块根;可在所有通水良好的正常花园土中种植;种植环境不能过干;能自己扩散种子,容易集群。

护理: 开花时施肥;只在长期干旱时浇水。

造型: 最好成群种植在灌木树下,或和其他春季花卉一起植于草坪边缘。

冬菟葵
Eranthis hyemalis

高度 / 宽度: 10cm/6cm
开花时间: 2 月到 3 月

形态特征: 块根植物,亮黄色碗状花(直径 2—2.5cm),花香;叶掌状深裂,鲜绿色,长出不久便萎黄。

种植: 秋天以 5—10cm 的间距埋入块根(不能干枯!);喜好富含腐殖质的新鲜土壤,不适于干燥或板结的土壤。

护理: 无须护理;只在长期干旱时浇水即可。

造型: 最好成群种植在茂密的树丛下;很容易野化,因为能自己扩散种子,且能通过短匍匐茎增殖。

雪滴花
Galanthus nivalis

高度 / 宽度: 10—15cm/10cm
开花时间: 2 月到 3 月

形态特征: 球根植物,单茎,花(直径 1cm)下垂,白色,有芳香,花冠中有绿色条纹。

种植: 秋季以 5—10cm 的间距埋入球根;繁殖时可在花谢后挖出球根再重新种入;需要新鲜、腐殖质丰富的壤土,无法在干燥的沙土中存活。

护理: 种植方便的植物,无需额外护理;只在长期干旱时浇水即可。

造型: 疏松地成群种植,如树丛下;随时间推移会增多。

🌼 **植物搭配**

· 晚开的番红花

· 雪滴花

· 冬菟葵

🌼 **植物搭配**

· 早开的番红花

· 雪滴花

🍃 **专家提醒**

　雪滴花长势茂盛!开花后应将球根移离林区边缘。

☀ 阳光充足　　　　◐ 半阴　　　　● 多阴　　　　 大量浇水　　　　 适量浇水

铁筷子（又名圣诞玫瑰）

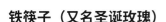
Helleborus 属和杂交种

高度 / 宽度： 25—60cm/30—80cm
开花时间： 2 月到 4 月

形态特征： 多年生草本植物植物，花迷人（直径 4—7cm），呈白色、黄绿色或紫红色，某些杂交种的花还可出现斑点；暗绿色叶片，鸟足状分裂；众多种类和品种。

种植： 秋季以 50cm 的间距种于富含腐殖质的新鲜壤土中，最好还需含钙质。

护理： 春天除去干枯的叶子，其他则不动；适量施用钙肥；只在长期干旱时浇水。

造型： 作为开花灌木的下层植物或种在其他春季花之间；叶子漂亮，也在开花后发挥作用。

雪片莲

Leucojum vernum

高度 / 宽度： 20cm/10—15cm
开花时间： 2 月到 4 月

形态特征： 球根植物；花朵呈钟形，白色，芳香，下垂（直径 1.5cm），花瓣尖端有绿色斑点；叶子狭长，青绿多汁。

种植： 夏末或秋天以 10cm 的间距将球根埋入土中；土壤需湿润（尤其在光照充足的环境中）、富含腐殖质，最好是壤土，不能为沙土；可接受短期的潮湿。

护理： 开花时适量施肥，其他时候尽量任其自由生长。

造型： 最早开花的植物之一，因此可在显眼的位置成群种植于树丛下方、池塘边或房屋周围。

🌿 植物搭配

· 圣诞玫瑰　· 蕨类

· 玉簪　· 阴生草类

· 雪滴花

其他漂亮的春季花		
名字	高度 生长形态	花色 开花时间
栎林银莲花 （*Anemone nemorosa*）	15—25cm 集群的根茎植物	白色 3 月到 4 月
高加索勿忘我 （*Brunnera macrophylla*）	30—50cm 茂密的多年生草本植物	浅蓝色 3 月到 5 月
雪光花 （*Chionodoxa luciliae*）	10—15cm 集群的球根植物	蓝色，花心白色 3 月
穴生紫堇 （*Corydalis cava*）	10—20cm 多年生草本植物，易野化	白色到粉紫色 4 月到 5 月
园林番红花 （*Crocus* 杂交种）	10—15cm 单茎，球根植物	白色、黄色、浅紫色、蓝色，也可能出现双色条纹 3 月到 4 月
赫梯仙客来 （*Cyclamen coum*）	10cm 集群的块根植物	白色、粉红色、红色 2 月到 4 月
獐耳细辛 （*Hepatica* 种）	10—20cm 垫状多年生草本植物	纯蓝色 3 月到 4 月
春香豌豆 （*Lathyrus vernus*）	20—30cm 多年生草本植物	紫色到蓝紫色，多色 4 月到 5 月
春琉璃草 （*Omphalodes verna*）	15—25cm 垫状多年生草本植物	蓝色，白色花心 3 月到 5 月
黎巴嫩蓝条海葱，又名蚁播花 （*Puschkinia scilloides*）	10—15cm 垫状球根植物	白色到浅蓝色，带蓝色条纹 3 月到 4 月

色彩斑斓的春季花坛

希腊银莲花	**紫芥菜**	**花贝母**
Anemone blanda	*Aubrieta deltoidea*	*Fritillaria imperialis*

希腊银莲花
Anemone blanda

高度 / 宽度： 10—15cm/8—10cm
开花时间： 3 月到 5 月

形态特征： 集群生长的块根植物；花为蓝色，也有白色和粉色品种（直径 2.5—3cm）；叶三裂，草绿色。

种植： 秋天以 10cm 的间距埋入块根；土壤需透气，不能过湿，富含腐殖质，太干燥的环境也不合适。

护理： 无须过多护理，只需在长期干旱时浇水即可。

造型： 树丛下方，作为花坛的前景（夏天会被多年生草本植物覆盖）；通过长出新的块根形成漂亮的集群。

紫芥菜
Aubrieta deltoidea

高度 / 宽度： 5—15cm/50—60cm
开花时间： 4 月到 5 月

形态特征： 垫状多年生草本植物；繁盛、茂密的花帘；根据品种不同花色为蓝紫色、紫色、红色和粉红（直径约 1cm），香气宜人；叶小，草绿色。

种植： 容器植物终年均可种植；疏松透气、含钙质的土壤；可忍受干燥的环境，但不能种在重壤土中。

护理： 春季适量施肥（之后就不需要），只在长期干旱时浇水，开花结束后短截（应尽量保持垫子形状）。

造型： 流畅地覆于墙、地面台阶和种植岩生植物的假山花园中，也可作为多年生草本植物花坛的前景。

花贝母
Fritillaria imperialis

高度 / 宽度： 60—100cm/20—25cm
开花时间： 4 月

形态特征： 单茎，笔直生长，球根植物；根据品种不同，花色为黄色、橙色和红色（直径 4—5cm），香气淡雅；叶子长卵形，浅绿色。

种植： 8 月或 9 月将球根以 30cm 的间距埋入土中；土壤需透气、轻壤，富含养料，不能形成水涝。

护理： 春季施肥，必要时加支柱，枯花应立即摘除，剩余部分在叶子变黄后去除；只在长期干旱时浇水。

造型： 以小丛种在开花较早的郁金香和水仙之间，可以使春天的多年生草本植物花坛多一分壮观。

 植物搭配

· 栎林银莲花和其他银莲花
· 小水仙

植物搭配

· 有髯鸢尾　　· 南芥
· 屈曲花　　· 蓝色品种大戟

阳光充足

半阴

多阴

大量浇水

适量浇水

屈曲花
Iberis sempervirens

高度 / 宽度: 15—30cm/20—25cm
开花时间: 4月

形态特征: 丛生半灌木；花繁茂，白色，呈紧密的聚伞花序（直径最大1cm）；叶长，暗绿色。

种植: 容器植物终年均可种植；土壤透气、沙质、营养贫瘠（不含腐殖质）；可忍受干旱；株距至少1m。

护理: 少量施肥，对老植株充分短截，寒冷的冬季覆盖干树枝；只在长期干旱时浇水；不必多加操心，可生长很久。

造型: 很适合斜坡、墙体或隔离花坛的侧边。

亚美尼亚葡萄风信子
Muscari armeniacum

高度 / 宽度: 15—20cm/8—10cm
开花时间: 4月到5月

形态特征: 簇状生长的球根植物；花开一朵，为蓝色，5cm高，锥形花序，某些品种为白色花，花香；叶子狭长，草绿色。

种植: 秋天以5—10cm的间距将球根埋入土中；土壤透气，适度干燥。

护理: 开花后短截叶子；适量浇水，短时间内可接受干燥。

造型: 花期长，适于种植岩生植物的假山花园或灌木丛下方，容易野化，种在草坪边缘也非常漂亮。

西伯利亚蓝钟花
Scilla siberica

高度 / 宽度: 10—15cm/5—8cm
开花时间: 3月到5月

形态特征: 垫状球根植物；总状花序，花色浅紫罗兰到龙胆蓝（直径1—1.5cm）；叶片狭长，草绿色。

种植: 秋天以5—10cm的间距将球根埋入土中；富含腐殖质的花园土，湿度适中。

护理: 2月时去除落叶，施以堆肥或有机肥；适量浇水；可收获子代球根。

造型: 非常适于林边地带，也可与郁金香和水仙组成多彩的花坛；通过自己播种扩散，容易野化。

🌸 植物搭配
· 有髯鸢尾　· 紫芥菜
· 庭荠　· 郁金香

🌿 专家提醒
推荐品种"蓝钉子"（Blue Spike）（天蓝色）和"剑桥"（Cantab）（5月开花）。

🌿 专家提醒
"白花"（Alba）（开白花）品种和"粉花"（Rosea）（花色为白粉色）品种的组合非常漂亮。

种类丰富的郁金香、水仙等植物

风信子	**网脉鸢尾**	**水仙**
Hyacinthus orientalis（品种）	*Iris reticulata*（品种）	*Narcissus* 杂交种

风信子
Hyacinthus orientalis（品种）

高度 / 宽度： 20—30cm/10—15cm
开花时间： 4 月到 5 月

形态特征： 单茎球根植物；包含各种花色的品种，单独的花朵直径为 2—3cm，高 15cm，花序密集，香气浓郁；叶子宽条形，笔直，草绿色。

种植： 秋天以 15—20cm 的间距将球根埋入空地中；室内栽培的开花较早（在暗处过冬）；土壤适度干燥，透气，冬季绝不能潮湿。

护理： 无须特别护理，因为许多品种在次年都会丧失繁花性，最好每年重新购买、种植。

造型： 最好各种颜色混合种在花桶、种植箱和花盘中，但也适合光照充足的隔离花坛和树丛疏密的阴影下。

网脉鸢尾
Iris reticulata（品种）

高度 / 宽度： 20cm/5—10cm
开花时间： 3 月

形态特征： 矮小的球根植物，能缓慢集群；花色蓝紫色（直径 3—4cm），带橘黄色斑点，也有白色和黄色的花；叶子狭长条形，草绿色。

种植： 秋季以 5—10cm 的间距将球根埋入空地中（不适合气候非常恶劣的区域）；土壤适度干燥，必须透气，且为沙土质地。

护理： 开花时少量施肥，此后便无须管理；保险起见，冬天可盖上云杉树枝。

造型： 不同颜色混合种于花盆或种植箱中，也适于种植岩生植物的假山花园、阶梯花坛和碎石花坛。

水仙
Narcissus 杂交种

高度 / 宽度： 10—50cm/10—15cm
开花时间： 3 月到 5 月，视品种而定

形态特征： 单茎球根植物；大花（直径 5—7cm），黄色，也有白色或双色花，种类繁多，香气淡雅；条状叶，草绿色。

种植： 秋天以 10—15cm 的间距将球根埋入土中；土壤湿润（但不能积水）至略偏干燥，沙质至富含腐殖质均可，须富含养料，最好呈微酸性。

护理： 只在春天干旱时浇水，极少量施肥（有机肥促进发芽），易于护理，可切下果荚，任叶子萎黄；球根可留在土中。

造型： 在花坛、种植箱、花盆和花盘中与其他春季花组合种植。

单瓣早郁金香
Tulipa 杂交种

高度 / 宽度： 25—40cm/10—15cm
开花时间： 4 月

形态特征： 单茎球根植物，花色根据品种不同可呈白色、黄色、橙色、粉色、红色（直径最大为 6cm）；叶宽，呈舌状，灰绿色。

种植： 秋天以 10—15cm 的间距埋入球根；土壤适度干燥至新鲜（不能过湿），沙质壤土，腐殖质含量低。

护理： 发芽时施肥，凋谢的花应摘除；夏季任其留在花坛中或在叶子萎黄后挖出球根于阴凉干燥处保存至秋天。

造型： 成组种植，槽或盆中亦可种植，可切花。

重瓣晚郁金香
Tulipa 杂交种

高度 / 宽度： 40—60cm/10—15cm
开花时间： 5 月

形态特征： 单茎球根植物；花朵可为除纯蓝色外的各种颜色，根据品种不同直径最大为 8cm；叶宽，呈舌状，灰绿色。

种植： 秋天以 10—15cm 的间距埋入球根；土壤适度干燥至新鲜（不能过湿），沙质壤土，腐殖质含量低。

护理： 发芽时施肥，凋谢的花应摘除，任叶子萎黄；对高株采取防风措施（加支撑杆）。

造型： 以疏松的群组和其他相配的晚春花卉一起种于多年生草本植物花坛中。

鹦鹉郁金香
Tulipa 杂交种

高度 / 宽度： 40—60cm/10—15cm
开花时间： 5 月

形态特征： 单茎球根植物；花瓣形状独特醒目，边缘割裂（直径约 8—10cm），颜色鲜艳、多样，通常呈波浪状花纹；叶宽，呈舌状，灰绿色。

种植： 秋天以 10—15cm 的间距埋入球根；正常花园土，不能过湿。

护理： 发芽时施肥，凋谢的花应摘除，必要时加支撑杆；叶子萎黄后挖出球根于阴凉干燥处保存至秋天。

造型： 由于花朵显眼，最好以较小的集群种植，作为前景以吸引视线。

🌱 **专家提醒**

　　由于产品变更迅速，园艺新手最好购买有品质保障的老品种。

🌱 **专家提醒**

　　品质有保障的品种"富饶"(Bonanza)(红花黄边)和"金色魅力"(Golden Nice)(黄色花)。

🌱 **专家提醒**

　　特别推荐"幻想"(Fantasy)(60cm 高, 肉粉色)和"洛可可"(Rococo)(35cm 高，朱红色)。

少量浇水

切花

地被植物

不抗寒的球根植物

有毒

夺目的花毯

匍匐筋骨草

Ajuga reptans

高度 / 宽度： 15—20cm/ 最宽 50cm
开花时间： 4 月到 5 月

形态特征： 本土野生多年生草本植物；花为亮蓝色（直径 5—8mm），紧密、烛形花序，某些品种亦可为白色、粉色或粉紫色；叶子匙状，褐绿色。

种植： 容器植物终年都可种植，株距 20—30cm；土壤新鲜至湿润，富含养料，壤土，亦能忍受潮湿的土壤。

护理： 春天施有机肥，生长茂盛，因此需定期短截；适量浇水（光照充足的地方需多浇水）。

造型： 作为依赖林木生长的多年生草本植物，最好植于接近自然的林木或灌木花坛；彩色叶的品种可作为地被。

紫花野芝麻

Lamium maculatum

高度 / 宽度： 15—40cm/60cm
开花时间： 5 月到 6 月

形态特征： 本土野生多年生草本植物；花紫色，呈旋涡状（直径最大 1cm），某些品种也可为白色、粉紫色、紫罗兰粉；叶卵形，边缘锯齿，灰绿色。

种植： 容器植物终年都可种植，株距 20—30cm；土壤新鲜至湿润，疏松，富含养料，但也能忍受潮湿的土壤。

护理： 秋天或春天用腐殖质做护根物，除去枝条蔓生严重的植株；正常的花园土上只需在长期干旱时浇水即可。

造型： 平铺在林木下方或墙和树篱的阴影下。

春琉璃草

Omphalodes verna

高度 / 宽度： 15—25cm/30—60cm
开花时间： 3 月到 5 月

形态特征： 长势茂盛的多年生草本植物；花色为亮蓝色，花心白色（直径约 1cm）；叶卵形，草绿色。

种植： 容器植物终年都可种植，株距 20—30cm；土壤新鲜至湿润，所有疏松的花园土均可，也能忍受潮湿的土壤。

护理： 冬末平铺腐殖质护根，生长茂盛，需定期修剪成需要的形状；正常的土壤上只需在长期干旱时浇水即可。

造型： 林木下方，墙边，花坛边缘的阴影地带；植物虽然不是原生的，但也非常适合接近自然的环境。

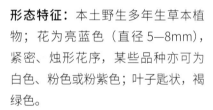 **植物搭配**

· 三枝九叶草

· 大型蕨类植物　· 羽衣草

专家提醒

带银色条纹或彩色叶子的品种非常鲜亮，能为较暗沉的区域增色。

阳光充足

半阴

多阴

大量浇水

适量浇水

针叶天蓝绣球
Phlox-Subulata 杂交种

高度 / 宽度: 5—15cm/ 最宽 60cm
开花时间: 4 月到 5 月

形态特征: 垫状多年生草本植物;根据品种不同,花色分白色、蓝紫色、紫罗兰色、粉色和红色(直径 5—6mm),花茂密;叶子条状,小,暗绿色。

种植: 容器植物终年均可种植,株距 50—60cm;土壤适度干燥至新鲜,透气,富含养料。

护理: 春天施无机肥,开花后短截;保持紧凑的垫状(秋天还可能二次开花);只在长期干旱时浇水。

造型: 作为地被植物可植于种植岩生植物的假山花园中,悬挂花盆中或墙顶盖帽上,也可作为隔离花坛的装饰;不同颜色的品种组合可在开花期产生多彩的效果。

富贵草
Pachysandra terminalis

高度 / 宽度: 20—30cm/60cm
开花时间: 4 月到 5 月

形态特征: 常绿,基部木质化半灌木;花白色,不显眼,呈圆柱形穗状花序;叶卵形,暗绿色。

种植: 容器植物终年均可种植,株距 30—40cm;土壤适度干燥至新鲜。

护理: 几乎无需求,可少量施肥;只在长期干旱时浇水(如果所处环境中午会有光照,需增加水量)。

造型: 各种林木前方或下方作为草坪的替代品,常绿,无须照理;也有叶子带白色条纹的品种可做装饰植物。

🌱 **专家提醒**

对于大面积的阴生环境,富贵草是方便照料的最佳地被植物。

小蔓长春花
Vinca minor

高度 / 宽度: 10—20cm/ 最宽 1.2m
开花时间: 4 月到 5 月

形态特征: 常绿,基部木质化半灌木;花浅蓝色(直径 1cm);蔓长春花非常相似,花的大小约为小蔓长春花的两倍;叶披针形,光泽的暗绿色。

种植: 容器植物终年均可种植,株距 30—40cm;土壤适度干燥至新鲜,疏松,也可忍受潮湿的土壤。

护理: 偶尔施以有机肥;匍匐茎会长出新根,因此需定期修剪,截下子株,种到其他地方。

造型: 林木下方和墙面的阴影处,甚至全阴地带良好的地被植物。

🌱 **专家提醒**

只能和长势茂盛的植物一起种植,因为较弱的竞争者会被蔓长春花压制生长。

 少量浇水　 切花　 地被植物　 不抗寒的球根植物　 有毒

春末也可繁花似锦

耧斗菜

Aquilegia vulgaris, A. 杂交种

高度 / 宽度： 40—60cm/10—15cm
开花时间： 5 月到 6 月

形态特征： 相对生长时间较短的多年生草本植物；花蓝紫色，此外还有白色、浅蓝色、红色、粉色和双色的品种（直径约 5cm）；叶为复叶，蓝绿色。

种植： 容器植物终年均可种植，株距 50cm（单株）或 30cm（群组）；土壤富含腐殖质，新鲜，疏松透气。

护理： 适量浇水，只留下少量新生的幼苗（使恢复生机），否则将无法抑制自体传播。

造型： 野化类型最好种在自然花园中（也是在林木下方），颜色鲜艳的品种可种在多年生草本植物花坛中以吸引视线。

须苞石竹

Dianthus barbatus

高度 / 宽度： 50—60cm/20—30cm
开花时间： 5 月到 8 月

形态特征： 两年生花卉，第一年只长叶子；根据品种不同，花色有从红到白各色（直径约 1cm）；叶披针形，暗绿色。

种植： 6 月到 7 月播种，下一年开花（冬天覆盖云杉树枝）；透气、富含养料的普通花园土，密集播种，出苗后间苗。

护理： 第二年春天施以无机肥。

造型： 尤其适合农家花园，种于别的夏季花卉或多年生草本植物之间，适于切花；花谢后会留下空隙。

高型有髯鸢尾

Iris—Barbata 杂交种

高度 / 宽度： 60—120cm/15cm
开花时间： 5 月到 6 月

形态特征： 簇状生长的多年生草本植物；花大，显眼，除红色外有各种颜色（直径 8—10cm）；叶直，剑形，灰绿色。

种植： 以 20cm 的株距水平埋入根茎（从 6 月开花后）；土壤干燥、透气，低腐殖质含量，沙质。

护理： 春季摘除枯死的叶子，剪去凋谢的花，只在长期干旱时浇水；秋初施无机肥。

造型： 最好以多色的组合（形成对比或和谐的色调）种在光照充足的花坛中作为背景。

🌿 **专家提醒**

　　以小群组种植，这样开花结束后其空隙很快就能得到填补。

🌱 **植物搭配**

· 羽衣草　　· 风铃草
· 蜀葵　　　· 其他石竹

🌱 **植物搭配**

· 红色罂粟　　· 鼠尾草
· 灰叶的多年生大戟

 阳光充足　　 半阴　　 多阴　　 大量浇水　　 适量浇水

勿忘我

Myosotis sylvatica

高度 / 宽度： 15—30cm/15cm
开花时间： 4 月到 6 月

形态特征： 茂密的两年生花卉；花天蓝色，根据品种不同还有其他蓝色至黄色（直径 5mm），粉色或白色花色；叶披针形，粗糙，暗绿色。

种植： 7 月或 8 月直接在种植地播种，第二年开花；冬天覆盖落叶和干树枝；疏松、湿润的土壤，富含养料，富含腐殖质。

护理： 春季施肥；每日浇一次水，尤其在温度较高时；在合适的位置播种。

造型： 成条种植在郁金香、水仙和晚番红花之间非常漂亮，也可作灌木花坛的背景或种在春季开花结束后重新规划的地方。

芍药

Paeonia-Lactiflora 杂交种

高度 / 宽度： 50—110cm/60—90cm
开花时间： 5 月到 6 月

形态特征： 生长时间较长的大型多年生草本植物；鲜亮的大花，红色、粉色、白色，花重瓣或芳香（直径约 10cm）；二回三出复叶，深绿色，也有赤褐色。

种植： 秋初将根平放入土中，株距 1m，盖上 3cm 厚的泥土；土壤适度干燥，富含养料，土深。

护理： 春季施以堆肥或有机肥，必要时除去护根物，适量施肥；将植株向上扎起，避免沉重的花朵触到地面；9 月摘除枯花。

造型： 多年生草本植物花坛或农家花园中单独的视线焦点。

鬼罂粟

Papaver orientale

高度 / 宽度： 30—100cm/60cm
开花时间： 5 月到 6 月

形态特征： 壮观的多年生草本植物，花大，根据品种不同有白色、粉色至红色的花色，但花期短（直径最大为 15cm）；叶片宽大，缺刻，被刚毛，苍绿色。

种植： 容器植物终年均可种植，株距 40—50cm；土壤干燥至新鲜，透气，不能接受潮湿。

护理： 发芽时施以无机肥；摘除枯花（某些果荚漂亮的花朵可以保留）。

造型： 作为吸引视线的花坛背景（开花后会留下空隙），非常适合农家花园。

> **专家提醒**
>
> 芍药能生长很久，因此种植前一定要想好种植的位置。

> **专家提醒**
>
> 植物主根很长，因此只能在未成熟时移植。

最早开花的灌木

拉马克唐棣
Amelanchier lamarckii

高度 / 宽度: 5—8m/3—5m
开花时间: 4 月到 5 月

形态特征: 茂密的大灌木或小乔木；总状花序，奶油色花；叶子刚发芽时为赤铜色，后变绿，秋天为黄色或橙红色。

种植: 最佳种植时间为秋末至春天，容器苗整年均可种植；所有正常干燥的花园土均可，含钙质。

护理: 无特殊需求，只在长期干旱时浇水；不需要特别的修剪或照料。

造型: 春秋天在疏松的花篱中尤具装饰性，也可以单独作为花园的背景。

连翘
Forsythia x intermedia

高度 / 宽度: 最高 3m/ 最宽 2.5m
开花时间: 4 月

形态特征: 茂密的大灌木；叶子发芽前便已布满花朵；叶小，暗绿色。

种植: 最佳种植时间为秋末至春天，容器苗整年均可种植；所有正常的花园土均可，新鲜，富含养料。

护理: 定期施有机肥，每两三年对老枝进行短截；只在长期干旱时浇水。

造型: 种在灌木丛中；连翘开花繁茂，春天应处于显眼的位置，相对不起眼的叶子则应在此后由其他灌木遮盖。

重瓣棣棠花
Kerria japonica 'Pleniflora'

高度 / 宽度: 最高 2m/ 最宽 1.5m
开花时间: 5 月

形态特征: 多花灌木；花重瓣，金黄色，厚约 5cm，球形花序；叶单生，椭圆形；嫩枝在冬天仍保持绿色。

种植: 最佳种植时间为秋末至春天，容器苗整年均可种植；土壤湿润，营养贫瘠，最好为微酸性至中性。

护理: 无特殊要求，少量施肥（否则开花较少），定期修剪老枝和冻伤的枝条，将地上部分全部剪去。

造型: 特别适合作为树篱（密植！）或灌木丛的组成部分，不适合单独种植。

🍃 **专家提醒**

与同族的平滑唐棣（*A. laevis*）一样，拉马克唐棣也会在秋天结出红色可使用的果实。

🍃 **专家提醒**

作为单独种植的灌木，连翘应定期修剪形状；也能接受充分短截。

🍃 **专家提醒**

重瓣棣棠花会长出匍匐茎，需要定期去除，以避免植株过度繁茂。

☀	☀	⬛	💧	💧
阳光充足	半阴	多阴	大量浇水	适量浇水

二乔木兰

Magnolia x soulangeana

高度 / 宽度： 最高 6m/ 最宽 4m
开花时间： 4 月到 5 月

形态特征： 大型灌木，开花壮观，白色至粉色（直径可达 10cm）；叶子宽大，卵形，绿色。

种植： 最佳种植时间为秋末至春天，容器苗整年均可种植；土壤酸性至中性，湿润，富含养料；不能接受干燥或板结的土壤。

护理： 最好任其自然生长，不须修剪，秋天在根基周围铺护根物；适量浇水。

造型： 单独种植（在面积较小的庭院中亦可），开花后壮观度降低，灌木向两侧伸展。

日本山樱

Prunus serrulata

高度 / 宽度： 4.5m/4.5m
开花时间： 4 月到 6 月

形态特征： 非常多变的大灌木或乔木，因为存在多种品种；花色从白到粉色，有单瓣和重瓣（直径可达 6cm），但都是繁茂的春季花卉；叶苍绿色，秋季颜色非常壮观。

种植： 最佳种植时间为秋末至春天，容器苗整年均可种植；普通花园土，尽量透气，富含腐殖质，含钙质。

护理： 无需特殊的修剪或护理措施，自由生长为最佳；只在长期干旱时浇水。

造型： 开花繁茂，最好单独种植或种在宽松的树篱中显眼的位置。

欧丁香

Syringa vulgaris

高度 / 宽度： 最高 6m/ 最宽 5m
开花时间： 5 月

形态特征： 大型灌木或乔木，共有超过 900 个品种，包含各种花色，也有双色花；花朵单瓣或重瓣，花香，笔直的圆锥花序；叶片椭圆形，顶端尖，暗绿色。

种植： 最佳种植时间为秋末至春天，容器苗整年均可种植；所有富含养料的普通花园土均可，最好含钙质；也能忍受干燥的环境。

护理： 发芽时施钾肥，除去野枝和匍匐茎；摘除凋谢的花。

造型： 单独种植，作为花坛背景、树篱（购买时注意花期）和灌木花坛中的视线焦点。

专家提醒

不要通过挖掘来疏松根基周围的泥土，很容易伤到浅根。

专家提醒

你可以选择宽阔型、圆柱形或垂吊型树冠的品种。

 少量浇水　　 切花　　 地被植物　　 不抗寒的球根植物　　 有毒

美丽的夏季花卉

夏天可选择的植物种类尤其繁多，因为此时的温度非常宜人，连"异国品种"都能愉快地生长。无论是多年生草本植物还是灌木，一年生还是两年生，观叶植物或草类——夏天为所有园丁准备了适宜的花卉。但此时的花卉也需要更多的照料：它们需要定期浇水，检查是否遭受病害，枯萎的花朵也要及时摘除。

春季结束后便是花园的黄金时期，也是花园中热闹的开场。最后的春季花卉凋谢时，夏季花卉便开始长出苞蕾，甚至已零星地开出了花朵。后面几页中的介绍可以帮助你为不同的花坛选择合适的夏季花卉。你可以利用春末夏初的时间去花卉商店寻找合适的容器植物。同时，对于可能产生的空隙也可以用多年生草本植物来填补。

购买前先定好计划

虽然夏季花卉的种类非常诱人，但也不要未经思考就被"诱惑"而去购买。选择植物时要时刻牢记花坛的主题：种植环境是否合适（阳生还是阴生）？花卉的颜色是否与已有的植物相配？植物的高度是否符合花坛中不同植物构成的波浪形？有趣的外形或漂亮的树叶是否能为花坛增添魅力？

同时也要考虑一年生和两年生的植物。这些植物一般都是多花的种类和品种，可以打造繁茂的色彩盛宴。多年生草本植物多年内只能留在一个地方，这些生命时间较短的植物则不同，它们每年都可以在不同的地方种植或播种。植物种子非常便宜，且用途广泛。你可以先选择少数有品质保障的品种。记下来年需要购买的合适的植物（最好记在种子包装袋的内侧，这样你还同时准备好了下一次的购物单）。作为选择，许多苗圃也提供已经过栽培的一年生植物幼苗，它们可以像多年生草本植物一样直接种植或填补空隙。

球根和块根花卉

大花葱
Allium giganteum

高度 / 宽度: 80—150cm/25—30cm
开花时间: 6 月到 7 月

形态特征: 球根植物，茎高，无叶，顶端有红紫色小花组成直径为 20cm 的球形花序。

种植: 前一年的秋天将球根以 20—30cm 的间距埋入土中；土壤干燥至新鲜，透气，温暖（光照）；在贫瘠的土壤上生长不佳。

护理: 每两年对土地施以有机肥，开花结束后剪下花茎（保留少数以结子）；只在长期干旱时浇水。

造型: 以小群组与其他较低矮的观赏葱类混合种植；也可在多年生草本植物隔离花坛中起到吸引视线的作用。

射干菖蒲
Crocosmia x crocosmiiflora

高度 / 宽度: 60—80cm/50—60cm
开花时间: 7 月到 9 月

形态特征: 球根植物；花色红色至橙红色，呈垂吊的长穗状花序，花香；叶似草，浅绿色。

种植: 春天将球根以 50—60cm 的间距埋入土中；土壤适度干燥至新鲜，透气，富含养料。

护理: 偶尔施以无机复合肥；不完全抗寒，因此需在秋季铺覆盖物，不能承受冬季的潮湿（不能堆培护根物！）；春天对叶子短截；可通过子球根增殖。

造型: 以小群组种植于隔离花坛上的多年生草本植物之间；由于叶簇生，即便没有花也很漂亮。

大丽花
Dahlia 杂交种

高度 / 宽度: 最好 150cm/40—80cm
开花时间: 7 月到 10 月

形态特征: 块根植物；花色、品种繁多，但没有蓝色；花有单色、双色或多色，单瓣或重瓣（直径可达 25cm）；叶子长卵形，暗绿色或紫色。

种植: 4 月末再种植块根，株距由植株宽度决定；普通花园土，透气，富含腐殖质 —— 绝不能潮湿。

护理: 施钾肥；只在长期干旱时浇水；较高的品种加支撑杆，第一次降霜后短截，挖出块根，在无霜冻的位置保存过冬。

造型: 农家花园中选择单瓣品种，多年生草本植物花坛中重瓣品种，单独种在隔离花坛或大丽花花坛中都非常显眼。

🌿 **植物搭配**

· 草类　· 猫薄荷

· 芍药　· 老鹳草

专家提醒

　　在环境极度恶劣的区域需将球根挖出，干燥储存过冬。

阳光充足

半阴

多阴

大量浇水

适量浇水

唐菖蒲
Gladiolus 杂交种

高度 / 宽度：40—140cm/20—30cm
开花时间：6 月到 9 月

形态特征：块根植物，品种繁多；拥有各种花色，包括纯蓝色，也有双色或多色，多花组成 40—50cm 高的花序；叶剑形，浅绿色。

种植：5 月种入块根，株距为 15—20cm；土壤不能太湿也不能太干，透气，富含养料，含腐殖质。

护理：种植后施以高钾型复合肥，对植株较高的品种加支撑杆，长期干旱时浇水；10 月底挖出，干燥，远离霜冻过冬。

造型：以小群组作为花坛背景或种在篱笆墙上以吸引视线。

岷江百合
Lilium regale

高度 / 宽度：60—150cm/30cm
开花时间：7 月

形态特征：球根植物；花白色，黄色花心，外层有柔和的条纹，花香浓郁（直径约 6cm）；叶条形，暗绿色。

种植：尽量在秋天种入球根，间距 20—30cm；土壤新鲜，富含养料和腐殖质，还需含钙质。

护理：晚霜时若发芽需覆盖，冬天覆盖护根物和腐殖质，稍加支撑；春末时注意亮红色的甲虫并清除（这些甲虫及其幼虫会吞吃百合叶子）。

造型：在较低的多年生草本植物之间或农家花园中种植以吸引视线，通常 2—3 株一起种植。

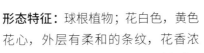

最受欢迎的大丽花品种		
品种 组别	花色 特征	生长高度 花朵大小
单瓣大丽花		
"安德烈" （Andrea） 矮小型大丽花	黄色 黄色花心	20—30cm 2—4cm
"粉色赞歌" （Rosa-Zwerg） 矮小型大丽花	红色 黄色花心	20cm 2—4cm
"安娜·卡里娜" （Anna Karina） 小型大丽花	白色 黄色花心	40cm 5—10cm
"罗克西"（Roxy） 小型大丽花	酒红色 暗色叶子	40cm 5—10cm
"游园会" （Gartenparty） 高株小型大丽花	橙黄色 黄色花心	60cm 5—10cm
"园林公主" （Parkprinzess） 高株小型大丽花	粉色 黄色花心	60cm 5—10cm
半重瓣大丽花		
"兰道夫主教"（Bishop of Llandaff） 牡丹型大丽花	火红色 暗色叶子	100cm 8—15cm
"蟋蟀" （Cricket） 领饰型大丽花	红色和黄色 双色	90cm 7—12cm
"彗星"（Comet） 白头翁型大丽花	栗褐色	80—100cm 7—12cm
重瓣大丽花		
"金角湾" （Golden Horn） 仙人掌型大丽花	橙色 舌状花	80cm 大于 15cm
"马里奥" （Mairo） 装饰型大丽花	紫罗兰色 紧密重瓣	100cm 大于 15cm
"小红帽" （Rotkäppchen） 球型大丽花	橙红色 暗色叶子	80—100cm 10cm
"罗宾娜" （Robina） 小球型大丽花	鲜红色 球形花朵	100cm 5cm

 专家提醒

　　唐菖蒲是非常漂亮的切花，且保存时间较长。

 专家提醒

　　也有能在半阴环境中生长的百合品种，可以在专业商店咨询购买。

少量浇水　　切花　　地被植物　　不抗寒的球根植物　　有毒

一年生花卉——不仅能填补空隙

蜀葵
Alcea rosea

高度 / 宽度: 1.6—2.2m/40—60cm
开花时间: 7月到9月

形态特征: 两年生夏季花卉；花白色、黄色、粉色、紫色至红色，也有双色花，单瓣或重瓣（直径6—8cm），大型烛状花序；叶圆形，暗绿色。

种植: 一年生的于4月或5月播种，两年生的于6月或7月播种；土壤适度干燥至新鲜，透气，富含养料。

护理: 施以足量有机肥，用堆肥护根，植株较高的品种固定单杆；适量浇水。

造型: 经典的农家花园植物，无论是色彩协调的小群组还是单独作为视线焦点，都非常适合在篱笆前或光照充足的墙体前种植。

金盏花
Calendula officinalis

高度 / 宽度: 30—70cm/15—20cm
开花时间: 6月到9月

形态特征: 一年生夏季花卉；花色依品种不同有奶白色、黄色、橙色至橙红色，黑色花心（直径5cm），单瓣、半重瓣和重瓣；叶椭圆形，浅绿色，有黏性。

种植: 4月到5月播种（随后的几年中会自体传播），出苗后可根据需求间苗；土壤富含养料，疏松，略干燥，基本无要求。

护理: 春天堆肥或施肥，摘除枯萎的花朵。

造型: 农家花园植物，在花坛中密集种植，可作为香草和香料花坛的隔离带。

翠菊
Callistephus chinensis

高度 / 宽度: 15—90cm/20—50cm
开花时间: 7月到9月

形态特征: 一年生夏季花卉，品种繁多；花色有奶白色、黄色，还包括从红色到紫罗兰再到蓝色的所有色调，单瓣、半重瓣和重瓣，也有小球型花朵；叶披针形，粗糙裂齿，暗绿色。

种植: 3月到8月室内播种，在冰神节后移至花坛或在5月底后直接移至露地；土壤富含养料，新鲜至湿润，不能干燥。

护理: 春天施复合肥，用堆肥护根，定期浇水。

造型: 疏松地以堆状种植；非常适合作为隔离花坛中的陪衬植物。

🌿 **植物搭配**

· 农家花园植物　· 天蓝绣球
· 翠雀　· 大波斯菊

💬 **专家提醒**

金盏花是学习播种一年生花卉最好的植物；它们很容易增殖。

💬 **专家提醒**

单一色彩的品种可以针对性地融入花坛的主题色彩中。

阳光充足

半阴

多阴

大量浇水

适量浇水

林生烟草
Nicotiana sylvestris

高度 / 宽度: 100—150cm/20—30cm
开花时间: 6 月到 10 月

形态特征: 一年生夏季花卉; 花管状, 白色, 花香 (直径 5mm, 1—2cm 长), 总状花序; 叶宽, 卵形, 苍绿色。

种植: 从 3 月起室内播种, 5 月最后一次霜冻后将幼苗移至露地; 土壤新鲜疏松, 富含养料。

护理: 土壤施有机肥, 用堆肥护根, 摘除枯萎的花; 定期浇水。

造型: 非常美观, 适合种在隔离花坛的多年生草本植物之间作为花坛的中景; 类似的花烟草 (*Nicotiana x sanderae*) 有白色、黄色、粉色、红色和紫罗兰色花朵; 也可用于盆栽或种植箱。

万寿菊
Tagetes-Patula 杂交种

高度 / 宽度: 20—50cm/20—30cm
开花时间: 6 月到 10 月

形态特征: 一年生夏季花卉, 品种繁多; 花色有黄色、橙色、红棕色, 单瓣、半重瓣和重瓣 (直径 3—4cm); 叶缺刻, 暗绿色, 有浓郁的芳香。

种植: 3 月到 4 月室内播种, 冰神节后移至花坛或在 5 月底后直接移至露地; 普通花园土, 湿润至适度干燥, 不能接受积水。

护理: 无特殊要求, 土壤施少量有机肥, 用堆肥护根, 摘除枯萎的花; 定期浇水。

造型: 重瓣的成组种植, 单瓣的以毯状或带状种植; 漂亮的边饰植物, 也可用于盆栽或种植箱。

百日菊
Zinnia elegans

高度 / 宽度: 30—100cm/15—30cm
开花时间: 7 月到 10 月

形态特征: 一年生夏季花卉, 品种繁多; 花色有白色、黄色、橙色、粉色、红色, 也有双色品种, 单瓣、半重瓣和重瓣, 也有小球型 (直径数厘米); 叶卵形, 苍绿色。

种植: 4 月后室内播种, 5 月底后移至花坛 (百日菊通常以幼苗形式出售); 土壤湿润, 富含养料, 透气。

护理: 对土壤施肥, 覆盖堆肥; 定期浇水 (每天); 高植株的品种加支撑杆, 摘除枯萎的花。

造型: 与其他夏季花卉或多年生草本植物组成色彩协调的群组, 较低的品种也可用于盆栽或种植箱。

🌿 植物搭配
· 美国紫菀   · 翠雀
· 狭叶马鞭草   · 大波斯菊

专家提醒
由于种类繁多, 购买前可以先咨询专业人士。

 少量浇水　 切花　 地被植物　不抗寒的球根植物　 有毒

初夏的繁花

东欧风铃草 *Campanula carpatica*	**高翠雀** *Delphinium-Elatum* 杂交种	**一年蓬** *Erigeron* 杂交种

东欧风铃草

Campanula carpatica

高度 / 宽度： 20—30cm/40—50cm
开花时间： 6月到8月

形态特征： 矮株多年生草本植物；花色根据品种不同有紫罗兰到蓝色，也有银蓝色和白色（直径可达4cm）；叶小，卵形，鲜绿色。

种植： 容器植物终年均可种植，株距20—30cm；土壤透气，也可干燥，绝不能潮湿。

护理： 极少量施肥，否则植株生长将不再紧凑；开花后短截，防止蜗牛啃噬幼株；只在长期干旱时浇水。

造型： 种植岩生植物的假山花园中作为地垫，多年生草本植物花坛的前景，可作为边饰，也可用作连接干式墙。

高翠雀

Delphinium-Elatum 杂交种

高度 / 宽度： 1.2—2m/30—60cm
开花时间： 6月到7月

形态特征： 雄伟的多年生草本植物；花色蓝色至淡紫色，也有白色，带白色或暗色花心，花序高30—40cm；叶深裂至掌状裂，鲜绿色。

种植： 容器植物终年均可种植，株距40—50cm；土壤养料丰富，土深，壤土。

护理： 春末施复合肥，以不显眼的杆子支撑，以分根繁殖，除去枯萎的花朵，以促进8月到9月的二次开花；适量浇水。

造型： 无论在传统的花坛中还是农家花园中，都是视线的焦点；单独种植或以群组种植。

一年蓬

Erigeron 杂交种

高度 / 宽度： 50—80cm/30—40cm
开花时间： 6月到7月（9月）

形态特征： 簇状生长的多年生草本植物；花色紫罗兰色、白色、粉色、红色、浅紫色，带金黄色花心（直径6cm）；叶披针形，暗绿色。

种植： 容器植物终年均可种植，株距25—30cm；土壤新鲜，养料丰富，透气，黏土含量不能过高。

护理： 开花结束后将地上部分剪去，施肥，以促进秋天的二次开花，每两年分根，必要时加支撑；适量浇水。

造型： 有多种花色协调的品种，因此可在隔离花坛中以协调的色调组成漂亮的群组。

🌿 **专家提醒**

不要将翠雀种在生长过于繁茂的多年生草本植物旁边，否则它的生长会受到压制。

🌱 **植物搭配**

· 美国薄荷　· 木茼蒿
· 翠雀　· 堆心菊

| 萱草 | 羽扇豆 | 高型天蓝绣球 |

萱草
Hemerocallis 杂交种

高度 / 宽度: 40—110cm/40—60cm
开花时间: 5 月到 8 月

形态特征: 簇状生长的多年生草本植物；有各种花色，从奶白色到黄色、橙色，直到粉色、红色和棕红色，也有双色花（直径可达 15cm）；叶带状，浅绿色。

种植: 容器植物终年均可种植，株距 50—60cm；土壤适度干燥至湿润，养料丰富，壤土；在阴凉处开花较少。

护理: 极少量施肥，除去干枯的花朵（枯萎的花茎要除去整个地上部分）；适量浇水。

造型: 与中等高度，花色协调的多年生草本植物组合非常漂亮。

羽扇豆
Lupinus—Polyphyllus 杂交种

高度 / 宽度: 80—100cm/50—60cm
开花时间: 6 月到 7 月

形态特征: 多年生草本植物，开花繁茂；花色白色、黄色、紫罗兰色、蓝色、粉红色、红色，也有双色花（直径 1—2cm），花序高 40—50cm；叶掌状深裂，蓝绿色。

种植: 容器植物终年均可种植，株距 30—40cm；土壤适度干燥至新鲜，透气，沙质，富含腐殖质，不能含钙质。

护理: 春天施堆肥，定期除去干枯的花朵，开花后可去除几乎整个地上部分，以促进新的发芽；适量浇水。

造型: 典型适合农家花园和村舍花园的多年生草本植物，最好种在花色繁多的花坛中。

高型天蓝绣球
Phlox-Paniculata 杂交种

高度 / 宽度: 50—150cm/ 最宽 50cm
开花时间: 6 月到 9 月

形态特征: 长势茂盛的多年生草本植物；花色白色、紫罗兰色、粉红色、红色、胭脂色，通常为双色，花心为白色或其他颜色（直径 1.5—2cm），花香；叶披针形，暗绿色。

种植: 容器植物终年均可种植，株距 20—30cm；土壤新鲜至湿润，透气，富含腐殖质和养料。

护理: 春天施腐殖质或有机肥，植株较高的品种加支撑杆；容易干枯（浅根性植物），因此需定期每天浇一次水。

造型: 色彩协调的品种组成群组，最好与白色、蓝色或浅紫罗兰色的多年生草本植物为邻。

🌱 **专家提醒**

　　每次开花只能持续一天，但能不断开花，因此花期较长。

| | | | | | |
| 少量浇水 | 切花 | 地被植物 | 不抗寒的球根植物 | | 有毒 |

盛夏的多年生草本植物及花卉

落新妇 *Astilbe-Arendsii* 杂交种	**总序升麻** *Cimicifuga racemosa*	**堆心菊** *Helenium* 杂交种

落新妇

Astilbe-Arendsii 杂交种

高度 / 宽度: 60—120cm/50—80cm
开花时间: 7月到9月

形态特征: 繁茂的多年生草本植物;花色依品种不同有白色、奶油色、粉红色至暗红色、浅紫色,花小,集成大型的羽状花序,花香;叶羽状复生,边缘锯齿,暗绿色。

种植: 容器植物终年均可种植,株距40—60cm;土壤湿润,壤土,富含腐殖质,绝不能种在炎热(空气干燥)的环境中。

护理: 定期施有机肥,在土中埋入堆肥;充分浇水(每天一次),水流应细密、柔和。

造型: 非常适合半阴的环境或稀疏的树荫下。

总序升麻

Cimicifuga racemosa

高度 / 宽度: 1.5—2m/50—90cm
开花时间: 7月到8月

形态特征: 繁茂的多年生草本植物;白色小花,组成60cm狭长花序;羽状叶,暗绿色。

种植: 容器植物终年均可种植,株距40—50cm;土壤疏松,湿润,富含腐殖质,绝不能种在阳光直射或干燥地带。

护理: 多次施用有机肥,此外就任其自由生长,因为这种植物需要多年才能完全展示其魅力;充分浇水,长期干旱时可一天浇两次水。

造型: 作为单独的群组种于林木下方或墙下的阴影处;可为沉闷的角落增添光彩。

堆心菊

Helenium 杂交种

高度 / 宽度: 60—150cm/30—50cm
开花时间: 6月到9月

形态特征: 多年生草本植物,开花繁茂;花色黄色、橙色、红色、棕色,也有双色花,花心颜色很深(直径3—4cm);叶披针形,苍绿色。

种植: 容器植物终年均可种植,株距30—40cm;土壤湿润,但不能积水,富含养料,壤土。

护理: 去除枯花,支撑较高的植株,此外护理非常简单;每天浇水,长期干旱时也要保证土壤湿润。

造型: 开花时间不同的品种混合种植,较低的品种因其丝绒般的色彩应作为前景,较高的品种则以群组作为背景。

🍃 **专家提醒**

结合不同开花时间的品种可获得较长的花期。

🪷 **植物搭配**

· 玉簪
· 藤本植物(墙边) · 落新妇

阳光充足	半阴	多阴	大量浇水	适量浇水

大滨菊
Leucanthemum x superbum

高度 / 宽度： 50—90cm/30—50cm
开花时间： 6 月到 9 月

形态特征： 宽大的簇状多年生草本植物；白花，黄色花心，根据品种不同有单瓣、重瓣或半重瓣（直径约 5—6cm）；叶披针形，光泽的暗绿色。

种植： 容器植物终年均可种植，株距 30—40cm；土壤新鲜，富含养料，疏松，既不能是沙土也不能是黏土。

护理： 春天施足量有机肥，开花结束后充分短截，并再次施肥（秋天会重新发芽并二次开花），每 3—4 年进行分根；干燥时浇水。

造型： 以群组的形式种在夏季花坛中，白色花几乎可与任何颜色的花组合；在不割草的草坪边缘也可种植。

美国薄荷
Monarda 杂交种

高度 / 宽度： 70—130cm/20—50cm
开花时间： 7 月到 9 月

形态特征： 笔直生长的多年生草本植物，生存时间较短；花色几乎包括所有红色，也有紫罗兰色和白色（直径 5—7cm）；叶狭长卵形，锯齿边，暗蓝绿色，有芳香。

种植： 容器植物终年均可种植，株距 30—40cm；土壤新鲜，富含养料，不能种在黏土中。

护理： 春天在土中埋入堆肥，施有机肥，支撑高植株，秋季短截，每 2—3 年进行分根；适量浇水，只在干旱时可增加水量。

造型： 以群组的形式种在多年生草本植物花坛中吸引视线。

金光菊
Rudbeckia 种

高度 / 宽度： 0.5—2m/0.5—1m
开花时间： 7 月到 9 月

形态特征： 开花繁茂的多年生草本植物，生存时间较长；亮黄色花，通常有深色花心，单瓣和重瓣（直径可达数厘米）；叶卵形或缺刻，暗绿色。

种植： 容器植物终年均可种植，株距 30—60cm；所有优质花园土，新鲜，尽可能为壤土，疏松，富含养料。

护理： 春天施肥，除去枯萎的花茎，环境恶劣的地方冬天要对幼苗进行覆盖；每天浇水，长期干旱时也要保持土壤湿润。

造型： 种于多年生草本植物花坛中，以其鲜艳的色彩作为主导，也可种在篱笆墙上，作为支撑物；非常适合农家花园或村舍花园。

🌱 **植物搭配**

· 一年蓬　· 风铃草　· 草类
· 圆锥石头花（即满天星）

少量浇水

切花

地被植物

不抗寒的球根植物

有毒

野生花卉的魅力

羽衣草	**阔叶风铃草**	**鬼灯檠**
Alchemilla mollis	*Campanula latifolia*	*Rodgersia podophylla*

羽衣草

Alchemilla mollis

高度 / 宽度: 30—50cm/40—60cm
开花时间: 6 月到 8 月

形态特征: 黄绿色小花，组成直径 5—8cm 的大花序；叶圆形，边缘浅裂，暗绿色。

种植: 容器植物终年均可种植，株距 30—40cm；土壤富含养料，最好为壤土或黏土，新鲜；不能为沙土。

护理: 无特殊要求，3 月除去上一年的枯叶，春天施肥，除去枯萎的花朵，并进行短截；适量浇水。

造型: 可作为彩色花坛的中心，与红花形成鲜明对比，和蓝花则色彩协调。

阔叶风铃草

Campanula latifolia

高度 / 宽度: 80—100cm/50—60cm
开花时间: 6 月到 7 月

形态特征: 直立生长的多年生草本植物；花蓝紫色（直径 3—4cm），组成疏松的总状花序，也有纯白色的品种；叶长卵形，被毛，暗绿色。

种植: 容器植物终年均可种植，株距 40—60cm；土壤新鲜至湿润，富含养料，含腐殖质，也能接受较潮湿的土壤。

护理: 春天施以堆肥过的牛粪，防止嫩芽被蜗牛啃食，秋天盖护根物；适量浇水。

造型: 适合半阴的多年生草本植物花坛；非常适合和其他森林植物种在大型灌木和乔木下方组成自然的林地花坛。

鬼灯檠

Rodgersia podophylla

高度 / 宽度: 80—180cm/60—75cm
开花时间: 6 月到 7 月

形态特征: 观叶多年生草本植物；花乳白色（直径几毫米），组成 50cm 分枝的圆锥花序；叶掌状深裂，初为青铜色，后暗绿色。

种植: 容器植物终年均可种植，株距约 1m；土壤新鲜至湿润，透气，富含养料，含腐殖质，也能接受潮湿的土壤。

护理: 春天短截死去的植株部分，对土壤施无机肥或有机肥，剪去枯萎的花序；足量浇水。

造型: 种于池塘边或灌木下方，以群组种植或单独种植。

🍃 **专家提醒**

早早发芽的观赏叶不仅外形美观，还能抑制杂草。

🌿 **植物搭配**

· 蕨类 　 · 玉簪 　 · 鬼灯檠
· 总序升麻 　 · 假升麻

🍃 **专家提醒**

一种极佳的阴生观叶植物；有不同颜色叶子的品种。

阳光充足

半阴

多阴

大量浇水

适量浇水

林荫鼠尾草

Salvia nemorosa

高度 / 宽度： 40—80cm/30—40cm
开花时间： 5 月到 8 月

形态特征： 直立生长的多年生草本植物；花浅蓝紫色至深蓝紫色，花小，组成约 20cm 长的穗状花序，芳香，开花时间长；叶长卵形，暗绿色。

种植： 容器植物终年均可种植，株距 20—30cm；土壤适度干燥至新鲜，透气，富含养料，不能接受重土。

护理： 春天施有机肥，植物开花结束后充分短截（9 月会二次开花）并施肥；只在长期干旱时浇水。

造型： 农家花园中可作为边饰植物，在隔离花坛中与黄色和红色花朵形成鲜明对比，或种在月季花间。

毛蕊花

Verbascum 杂交种

高度 / 宽度： 1.2—1.8m/40—60cm
开花时间： 6 月到 8 月

形态特征： 生长时间较短的多年生草本植物；花大部分为黄色，也有粉色、紫色、琥珀色和白色的品种，组成 30—60cm 长的穗状花序；叶宽椭圆形，灰色被毛，底部莲座丛。

种植： 容器植物终年均可种植，株距 50cm；土壤干燥至适度干燥，透气，营养贫瘠。

护理： 开花结束后截去花序（延长植株的生命）；只在长期干旱时浇水。

造型： 在多彩的农家花园中或在隔离花坛中种在橙色和黄色夏季花卉间作为视线焦点。

穗花婆婆纳

Veronica spicata

高度 / 宽度： 20—40cm/20—40cm
开花时间： 6 月到 8 月

形态特征： 毯状多年生草本植物；花色为深蓝色至深紫罗兰色，花小，组成 15cm 长的穗状花序；叶长卵形，银灰色。

种植： 容器植物终年均可种植，株距 20—30cm；土壤适度干燥至新鲜，透气，含适量养料。

护理： 不需施肥，堆肥即可；开花结束后切除花茎；适量浇水。

造型： 灰色的叶子比花更重要，尤其适合与柔和色调的花坛和红色月季搭配；是石楠花园、岩生植物假山花园和草地花园绝佳的补充。

🌿 **植物搭配**

· 有髯鸢尾　· 一年蓬
· 芍药　· 月季

🌿 **专家提醒**

　　毛蕊花只能通过种子繁殖。在适宜的地方它们能自体传播。

少量浇水

切花

地被植物

不抗寒的球根植物

有毒

漂亮的观叶多年生草本植物

日本苔草
Carex morrowii

高度 / 宽度: 40—50cm/30—40cm
开花时间: 4 月

形态特征: 常绿草类;黄色小花组成穗状花序;叶宽,弧形,垂吊,暗绿色,"花叶"(Variegata)品种叶边有奶白色条纹。

种植: 容器植物终年均可种植,株距50cm;所有正常的花园土均可,土壤新鲜至湿润,不能承受水涝和干旱。

护理: 偶尔施有机肥;适量浇水,长期干旱时多浇水。

造型: 种在稀疏的树丛间或树篱和墙的阴影中,在林地花坛和背阴的隔离花坛中种植也很漂亮。

🌿 **专家提醒**

　高度可达 150cm 的大叶苔草(*Carex pendula*)也可种在板结的土地中。

灰羊茅
Festuca cinerea

高度 / 宽度: 30—60cm/20—30cm
开花时间: 6 月到 7 月

形态特征: 半球形垫状草类;灰绿色锥状花序;叶狭长,灰绿色至钢青色,形成密实的垫状,有些品种叶为亮蓝色。

种植: 容器植物终年均可种植,株距20—30cm;土壤适度干燥至干燥、腐殖质和养料含量少,不能接受潮湿。

护理: 春季摘除枯萎或冻伤的花和叶,开花后彻底短截;只在长期干旱时浇水。

造型: 单独或以群组种在假山花园的多年生草本植物之间,或种在干燥的隔离花坛中。

🌱 **植物搭配**

· 婆婆纳　　· 风铃草
· 卷耳(耳草属)

玉簪
Hosta 种和杂交种

高度 / 宽度:
最高达 120cm/30—100cm
开花时间: 6 月到 8 月

形态特征: 多种形状的观叶多年生草本植物;花色白色、浅紫罗兰色至蓝紫色和紫色(直径 1.5—2cm);叶的形状和颜色均非常多样,也有双色品种。

种植: 容器植物终年均可种植,株距视不同品种的宽度而定;土壤为壤土,湿润,含腐殖质。

护理: 容易照理,春天在土中埋入有机肥(护根物、堆肥),发芽时一定要处理掉蜗牛。

造型: 林木下方、池塘边和背阴的多年生草本植物花坛中的视线焦点;能很好地掩盖迁入的球根花卉。

🌿 **专家提醒**

　对长势良好的植株最好任其自由生长,可以存活很久。

阳光充足

半阴

多阴

大量浇水

适量浇水

荚果蕨
Matteuccia struthiopteris

高度 / 宽度：
60—140cm/ 最宽为 100cm
开花时间： 不开花

形态特征： 观叶多年生草本植物，结孢子；叶二回羽状深裂，叶片鲜绿色，漏斗形，相对坚硬。

种植： 容器植物终年均可种植，但秋季最佳，因为荚果蕨第二年很早就会发芽，株距为 60—80cm；土壤新鲜至湿润，疏松，富含腐殖质。

护理： 以叶腐殖质作为护根物，每两年分根，因为它们也能以匍匐茎传播；干旱时一定要充分浇水。

造型： 林木疏松的阴影中或树篱下方，单独或多株一起种植；种植过于紧密时将无法展现其漂亮的外形。

狼尾草
Pennisetum alopecuroides

高度 / 宽度：
40—100cm/ 最宽为 60cm
开花时间： 9 月到 10 月

形态特征： 形成簇状穴的草类；狭长、垂吊的叶子（秋天变金黄色）上方为有羽状芒的长花穗。

种植： 容器植物终年均可种植，株距 60—70cm；土壤适度干燥至湿润，不能接受非常干燥、沙质或板结的土壤。

护理： 春季短截，偶尔施肥；长期干旱时浇水。

造型： 单独种在花坛中较小的多年生草本植物之间，或悬挂种植，可充分展现其漂亮的垂吊花穗。

对开蕨
Phyllitis scolopendrium

高度 / 宽度： 20—40cm/20—30cm
开花时间： 不开花

形态特征： 常绿观叶多年生草本植物，结孢子；叶光泽浅绿色，无裂，舌状，边缘呈轻微波浪形，笔直生长。

种植： 容器植物终年均可种植，但为了促进生长，春天最佳，株距 20—30cm；土壤新鲜至湿润，透气，富含腐殖质，绝不能种在容易干燥的环境中。

护理： 种植时混入泥炭，用叶堆肥作为护根物；定期浇水，干旱时还可喷水。

造型： 特别适合花园中阴凉、无风的位置；由于体积较小，应种在前景处。

🌿 **植物搭配**

· 玉簪　· 风铃草
· 杜鹃花

🌿 **植物搭配**

· 紫菀　· 羽衣草
· 秋季菊花

少量浇水

切花

地被植物

不抗寒的球根植物

有毒

夏季开花的灌木

铁线莲
Clematis-Jackmannii 杂交种

高度 / 宽度: 最高 4m/ 最宽 2m
开花时间: 7 月到 10 月

形态特征: 落叶蔓生植物;花暗蓝色至紫蓝色,也有红色和粉色(直径可达 10cm);叶缺刻,暗绿色。

种植: 最好在春天种植,株距 20—30cm,斜向深植,用一根木棒引向攀缘物;土壤新鲜,富含腐殖质,一定要疏松。

护理: 植物基部要保持背阴,春天施有机肥,定期疏枝,摘除枯花;干旱时彻底浇水。

造型: 与其他铁线莲(颜色和花期合适)或藤本月季一起,攀于墙上、棚架或拱门。

黄栌
Cotinus coggygria

高度 / 宽度: 最高 5m/ 最宽 4m
开花时间: 6 月到 7 月

形态特征: 落叶大型灌木;白色小花组成大型云状花穗,开花时间长,开花后直接长出假发状果荚;叶卵形,苍绿色,秋天为橙色至红色。

种植: 容器植物终年均可种植,株距 2—3m;土壤干燥至新鲜。

护理: 无特殊需求,尽量不要修枝,地面铺护根物,少量浇水。

造型: 在疏松的林木群中作为视线焦点,单独种植或作为多年生草本植物花坛的背景。

圆盾状忍冬
Lonicera periclymenum

高度 / 宽度: 5—7m/ 最宽 3m
开花时间: 5 月到 7 月

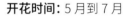 

形态特征: 落叶蔓生植物;长管状花,白色、黄白色、紫红色至紫色(4—4.5cm 长),傍晚香气尤盛,8 月后结暗红色浆果;叶椭圆形,灰绿色。

种植: 容器植物终年均可种植,株距 30—40cm,需要攀缘物;土壤透气,富含养料。

护理: 无特殊需求,铺护根物,春天施有机肥,偶尔修剪过于茂密的树枝;长期干旱时浇水。

造型: 在墙体、拱门和棚架上都非常漂亮,也可攀附木本植物。

> **专家提醒**
>
> 铁线莲种开花茂盛,但花较小,能营造浪漫的氛围。

> **专家提醒**
>
> "贵族紫"(Royal Purple)品种叶子为暗红色,尤其漂亮。

阳光充足	半阴	多阴	大量浇水	适量浇水

蝴蝶戏珠花
Viburnum plicatum f. *tomentosum*

高度 / 宽度：最高 2m/ 最宽 3m
开花时间：5 月到 6 月

形态特征：落叶灌木；花白色，宽 6—8cm，浅平的圆锥花序，极少情况下 9 月后会长出蓝黑色有毒浆果；叶宽椭圆形，苍绿色，秋天呈酒红色至紫罗兰色。

种植：容器植物终年均可种植，株距 2—3m；土壤新鲜。

护理：无特殊需求，偶尔施有机肥，定期疏枝以保持植株外形宽松。

造型：最好和其他灌木一起种植（树篱，树丛）；单独种植时需定期疏枝使外形伸展、宽松。

锦带花
Weigela 杂交种

高度 / 宽度：最高 3m/ 最宽 3m
开花时间：5 月到 7 月

形态特征：落叶灌木；根据品种不同花色有浅粉色到暗红色，钟形，密集分布在弧形弯垂的枝条上；叶椭圆形，苍绿色。

种植：容器植物终年均可种植，株距视不同品种的宽度而定；经护理的普通花园土，需富含养料。

护理：春天施有机肥，铺护根物，定期修型，剪去干枯的短枝；长期干旱时浇水。

造型：在花坛背景单独种植作为视线焦点，或者作为树篱灌木（可以忍受与旁边植株较小的株距）。

🍃 专家提醒

生命力极其旺盛的植物，在恶劣的气候环境下也能正常生长。

其他夏季开花的灌木		
名字	高度	花色 开花时间
大叶醉鱼草 (*Buddleja davidii*；品种)	3—4m	白色、红色、蓝色 6 月到 8 月
紫珠 (*Callicarpa bodinieri*)	2—3m	青紫色 6 月到 7 月
蓝花莸 (*Caryopteris x clandonensis*)	1m	蓝色 8 月到 10 月
鼠李 (*Ceanothus* 种)	最高 7m	蓝色、粉色 7 月到 10 月
岩蔷薇 (*Cistus* 种和品种)	1—2m	白色 6 月
四照花 (*Cornus kousa*)	最高 7m	白色 6 月
小冠花 (*Coronilla* 种)	1—2m	黄色 5 月到 10 月
枸子 (*Cotoneaster* 种)	通常 1m 以下	白色到粉色 5 月到 6 月
溲疏 (*Deutzia* 种)	1—2m	白色 5 月到 7 月
倒挂金钟 (*Fuchsia magellanica* 及其他)	通常 1m 以下	红色到紫色 7 月到 10 月
长阶花 (*Hebe* 种)	50cm	白色 5 月到 7 月
木槿 (*Hibiscus syriacus*；品种)	2—3m	白色、蓝色、红色 8 月到 10 月
绣球花 (*Hydrangea* 种)	0.5—3m	白色、粉色、红色、紫罗兰色、蓝色 6 月到 9 月
狭叶山月桂 (*Kalmia angustifolia*)	1m	紫红色 6 月到 7 月
十大功劳 (*Mahonia* 种)	1—3m	黄色 5 月到 6 月
欧洲山梅花 (*Philadelphus* 种)	1—4m	白色 6 月到 7 月
绣线菊 (*Spirea* 种和变种)	0.5—3m	白色、粉色、红色 5 月到 9 月

少量浇水

切花

地被植物

不抗寒的球根植物

有毒

优良的月季品种

月季的品种非常繁多，目前全世界就有超过三万种月季！如此丰富的选择，不仅新手会无从下手，就连经验丰富的老园丁可能也会感到迷茫。诀窍在于：系统地应对。月季的生长环境、花园中的位置，以及生长形态和抗性是最重要的因素。剩下的就只是个人喜好了。

每年，全球的月季栽培者都会为市场引入许多新的品种。后面几页中介绍的月季只是其中一小部分。但已经包含了许多经过品质验证、广受大众欢迎的品种和健康的新品种。

良好的生长环境，健康的成长

选择的月季品种越适合种植地环境，种植后长期所需的护理就越容易。它们偏爱光照充足但不会太炎热的环境，土壤最好为中壤土。墙面和路面附近都很容易积聚热量，这会促进病虫害的侵袭。注意保留充分的株距，防止阻碍空气流通。这样可以保证月季在雨后尽快恢复干燥，避免真菌侵害。但也不能太过疏松！

生长形态决定用途

月季可分为多种不同的类别。这种分类基于月季的不同生长形态，同时还定义了它们在不同造型中的适用性。微型月季特别适合作为盆栽或垂吊盆栽。最高达 80cm 的经典杂种香水月季适合单独种植，而多种多样的壮花月季则适合与多年生草本植物组合种植。小灌木月季也称为丰花月季，生命力尤其旺盛，非常容易照料。这些月季都可在花坛中种植。高达 120—200cm 的灌木月季适合作为花坛的背景或单独种植以吸引眼球。藤本月季可分成两类。攀缘月季的茎较有力，最长为 250cm，而蔓生月季的茎较软，最长可达 500cm。前者适合攀在月季拱门、墙和方尖碑上，后者可为拱廊和棚架增添绿意。

灌木月季

"亚伯拉罕·达比" **（Abraham Darby）** *Austin 1985*	**"安吉拉"（Angela）** *Kordes 1984*	**"卢德宫一百年"** **（Centenaire de Lourdes）** *Delbard-Chabert 1958*

"亚伯拉罕·达比"
（Abraham Darby）
Austin 1985

高度： 1.5—2m
形态： 长茎，垂吊
开花时间： 6 月到秋天
灌木月季

形态特征： 大花，碗形，宽松的重瓣，宜人的花香；花色为杏色、粉色和淡黄色的独特组合。

特性： 叶光泽，不易遭受病害；在降雨较多的地区潮湿而沉重的花朵经通常会垂吊。

造型： 通常用作灌木月季；也可以作为矮株的藤本月季攀附在墙上或格栅上。

"安吉拉"（Angela）
Kordes 1984

高度： 1—1.5m
形态： 植株宽，直立生长
开花时间： 6 月到秋天
灌木月季

形态特征： 花期较长的月季，花防水，大小中等，成簇生长；单独的花为碗形，半重瓣，为生命力旺盛的古代月季；叶暗绿色，抗性极佳；壮实的初级月季。

特性： 1984 年 ADR 月季。

造型： "安吉拉" 非常适合与多年生草本植物组合种植，也可用作不规则的低矮树篱，适合单独种植或成组种植。

"卢德宫一百年"
（Centenaire de Lourdes）
Delbard-Chabert 1958

高度： 1.5—1.8m
形态： 轻微垂吊
开花时间： 6 月到秋天
灌木月季

形态特征： 大花，宽松的重瓣，鲜艳的纯粉红色，优雅的花香；生命力旺盛，能持续开花；叶片大，不易受病害；植株匀称，枝条茂盛。

特性： 富含花粉的花朵能为蜜蜂、土蜂和其他昆虫提供丰富的养分；在半阴的环境和高海拔地区也能健康生长。

造型： 单独种植或成组种植，与其他木本植物或多年生草本植物组成种植。

专家提醒

当你将该品种用作藤本月季时，"低头的"花朵效果最佳。

植物搭配

· 紫色品种的林生鼠尾草（*Salvia nemorosa*）。

阳光充足	半阴	多季花	单季花	可盆栽

"科莱特"（Colette）

Meilland 1993

高度: 最高 2m
形态: 直立生长，植株宽
开花时间: 6 月到秋天
灌木月季

形态特征: 大花，紧凑的重瓣，怀旧型的古代月季，橙红色，花谢后为金棕色；浓郁的果香。

特性: 老化后花朵下垂，外形将更加美观；具有良好的抗冻性，因此也能在高海拔地区种植。

造型: 非常适合单独种植，也可与其他木本植物一起种植，如红色的黄栌。

"伊甸园 85"（Edenrose 85）

Meilland 1985

高度: 1.5m
形态: 长势茂盛，直立生长，植株宽
开花时间: 6 月到秋天
灌木月季

形态特征: 重度重瓣，花开茂密，柔嫩的奶白色和绸粉色，淡香；紧凑的大叶，不易受病害。

特性: 虽然重度重瓣，但防雨性佳。

造型: 绑在墙上或棚架上，也可作为低矮的藤本月季；可成组种植，也可单独种植，单独种在草坪上也非常漂亮。

"格特鲁德·杰基尔"（Gertrude Jekyll）

Austin 1986

高度: 最高 1.5m
形态: 长势茂盛，直立生长
开花时间: 6 月到秋天
灌木月季

形态特征: 大型莲座丛花，紧凑的重瓣，花色为鲜艳的粉红色；大马士革玫瑰的经典香气。

特性: 花可做成玫瑰酒或玫瑰花果汁冻。

造型: 优良的新手月季，抗性佳，可与其他香氛植物组合种植营造怀旧的氛围，可盆栽，可单独种植或成组种植；种在能闻到花香的地方。

专家提醒

喜爱浪漫型月季的人一定不能错过。

专家提醒

该品种需要光照充足的环境才能充分展现优势。

花香

切花

地被植物

厨房月季

怀旧月季

灌木月季

"丹麦女王"
（Königin von Dänemark）
Booth 1816

高度： 最高 1.5m
形态： 长势茂盛，宽松
开花时间： 6 月
灌木月季

形态特征： *Rosa—alba* 品种花蕾厚实，红色，花大，为深粉色，香气宜人；完美的平碗形，重度重瓣，四分；漂亮的深蓝绿色叶子。

特性： 花期长，花朵防雨；花谢后植株本身也具魅力。

造型： 单独或成组种植，与其他古代玫瑰一起种在疏松的树篱中。

"马夫"（Postillion）
Kordes 1998

高度： 1.6m
形态： 长势茂盛，笔直生长
开花时间： 6 月到秋天
灌木月季

形态特征： 花朵外形丰饶，中等大小，重瓣，亮黄色，香气浓；花苞和干枯的花朵呈暖铜色。

特性： 富有光泽的暗绿色叶子，对真菌病害具抗性；1996 年 ADR 月季。

造型： 非常适合作为单独的灌木种植，也可与其他开花灌木组合种植或作为盆栽种植。

"雷士特"（Rose de Resht）
从波斯引进

高度： 80—100cm
形态： 长势茂盛，笔直生长
开花时间： 6 月到秋天
灌木月季

形态特征： 小花，紧凑的重瓣，花朵轮生，药草香，浅紫红色；茂密的暗绿色叶子，不易受病害，是花朵很好的背景；抗旱的品种，非常适合新手。

特性： 紧密的植株使这种波兰月季特别适合面积较小的花园。

造型： 既可以作为树状月季盆栽，单株或成组均可，也可作为矮树篱；作为树状月季种在香草花坛中也很漂亮。

🌿 **专家提醒**

　　未洒过农药的花朵非常适合厨房烹饪或用于化妆品制造。

🌼 **植物搭配**

· 柳枝稷（*Panicum virgatum*）
· 堆心菊（*Helenium—Hybriden*）

| ☀ 阳光充足 | ◑ 半阴 | ✿ 多季花 | ✾ 单季花 | ⊔ 可盆栽 |

"皇家盛会"（Royal Show）

Meilland 1983

高度： 1.5—2m
形态： 长势茂盛，垂吊
开花时间： 6 月到秋天
灌木月季

形态特征： 圆形花苞，花大，重瓣，成醋栗红色，花色稳定；叶子光泽，对真菌病害有极强的抗性。

特性： 开花平均可从夏天一直持续到秋天，能很好地自洁；喜欢新鲜、粗糙的环境，避免湿热。

造型： 单独或成组种植，适合月季树篱，也可与其他品种组合种植。

"瓦尔斯鲁德鸟类公园" （Vogelpark Walsrode）

Kordes 1988

高度： 1.5m
形态： 植株宽，宽松
开花时间： 6 月到秋天
灌木月季

形态特征： 半重瓣大花，嫩粉色，淡香，花朵呈宽松的簇状，能不停开花，防雨；光泽的装饰性叶子，高抗性；生命力旺盛的品种，适合新手。

特性： 1989 年 ADR 月季。

造型： 有各种种植方法；单独或成组种植，也可种在容器中，也可与多年生草本植物组合种植。

"白云"（Weiße Wolke）

Kordes 1993

高度： 90—100cm
形态： 横向伸展
开花时间： 6 月到秋天
灌木月季

形态特征： 半重瓣大花，碗形，雄蕊清晰可见，纯白色，花香宜人。

特性： 紧凑的暗绿色光泽叶片，叶脉明显。

造型： 在小花园中单独或成组种植，也可与蓝色和黄色花朵的多年生草本植物组合种植，如翠雀和萱草；也很适合作为盆栽植物或用作树篱。

🌷 **专家提醒**

与开淡色花朵的多年生草本植物组合种植特别漂亮。

壮花月季、杂种香水月季和微型月季

"亚琛主教座堂"（Aachener Dom）

Meilland 1982

高度： 60—80cm
形态： 笔直生长，茂密
开花时间： 6 月到秋天
杂种香水月季

形态特征： 尖球形花苞；大花，重度重瓣，浅鲑粉色，浓郁的果香；紧凑的暗绿色叶子，革质，嫩枝为红色。

特性： 在较恶劣的环境中也能生长；1982 年的 ADR 月季。

造型： 非常适合成组种植，也适合月季隔离花坛，盆栽或作为切花。

"阿尔贝利西"（Alberich）

De Ruiter 1954

高度： 30cm
形态： 茂盛，生命力旺盛
开花时间： 6 月到秋天
微型月季

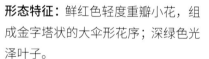

形态特征： 鲜红色轻度重瓣小花，组成金字塔状的大伞形花序；深绿色光泽叶子。

特性： 抗性较佳的品种，花期较晚，但花期长。

造型： 适合盆栽和种植箱，墓地或假山花园，也可作为低矮的树状月季。

"奥地利人"（Austriana）

Tantau 1997

高度： 60—80cm
形态： 植株宽
开花时间： 6 月到秋天
丰花月季

形态特征： 半重瓣的碗形花，鲜艳的血红色，成伞形花序；叶子紧凑，有光泽。

特性： 花色稳定，自洁性佳。

造型： 非常适合大面积种植，也可成组构成小丛林；也可在花坛中种植；每平方米四株。

🌢 专家提醒

由于其健康性佳，该品种也适合在花坛中种植。

🌢 专家提醒

这种月季特别适合搭配暗绿色的背景，如紫杉。

 阳光充足　 半阴　 多季花　 单季花　 可盆栽

"伯恩斯坦玫瑰"（Bernstein Rose）

Tantau 1987

高度： 60cm
形态： 紧凑
开花时间： 6 月到秋天
壮花月季

形态特征： 红色花苞；花朵中等大小，轮状重瓣，花香浓郁，鲜艳的暖调琥珀黄色；叶子结实，暗绿色，有光泽。

特性： 花朵不受风雨影响，有怀旧氛围，花期长。

造型： 成组种植或平铺种植作为花坛月季，也可盆栽，作为矮型树状月季；每平方米六株。

"贝罗丽娜"（Berolina）

Kordes 1986

高度： 最高 1m
形态： 生长茂盛，直立生长
开花时间： 6 月到秋天
杂种香水月季

形态特征： 花苞长；大花，重度重瓣，花朵形态优雅；花色为柠檬黄，略带红色调，典型的杂种香水月季花香；叶子暗绿色，紧凑，与花朵形成鲜明的对比。

特性： 1986 年 ADR 月季。

造型： 单独种植或成组种植，可盆栽，可作树状月季，漂亮的切花月季。

"伯尼卡 82"（Bonica 82）

Meilland 1982

高度： 60—80cm
形态： 植株宽，疏松
开花时间： 6 月到秋天
壮花月季

形态特征： 中等大小，浅粉色花朵组成小型、紧凑的花簇，明显重瓣，但防雨；叶子小，结实，对真菌病害有很好的抗性。

特性： 1982 年 ADR 月季，既能在朝南的位置种植，也能在半阴环境中生存；在温度较高的天气条件下会结蔷薇果；抗寒性佳。

造型： 可成组种植，也适合马路边种植，可盆栽，可切花，也可与小型木本植物和多年生草本植物组合种植；每平方米四到五株。

专家提醒

这种月季也可在艰难的环境中或高海拔地区生长。

壮花月季、杂种香水月季和微型月季

"塞丽娜"（Celina）

Noack 1997

高度： 60—80cm
形态： 茂盛
开花时间： 6 月到秋天
丰花月季

形态特征： 成簇的半重瓣花朵，淡浅黄色，雄蕊非常漂亮，清晰可见。

特性： 叶光泽，对真菌病害抗性佳；也可在炎热的环境中种植。

造型： 良好的地被月季，也可种在斜坡上，盆栽或与较矮的多年生草本植物组合种植；每平方米 4 株。

"银河"（Galaxy）

Meilland 1995

高度： 50—60cm
形态： 植株宽，生命力强
开花时间： 6 月到秋天
壮花月季

形态特征： 花中等大小，重瓣，组成非常规则且轮生的伞状花序，奶油色的底色，粉色暗调。

特性： 颜色有趣；对真菌病害抗性佳。

造型： 非常适合在容器中种植的月季，也可作地被月季，成组种植，与多年生草本植物和木本植物组合种植；每平方米 5—6 株。

"黄玉宝石"
（Gelbe Dagmar Hastrup）

Moore/Meilland 1989

高度： 60—80cm
形态： 茂盛，直立生长
开花时间： 6 月到秋天
丰花月季

形态特征： 花中等大小，半重瓣，花香浓郁，盛花时为鲜艳的黄色，逐渐枯萎时颜色减淡；典型的玫瑰叶，稍有褶皱，对叶围病害抗性佳。

特性： 能为蜜蜂和其他昆虫提供花粉；根直，抗寒，耐盐碱。

造型： 可单独种植或成组种植，也可在马路边种植，盆栽或与多年生草本植物和木本植物组合种植。

 专家提醒

　　盆栽时可与垫状风铃草组合出漂亮的颜色和形状。

 植物搭配

· 老鹳草

　（*Geranium* x *cantabrigiense*）

　"卡米娜"（*Karmina*）

☼	☽	✿	✿	⬜
阳光充足	半阴	多季花	单季花	可盆栽

"海德之火"（Heidefeuer）
Noack 1995

高度： 50—60cm
形态： 植株匀称，直立生长
开花时间： 6 月到秋天
壮花月季

形态特征： 花中等大小，数量大，半重瓣，鲜艳的红色。

特性： 暗绿色叶子，生命力强，对叶围病害抗性佳；生命力旺盛的品种。

造型： 植株形状非常匀称，适合在月季花坛种植，作为地被植物或成组种植，也可作为小高秆盆栽，作为墓地植被；每平方米三到四株。

"海德之梦"（Heidetraum）
Noack 1988

高度： 70—80cm
形态： 茂盛，垂吊
开花时间： 7 月到秋末
丰花月季

形态特征： 花鲜粉红，较大的簇状生长，半重瓣，防雨；叶光泽，抗性佳。

特性： 开花晚，但花期长；1990 年 ADR 月季；在炎热的朝南位置也可种植；适合切花。

造型： 单独或成组种植，可盆栽，也适合悬挂的花盆或种植箱，可作为矮株的树状月季，作为墓地植被；每平方米两到三株。

"粉色达·芬奇"
（Leonardo da Vinci）
Meilland 1993

高度： 60—80cm
形态： 茂盛，直立生长
开花时间： 6 月到秋天
壮花月季

形态特征： 古代月季风格的花，重度重瓣，轮生四分，中等大小；花色均为深粉色。

特性： 叶暗绿色，紧凑，不易受真菌病害；虽然重瓣，但花防雨，颜色稳定。

造型： 非常适合作为地被植物，但也适合盆栽，作为树状月季，和夏季花卉与花坛多年生草本植物组合种植；每平方米五到六株。

专家提醒
一种使用方法繁多的月季，普及度高。

植物搭配
· 粉萼鼠尾草
（*Salvia farinacea*）

 花香　 切花　 地被植物　 厨房月季　 怀旧月季

壮花月季、杂种香水月季和微型月季

"乡愁"（Nostalgie）

Tantau 1996

高度： 最高 80cm
形态： 茂盛，生命力旺盛
开花时间： 6 月到秋天
杂种香水月季

形态特征： 花苞暗红色；球形大花，充分重瓣，花香怡人，花色渐变，边缘为樱桃红，过渡到中间的奶白色；叶光泽度极佳，嫩叶为红色。

特性： 只有一种颜色，开花充分的怀旧月季。

造型： 单独种植或少量成组种植，适合浪漫的花园氛围，可盆栽。

"法兰克福棕榈园"（Palmengarten Frankfurt）

Kordes 1988

高度： 约 70cm
形态： 宽，垂吊
开花时间： 6 月到秋天
丰花月季

形态特征： 碗状花，在树枝顶端形成花簇；中等大小，重瓣，鲜艳的粉红色，远景效果佳；叶鲜绿色，光泽，极具装饰性，健康。

特性： 能快速覆盖种植地；生命力旺盛，环境恶劣时亦能生长。

造型： 可少量或大量成组种植，可覆盖墙顶盖帽，也可在容器中种植；每平方米两到三株。

"雪片"（Schneeflocke）

Noack 1991

高度： 40—50cm
形态： 植株宽，枝条茂盛
开花时间： 6 月到秋天
丰花月季

形态特征： 花簇大，半重瓣，纯白色话，开花早，且能一直持续到秋末；中绿色叶，光泽、健康。

特性： 对真菌抗性佳；1991 年 ADR 月季。

造型： 特别适合作为地被植物或花坛月季，也可盆栽或作为墓地植被；每平方米四株。

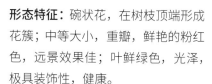

🌱 **植物搭配**

· 开白色花的林生鼠尾草（*Salvia nemorosa* 'Adrian'）

🌱 **植物搭配**

· 基部种植夏枯草（*Prunella grandiflora Loveliness*）

阳光充足

半阴

多季花

单季花

可盆栽

"美丽的多特蒙德小姐"
(Schöne Dortmunderin)
Noack 1991

高度: 60—70cm
形态: 茂盛,直立生长
开花时间: 6 月到秋天
丰花月季

形态特征: 花小,组成圆锥形花序,纯粉色,半重瓣;叶中等大小,光泽。

特性: 1992 年 ADR 月季;开花非常繁茂,花期长,自洁能力强;叶抗性佳。

造型: 使用方法丰富的品种,可在经典的月季花坛中单独作为地被植物种植,也可与多年生草本植物组合种植;生命力旺盛,适合盆栽;每平方米四株。

"瓦伦西亚" (Valencia)
Kordes 1989

高度: 最高 60cm
形态: 植株宽,紧凑
开花时间: 6 月到秋天
杂种香水月季

形态特征: 花中等大小,重度重瓣,花形优雅,温暖的铜色调;叶为革质,鲜绿色。

特性: 因花香特别而获赞扬。

造型: 家庭花园中非常漂亮的切花月季,也可盆栽;由于其紧凑的外形也可成组种在月季花坛中。

"矮人国国王 78"
(Zwergkönig 78)
Kordes 1978

高度: 50cm
形态: 茂盛,直立生长
开花时间: 6 月到秋天
微型月季

形态特征: 花中等大小,半重瓣,鲜艳的血红色;叶子紧密,暗绿色。

特性: 花防雨,自洁性强。

造型: 单独或成组种植,墓地植被,盆栽或其他容器种植,作为矮株树状月季,作为低矮、疏松的树篱或作为花坛的边饰。

🌱 **专家提醒**

这种月季一定要种在能让你闻到花香的地方,这样你可充分享受它带来的香氛。

花香

切花

地被植物

厨房月季

怀旧月季

藤本月季

"博比·詹姆斯" (Bobby James)

Sunningdale Nurseries 1961

高度： 最高 5m
形态： 粗壮，长茎
开花时间： 6 月
蔓生月季

形态特征： 无数小花组成大的花簇，半重瓣，乳白色，雄蕊清晰可见，浓烈的麝香香气；中绿色叶，光泽，紧密。

特性： 极具活力的藤本月季，在半阴环境中也能良好地生长，秋天会结小蔷薇果。

造型： 家庭花园中一般单独种植，可绿化外墙，大型棚架和树木。

"多特蒙德" (Dortmund)

Kordes 1955

高度： 3—4m
形态： 粗壮，垂吊
开花时间： 6 月到秋天
攀缘月季

形态特征： 花苞尖；花大，单瓣，花瓣卷曲，鲜红色，花心白色；光泽的深暗绿色叶，抗性佳。

特性： 抗寒，可靠，可在炎热的朝南位置种植，也可在半阴的环境或高海拔位置种植；为蜜蜂和其他昆虫提供花粉。

造型： 可盖满墙壁，棚架和篱笆。

"火焰舞" (Flammentanz)

Kordes 1955

高度： 4—5m
形态： 粗壮，长茎
开花时间： 6 月
蔓生月季

形态特征： 花朵为丰盈的火红色，中等大小，充分重瓣；叶紧密，暗绿色。

特性： 生命力顽强，对病害抗性佳；抗寒；在光照剧烈的地方和高海拔位置都能很好地生长。

造型： 可生长在攀爬架、棚架和月季拱门上，瀑布状的花朵可从墙顶帽盖垂吊下来，遮住不够美观的墙面。

🍃 **专家提醒**

注意：选择合适的种植地时，一定不要低估了该品种的生长能力！

🍃 **专家提醒**

在对月季来说较为恶劣的环境中也能良好地生长。

 阳光充足 　　 半阴 　　 多季花 　　 单季花 　　 可盆栽

"王室干白"（Kir Royal）	**"玛利亚·丽萨"（Maria Lisa）**	**"山塔娜"（Santana）**
Meilland 1995	*Brümmer 1925/Liebau 1936*	*Tantau 1985*

高度: 2—3m
形态: 茂盛，垂吊
开花时间: 6 月到秋天
攀缘月季

形态特征: 中等大小，半重瓣，碗形花朵，颜色迷人，花瓣嫩粉色的底上像泼了红色颜料。

特性: 浅绿色叶子，对病害抗性极佳。

造型: 可生长在低矮的墙面藤架和篱笆上，也可单独作为灌木生长。

高度: 最高 3m
形态: 茂盛，浓密
开花时间: 6 月到 7 月
蔓生月季

形态特征: 花小，单瓣，组成大型的总状花序，玫红色花，白色花心，开花茂盛，花期长；叶中绿色，光泽。

特性: 花朵持续时间长，很晚才会凋谢；花茎几乎无刺；不能种在太冷的地方。

造型: 可绿化棚架、篱笆和小型的拱门，但也可以作为高株的树状月季或攀生在结实的灌木上。

高度: 2—3m
形态: 茂盛，直立生长，粗壮
开花时间: 6 月到秋天
攀缘月季

形态特征: 暗血红色的花，花大，充分重瓣，花色稳固，香味淡；革质暗绿色叶子，光泽，叶大。

特性: 能连续不断开花，花防雨；生命力旺盛，抗寒；在恶劣的环境，如朝南的位置，也能良好地生长。

造型: 多种种植方法，可绿化墙体、篱笆等，盆栽或作为高秆月季也很漂亮。

植物搭配

· 红叶的木本植物
· 开暗红色花的铁线莲

 花香   切花   地被植物   厨房月季   怀旧月季

夺目的秋色

人们普遍都有一种偏见，认为只有木本植物的彩色叶子才能为秋天的花园添一点色彩。当然，秋天可选择的花不像春天和夏天那样丰富，但也足够你打造一个美丽的花坛了。光是紫菀就有多种不同色彩的品种可选。选对了花卉的种类甚至可以让花期持续到第一次强降霜。

从夏末到秋初，花园渐渐恢复了宁静。花朵不再繁茂，大部分昆虫开始准备过冬，而外面的温度也不再适合在露台上小憩，喝一杯咖啡。但现在就等待冬天的到来似乎还为时过早。如果你定期摘除夏季花卉凋谢的花，某些植株此时还会二次开花，虽然不如主花期时茂盛。

但现在最主要的表现者应该是正宗的秋季花卉。其他多年生草本植物开花时，它们正在吸收光能以促进生长，长出叶子。现在，它们终于绽放了花朵，为秋天的花坛平添许多姿色。

布局决定一切

由于它们开花较晚，秋季花卉应该作为花坛的背景，以避免遮挡夏季花卉。现在花朵已经凋谢的小型多年生草本植物可以留在花坛上，它们的形态奇特，通常可以作为不错的前景点缀。植株较高的夏季花卉则应进行短截。大部分秋季花卉都适合成组种植，这样它们的花朵就能融合成温暖的色块。

这个季节最适合的色调是黄色、金色和红色 —— 你几乎别无他选。挑选植物时也要注意选择相应的叶子以及多边的造型。虽然花色选择不多，但这里我们还是要提供一个简单的小技巧：购买时最好还是选择已经过栽培，且已经开花的植株，将它们种在花盘中。这些花之后就可以直接种到花坛中其他植物之间。最好的情况是花盘能保持在视线之外。

秋季花卉——每年都有不同的组合

金鱼草
Antirrhinum majus

高度/宽度： 20—100cm/15—45cm
开花时间： 6月到9月

形态特征： 一年生花卉；除了蓝色，花色几乎包含所有颜色，也有双色花（直径1—3cm），组成高高的花序；叶狭长卵形，苍绿色，略带黏性。

种植： 1月后在室内播种，5月后将幼株移至花坛，或在5月底之后直接在露地播种（较晚的品种在7月前播种）；普通土壤，疏松，富含养料。

护理： 种植前对土壤施有机肥，用堆肥改善土质，摘除枯萎的花和叶，高植株的品种加支撑杆；定期、适量浇水。

造型： 多种颜色的混合，可作为花坛中的色块，高株的品种作为花坛背景，矮株则种在花坛边缘。

大波斯菊
Cosmos bipinnatus

高度/宽度： 5—110cm/50—66cm
花期： 6月到10月

形态特征： 一年生花卉；花色白色、粉色至鲜红色，黄色花心（直径约5cm）；叶子精细缺刻，浅绿色。

种植： 3月底后在室内播种，4月中后将幼株移至花坛，或在5月底后直接在露地播种；土壤新鲜，疏松，富含养料。

护理： 种植前对土壤施有机肥，用堆肥改善土质，摘除枯萎的花和叶，高植株的品种加支撑杆；每天浇水，注意保持土壤湿润。

造型： 非常适合农家花园，在多年生草本植物花坛中少量成组种植非常漂亮，也可在容器中种植。

美丽番红花
Crocus speciosus

高度/宽度： 10—15cm/5—10cm
花期： 9月到11月

形态特征： 单茎球根植物；花色紫蓝色（直径约4cm），也有白色、淡紫色，深色纹路，浅色花心；叶子狭长线形，苍绿色，带白色条纹。

种植： 7月或8月将球根种入土中，此后可任其自由生长，株距5—10cm；土壤新鲜，透气。

护理： 每隔一年于秋季施肥，铺护根物；叶子会萎黄收缩；只在长期干旱时浇水。

造型： 通常均疏松地成组种植，在花坛中植于能提供阴影的多年生草本植物间，林木下方或草坪边缘。

🌿 **专家提醒**

　　对幼苗进行打顶可使植株生长更加茂密，开花也更茂盛。

🌸 **植物搭配**

· 紫菀　　· 美国薄荷
· 天蓝绣球　　· 醉蝶花

🌿 **专家提醒**

　　夏季不能被阳光直射，周边不能种植长势茂盛的多年生草本植物。

阳光充足

半阴

多阴

大量浇水

适量浇水

常春藤叶仙客来
Cyclamen hederifolium

高度 / 宽度: 10cm/20–30cm
开花时间: 9月到10月

形态特征: 块根植物；花色白色、粉色、鲜红色（直径1—2cm），花香，花茎无叶；叶心形，暗绿色，有银色图案。

种植: 春天种入块根，根向上（！），株距10—20cm；用丰富的落叶腐殖质使土壤肥沃，土壤新鲜至适度干燥，透气。

护理: 标记种植地，因为叶子会等到开花后才长出，并在第二年春天萎黄；环境恶劣的区域需在冬天覆盖云杉树枝。

造型: 成组种植在稀疏的灌木下方，林地花坛的落叶腐殖质间。

旱金莲
Tropaeolum 杂交种

高度 / 宽度: 30—300cm/0.5—1 m
花期: 7月到10月

形态特征: 茂密的一年生夏季花卉或秋季花卉，蔓生或攀缘；花黄色、橙色、浅红色至深红色或猩红色，半重瓣和重瓣（直径最大5cm）；叶圆形，草绿色，芳香。

种植: 3月后在室内播种，5月初移栽露地或5月后直接在露地播种；土壤适度干燥至湿润，富含腐殖质，透气。

护理: 无特殊需求；大量施肥会增加叶子数量；适量浇水，长期干旱时可多浇水。

造型: 攀缘的品种可用来绿化篱笆或藤架，适合大面积的地被植物。

马鞭草
Verbena 杂交种

高度 / 宽度: 20—40cm/20—40cm
开花时间: 7月到9月

形态特征: 一年生，茂密的夏季和秋季花卉；花白色、粉色、鲑粉色、红色、青紫色、紫罗兰色，通常有白色花心，也有双色花（直径约1cm）；叶长卵形，暗绿色，正面有褶皱。

种植: 2月后在室内播种，其中适合冷发的品种，泡发时可在冰箱中储存一段时间以提高发芽率，5月底后移至花坛；土壤新鲜至适度干燥，透气，富含养料，不能积水或板结。

护理: 种植前对土壤施以有机肥，干旱时浇水。

造型: 成组种植于夏末花坛的空隙种植。

专家提醒

　　注意，不要让过于茂盛的多年生草本植物阻碍了植株的生长。

专家提醒

　　旱金莲叶子非常紧密，适合绿化堆肥堆。

少量浇水

切花

地被植物

不抗寒的球根植物

有毒

多年生草本植物花园中的秋色

乌头
Aconitum carmichaelii

高度 / 宽度： 100—140cm/ 约 40cm
开花时间： 9 月到 10 月

形态特征： 簇状生长的多年生草本植物；花中蓝色至淡紫色（直径 1—2cm），组成最高 30cm 的高花序；叶子三至五回裂，苍绿色。

种植： 容器植物终年均可种植，株距 20—30cm；土壤充分湿润，不能干燥，富含养料。

护理： 春天充分施以有机肥，开花结束后完全短截；尤其在干燥时需充分浇水。

造型： 在林地边缘和自然花园中种植最漂亮，也可在半阴的隔离花坛中种在低矮的多年生草本植物间作为视线焦点。

秋牡丹
Anemone-Japonica 杂交种

高度 / 宽度： 60—140cm/0.6—1 m
开花时间： 8 月到 10 月

形态特征： 具匍匐茎的多年生草本植物；花色嫩粉色至百色、紫罗兰粉、紫粉色、鲜红色和暗红色（直径约 2cm），半重瓣；叶三出复叶，暗绿色。

种植： 容器植物终年均可种植，株距 40—50cm；土壤新鲜至湿润，富含养料和腐殖质，也能接受潮湿的土壤。

护理： 用堆肥、有机肥或粪肥增加土壤肥力，秋天铺护根物，降霜时覆盖，根据需要对强壮的植株进行分根；充分浇水。

造型： 种在落叶木本植物下方或花坛中背阴的位置，也可种在墙面的阴影中。

美国紫菀
Aster novae-angliae

高度 / 宽度： 1—1.6 m/50—70cm
开花时间： 9 月到 10 月

形态特征： 生命力旺盛、直立生长的多年生草本植物；花白色、亮粉色、鲜红色和紫红色、浅粉色、紫罗兰色至淡蓝紫色（直径通常 2—4cm）；叶宽条形，暗绿色，被毛。

种植： 容器植物终年均可种植，株距 30—40cm；土壤新鲜，富含养料，短期内也能接受干燥，不能承受重壤土和板结的土壤。

护理： 春季施有机肥，偶尔施钾肥，开花结束后短截；长期干旱时浇水。

造型： 作为花坛背景，最好组成色彩协调的群组。

专家提醒

秋乌头的汁水有毒，因此修剪时最好戴上手套！

植物搭配

· 蕨类和草类
· 乌头 · 总序升麻

专家提醒

美国紫菀比类似的荷兰紫菀要求更少，生命力更加旺盛。

阳光充足

半阴

多阴

大量浇水

适量浇水

其他漂亮的秋季紫菀		
名字	高度	花色 开花时间
翠菊 （Aster-Dumosus 杂交种）		
"秋之问候" （Herbstgruß vom Bresserhof）	50cm	粉色 9 月
"珍妮"（Jenny）	30cm	紫罗兰紫 9 月到 10 月
"卡塞尔"（Kassel）	40cm	鲜红色 8 月到 9 月
"小鸟" （Nesthäkchen）	25cm	粉色 9 月
"雪垫" （Schneekissen）	30cm	纯白色 9 月
"银蓝垫" （Silberblauki- ssen）	40cm	银蓝色 9 月
"沃彻森堡" （Wachsenburg）	50cm	粉色 9 月到 10 月
柳叶白菀 （Aster ericoides）		
"魔王"（Erlkönig）	120cm	蓝色 9 月到 10 月
"斑鸠"（Ringdove）	90cm	粉色 9 月到 10 月
"雪杉" （Schneetanne）	100cm	白色 9 月到 10 月
美国紫菀 （Aster novae-angliae）		
"安德"（Andenken an Alma Pötschke）	100cm	鲑粉色 9 月到 10 月
"香叶" （Herbstschnee）	140cm	白色 9 月到 10 月
荷兰紫菀 （Aster novi-belgii）		
"邦宁戴尔白" （Bonningdale White）	100cm	白色 9 月到 10 月
"皇家红宝石" （Royal Ruby）	60cm	蓝紫色 9 月到 10 月
"迪特利孔美女" （Schöne von Dietlikon）	90cm	蓝紫色 9 月到 10 月

荷兰紫菀
Aster novi-belgii

高度 / 宽度： 60—140cm/50—80cm
开花时间： 9 月到 10 月

形态特征： 直立生长的多年生草本植物，品种繁多；花色白色、粉色、鲜红色、浅蓝色至深蓝色、紫罗兰色、淡紫色，都长有黄色至棕色的花心（直径最大 6cm），下雨时也能保持开花；叶披针形，暗绿色，表面光滑。

种植： 容器植物终年均可种植，株距 30—40cm；土壤新鲜至湿润，富含养料和腐殖质，壤土，不能接受沙土。

护理： 春天施有机肥或无机肥，植株较高的品种加支撑杆，开花结束后短截；定期浇水。

造型： 秋季多年生草本植物花坛中最重要的一种开花多年生草本植物。

紫八宝
Sedum telephium

高度 / 宽度： 40—60cm/ 最宽 60cm
开花时间： 7 月到 9 月

形态特征： 簇状生长的多肉植物，较宽；根据不同的杂交种和品种，花色有粉色至紫色或棕红色，单独的花很小，花序宽达 30cm 以上；叶椭圆形，多肉，灰绿色。

种植： 容器植物终年均可种植，株距 30—40cm；土壤干燥至新鲜，透气（沙砾含量尽可能高）。

护理： 基本无需求，只需每 3—4 年施肥即可。

造型： 最好在假山花园或多年生草本植物花坛中作为背景植物。

🌿 **植物搭配**

· 其他颜色的秋季紫菀

· 一枝黄花　· 中国芒

🍃 **专家提醒**

　　紫八宝的花序非常适合做秋季干花。

少量浇水

切花

地被植物

不抗寒的球根植物

有毒

多彩的秋叶

鸡爪槭

Acer palmatum

高度 / 宽度：4—6 m/2—5 m
开花时间：5 月到 6 月

形态特征：装饰性乔木或大型灌木，生长缓慢；花紫红色，呈总状花序，后长成能飞的小果实；叶裂，根据品种不同，颜色为绿色至暗红色，秋天为橙红色。

种植：容器植物终年均可种植；土壤透气，弱酸性，湿润。

护理：任其自由生长，不必修枝，只去除冻坏或受到病虫侵害的枝条；长期干旱时浇水。

造型：一定要单独种植，这样可以充分展现其生长形态和叶子的颜色。

蒲苇

Cortaderia selloana

高度 / 宽度：1.2—2.6 m/1.5—1.8m
开花时间：9 月到 10 月

形态特征：装饰型草类多年生草本植物。花为银白色锥状花序（50—70cm 高）；叶长，边缘锋利，形成高高的簇状。

种植：容器植物终年均可种植，株距100—150cm；土壤新鲜，透气，富含养料，短时间内也可接受干燥的环境。

护理：充分施肥，秋末将叶子捆扎作为冬季防护，覆盖干燥的叶子和树枝；只在长期干旱时浇水。

造型：极具侵占性的植物，需要充足的空间，单独种植最能展现其特征。

中国芒

Miscanthus sinensis

高度 / 宽度：1—2.7m/90—100cm
开花时间：9 月到 10 月

形态特征：组成大型簇状的草类多年生草本植物；花色奶白色、银色、棕色至棕红色，组成锥状花序；叶狭长，茎干形态类竹，轻微垂吊。

种植：容器植物终年均可种植，株距60—100cm；所有花园土均可，新鲜至湿润，富含养料。

护理：春天新发芽前对叶子进行短截，大量施肥，拔除发芽的新株；适量浇水，长期干旱时可多浇水。

造型：单独种在池塘边，在花坛背景中作为视线焦点。

🌱 专家提醒

　　鸡爪槭，又名日本槭树，约有 200 个品种，做出选择并不容易。

🌱 专家提醒

　　整个冬天叶子都能保持魅力，落上白霜后更加迷人。

阳光充足　　　　半阴　　　　多阴　　　　大量浇水　　　　适量浇水

欧紫萁

Osmunda regalis

高度 / 宽度： 60—200cm/1.2—1.5m
开花时间： 不开花

形态特征： 大型蕨类植物；叶鲜绿色，二回羽状，长椭圆形叶，秋天为黄色至黄棕色。

种植： 容器植物终年均可种植，但最好在春天种植，株距至少一米；土壤湿润至潮湿，疏松，富含腐殖质，酸性。

护理： 种植时混入泥炭，定期以腐殖质护根；光照充足的蕨类尤其需要充分浇水，长期干旱时也可洒水。

造型： 可种在木本植物下方，背阴的花坛中作为背景，秋末由于其羽叶的颜色会成为迷人的视线焦点。

五叶地锦

Parthenocissus quinquefolia

高度 / 宽度： 最高 15 m/ 最宽 10m
开花时间： 6 月到 7 月

形态特征： 攀缘灌木；花不明显，9月后会结蓝黑色宽型果实；叶子秋天为明亮的鲜红色（在背阴的环境会较不明显）。

种植： 容器植物终年均可种植，需要攀爬架供嫩芽攀缘；所有经照料的花园土均可。

护理： 春天施有机肥，任其自由生长，只进行疏枝或除去横生的枝条；长期干旱时浇水。

造型： 可绿化墙面和显眼的墙体。

火炬树

Rhus typhina

高度 / 宽度： 最高 4 m/ 最宽 6 m
开花时间： 6 月到 7 月

形态特征： 落叶阔叶乔木；花绿色，组成锥状花序，8 月后长成红色的果荚；大型羽状叶，秋天颜色变为橙色、猩红色，非常壮观。

种植： 容器植物终年均可种植；普通土壤，干燥至湿润。

护理： 几乎无需求，无须特别的修剪和护理，但应立即除去匍匐茎，根基周围铺护根物。

造型： 单独种植，提供足够的空间，或在梯级分明的树篱中或木本植物群组中种植。

🌿 **专家提醒**

注意，不要让过于茂盛的多年生草本植物阻碍了植株的生长。

🌿 **专家提醒**

近似的爬山虎能靠吸盘攀爬，不需攀缘物。

🌿 **专家提醒**

"羽裂"（Dissecta）品种的叶子与蕨类植物的叶类似，"裂叶"（Laciniata）品种的叶子分裂。

少量浇水

切花

地被植物

不抗寒的球根植物

有毒

终年不变的绿意

日本花柏
Chamaecyparis pisifera

高度 / 宽度： 最高 5 m / 最宽 4 m
开花时间： 3 月到 5 月

形态特征： 常绿针叶树；花不显眼，可长出圆形的小毬果；针叶呈鳞片形组合，根据品种不同有金黄色、赤铜色、鲜绿色至银灰蓝色。

种植： 容器植物终年均可种植，最佳为秋初时节；对土壤无特殊需求，透气，不要过干即可。

护理： 无特殊需求；对黄色针叶的品种在严酷的冬天需进行防护，避免阳光和干燥冷风的侵害，冬天无霜的日子偶尔浇水。

造型： 平展的矮株可种在假山花园中或垂吊种植。

构骨叶冬青
Ilex aquifolium

高度 / 宽度： 2—5 m / 最宽 4 m
开花时间： 5 月

形态特征： 常绿阔叶树；花为白色，不显眼，9 月后会结出无数红色或橙黄色果实（直径 7—10mm，有毒）；叶光泽，革质，有刺，中绿至暗绿色，根据品种不同有白色至黄色的叶边，或有灰绿色大理石花纹。

种植： 容器植物终年均可种植，最佳为秋初时节；土壤新鲜，疏松，富含腐殖质，可接受湿润的土壤。

护理： 春天施有机肥，根部周围铺护根物，根据需要修剪造型。

造型： 可剪出造型作为规则的树篱或在自然的树篱或林木群中任其自由生长。

欧刺柏
Juniperus communis

高度 / 宽度： 最高 4 m / 最宽 1 m
开花时间： 4 月到 5 月

形态特征： 常绿针叶树；花朵不显眼，9 月后会结出浆果型毬果，会在两到三年内长成蓝黑色；蓝灰色至蓝绿色针叶，尖锐。

种植： 容器植物终年均可种植，最佳为秋初时节；土壤疏松，深，含有适量养料，适度干燥。

护理： 无特殊需求；较老的柱状刺柏需以不显眼的方式捆扎。

造型： 柱状的品种可为大型石楠花园增高，此外则应单独种植；低矮的品种可种于较小的石楠花园或花槽中，攀爬的类型可作为地被植物。

🌱 **专家提醒**

　　由于品种繁多，购买前最好在苗圃先进行咨询。

🌼 **植物搭配**

· 金雀花　　· 欧石楠
· 帚石楠　　· 冬石楠

阳光充足

半阴

多阴

大量浇水

适量浇水

白云杉
Picea glauca

高度 / 宽度：最高 9 m/ 最宽 2.5 m
开花时间：3 月到 4 月

形态特征：常绿针叶树，品种繁多，大小不一；花不明显，10 月后能结出棕色的毬果，并无装饰价值；针叶坚硬，蓝绿色，密实。

种植：容器植物终年均可种植，最佳为秋初时节；土壤富含养料，新鲜至湿润，既能接受弱酸性土壤，也能接受弱碱性。

护理：无特殊需求；无须修枝，只需除去蔓生的枝条即可；长期干旱时浇水。

造型：这些品种非常适合较小的花园，圆锥形可作为花坛中的视线焦点，平坦生长的矮型适合假山花园和花槽，也适合阳台种植箱和盆栽。

欧洲山松
Pinus mugo

高度 / 宽度：最高 3 m/1—4 m
开花时间：4 月到 5 月

形态特征：常绿针叶树，品种繁多；雄花穗状，雌花不明显，7 月后可结出卵形的棕色毬果；针叶坚硬，成对生长。

种植：容器植物终年均可种植，最佳为秋初时节；土壤湿润，透气，但也能接受干燥、缺乏养料的土壤。

护理：无特殊需求，不用修剪，不同的品种会长出各具特色的形态。

造型：矮型的品种非常适合石楠花园和假山花园，或在花槽中种植，高型的可单独种植，也可成组种植。

北美香柏
Thuja occidentalis

高度 / 宽度：0.3—10 m/0.4—4 m
开花时间：3 月到 5 月

形态特征：常绿针叶树，品种繁多；花不明显，9 月后会长出棕色毬果，卵形至长形；针叶呈鳞片状生长，芳香，根据品种不同有黄色、赤铜色、鲜绿色、暗绿色或蓝绿色，冬天通常会变棕色。

种植：容器植物终年均可种植，最好是在初秋；土壤最好够深，新鲜，透气。

护理：无特殊需求，只需偶尔施肥即可。

造型：柱状品种可单独种植作为视线焦点，矮型种在假山花园中，某些品种也可修剪成树篱。

专家提醒

　　购买欧洲山松时一定要问清楚眼前的品种最后能长到多大。

少量浇水

切花

地被植物

不抗寒的球根植物

有毒

水果、蔬菜和香草

各种情况下都可口的水果

花园中种植果树，我是否有足够的空间？当然：

果树不一定要是大型的苹果树，也可以是中秆乔木或藤架式果树。浆果灌木需要的空间相对较小，基本无需求，容易照理，在小型花园或露台和阳台上就能提供丰硕的收获。或许你还有一面朝阳的屋墙，可以支撑葡萄藤或猕猴桃树？

想要收获脆爽的苹果，甜蜜的梨，红艳艳的樱桃和各种浆果？现在已经有了许多占地较少的品种，因此即便在小型的花园中也能实现。

种植果树前一定要考虑清楚，因为它们需要在各自的位置上生长许多年。浆果则可以在小型花园中生长，也不需要花费过多的精力。非常适合菜园新手。鹅莓、醋栗、覆盆子和黑莓所需空间很少，也可以作为树篱沿着篱笆种植。

草莓和越橘还可以在花盆或木槽中生长。

品种很重要

无论是核果还是仁果，大型还是小型的浆果灌木，重要的是选择品种。品种必须适应选定的种植点。喜欢温暖环境的水果种类或品种不能种在西北方向。或许还能选择攀缘在墙上的藤本果树？

此外，土壤的属性（见 14—15 页）也应与选择的品种相符。

注意收获的时间，搭配不同种类的水果，这样可避免水果过剩。

新鲜食用的水果或用于储存

你想将苹果保存到冬天还是直接从树上摘下来就新鲜食用？你是喜欢食用甘甜多汁的李子还是更喜欢每周都能享用李子蛋糕？你也可以在园子里直接从灌木上采摘享用各种浆果，孩子们尤其喜欢。

带刺或不带刺的甜浆果

杂交醋栗

Ribes x nidigrolaria

高度: 1.5—2m
收获时间: 7 月

栽培: 最好在秋天种植,将枝条截短到每条只剩约五个叶芽;估计每株需要 2—2.5 ㎡的生长空间。

土壤: 富含养料和腐殖质。

护理: 约三年后需要对茂密的灌木进行疏枝;老枝修剪到地面为止;护根物非常有效,因为这种灌木为浅根性植物;春天施用含钙质,但不含氯的肥料。

使用: 这种富含维生素的大型浆果既可以新鲜食用,也可以加工成果酱、果汁或甜点。

红醋栗

Ribes rubrum

高度: 1.5 m
收获时间: 7 月到 8 月

栽培: 最好在秋天种植,将枝条截短到每条只剩约五个叶芽;估计每株需要 1.5—2 ㎡的生长空间;自花授粉,但异花授粉产量更高。

土壤: 富含养料和腐殖质,充分湿润。

护理: 老枝(约五年左右)在收获后或冬天(3 月)短截至地面;每年着重培养 2—3 条新枝;护根物非常有效,因为这种灌木为浅根性植物;春天施用含钙质但不含氯的肥料。

使用: 浆果既可以新鲜食用,也可以加工成果汁冻、果汁或甜点。

欧洲醋栗

Ribes uva-crispa

高度: 1.5 m
收获时间: 6 月到 7 月

栽培: 秋天种植;每株植物需要约 1.5—2 ㎡的生长空间;大部分自花授粉,但异花授粉可以保障产量。

土壤: 富含养料和腐殖质,透气,不能过干。

护理: 定期疏枝,冬天(3 月)去除老枝;施用堆肥;铺护根物。

使用: 浆果可以新鲜食用,也可以做成果酱和酒,或用于烹饪(用于烹饪时要在青涩或半成熟时采摘,因为此时的浆果不会太酸,不需要用很多糖)。

> **专家提醒**
> 杂交醋栗非常健康,对粉霉病和蜱螨有很高的抗性。

> **专家提醒**
> 黑加仑和白色红醋栗与红醋栗的栽培和护理方式相同。

阳光充足

半阴

多阴

大量浇水

适量浇水

黑树莓
Rubus fruticosus

高度： 3—5 m
收获时间： 7 月到 10 月

栽培： 春天以 1—1.5m 的株距种植，基部的嫩芽用泥土盖住约 5cm；每株植物约需要 1.5—2 ㎡的生长空间；将 2—3 条 1.6m 高的钢丝用作支撑；自花授粉。

土壤： 疏松，富含腐殖质，充分湿润，但绝不能积水。

护理： 8 月将攀缘的侧枝剪短至剩 3 个叶芽；采摘后剪去停止结果的枝条，将其挂在藤架上作为冬季防护。

使用： 浆果结在两年的枝条上，可新鲜食用，也可做成果酱、果汁冻、果汁或果酒。

泰莓
Rubus fruticosus x Rubus idaeus

高度： 3—4 m
收获时间： 7 月到 8 月

栽培： 春天以 1—1.5m 的株距种植，基部的嫩芽用泥土盖住约 5cm；每株植物约需要 1—1.5 ㎡的生长空间；将 5—6 条长势旺盛的枝条支撑在 2—3 条 1.6m 高的绷紧的钢丝上；自花授粉。

土壤： 疏松，富含腐殖质，充分湿润，不能积水。

护理： 8 月将攀缘的侧枝剪短至剩 3 个叶芽；春天剪去停止结果的上一年的枝条。

使用： 大型的果实出现在三年的枝条上，生吃口感较淡；但很适合加工成果汁冻、果酱或果汁。

覆盆子
Rubus idaeus

高度： 1.5—2 m
收获时间： 6 月到 7 月

栽培： 秋天或春天种植，基部的嫩芽用泥土盖住约 5cm；每株植物约需要 1—2 ㎡的生长空间；支撑在 2—3 条水平的钢丝上，也很适合使用南北方向的 V 字形藤架；自花授粉。

土壤： 富含养料和腐殖质，透气，pH 值约为 6，充分湿润，不能积水。

护理： 用叶子或树皮堆肥作为护根物；适量施肥（含钙质，不含氯）。

使用： 果实长在两年的枝条上，采摘后应立即剪去；可新鲜使用，也可做成果汁冻、果酱、果汁或果酒。

专家提醒
也有无刺的品种，但通常香气不如带刺的品种。

专家提醒
将泰莓种在有防护的位置，因为这种树木很容易受霜冻的损害。

专家提醒
也有结两次果的品种（注意修枝！）。

少量浇水

可盆栽

可储存

可烘干

可冷藏

地上和藤架上的浆果

狝猴桃

Actinidia chinensis

高度： 4—8 m

收获时间： 10 月到 11 月

栽培： 春末（5 月）以 3—4m 的株距种植在不受风的东南或西南向墙边；每株植物约需要 20 ㎡ 的生长空间；需要雄株和雌株一起种植（有时候两株植物可以嫁接在同一个砧木上）。

土壤： 富含腐殖质，土壤深，pH 值约为 6，充分湿润。

护理： 枝条向上扎捆；只有当结出的果实变小时，需要在 6 月从果实向上第六片叶子处剪断侧枝；春天和 6 月施肥或堆肥；至少最初几年需要冬季防护；避免果实被太阳直射。

使用： 新鲜食用或做成果酱或波烈酒。

黑果腺肋花楸

Aronia melanocarpa

高度： 1—1.5 m

收获时间： 8 月

栽培： 秋天或春天以 100x100cm 的株距种植；能长出许多匍匐茎，可从母株分离单独种植；自花授粉。

土壤： 几乎可以在任何土壤中生长。

护理： 这种横向伸展的灌木几乎无特殊需求，抗寒；不需要定期修枝（只需剪除死去的枝条）。

使用： 完全成熟的果实具有黑色光泽，带酸涩味，维生素含量极高，可做成糖渍水果、果酱、水果甜点或果汁。

草莓

Fragaria x ananassa

高度： 15—25cm

收获时间： 6 月到 7 月

栽培： 7 月或 8 月成行种植；行内株距 40—60cm，行间距 25cm，心芽不能种得太深；大部分为自花授粉。

土壤： 富含腐殖质，透气，pH 值约为 6。

护理： 春天和 7 月或 8 月施用堆肥或长效肥；铺护根物；结果后在基部铺秸秆；6 月或 7 月摘除匍匐茎用于种植新的植株或完全除去；8 月或 9 月需充分浇水。

使用： 成熟的果实可新鲜食用或做成果酱、果汁冻、蛋糕层或波烈酒。

◀ 专家提醒

　　成熟的果实可在冰箱中保存 5—6 个月。

◀ 专家提醒

　　也有秋天会第二次结果的品种，但通常只能种植一年。

高大越橘

Vaccinium corymbosum

高度: 40—80cm

收获时间: 7 月到 9 月

栽培: 秋天或春天以 100x200cm 的株距种植;大部分自花授粉,但种植多种品种时,产量会更高。

土壤: 富含腐殖质,透气,酸性(pH 值 4—5)。

护理: 铺护根物;种植的最初几年后定期疏枝,去除老枝;4 月施用不含氯的肥料;采摘前 3—5 周充分浇水。

使用: 只在种植五年后才会大量结果,果实可新鲜食用,也可加工成果酱、果汁冻、蛋糕层、果汁或果酒。

越橘

Vaccinium vitis-idaea

高度: 15—30cm

收获时间: 7 月和 10 月

栽培: 秋天或春天以 30x30cm 的株距种植。大部分自花授粉,但种植多种品种时,产量会更高。

土壤: 富含腐殖质,pH 值 3—5。

护理: 只需偶尔去除老枝或死枝;用树皮堆肥、林土或其他材料铺护根物;冬天开始前再次大量浇水。

使用: 果实酸涩、富含维生素,可新鲜食用,或做成果酱、糖渍水果、蛋糕层。

葡萄

Vitis vinifera

高度: 2—6 m

收获时间: 8 月到 10 月

栽培: 春天种植;每株植物约需要 2.5—4 ㎡的生长空间;种植时短截至第一个芽眼,嫁接点盖薄土;一定要选择避风,朝南,东南或西南的方向,自花授粉。

土壤: 透气,不能积水,不能极端干燥,其他无需求。

护理: 春天定期将每根枝条剪短至 2—4 个芽眼;发芽后水平或扇形支撑在钢丝上;7 月剪短不结果的枝条和叶子,这样可使果实接受充足的阳光以成熟。

使用: 成熟的果实可新鲜食用或做成果汁和果酒。

🖐 **专家提醒**

可将单独的灌木植株放入装满林土和树皮堆肥的容器中,埋好。

🖐 **专家提醒**

越橘很适合种在蓝莓下方。

 少量浇水   可盆栽   可储存   可烘干   可冷藏

各种水果

楁桲

Cydonia oblonga

高度： 2—5 m
收获时间： 10 月

栽培： 秋天或春天种植；长势茂盛的果树每株约需要 5—25 ㎡ 的生长空间；自花授粉。

土壤： 透气，不能富含钙质，不能过干。

护理： 无特殊需求；专业的修剪，定期进行疏枝即可。

使用： 果实为苹果或梨形，只能烹饪食用，可做成糖渍水果、果汁冻（采摘较早的果实），与苹果、梨做成混合果汁，或利口酒（采摘较晚的果实）。

苹果

Malus 'Winterglockenapfel'

高度： 根据生长形态不同 5—8m
收获时间： 10 月

栽培： 秋天或春天种植；长势茂盛的品种每株约需要 20 ㎡ 的生长空间；不适合纺锤形或灌木型；需要种植另一个品种作为授粉者〔如"格罗斯特"（Gloster）〕。

土壤： 富含腐殖质，壤土，湿润。

护理： 建议专业的修枝，定期疏枝。

使用： 果实可新鲜食用，做成糖渍水果或果汁，也可储存。

甜樱桃

Prunus avium

高度： 根据生长形态不同 2—10 m
收获时间： 5 月到 7 月

栽培： 秋天或春天以每株约 20 ㎡ 的空间种植，并加种同时开花的授粉树；"凡"（Van）和"黑德尔芬格"（Hedelfinger）都是很好的授粉品种。

土壤： 轻壤土，沙土至黏土，透气，排水良好，不积水。

护理： 专业的修枝；采摘后偶尔疏枝；冬季粉刷树干，以防止霜冻；花易受晚霜伤害。

使用： "硬肉樱桃"（Knorpelkirschen）的果实较脆，"鸡心樱桃"（Herzkirschen）则较软，因此多雨时也不易开裂；果实可新鲜食用，也适合做成果汁冻、糖渍水果、蛋糕和果汁。

🍃 **专家提醒**

　　开白色大花，也是很好的开花树。

🍃 **专家提醒**

　　注意，保存苹果时，温度不能低于 4℃。

阳光充足

半阴

多阴

大量浇水

适量浇水

欧洲酸樱桃

Prunus cerasus

高度： 根据生长形态不同 2—10 m

收获时间： 7 月到 8 月

栽培： 秋天或春天以每株约 10—15 ㎡ 的空间种植；大部分品种为自花授粉；"莫利洛黑樱桃"（Schattenmorelle）是很好的授粉品种。

土壤： 透气，也可生长在轻质的沙土上，不能过湿。

护理： 专业的修枝，定期修剪使枝条保持生机，尤其需对采摘完后、下垂的枝条进行短截；非常抗寒。

使用： 酸而多汁的果肉柔软，因此不易在多雨时开裂；成熟的果实可新鲜食用，也适合做成果汁冻、糖渍水果、蛋糕和果汁。

欧洲李

Prunus domestica
'Hauszwetschge'

高度： 根据生长形态不同 2—8m

收获时间： 9 月到 10 月

栽培： 秋天或春天以每株约 20 ㎡ 的生长空间种植；该品种为自花授粉。

土壤： 沙质至黏土，透气，排水良好，也能接受湿润和轻度重壤的泥土。

护理： 生长快，茂盛，结果多；专业的修枝，偶尔修剪保持树枝生机。

使用： 果实多汁，容易去核，可新鲜食用，或做成蛋糕、糖渍水果、果酱和果汁。

梨

Pyrus 'Conference'

高度： 根据生长形态不同 2—8m

收获时间： 9 月

栽培： 秋天或春天以 5—12 ㎡的生长空间种植；最好在棚架上生长，这样果实更容易成熟；需要种植另一个品种作为授粉树，如"好心的露易丝"（Gute Luise）或"沙尔纳美味"（Köstliche aus Charneu）。

土壤： 土壤深，富含养料，温暖，具防护措施。

护理： 建议专业的修枝，定期疏枝。

使用： 果实非常多汁，芳香，趁果肉硬时采摘可保存一段时间；否则只能新鲜食用或做成糖渍水果和果汁。

🌿 专家提醒

应该通过相应的修剪避免斜度很大的枝丫，因为它们很容易折断。

少量浇水

可盆栽

可储存

可烘干

可冷藏

生长在充足光照下甘甜的水果

山杏

Prunus armeniaca

高度： 根据生长形态不同 1.5—4 m
收获时间： 7 月到 8 月

栽培： 秋天或春天种植；每株植物生长空间约为 15 ㎡；适宜的种植地是朝北且坡度较小的斜坡，因为在这样的位置果树不容易过早发芽，树干和花朵都容易被冻伤；自花授粉。

土壤： 疏松，壤土，充分湿润。

护理： 专业地修枝，此外只需少量修剪即可；冬天需粉刷树干以防冻；春天对墙边的藤架进行遮阳，避免果树过早发芽。

使用： 果实芳香，大部分容易去核，可新鲜食用，也可加工成蛋糕、糖渍水果、果汁冻、果汁和利口酒。

黄香李

Prunus domestica 'Mirabelle Nancy'

高度： 根据生长形态不同 1.5—6 m
收获时间： 8 月—9 月

栽培： 秋天或春天种植；每株植物约需要 20 ㎡的生长空间；该品种为自花授粉。

土壤： 沙质至黏土，透气，排水良好，湿润。

护理： 建议专业的修枝，偶尔疏枝；长势茂盛的果树会长出宽阔的树冠。雨量多时果实容易开裂。

使用： 果实芳香，容易去核，可新鲜食用，也可加工成糖渍水果、果汁冻、果汁和利口酒。

莱茵克洛德李

P. domestica 'Oullins Reneclaude'

高度： 根据生长形态不同 2—8m
收获时间： 8 月

栽培： 秋天或春天种植；每株植物约需要 20 ㎡的生长空间；该品种为自花授粉。

土壤： 沙质至黏土，透气，排水良好，湿润。

护理： 生长快速，旺盛有力，产量高，树冠大；推荐专业的修枝和偶尔树枝；雨量多时果实容易开裂。

使用： 果实甜、多汁，主要用于新鲜食用，或做成糖渍水果、果酱或果汁。

◀ **专家提醒**

种在棚架上可收获更多的果实。

☀	◗	●		
阳光充足	半阴	多阴	大量浇水	适量浇水

桃

Prunus persica

高度： 根据生长形态不同 2—6 m

收获时间： 7 月到 9 月

栽培： 春天种在防风的位置，每株植物约需要 15 ㎡的生长空间；只能在气候温和的地区种植；大部分自花授粉，但同时种植另一个品种的果树可保证结果。

土壤： 透气，富含养料和腐殖质，不能接受水涝或极端的干燥。

护理： 采摘后定期修剪；果实过多时适量摘除多余的果实；施用堆肥；结果时浇水。

使用： 果实可新鲜食用，做糖渍水果或果汁。

油桃

Prunus persica var. *nucipersica*

高度： 根据生长形态不同 2—5 m

收获时间： 7 月到 8 月

栽培： 春天种在防风的位置；每株植物约需要 10 ㎡的生长空间；只能在气候温和的地区种植；大部分自花授粉，但同时种植另一个品种的果树可保证结果。

土壤： 透气，富含养料和腐殖质，不能接受水涝或极端的干燥。

护理： 采摘后定期修剪；果实过多时适量摘除多余的果实；施用堆肥；结果时浇水。

使用： 果实多汁、方向，可新鲜食用或做成甜点。

品种	特征
"布鲁诺"（Bruno）	生长强度中等的猕猴桃；只在温暖的区域生长；果实为长形
"博斯科普荣耀"（Boskoop's Glorie）	抗粉霉病的蓝色酿酒葡萄
"凤凰"（Phoenix）	抗粉霉病的白色酿酒葡萄
"雷迪娜"（Retina）	典型的高抗病型晚夏苹果品种，适合立即食用；采摘期为 8 月到 9 月
"华尔兹"（Waltz）	芭蕾苹果的晚夏品种；采摘期为 9 月到 10 月，可储存
"特列弗之晨"（Frühe aus Trevaux）	适合立即食用的梨品种，产量高；9 月初可采摘，采摘后两周口感佳
"帕斯托梨"（Pastorenbirne）	典型的冬季梨品种，果实大，可储存；10 月开始可采摘，12 月至 1 月口感佳；生长在温暖的环境中
"君士坦丁榅桲"（Konstantinopeler Quitte）	芳香馥郁、生命力旺盛且无特殊需求的苹果型榅桲
"贝雷茨基榅桲"（Bereczki Quitte）	梨形榅桲，香气相对较淡，但比苹果型榅桲容易加工，因为相对较软
"安大略李"（Ontariopflaume）	个头较大的椭圆形李，黄绿色，芳香；8 月成熟；自花授粉
"匈牙利精华"（Ungarische Beste）	中等大小、圆形的杏，果实黄色，红色夹片，坚硬，多汁；8 月成熟
"大绿莱茵克洛德"（Große Grüne Reneclaude）	个头较大的圆形莱茵克洛德李，黄绿色，完全成熟时为浅紫红色，硬，多汁；8 月到 9 月成熟
"早红因格尔海姆"（Früher Roter Ingelheimer）	中等大小桃，黄红色，果肉白色偏黄，多汁，芳香；7 月到 8 月成熟

🐛 **专家提醒**

　　选择白色果肉的品种，比较不容易受卷叶病的侵害。

蔬菜——确保新鲜！

你可能很少会在商店买到和自己园子里种植的一样新鲜、脆爽的蔬菜，因此，即便只在小面积上种植你最喜欢的蔬菜也很值得。如果你的菜园里有更多空间，你也有更多兴趣，则可以尝试种植更加丰富的蔬菜。

菜园中的植物种类越多样性，它们在你的菜畦上就生长得越好。

就算你不是蔬菜的狂热爱好者，或者因为时间关系不想照料一个大型的作物园，至少你还能在园子里种植新鲜的生菜。

菜园中的生菜季从 5 月开始

从 5 月开始你就可以在菜园中播种或种植不同品种的生菜了。结球莴苣和散叶生菜最容易栽培，而且能收获较长时间。许多种类和品种，如苦苣、莴苣缬草和芝麻菜，甚至在秋天和冬天还能供应很久，用无纺布或干树枝覆盖过冬后即可在早春继续采收。

从广为人知到新兴的蔬菜

选择栽培哪些蔬菜，首先应该考虑种植的位置，你个人的偏好以及你能够用来照顾菜园的时间。

水萝卜和水芹等种植方便，生长快速。它们可以在较小的空间中或其他蔬菜的空隙间生长，此外，也可种在种植箱上。如果你想能长时间收获蔬菜，则一定要在菜园中为羽衣甘蓝和抱子甘蓝留一块地方，它们在冬天最初几场霜后还能收获、保存。或者你更想要脆爽的夏季蔬菜，奢华的时新蔬菜或者辛辣的葱和洋葱类蔬菜？

找到了你最喜欢的蔬菜种类后，你需要考虑哪些蔬菜组合种植能发挥最佳的效果，使你的菜园中所有蔬菜都健康、茁壮。

多彩的夏季生菜

菊苣
Cichorium intybus var. *foliosum*

株距: 25 x 20cm
收获时间: 9 月到 3 月

栽培: 若想在同一年内收获,可在 4 月底到 7 月底间种植幼苗;想等过冬后在春天收获则直接在 7 月或 8 月播种,发芽后长到 12cm 左右时间苗。

土壤: 富含腐殖质,土壤深,不能过干。

护理: 种植前土壤中加入堆肥,约 3 周后追加顶肥(含氮量低);秋末将冬季品种的叶子截短至三分之一,覆盖无纺布或干树枝。

收获: 对于冬季品种,春天收割其新长出的莲座丛叶;不能在阳光直射时收割。

结球莴苣
Lactuca sativa var. *capitata*

株距: 25 x 25cm
收获时间: 5 月到 10 月

栽培: 非常适合在春天和秋天作为使用温床、暖房或薄膜大棚的第一批和最后一批植物;2 月或 3 月后播种,间苗移植至花盆,长出 4 片叶子后种植(不要太深!);5 月后移至露地;此后直至 7 月每两到三周继续播种。

土壤: 富含腐殖质,透气,不能过干,含钙质。

护理: 种植前用堆肥肥沃土壤;约三周后追加顶肥(含氮量低);铺护根物。

收获: 结球后收割,否则可能会开花;下午收割的菜叶硝酸盐含量较低。

包心莴苣
Lactuca sativa var. *capitata*

株距: 30 x 40cm
收获时间: 5 月到 10 月

栽培: 从 5 月中旬开始种植幼苗或从 3 月开始在室内或薄膜下播种并间苗;此后直至 7 月每两到三周继续播种。

土壤: 富含腐殖质,透气,不能过干。

护理: 种植前土壤中加入堆肥,约 3 周后追加顶肥(含氮量低,否则收获的菜叶中硝酸盐含量会升高);铺护根物。

收获: 不像结球莴苣那样容易开花,因此可在菜畦上保留较长时间;根据品种不同,可收获的结球非常结实且重;注意在收获上要保证结球已经结实,但还没有冒尖。

◖ 专家提醒

注意:有些品种的莲座丛开放,有些则结成小球。

◖ 专家提醒

选择合适的早春、夏季和秋季品种,这样不会出现"生菜荒"。

阳光充足	半阴	多阴	大量浇水	适量浇水

散叶生菜（皱叶莴苣）

Lactuca sativa var. *crispa*

株距： 30 x 30cm

收获时间： 5 月到 9 月

栽培： 从 3 月到 7 月底直接在菜畦上播种，或从 4 月到 8 月初种植幼苗。

土壤： 富含腐殖质，透气，不能过干，含钙质。

护理： 种植前用堆肥肥沃土壤；氮含量要低；铺护根物。

收获： 可多次收割叶子，只要你在收割时不伤害顶芽，它们就能多次生长，或者可直接切下整株幼嫩植物。下午收割时硝酸盐含量较低。

长叶莴苣

Lactuca sativa var. *longifolia*

株距： 30 x 30cm

收获时间： 7 月到 8 月

栽培： 5 月开始种植幼苗或在种植地播种，最后的种植或播种时间为 7 月中或底。

土壤： 富含腐殖质，透气，不能过干，含钙质。

护理： 种植前在土壤中加入堆肥；只施少量氮肥；铺护根物。

收获： 不像结球莴苣那样容易开花，因此可在菜畦上停留较长时间；结球较长、高，根据品种不同，结球结实程度不同。

其他夏季莴苣	
品种	特征
"5 月国王"（Maikönig）	室外种植最早的结球莴苣品种；结球结实，黄绿色，边缘为红色
"牛顿"（Newton）	特别结实的结球莴苣，很早便能在露地种植，也适于夏季和秋季栽培
"喝彩"（Ovation）	特别结实的结球莴苣，抗性强，很早便能在露地种植，也适于夏季和秋季栽培
"海盗"（Pirat）	中早型夏季结球莴苣；中等大小，棕红色结球
"小红帽"（Rotkäppchen）	棕红色叶子的结球莴苣；所有季节均可在室外种植
"莱巴赫冰"（Laibacher Eis）	金黄色包心莴苣，棕色边缘
"巴勃罗"（Pablo）	红棕色包心莴苣
"苏族"（Sioux）	春秋季的红棕色包心莴苣
"弗雷多"（Fredo）	暗绿色长叶莴苣；脆口，可承受粉霉病
"小妖精"（LittleLeprechaun）	棕红色长叶莴苣，适合春季、夏初和秋天栽培
"瓦尔梅"（Valmaine）	抗性极佳的大型长叶莴苣，适合春季、夏初和秋天栽培
"魔鬼耳朵"（Teufelsohren）	石榴石红色的长叶莴苣
"维罗纳红色"（Roter von Verona）	适合过冬的菊苣；秋天叶子为绿色，到第二年春天变红色
"帕拉洛萨"（Palla rossa）	叶子带酒红色或红绿色斑点的菊苣
"红橡树叶" 'Feuille dechêne rouge'	棕红色橡叶莴苣
"红色风帆"（Red sails）	鲜艳的红色橡叶莴苣
"洛洛罗索"（Lollo rosso）	红棕色散叶莴苣
"洛洛比昂达"（Lollo bionda）	黄绿色散叶莴苣

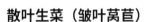 **专家提醒**

如果昼夜温差大，红叶品种的颜色会更深。

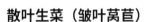 **专家提醒**

长叶莴苣由于抗热且包覆严密，很适合夏季种植。

 少量浇水　　 可盆栽　　 可储存　　 可烘干　　 可冷藏

冬季的生菜

苦苣 *Cichorium endivia*	**岩荠** *Cochlearia officinalis*	**芝麻菜** *Eruca sativa*

苦苣

Cichorium endivia

株距: 30 x 40cm

收获时间: 6 月到 11 月

栽培: 4 月（夏季苦苣）或 6 月（冬季苦苣）播种，8 月初种植（不要太深！），5 月后移至室外；之后每两到三周后续播种；播种较早时（4 月或 5 月）用薄膜或无纺布覆盖；冬季品种很适合种在温床或薄膜大棚里种植；至少四年种植间隔期。

土壤: 富含腐殖质，透气，不能过干，土壤深。

护理: 分两次施肥，不要使用新鲜的有机肥，只用少量氮肥；铺护根物。

收获: 将成熟的结球绑定或紧密种植可使内叶色浅、嫩。

岩荠

Cochlearia officinalis

株距: 15 x 20cm

收获时间: 5 月到 10 月

栽培: 4 月、5 月或 8 月、9 月在露地以约 1cm 的深度播种，疏松地盖土，再用木板压实；充分浇水，在植物发芽前都不能出现干燥的情况。

土壤: 富含腐殖质，不能太轻，充分湿润；在池塘或溪流边缘能很好地生长。

护理: 定期除草，尤其在过冬前需要再次除草；12 月中旬后覆盖。

收获: 植株抗冻，可存活多年，整个冬天都能新鲜采摘；可经常采摘下部的叶子。

芝麻菜

Eruca sativa

株距: 15 x 20cm

收获时间: 5 月到 10 月

栽培: 从 3 月到 9 月以约 1cm 的深度成行播种，只盖少量土，保持均衡的湿度；每两周后续播种；新鲜的种子发芽率不高；每年更换种植地。

土壤: 富含腐殖质，透气，不能过干。

护理: 无要求，不需施肥；冬季收割的植物覆盖无纺布垫或干树枝。

收获: 在开花前持续采摘 15—20cm 以上高度的嫩叶；不要切割过深，以使植株能继续生长；叶子中可能堆积硝酸盐，因此最好在阳光充足的下午收割。

 专家提醒

注意，卷叶的苦苣品种容易遭积水损害。

 专家提醒

在玻璃育苗盘中发芽的种子可用作幼苗。

 专家提醒

野生芝麻菜（*Eruca selvatica*）生长较慢。

 阳光充足　　 半阴　　 多阴　　 大量浇水　　适量浇水

水芹（家独行菜）
Lepidium sativum

行距： 10cm
收获时间： 5月到10月

栽培： 3月到9月直接在室外成行播种，轻轻地压实，盖上适量泥土，充分浇水；每两周后续播种；2—3年后更换种植地；在暖房、温床和窗台上也可栽培水芹（或者在育苗盘中铺上潮湿的无纺布纸等）。

土壤： 富含腐殖质，透气。

护理： 完全无需求，无须施肥，发芽迅速。

收获： 两到三周后你就能收获第一批成果。

冬季菠菜
Spinacia oleracea

株距： 20 x 3cm
收获时间： 4月到12月

栽培： 从9月到10月初以3—4cm的深度在室外播种；至少三年种植间隔期（种植若莙荙菜或红甜菜后也一样）。

土壤： 富含腐殖质，不能过干，含钙质。

护理： 保持稳定湿润（降低硝酸盐含量）；定期锄地（松土，除杂草）；加入堆肥；只施用少量氮肥；用干树枝或无纺布垫覆盖，或在薄膜大棚或暖房中栽培。

收获： 在出现第一颗花芽前收割（否则会变苦）；既可用作蔬菜也可用作生菜。

莴苣缬草
Valerianella locusta

株距： 15 x 3cm
收获时间： 10月到3月

栽培： 用于夏季和秋季收获的可在7月到8月以2cm的深度在露地播种；9月播种的则用于过冬；播种前用木板压实非常疏松的土壤；播种到植物发芽前都不能出现干燥的情况；最好选择抗粉霉病的品种。

土壤： 富含腐殖质，不能过轻，含钙质。

护理： 定期除草，尤其是在过冬前；从12月中开始覆盖无纺布垫或干树枝。

收获： 整个冬天都能新鲜收割；切割时保留莲座丛叶。

🌱 **专家提醒**

可以用水芹在菜畦和花盘或陶制的"水芹培养盆"中播出漂亮的造型。

🌱 **专家提醒**

也有适合春季、夏季和秋季种植的品种。

少量浇水

可盆栽

可储存

可烘干

可冷藏

亚洲蔬菜和生菜

可食用观赏羽衣甘蓝

Brassica oleracea 'Kyoti'

株距: 40 x 50cm

收获时间: 8 月到 12 月

栽培: 6 月在温床或露地播种,播种两倍的种子,盖土,压实并保持均衡湿润;6 月到 7 月底间苗;至少四年间隔期(同样也不能种其他芸薹属植物、菠菜、白萝卜)。

土壤: 富含腐殖质,结构丰富,不能太干,含钙质。

护理: 保持土壤恒定湿润(铺护根物);施有机肥和无机肥,充分施氮肥。

收获: 只当夜间温度降至 10 度时,叶子才会出现典型的彩色(白色、粉色、紫罗兰色)。

大白菜

Brassica rapa ssp. *chinensis*

株距: 30 x 40cm

收获时间: 6 月到 12 月

栽培: 从 4 月开始在暖房或温床上播种,或 7 月初到 8 月初以 2—3cm 的深度在露地播种;发芽后间苗;至少三年间隔期(同样也不能种其他芸薹属植物、菠菜、萝卜)。

土壤: 富含腐殖质,结构丰富,不能太干,含钙质。

护理: 土壤保持均衡湿润(铺护根物);施有机肥和无机肥(高养分需求蔬菜),充分施氮肥;主生长期时充分浇水。

收获: 当结出漂亮的大结球时收割;结球内部的花茎不能超过 5—10cm;有时也能在冬天收割,因为植物可接受 –6℃ 以短时间的霜冻。

小白菜

Brassica rapa ssp. *chinensis* 'Pak Choi'

株距: 30—40cm

收获时间: 6 月到 12 月

栽培: 从 7 月中旬到 8 月初以 2—3cm 的深度在露地播种,发芽后间苗;最好只选用小的植株,较大的通常长势不佳;至少三年间隔期(同样也不能种其他芸薹属植物、菠菜、萝卜)。

土壤: 富含腐殖质,结构丰富,最好为沙质壤土;不能过干或积水。

护理: 土壤保持均衡湿润(铺护根物);施有机肥和无机肥;主生长期间充分浇水;植株可在菜畦上一直生长到第一场霜冻。

收获: 小心收割,避免损伤多肉的叶子。

> 🌱 **专家提醒**
>
> 　　这种花园、阳台和露台的装饰植物有一种奇特的西兰花香。

> 🌱 **专家提醒**
>
> 　　选择最能发芽的品种。

☀ 阳光充足	◑ 半阴	■ 多阴	大量浇水	适量浇水

茼蒿
Chrysanthemum coronarium

株距: 15 x 15cm

收获时间: 7 月到 9 月

栽培: 4 月或 5 月开始在窗台上或暖房中在花盆中播种,从 5 月底或 6 月初种到室外或从 5 月底直接在室外播种。

土壤: 富含腐殖质,结构丰富,不能太干,富含养料。

护理: 种植前在土壤中加入堆肥;对于紧实茂密的植株定期短截(或收割);防止蜗牛侵害。

收获: 持续收割多肉的嫩叶;在远东地区它们被炖熟或生的作为特殊的香料使用;花也可使用,是中国茼蒿火锅的主要添加物。

莴笋
Lactuca sativa var. *angustana*

株距: 25 x 30cm

收获时间: 6 月到 9 月

栽培: 2 月后在窗台上或暖房中播种,从 4 月底或 5 月初移植室外或者 3 月或 4 月直接在露地播种;温度较低时覆盖无纺布垫;夏季进行后续播种,温度太高时种子的发芽率不高。

土壤: 富含腐殖质,透气,疏松,富含养料。

护理: 种植前施堆肥;约三周后追加顶肥,只施少量氮肥;铺护根物。

收获: 嫩叶可用作生菜食用,茎则主要用作炖食或生吃。

香菇
Lentinula edodes

栽培时间: 5 月到 9 月

收获时间: 5 月到 9 月

栽培: 在专业商店购买预备好的菌菇幼芽,将其"植入"木块,便可终年栽培香菇;用于秋末和冬季栽培的木块需在长出香菇后储存于无霜冻的室内(地窖);要使菌丝能在木头上均衡生长,温度需达到 12—28℃。

培养: 在落叶乔木木块上。

护理: 将木块置于半阴、防风的位置;保持均衡湿润;防止蜗牛侵害。

收获: 最好在 14—24℃时收割;当菌帽达到水平时,其成熟度正好适合收获;这种美味、精致的菌菇在亚洲被视为"灵丹妙药"。

🍃 **专家提醒**

莴笋品种的茎很粗,直径可达 5cm。

新潮蔬菜

彩茎苔菾菜
Beta vulgaris var. *cicla*

株距： 40 x 35cm
收获时间： 7 月到 10 月

栽培： 从 4 月到 8 月以约 2—3cm 的深度成行在室外播种；植物长出至 20cm 后间苗；在气候温和的区域较晚播种（从 7 月到 9 月）可过冬；至少三年种植间隔器（种植菠菜和红甜菜后也一样）。

土壤： 土壤深，富含腐殖质，不能过干。

护理： 种植前施用堆肥；降低氮含量，出现缺乏肥料症状时施用生态肥；铺护根物；过冬的植物覆盖无纺布垫或干树枝。

收获： 当叶子完全长出后，从外向内切断或折断茎干。

宝塔花菜
Brassica oleracea

株距： 40 x 50cm
收获时间： 5 月到 11 月

栽培： 5 月或 6 月起在露地播种，盖上约 0.5cm 土；保持均衡湿度；至少 4 年种植间隔期（也不能种其他芸薹属植物）。

土壤： 富含腐殖质，结构丰富，不能太干，含钙质。

护理： 保持土壤均衡湿度，如铺护根物；施有机肥和无机肥（高养分需求蔬菜），充分施氮肥。

收获： 当几何形的结球明显长出浅绿色时收割。

紫色花椰菜
B. oleracea var. *botrytis* 'Graffiti'

株距： 40 x 50cm
收获时间： 7 月到 10 月

栽培： 从 3 月到 4 月在温床或暖房播种，也可 5 月后在露地播种；间苗，4 月后移至露地，深植；最晚于 7 月中旬种植；至少 4 年种植间隔期（也不能种其他芸薹属植物、菠菜和萝卜）。

土壤： 富含腐殖质，结构丰富，不能太干，含钙质。

护理： 保持土壤均衡湿度（铺护根物）；施有机肥和无机肥（高养分需求蔬菜），充分施氮肥。

收获： 当结球变成光泽的紫罗兰色时可收割；不要惊讶：当它们被煮熟时会变成绿色。

🌿 **专家提醒**
确保土壤湿度均衡——这样可使叶茎尤其鲜嫩！

🌿 **专家提醒**
宝塔花菜比一般花菜口感细腻，更香。

 阳光充足　　 半阴　　 多阴　　 大量浇水　　 适量浇水

头状藜
Chenopodium capitatum

株距: 10 x 20cm
收获时间: 7 月到 10 月

栽培: 从 3 月中到 8 月初以 2—3cm 的深度成行播种，发芽后间苗；保留少数植株，这样它们会开花、结果，并自己播种。

土壤: 富含腐殖质，沙质黏土。

护理: 相对来说无特殊需求；播种前对土壤施用堆肥。

收获: 开花前持续收割单独的叶子或整棵幼嫩的植株；叶子可像菠菜一样煮熟食用，也可像生菜一样生吃；红色的小果实口味有点像草莓。

刺角瓜
Cucumis metuliferis

株距: 120 x 30cm
收获时间: 7 月到 9 月

栽培: 4 月中后在窗台上或暖房中的花盆里播种，5 月底后移至露地；在气候条件不够温和的区域最好种在薄膜大棚或暖房中。

土壤: 富含腐殖质，疏松，容易变暖，富含养料。

护理: 种植前在土壤中混入堆肥；使幼苗的茎攀在绳子上生长；保持土壤均衡的湿度，因此最好铺护根物；防止蜗牛侵害。

收获: 当果实从绿色变成黄色时即可采摘；当果实完全变成黄色时种子已经变得很硬。

灯笼果
Physalis edulis/P. peruviana

株距: 50 x 90cm
收获时间: 7 月到 11 月

栽培: 从 4 月底开始种植（5 月底后才能直接在室外种植），最好选择明亮、防风的种植环境。

土壤: 富含腐殖质，结构丰富，富含养料，不能过干。

护理: 只保留 2—3 条长势旺盛的枝条；在气候温和的区域可放心移植至室外，10 月中旬后挖出，短截，并在阴暗、无霜冻的环境中保存过冬；在气候恶劣的区域保存在暖房中。

收获: 果实橙色，可生吃，也可做成甜点、蛋糕、果酱。

🌱 **专家提醒**

　　结果的植株可以留在菜畦上或放在花盆和花槽中作为漂亮的观赏植物。

🌱 **专家提醒**

　　果实在凉爽、干燥（不能放在冰箱里）的环境中可储存数月。

🌱 **专家提醒**

　　采摘果实时保留苞叶，这样可保存较久。

　少量浇水　　　　　可盆栽　　　　　可储存　　　　　可烘干　　　　　可冷藏

地中海蔬菜

托斯卡纳棕榈甘蓝
Brassica oleracea 'Nero di Toskana'

株距: 30 x 40cm
收获时间: 7 月到 10 月

栽培: 从 4 月开始，最晚到 6 月底，以 15—20cm 的间距成行播种或在露地播种，3—4 周后种入花盆或转移到光照充足的菜畦；至少三年间隔期（同样也不能种其他芸薹属植物）。

土壤: 富含腐殖质和养料，不能过干。

护理: 保持土壤均衡的湿度（如通过铺护根物）；至 9 月底前施用成熟的堆肥或无机肥，并充分浇水。

收获: 收割的是狭长的叶子，其食用方法与皱叶甘蓝或羽衣甘蓝相同。

西兰花
Brassica oleracea var. *italica*

株距: 40 x 50cm
收获时间: 6 月到 10 月

栽培: 经过预先栽培的幼苗可从 4 月后种入菜畦或从 4 月到 7 月直接在露地播种，之后间苗；至少三年间隔期（同样也不能种其他芸薹属植物）。

土壤: 富含腐殖质和养料，不能过干，种植前先追加堆肥。

护理: 保持土壤均衡湿度，如铺护根物；分两次施用有机肥；盖无纺布垫可使果实更好地成熟，提早收获；西兰花非常抗冻，冬天也能保留在菜畦上。

收获: 在花芽绽放前收割，先割下主结球，再收割长出的侧枝。

白兰瓜
Cucumis melo

株距: 100 x 30cm
收获时间: 7 月到 9 月

栽培: 4 月后在窗台上或暖房中在花盆中播种，5 月底后移至疏松的土中种植；最好在暖房中栽培，因为植物非常需要温暖的环境。

土壤: 富含腐殖质，疏松，容易变暖，富含养料。

护理: 种植前在土壤中混入堆肥；保护幼苗不受蜗牛侵害；通过绳子向高处引伸，长出第一片叶子后定期截短侧枝；铺护根物。

收获: 当果实散发典型的果香时；正是采摘的最好时机；最多只能让每株植物保留六个果实。

专家提醒

棕榈甘蓝可承受 −15℃ 以上较为温和的冬天，之后与郁金香和水仙一起开花。

专家提醒

在植物下方的土上铺黑色的护根薄膜，可升高土温。

 阳光充足　 半阴　 多阴　 大量浇水　 适量浇水

西葫芦

Cucurbita pepo

株距: 80 x 80cm

收获时间: 7 月到 9 月

栽培: 从 4 月后在窗台上或暖房中的花盆中播种，5 月中后移栽至室外，或直接在 5 月底后于露地上播种。

土壤: 富含腐殖质和养料。

护理: 在生长期施两次有机复合肥或堆肥（高养分需求蔬菜）；不要从上对叶子浇水；通过铺护根物使土壤保持均衡的湿度（如秸秆）；防止幼苗受蜗牛侵害。

收获: 可结很小的果实，也有最长 20cm 的果实；不要让果实长得过大，否则口感会变淡；花朵也可食用。

菜蓟

Cynara scolymus

株距: 100 x 100cm

收获时间: 9 月，6 月—7 月

栽培: 从 2 月或 3 月在窗台上或暖房中播种，5 月底移植露地；单株植物需要培植三到四年；定期更换种植点。

土壤: 疏松，深土（根的深度可达 60cm），富含腐殖质和养料。

护理: 在整个生长期定期施肥（堆肥，有机成肥）；秋天挖出，在无霜冻的环境中过冬，或者短截后覆盖 30cm 左右的落叶、泥土等。

收获: 当鳞叶还紧密结合时收获花球。

茄子

Solanum melongena

株距: 50 x 50cm

收获时间: 6 月到 9 月

栽培: 2 月在暖房或窗台上播种，两周后间苗，从 4 月后移植，只有在 5 月末后才能移至露地；定期更换种植地，不能作为番茄或马铃薯的后作。

土壤: 富含腐殖质和养料，深土。

护理: 施有机肥或液态肥（高养分需求蔬菜），不含氯；不能从上方浇水；第一次结果后切断主茎，除去多余的叶子和枝条（见番茄，356 页）。

收获: 带花萼和花茎一起采摘果实。

▶ **专家提醒**

　　你也可以尝试黄色果实、条形和圆形（南瓜）的西葫芦品种。

▶ **专家提醒**

　　为了使茄子更好地生长、成熟，最好还是在暖房中栽培。

少量浇水

可盆栽

可储存

可烘干

可冷藏

番茄等

灯笼椒
Capsicum annuum

株距: 40 x 60cm
收获时间: 7 月到 9 月

栽培: 从 3 月开始在窗台上或暖房中播种,约两周后间苗移至花盆,5 月中后种植,深植;3—4 年种植间隔(在种植番茄和马铃薯后也一样)。

土壤: 深土,富含腐殖质,容易变暖,富含养料。

护理: 种植前在土中加入堆肥或腐烂的厩肥;此后再施 2—3 次肥;植株高的品种用杆子支撑。

收获: 既可在绿色时收获,此时果实较硬,有光泽,大小合适,也可在完全成熟后收获,即当变成品种的特征色时。

黄瓜
Cucumis sativus

株距: 120 x 30cm
收获时间: 7 月到 9 月

栽培: 4 月开始在窗台上或暖房中在花盆中播种,从 5 月底种到室外疏松的土中或从 5 月底直接在室外播种,之后疏苗;至少四年种植间隔期。

土壤: 富含腐殖质,疏松,容易变暖,富含养料。

护理: 种植前在土壤中混入堆肥;防止幼苗受蜗牛侵害;使黄瓜攀附在钢丝格架或绳子上;保持土壤均衡的湿度,最好铺护根物。

收获: 开花两周后就能采摘黄瓜;根据需要采摘黄瓜,不能让果实变黄,或者之后做成"酸辣小黄瓜"。

番茄
Lycopersicon esculentum

株距: 50 x 80cm
收获时间: 7 月到 10 月

栽培: 2 月底 3 月初在窗台上或暖房中播种,疏苗移植至花盆中,从 4 月底开始种植(从 5 月底开始才能种在露地),深植;每年更换种植点。

土壤: 富含腐殖质和养料。

护理: 种植前施用堆肥;种植时和 7 月施有机复合肥;将植物绑在支撑杆上;定期剪除叶腋处长出的枝条;结出第一批果实后剪去顶芽(例外:矮番茄);不要从上对叶子浇水。

收获: 完全成熟时采摘;绿色的果实生涩有毒,但能在室内成熟。

专家提醒
只有气候非常温和的区域才能将辣椒种在室外,否则最好种在暖房中。

专家提醒
阳台和露台上很适合种植矮番茄和鸡尾酒番茄。

阳光充足　　半阴　　多阴　　大量浇水　　适量浇水

四季豆
Phaseolus vulgaris var. nanus

株距: 40 x 8cm

收获时间: 7 月到 10 月

栽培: 4 月后在暖房或窗台上的花盆中播种，5 月中后移植到室外或 5 月中直接在室外播种（穴播），种子置于约 3cm 深处；三年种植间隔（也不能种植其他荚果）。

土壤: 疏松，富含腐殖质，透气，含钙质（秋季施钙肥）。

护理: 在茎干基部堆培疏松的泥土；施用氯含量低的肥料；四季豆（和其他荚果）能增加土壤中氮含量，因此只剪断已收获完的植株，让根仍留在土中。

收获: 四季豆只能烹饪食用，大量食用生豆有毒。

豌豆
Pisum sativum

株距: 40 x 5cm

收获时间: 5 月或 6 月到 8 月

栽培: 圆粒豌豆和甜豌豆 3 月中后直接在露地以 5cm 的深度播种，皱粒豌豆在 4 月中后穴播。

土壤: 富含腐殖质，疏松。

护理: 播种时加网罩防止鸟类啄食；在茎干基部堆培疏松的泥土；用干树枝支撑较高的品种；豌豆对新鲜的有机肥和新鲜的钙肥很敏感；豌豆能增加土壤中氮含量，因此只剪断已收获完的植株，让根仍留在土中。

收获: 甜豌豆和皱粒豌豆只收获鲜嫩的果荚，大量食用生豌豆可能中毒。

专家提醒

在同一个地方种植豌豆（或其他荚果）需要等 3—4 年。

其他豆类蔬菜和果类蔬菜品种	
品种	**特征**
"紫色皇后"（Reine des Pourpres）	豆壳为黑红色的四季豆
"紫色国王"（Purple King）	豆壳为黑红色的四季豆
"蓝色希尔德"（Blauhilde）	豆壳为黑红色的青豆
"卡普基纳豌豆"（Kapuzinererbse）	豆壳为黑红色的豌豆
"绿色斑马"（Grünes Zebra）	果实带黄绿色条纹的树状番茄
"黑色李子"（Schwarze Pflaume）	树状番茄，果实大，黑红色
"甜蜜百万"（Sweet Million）	极其高产的鸡尾酒番茄，果实为亮红色
"米拉贝尔"（Mirabel）	长势繁茂的黄色鸡尾酒番茄
"阳台之星"（Balkonstar）	紧凑，高产量的矮番茄
"金色女王"（Goldene Königin）	金黄色中等大小的树状番茄
"早春魔术"（Frühzauber）	结果很早的红色树状番茄
"缇格莱拉"（Tigerella）	红色果实，带橙色条纹，树状番茄
"唐娅"（Tanja）	不含苦味，长势繁茂的生菜黄瓜；适合种在露地
"玛吉莫"（Marketmore）	不含苦味，长势繁茂的生菜黄瓜；适合种在露地
"玛沃瑞斯"（Mavras）	黄色果实，成熟较早的柿子椒；适合露地种植
"普斯塔金"（Pusztagold）	柿子椒，果实为红色，肉质厚，番茄形状
"爱之果"（Liebesapfel）	黑紫色果实的柿子椒
"西班牙胡椒"（Spanischer Pfeffer）	果壳短、火红色，非常辣的辣椒；产量极高
"厄瓜多尔紫袍"（Ecuador Purple）	果壳先为紫色，后为黄色、橙色，最后变成红色的辣椒
"金蛋"（Golden Eggs）	果实几乎为纯白色，鸡蛋大小，极具装饰性的茄子
"蛋果"（Eierfrucht）	果实为白色蛋形的茄子

少量浇水

可盆栽

可储存

可烘干

可冷藏

刺激的洋葱和葱

洋葱
Allium cepa

株距: 20 x 5cm
收获时间: 7 月到 8 月

栽培: 从 3 月底直接将幼嫩的洋葱鳞茎种入菜畦中（播种时间明显较久）；至少 5 年种植间隔期。

土壤: 疏松，富含腐殖质，透气。

护理: 只在干旱时浇水；小心地疏松两行植物间的土壤；不要使用新鲜的有机肥，注意保障钾肥的供应。

收获: 6 月后就能收获第一批洋葱；叶子枯萎后为主要的收割期（用于储存）：储存时要彻底干燥；嫩叶也可使用。

冬葱
Allium fistulosum

株距: 40 x 40cm
收获时间: 3 月到 10 月

栽培: 4 月后直接在菜畦上播种，或从 4 月到 6 月从较老的植株上取下幼嫩的鳞茎成簇种入土中。

土壤: 疏松，透气。

护理: 在干旱时浇水；不要施用新鲜的有机肥；多年生的鳞茎块每三到四年分根重新种植。

收获: 春天可提供最早的葱绿；首先收获叶子，用法与细香葱相同；鳞茎也可食用，但产量不是很高。

韭葱
Allium porrum

株距: 30 x 15cm
收获时间: 6 月到 4 月

栽培: 夏季品种于 4 月中到 5 月中种植经预先栽培的幼苗，并覆盖无纺布垫；深植，培土；秋季品种在 5 月或 6 月种植，冬季品种于 8 月种植。

土壤: 深土，富含腐殖质，疏松。

护理: 种植前在土中加入堆肥或腐烂的厩肥；施用两次无机肥；冬季品种需在降霜前培土，并覆盖干树枝或无纺布垫。

收获: 收割时用铲子或挖掘叉挖起植株，拉出土面并切断根部。

专家提醒

从 8 月中后播种过冬的品种，这样在次年 4 月后就能收获新鲜的洋葱。

专家提醒

你更喜欢温和的口味？那你可以尝试红茎的变种。

☀	☀			
阳光充足	半阴	多阴	大量浇水	适量浇水

大蒜
Allium sativum

株距： 30—80cm
收获时间： 7 月到 9 月

栽培： 春季品种于 3 月，冬季品种于 10 月将蒜瓣以约 5cm 的深土放入土中；每年更换种植地，第二年其他洋葱植物也不能在同一块菜畦上种植。

土壤： 富含腐殖质，疏松，不能积水，重土。

护理： 无特殊需求；混作时与胡萝卜搭配良好；也可种植在草莓之间。

收获： 当植株下方的三分之一变黄，且开始变干时即可收获；用于储存时需彻底干燥。

熊葱
Allium ursinum

株距： 30—40cm
收获时间： 4 月到 5 月

栽培： 通过鳞茎增殖，8 月或 9 月将其放入土中；也可通过对老鳞茎分根实现。

土壤： 富含腐殖质和养料，湿润。

护理： 无要求，容易护理；本土野生植物，在花园中阴凉、潮湿的位置生长良好，能快速地自我增殖。

收获： 开花前收割叶子，同样也可收割花、绿色的种子和幼嫩的鳞茎；不能过量食用，否则会升高血压。

紫娇花
Tulbaghia violacea

株距： 30 x 40cm
收获时间： 6 月到 10 月

栽培： 从 5 月中或 5 月底开始在室外种植经预先栽培的植株，或通过在春天对生命力旺盛的植株分根实现增殖或终年种在花盆中。

土壤： 富含腐殖质，沙质黏土，不能过干，不能积水。

护理： 种植前对土壤施用堆肥；植株在室外不能过冬，10 月后需转移至明亮、阴凉的冬季储藏室；根部厚实、多肉，气味能使田鼠远离植株。

收获： 可一直收获叶子和花（在窗台上甚至终年均可收获）。

◢ 专家提醒

　　当 7 月的环境温暖、干燥时，大蒜块根会长得特别好。

◢ 专家提醒

　　熊葱在开花后收缩，即叶子会消失。

◢ 专家提醒

　　在暖房中紫娇花可与番茄搭配种植，后者能驱除粉虱。

少量浇水

可盆栽

可储存

可烘干

可冷藏

自己储存养料的块根

苤蓝
Brassica oleracea var. *gongylodes*

株距: 30 x 25cm
收获时间: 7 月到 8 月

栽培: 从 2 月预先栽培幼苗, 疏苗移栽至花盆, 从 4 月移栽至露地, 种植不要过深; 从 4 月到 6 月中直接在菜畦上播种; 至少 3 年间隔期 (同样也不能种其他芸薹属植物和菠菜)。

土壤: 富含腐殖质和养料, 不能过干。

护理: 保持土壤均衡湿度 (铺护根物); 生长期间分两次施用有机肥。

收获: 块根收割不能过晚, 否则会木质化; 叶子也可使用。

甜茴香
Foeniculum vulgare var. *azoricum*

株距: 30 x 20cm
收获时间: 7 月到 10 月

栽培: 5 月中到 7 月初以 1.5—2cm 的深度直接在菜畦上播种; 过密的植株以 15—20cm 的距离疏苗或 5 月中后在室外种植预先栽培的幼苗; 至少三年间隔期 (同样也不能种其他伞形科植物)。

土壤: 富含腐殖质, 不能太轻也不能太重, 潮湿的土壤非常合适。

护理: 最好在充分施用堆肥的前作后种植, 因为甜茴香不能承受新鲜的有机肥。

收获: 最晚到 10 月底, 11 月初收割; 如果已经出现晚霜, 则需用叶子、秸秆或无纺布垫覆盖块根。

菊芋 (洋姜)
Helianthus tuberosus

株距: 50 x 60cm
收获时间: 10 月到 11 月

栽培: 早春或秋天将至少有两个芽的块根以 5—10cm 的深度种入土中, 土壤越重就种得越高; 发芽后像马铃薯一样多次培土。

土壤: 稍含钙质, 疏松, 施用堆肥, 黏性土壤。

护理: 干燥时浇水, 尤其是在夏末 (8 月后) 长出块根后; 氮素供应过多时块根易腐烂; 防止幼芽受蜗牛侵害, 防止田鼠食用块根; 开花后或在秋末植物收缩。

收获: 秋天草本部分死亡后, 收割块根, 可留一部分到下一年收割。

 专家提醒

种植绿色、接近白色、蓝紫色和红紫色的品种为菜畦增色。

 专家提醒

收割不要等得太久, 否则茴香可能会丧失香味。

阳光充足

半阴

多阴

大量浇水

适量浇水

番薯

Ipomoea batatas

株距: 30 x 20cm
收获时间: 9 月到 10 月

栽培: 块根或部分块根（至少含有一个芽眼）从 1 月后种入箱子里疏松的土中，放在明亮、温暖的房间中使其发芽，温度不能高于 25℃；注意保持土壤充分的湿度；4 月后注意防风。

土壤: 富含腐殖质，疏松，不能过湿。

护理: 夏天充分浇水，施液态肥；温度低于 10℃时植株就会死亡；数米长的枝条需要攀缘辅助。

收获: 当切口能快速变干时说明红薯已经成熟。

白萝卜

Raphanus sativus var. *niger*

株距: 20 x 15cm
收获时间: 8 月到 11 月

栽培: 从 4 月（夏季品种）到 8 月（秋冬品种）直接在菜畦上播种，长出后将过密的植株以 10—25cm 的距离疏苗；3 年的种植间隔期，也不能种水萝卜和甘蓝。

土壤: 轻质，疏松，富含腐殖质。

护理: 保持土壤均衡的湿度；只施用少量氮肥，使用含硼的无机肥，生长期使用 2—3 次。

收获: 对于早熟品种，通过覆盖无纺布垫或薄膜大棚，6 月后就能收割；冬季白萝卜可在 10 月末 11 月初后收割。

樱桃萝卜

Raphanus sativus var. *sativus*

株距: 10 x 8cm
收获时间: 5 月到 9 月

栽培: 从 3 月到 8 月（春季和夏季品种）以最深 1cm 的深度直接在菜畦上播种，发芽后对过密的植株以 5—10cm 的距离疏苗；至少 3 年种植间隔期（也不能种白萝卜或甘蓝）。

土壤: 富含腐殖质，疏松。

护理: 适合作为后续播种，中间播种和标记播种，不需要额外施肥（低养分需求蔬菜）；保持土壤均衡湿度；不要使用新鲜的有机肥。

收获: 春天覆盖无纺布垫或在薄膜大棚中，播种约六周后就能收获；夏天在播种四周后就能收获。

专家提醒

　　可以尝试用彩叶的红薯作为装饰性的攀缘植物，它们在秋天也会结出大量块根。

植物搭配

· 水芹　· 生菜
· 菠菜　· 番茄

少量浇水

可盆栽

可储存

可烘干

可冷藏

适于储存的蔬菜

旱芹
Apium graveolens

株距: 40 x 40cm
收获时间: 9 月到 10 月

栽培: 最早可在 5 月中后将购买的经预先栽培过的幼苗于室外种植;种植深度与之前的培养菜畦中的深度一致;2 年种植间隔期(也不能种植其他伞形科植物)。

土壤: 富含腐殖质,中壤土,涵水性佳。

护理: 使用含氯的钾肥或堆肥,生长期时分三次施肥,表现出缺乏症状时刻施用专门的硼肥(硼砂);尤其在 8 月中到 10 月结块根时充分浇水。

收获: 最晚到 10 月底收割;块根可在地窖中良好地保存。

红甜菜
Beta vulgaris var. *vulgaris*

株距: 25 x 8cm
收获时间: 8 月到 10 月

栽培: 从 4 月底到 6 月直接在菜畦上播种(2—3cm 深),压实种子;发芽后对过密的植株以约 6—8cm 的距离间苗,或者从 5 月后直接种植(园艺师)预先栽培的幼苗;2 年的种植间隔期(也不能种菠菜和莙荙菜)。

土壤: 富含腐殖质,深土,不能过重,钙含量不能过高。

护理: 施用堆肥或无机肥,不能使用新鲜的钙肥,表现出缺乏症状时施用硼肥。

收获: 8 月后收割可用于新鲜食用;用于储存的于 10 月底左右收割。

抱子甘蓝
Brassica oleracea var. *gemmifera*

株距: 50 x 60cm
收获时间: 9 月到 12 月

栽培: 从 4 月底到 6 月底种植购买的经预先栽培的幼苗,或者 4 月后直接在菜畦上播种,之后间苗;至少三年间隔期(同样也不能种其他芸薹属植物和菠菜)。

土壤: 富含腐殖质,结构丰富,不能过轻。

护理: 保持土壤均衡的湿度,充分施用有机肥和无机肥(高养分需求蔬菜),不能施用过多氮肥;培土可增加植株的稳定性。

收获: 对于种植较早的植株(9 月到 11 月收获),通过对顶芽的修整可获得较大的孽芽。

🌿 **植物搭配**

· 花椰菜　· 西兰花
· 菜豆　· 大白菜

▶ **专家提醒**

　抱子甘蓝能忍受短时间的霜冻,因此有时整个冬天都能收获。

阳光充足

半阴

多阴

大量浇水

适量浇水

羽衣甘蓝

Brassica oleracea var.*sabellica*

株距: 50 x 50cm

收获时间: 10 月到 2 月

栽培: 6 月或 7 月种植预先栽培的幼苗，或从 5 月中到 7 月以 2cm 的深度直接在露地播种；以播种方式种植的收割方式与菠菜相同，以幼苗种植的收割整株植株，至少 3 年种植间隔期（也不能种其他芸薹属植物）。

土壤: 富含腐殖质，有黏土特征，含钙质。

护理: 保持土壤均衡的湿度（如通过铺护根物）；分两次施用有机肥和无机肥。

收获: 当叶子仍新鲜、幼嫩，且经受了一段时间的霜冻后收割。

笋瓜

Cucurbita maxima

株距: 200 x 150cm

收获时间: 10 月

栽培: 3 月后在窗台上或暖房中播种，5 月开始移至室外，或 5 月中后直接在露地播种；堆肥堆基部或花台和高畦都是不错的种植点；3—4 年种植间隔期。

土壤: 富含腐殖质和养料，温暖；种植前在土壤中混入堆肥。

护理: 在生长期施两次有机复合肥或堆肥（高养分需求蔬菜）；保持均衡的湿度（铺护根物！）；侧枝长到 60—100cm 时截短，否则会长出过多的叶子；在果实下方垫木板或秸秆，防止其腐烂。

收获: 秋末完全成熟时采摘，茎干木质化，但一定要在第一场霜前采摘；花朵也可食用。

胡萝卜

Daucus carota ssp.*sativus*

株距: 25 x 5cm

收获时间: 6 月到 10 月

栽培: 从 3 月到 7 月中旬（春夏品种，适合储存的品种）以 1—2cm 的深度直接在菜畦上播种；水萝卜作为标记播种，因为胡萝卜发芽慢（3—4 周）；以 10cm 的距离疏苗；至少三年间隔期（同样也不能种其他伞形科植物）。

土壤: 疏松，轻质，沙质，富含腐殖质。

护理: 保持土壤恒定湿润；施用富含钾和镁的肥料；不能使用新鲜的钙肥。不要使用新鲜的有机肥。

收获: 当胡萝卜长大后可长期收获；用于储存的胡萝卜只有在 10 月底到 11 月初才能收获。

 植物搭配

· 菜豆　· 豌豆　· 韭葱

· 红甜菜　· 生菜

 植物搭配

· 大蒜　· 韭葱　· 生菜

· 细香葱　· 洋葱

香草——气味与芳香

每个菜园都适合种植香草，无论是在菜畦上，多年生草本植物隔离花坛中，还是在漂亮的花盆中，关键是，摆在你眼前的是大量的种类，相应地你可以随意地从中选择！

最好是立即使用这些全能的香草调料，这样它们能最大程度地释放自己的芳香。

香草也可在小型的菜园中栽培，种在花盆和花槽中放在阳台和露台上也很合适。虽然某些香草也能在半阴的环境中生长，但你最好还是尽可能地为大部分种类保留一个光照充足的位置。阳光和热量越多，它们就越能保存芳香物质，也就是说，用香草做出的菜肴和冲泡的茶水就更加精致、美味。许多香草都倾向于贫瘠、轻质的泥土，因此，它们在自己的小菜畦上或种植容器中能比在大量施肥的蔬菜畦上生长得更好。

"日常的"还是地中海的还是亚洲的香草？

简单的本土菜肴中加入如莳萝、香芹和细香葱等新鲜的香草后也会变得更加美味，因此你需要常备这些"日常的"香草。

在菜园和阳台上种植罗勒、龙蒿，以及香气浓郁的薰衣草和迷迭香就能轻松打造出南部风情。这些"阳光的孩子"需要一个具有充分防护的温暖的生长环境，土壤则最好为轻质的沙土。而且，同时：直接从菜园中采摘的香草比市场上购买的香草要香得多。

想要紧跟健康的亚洲餐饮潮流，用自己菜园中收获的香草来充实调料列表，你可以选择种植芫荽、紫苏或泰国罗勒等。

同时，如果你想让孩子也能领略园艺的乐趣，你可以为他们开垦一块"儿童菜地"。在这里种上巧克力花、甜没药等，让小美食家们来闻和品尝。

日常的香草

细香葱
Allium schoenoprasum

株距: 15—30cm
收获时间: 4 月到 11 月

栽培: 4 月底开始以约 2.5cm 的深度在露地播种（一定要选择新鲜的种子！）或者于秋天或春天对老的植株分根并种植。

土壤: 富含腐殖质和养料，充分湿润。

护理: 种植前土壤中加堆肥，充分松土；不要使用新鲜的有机肥。

收获: 收割时，开花前在距地面约 2cm 的位置切断叶子或茎；花也可收获作为香料使用。

莳萝
Anethum graveolens

株距: 10—15cm
收获时间: 6 月到 9 月

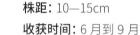

栽培: 从 4 月开始直接在露地播种，适合作为高养分需求蔬菜的后作；也可在阳台种植箱中播种，但植株只能长到约 40cm 高；在良好的种植环境下也能自己播种扩散。

土壤: 疏松，富含腐殖质，温暖。

护理: 莳萝不能移植，因为移植时它们细嫩的根须一定会受到损伤。

收获: 可经常采摘叶子和整株香草，同样也可收获半成熟的花伞和成熟的种子。

欧当归
Levisticum officinale

株距: 单独种植
收获时间: 5 月到 10 月

栽培: 3 月后在露地播种或 8 月播种自己收获的新鲜种子；幼苗可在 4 月或 9 月种植；在大的花盆或阳台种植箱中也能很好地生长。

土壤: 富含腐殖质和养料，深土。

护理: 长大的植株一定要有足够的生长空间；偶尔施用堆肥；黄叶通常是缺乏养料或干燥的象征。

收获: 可持续采摘新鲜的叶子。

专家提醒
只有在 3 年的间隔期后才能在同一块菜畦上再种植葱科植物。

植物搭配
· 四季豆　· 豌豆　· 黄瓜
· 甘蓝　· 结球生菜　· 青豆

专家提醒
龙蒿在欧当归旁边能很好地生长。

 阳光充足　 半阴　 多阴　 大量浇水　 适量浇水

香芹

Petroselinum crispum

株距： 10—15cm

收获时间： 5 月到 11 月

栽培： 3 月后在温床上或 4 月底后直接在露地播种，无须移植；种子发芽可能需要数周；每年都要更换种植点，否则会抑制生长。

土壤： 富含腐殖质和养料，透气，不能过干。

护理： 偶尔施用堆肥；冬天可用无纺布垫覆盖，之后就能继续收割；不要种在生菜旁边。

收获： 可一直从叶柄上摘下新鲜的叶子（光叶或皱叶）。

鼠尾草

Salvia officinalis

株距： 30 x 30cm

收获时间： 整年

栽培： 2 月后在暖房播种，或 5 月后直接在露地播种；5 月后以 30cm 的株距种植幼苗；夏天可通过扦插增殖。

土壤： 干燥，透气，含钙质。

护理： 偶尔施用堆肥和钾肥；春天短截至三分之一到二分之一，以保持植株紧凑；在假山花园、花盆或花桶中都能种植。

收获： 可连续收获嫩叶和茎尖（即将开花前的香气最盛）；花也可作为调料。

百里香

Thymus vulgaris

株距： 30 x 30cm

收获时间： 4 月到 10 月

栽培： 2 月后在温床上或 4 月底后直接在露地播种，喜光性种子；也可通过扦插（5 月至 8 月）或压条（4 月或 5 月）增殖。

土壤： 多石或沙质，干燥，温暖，不能积水。

护理： 有时并不能完全抗冻，因此推荐覆盖干树枝或无纺布垫；适合在花盆和花盘中，假山花园中，石墙上种植，或可作为低矮的菜畦边缘植物。

收获： 幼嫩的茎尖和叶子在开花前最香；花朵也可食用。

专家提醒

　你也可以尝试种植根用香芹，它们在秋季收割。

植物搭配

· 菜豆　· 豌豆　· 茴香
· 甘蓝　· 胡萝卜

少量浇水

可盆栽

可储存

可烘干

可冷藏

亚洲的调料盛宴

韭菜
Allium odorum

株距: 10—15cm
收获时间: 4月到11月

栽培: 从4月到8月直接在露地播种,或冬天在花盆中栽培。

土壤: 富含腐殖质和养料,充分湿润。

护理: 种植前土壤中加堆肥,充分松土;不要使用新鲜的有机肥;特别抗冻,生存时间长。

收获: 开花前像收割细香葱一样收割叶和茎(与大蒜相似的香味);花和绿色的果荚也可收获作为香料使用。

芫荽
Coriandrum sativum

株距: 10—15cm
收获时间: 7月到8月

栽培: 3月后直接在菜畦上成行播种,发芽约需2—3周;从植株长到15cm高后间苗;只有在间隔2—3年后才能在同一块菜畦上种植芫荽。

土壤: 含钙质,轻质,温暖。

护理: 需要偶尔施用对钙肥和钾肥;芫荽在花盆和阳台种植箱中也能很好地生长。

收获: 开花前可一直收割新鲜的叶子和整株香草;成熟的果荚变成棕色后可收割并干燥作为调料。

鱼腥草
Houttuynia cordata 'Chamaeleon'

株距: 10—15cm
收获时间: 6月到9月

栽培: 购买经预先栽培的幼苗,于秋天或春天种植,或者在春天直接对生长旺盛的植株分根,新鲜种植。

土壤: 富含腐殖质和养料,充分湿润,或者甚至有些沼泽化。

护理: 种植前对土壤施用堆肥;土壤越湿润,植株生长越旺盛,也就是说,在干燥的环境中不能很好地扩散;会长出匍匐根;气候恶劣的区域需要视情况在冬天覆盖叶子或护根物。

收获: 可一直采摘叶子作为亚式汤、蔬菜和肉菜的调料。

🌿 **专家提醒**

这种与细香葱使用方法类似的植物是亚洲厨房中重要的组成部分。

 植物搭配

· 黄瓜 · 甘蓝

🌿 **专家提醒**

在湿润、半阴的位置,这种植物时很好的地被。

阳光充足	半阴	多阴	大量浇水	适量浇水

泰国薄荷
Mentha spec. 'Thai'

株距: 30 x 30cm
收获时间: 7 月到 8 月

栽培: 购买幼苗,以 30cm 的株距种植或在春天通过匍匐茎或分根增殖。

土壤: 富含腐殖质,轻质,湿润。

护理: 偶尔施堆肥。受锈菌侵害时进行彻底的短截,如果长期受袭或生长缓慢,则更换种植位置;在花盆或花桶中也能很好地生长。

收获: 在开花前可一直采摘新鲜的叶子和茎尖。

泰国罗勒
Ocimum basilicum 'Thai'

株距: 30 x 30cm
收获时间: 6 月到 9 月

栽培: 3 月后在窗台上或暖和的温床中播种。只需将种子压实即可,无须盖土(喜光性种子);从 5 月中开始间苗移植至花盆中,或直接在露地播种(注意蜗牛!)。

土壤: 富含腐殖质,沙质至黏土质。

护理: 对长期潮湿和寒冷的环境抗性低,因此最好在花盆或花盘中栽培;不要种在有风的位置;防止幼苗受蜗牛侵害;非常适合与番茄植物一起种植。

收获: 可一直收割幼嫩的茎尖,在开花前最香;花朵也可食用。

紫苏
Perilla frutescens

株距: 30 x 30cm
收获时间: 6 月到 9 月

栽培: 从 5 月初直接在露地播种,在约 3 周后对幼苗间苗;以约 30cm 的株距种植。

土壤: 富含腐殖质,适当富含养料,温暖。

护理: 种植前土壤中加堆肥,充分松土;保持土壤均衡湿度;防止幼苗受蜗牛侵害。

收获: 可一直收割幼嫩的叶子和茎尖,在开花前最香;花朵也可食用,用于传统的日式调料,尤其多用于寿司。

🌿 **植物搭配**

· 胡萝卜 · 生菜 · 番茄

🐌 **专家提醒**

香味特别重,且生长茂盛的品种有一种细微的茴香味。

少量浇水

可盆栽

可储存

可烘干

可冷藏

阳光充足的南方香草

法国龙蒿
Artemisia dracunculus var. *sativa*

株距: 单独种植
收获时间: 7 月到 8 月

栽培: 从 7 月至 8 月通过扦插或分根增殖。

土壤: 富含腐殖质和养料,充分湿润,温暖。

护理: 通常一株植物就足够;春天发芽通常较晚;在环境恶劣的地区容易受冻,因此冬天推荐覆盖薄薄的一层干树枝。

收获: 收割幼嫩的叶子和茎尖(包括芽);从第二年起植株的香气明显加强。

薰衣草
Lavandula angustifolia

株距: 40 x 40cm
收获时间: 6 月到 9 月

栽培: 从 2 月后将播种用的花盘放在窗台上播种,从 5 月后移至室外或从 6 月到 8 月剪下插条使其生根。

土壤: 疏松,富含腐殖质,温暖,最好贫瘠,含少量钙质。

护理: 通过每 2—3 年在 4 月将枝条短截至 1/2 至 1/3 可使灌木保持紧凑的造型;在非常缺钙的种植环境中每 1—2 年需在土中加入镁石灰;也很适合在花盆或花桶中种植,也可作为菜畦的边缘植物,或在月季下方种植。

收获: 嫩叶、茎尖和花都可收割使用。

热那亚罗勒
Ocimum basilicum 'Genoveser'

株距: 50 x 50cm
收获时间: 6 月到 9 月

栽培: 从 3 月后在窗台上的花盘中播种或在暖和的温床上播种,种子只需压实,不必盖土(喜光性种子);从 5 月中疏苗至花盆,从 5 月底移至露地种植或直接在露地播种(注意蜗牛!)。

土壤: 富含腐殖质,沙质或黏土质,温暖。

护理: 在热量充足时生长快速,相对不易受侵害;长期潮湿、阴冷时会停滞生长;极易受蜗牛侵袭,因此最好在花盆和花盘中栽培。

收获: 可一直收割幼嫩的茎尖,在开花前最香;花朵也可食用。

🪷 植物搭配

· 欧当归 · 胡萝卜 · 香芹

🌿 专家提醒

用作番茄沙拉和香蒜酱的罗勒,因此你一定要留出足够的空间用来种植!

 阳光充足   半阴   ● 多阴   大量浇水   适量浇水

希腊牛至

Origanum vulgare ssp. *hirtum*

株距: 25 x 25cm

收获时间: 7 月到 9 月

栽培: 3 月后在暖房中播种,3 月中后以 25cm 的株距移植至露地或从 4 月后直接在露地播种,喜光性种子;也可通过匍匐茎或分根增殖。

土壤: 干燥,透气,养料含量低,含钙质,温暖,不能积水。

护理: 春天在土地靠上的位置短截;浅根植物;非常抗冻;非常适合在种植箱和花桶中种植。

收获: 可一直收获新鲜的叶子和茎尖,开花时最香(之后收获的可干燥使用);花朵也可食用。

迷迭香

Rosmarinus officinalis

株距: 50 x 50cm

收获时间: 3 月到 10 月

栽培: 最好在 7 月或 8 月通过扦插增殖,插条在沙质培养土中能很好地生根。

土壤: 透气,轻质,干燥。

护理: 最好在较大的花盆或花桶中种植,夏天也可移植至露地;主要施钾肥;只在非常温和的区域能抗冻,否则需在明亮、凉爽的室内(2—8℃)过冬,5 月中后重新种到室外;在鼠尾草边能很好地生长。

收获: 嫩叶、茎尖和花都可收割使用。

叙利亚毒马草

Sideritis syriaca

株距: 10 x 15cm

收获时间: 5 月到 9 月

栽培: 3 月后在窗台上或暖和的温床中播种,或 5 月中后直接在露地播种。

土壤: 透气,贫瘠,稍含钙质,轻质,干燥,不能过湿。

护理: 最好在较大的花盆或桶中种植,夏天也可移植至露地;在富含腐殖质且透气的沙质土中,且有充足光照的条件下,如在螺旋形花坛中,植物可在露地上健康地生长,也能在那里过冬。

收获: 覆盖灰色毛的叶子和茎尖,以及黄绿色的烛形花序均可采摘使用。

🌿 **专家提醒**

    棕色叶子,植株较宽的品种"阿普"(Arp)可抵抗 −22℃的低温。

🌿 **专家提醒**

    香气温和,散发肉桂味,可泡茶治疗感冒或用于放松。

少量浇水

可盆栽

可储存

可烘干

可冷藏

孩子喜欢的香草

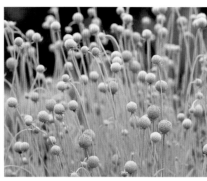

巧克力花
Berlandiera lyrata

株距: 30 x 30cm
开花时间: 6 月到 9 月

栽培: 种子发芽很慢且不均匀,因此最好购买预先栽培的幼苗,并从 5 月中或末在露地种植。

土壤: 透气,轻质,不能过湿。

护理: 最好在较大的花盆或花桶中种植,夏天也可移植至露地。在明亮、凉爽的室内(2—8℃)过冬,5 月中后重新种到室外;在气候温和的区域(适合栽培葡萄的气候)也可用干树枝或无纺布垫覆盖在露地过冬。

收获: 该植物只能用于闻,不可食用;但它的巧克力香非常惊人。

芳香堆心菊
Cephalophora aromatica

株距: 40 x 40cm
开花时间: 6 月到 10 月

栽培: 4 月中后在窗台或暖和的温床中播种,5 月中后移植至露地,或在 4 月底后直接在露地播种,或在 5 月底后于露地种植购买的植株。

土壤: 透气,轻质,贫瘠,干燥,温暖,不能过湿。

护理: 最好在阳台种植箱或花桶中作为芳香型夏季植物栽培,不能过冬,应该在第二年重新播种。

收获: 该植物只能用于闻,不可食用;花朵磨碎后的气味非常像小熊软糖。

巧克力秋英
Cosmos atrosanguineus

株距: 15—25cm
开花时间: 6 月到 10 月

栽培: 4 月中后在窗台或暖和的温床中播种,5 月中后移植至露地,或在 4 月底后直接在露地播种,或在 4 月底后将过冬的块根种至露地。

土壤: 透气,轻质,不能过湿。

护理: 将块根像大丽花的块根一样保存在明亮、凉爽的室内(2—8℃)过冬,从 4 月底后重新种植。

收获: 该植物只能用于闻,不可食用;但它能产生轻微酸涩的苦巧克力香。

 专家提醒

不显眼的单独小花会一直开到降第一场霜,花朵芳香。

 专家提醒

勃艮第葡萄酒红色的繁花可一直持续到第一场霜降!

香蜂草

Melissa officinalis

株距： 40 x 40cm

收获时间： 7 月到 8 月

栽培： 从 2 月到 3 月在窗台或暖房中播种，从 5 月移植至露地，或购买幼苗，或对大的植株分根；约每四年更换种植点。

土壤： 疏松，深土（根的深度可达 30cm），富含腐殖质和养料，温暖，不能过干。

护理： 偶尔施用堆肥；铺护根物；在多年生草本植物花坛、大的花盆或花桶中也能很好地生长；只在偶尔采摘时还需定期大量短截。

收获： 可一直收获新鲜的叶子和茎尖；在植株开花前收获的用于干燥使用。

巧克力薄荷

Mentha x piperita 'Chocolate'

株距： 20 x 20cm

收获时间： 7 月到 8 月

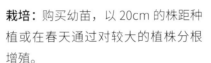

栽培： 购买幼苗，以 20cm 的株距种植或在春天通过对较大的植株分根增殖。

土壤： 富含腐殖质，适当富含养料，轻质，湿润。

护理： 偶尔施堆肥；受锈菌侵害时进行彻底的短截，如果长期受袭或生长缓慢，则更换种植位置；在花盆或花桶中也能很好地生长。

收获： 在开花前可一直采摘新鲜的叶子和茎尖。

欧洲没药

Myrrhis odorata

株距： 单独种植

收获时间： 5 月到 7 月

栽培： 秋天在花盘中播种，于 12 月到 1 月将其放于室外，因为是喜冷的种子；3 月将花盘放于窗台上，使其逐渐适应较高的温度；5 月中后移植至露地。

土壤： 富含腐殖质，适当富含养料，均衡湿润。

护理： 偶尔施用堆肥；铺护根物；在多年生草本植物花坛，花盆和花桶中也能很好地生长。

收获： 可一直收获新鲜的叶子和茎，之后才能收获绿色的种子。

🍃 **专家提醒**

它的甜味很像甘草，切断的茎干是很受欢迎的甜味剂。

池塘植物

水中的绿意与花朵

水下的三维世界只有通过在其中生长的植物才能感知到。我们能看到镜子般的水面，却无法知道下面在发生什么。只有通过自由地在水中生长并长出叶子的茎干，漂浮的叶子或随波摆动的花朵我们才知道，这里存在着另一个以负向垂直带谱构成的生长空间。

所有水生植物的共同特征是从水中直接摄取养料和二氧化碳。因此它们没有陆生植物那样蔓生的根系，用于气体交换的气孔也只出现在露出水面的叶子上。有趣的是，为了适应环境，叶子和茎上会长出气室：它们能为植物体提供必要的浮力，并使其保持平衡，因此它们不需要陆地植物那样的固定组织。

深水和浅水区的植物

水生植物可分成不同的种类。在园艺实践中根据生长深度进行划分有着重要的意义。

在深度超过 60—80cm 的深水区生长着三种植物：

· 浮叶植物在底土中生根，每年都会长出茎干，顶端的叶子漂浮在水面上。

· 沉水植物没有根，而是自由地漂浮在水中。它们以将过冬结构（如种子、芽）沉入水中的方式过冬。

· 漂浮植物就像漂浮在水面上的浮漂，底部没有固定。它们也有过冬的组织或者需要在池塘外过冬（热带植物）。

水深 10—40cm 的浅水区是芦苇类的生长区。这里的许多植物都有极其茂盛的匍匐茎或块根。在园艺实践中，我们能从其广泛的扩张中获益，但仍需对植物设限（控根器），以防止它们抑制周围植物的生长。

提供氧气的沉水植物

金鱼藻 *Ceratophyllum demersum*	**伊乐藻** *Elodea canadensis*	**狐尾藻** Myriophyllum 种

金鱼藻
Ceratophyllum demersum

高度 / 宽度: 茎干最长 2m
开花时间: 6 月到 7 月
水深: 50cm 以上

☀ ◑

形态特征: 花不明显, 在水面以下; 叶狭长, 呈涡旋状; 茎不生根, 分枝, 在水中自由漂浮。会形成密实的集群。

种植: 从 4 月或 5 月开始; 将运输袋中的幼苗直接放入水中或绑在石块上; 营养适中的水至富含养料的水。

护理: 不一定需要; 长势过剩的植株捞出水面可用作堆肥; 冬天可留在池塘中 (会长出下沉的冬芽)。

造型: 造型意义不大, 但也极具装饰性, 自然。

伊乐藻
Elodea canadensis

高度 / 宽度: 茎干最长 1 m
开花时间: 不开花
水深: 20cm 以上

☀ ◑

形态特征: 常绿, 生长在烂泥底, 只通过嫩芽的自然碎片营养繁殖; 只在原产地开花; 叶狭长, 紧密呈涡旋状。

种植: 从 4 月或 5 月开始; 压入土中或绑在石头上沉入水中; 通常通过其他水生植物带入; 能接受较大范围的水质硬度。

护理: 增殖能力很强 ("有害"), 因此需定期清理, 否则会压制其他水生植物的生长; 在大型自然池塘中很难控制。

造型: 非常适合用来增加氧气含量, 清洁水体; 但由于其过于茂盛的外形对造型贡献不大。

狐尾藻
Myriophyllum 种

高度 / 宽度: 茎干最长 1 m
开花时间: 7 月到 9 月
水深: 50cm 以上

☀ ◑

形态特征: 花朵白粉色, 小型穗状花序, 升出水面; 茎干笔直, 分枝, 完全沉在水下, 也可漂浮在水面上; 叶微裂, 呈涡旋状。

种植: 从 4 月或 5 月开始; 将生根的枝条种入土中; 无需求, 但偏爱酸性、富含养料的水体; 能接受较大范围的水质硬度。

护理: 在大型自然池塘中无须干涉, 定期疏枝; 在较小的池塘中需定期控制其生长, 并疏枝 (同时从烂泥底中拔出, 因为它们很容易平行扩张)。

造型: 在清澈的水中叶子看起来非常自然; 花不显眼, 但也具装饰性。

 专家提醒

叶子之间是许多小动物的藏身处。

☀	◑	●
阳光充足	半阴	多阴

对叶眼子菜
Groenlandia densa

高度 / 宽度：30cm
开花时间：6月到9月
水深：30—100cm

☀ 〰

形态特征：在土中生根；茎相对较粗、透明；叶狭长，微膨胀；花很小，不显眼。

种植：从4月或5月开始，也可在水流较缓的小溪中；根压入烂泥底中；必须保证水体酸性，养料含量适中；能接受较大范围的水质硬度。

护理：尽可能不要干涉；非常茂盛，因此需除去大量枝条；抗冻。

造型：造型效果不明显，但是重要的氧气生产者。

小水毛茛
Ranunculus aquatilis

高度 / 宽度：茎干长于1m
开花时间：6月到9月
水深：30—80cm

☀ ◐ 〰

形态特征：部分茎干漂浮在水面上。水下的叶子为针形，初夏后出现浮叶，圆形至肾形；花白色，单瓣，恰好露出水面。

种植：从4月或5月开始；种在烂泥中；最好是轻微动荡且富含养料的水体（溪流或水泵涡流）；自然中生长在富含钙质的硬水水域中。

护理：无需求，只疏枝即可；几年后会消失，只能通过自己传播种子扩散。

造型：开花时花朵在水面上摇摆，极具装饰性；最适合有深水区和缓慢水流的小溪——茎干会随着水流摆动。

普通狸藻
Utricularia vulgaris

高度 / 宽度：长茎
开花时间：6月到8月
水深：30—50cm，也可更深

☀ 〰

形态特征：无根，茎自由漂浮，叶深裂，花露出水面10cm。

种植：从4月或5月开始；放入水中；养料贫瘠的水体，最好为软水；也可在水流缓慢的小溪和平坦的岸边区域种植。

护理：无需求，定期疏枝，保证适度生长；通过下沉的冬芽过冬。

造型：摆动的茎干，造型有趣；带捕食囊（可用放大镜观察）的肉食性植物，适合孩子观察。

🐦 **专家提醒**

受保护的本土水生植物，它们能保证水体清洁、高质。

🐦 **专家提醒**

孩子不能自己从水中采集植物进行观察——危险！

切花

⊠ 有毒

可沿溪流种植

漂浮植物

卡州满江红
Azolla caroliniana

高度 / 宽度： 2—3cm/2—3cm
开花时间： 不开花
水深： 30cm 以上

☀ ◐

形态特征： 毯状满江红，叶子为暗绿色至红色，叶裂；嫩芽分枝。

种植： 最后的晚霜结束后（5月底）放在水面上；富含养料的水体。

护理： 定期打捞防止池塘中过度生长；不能让卡州满江红无约束地扩张，因为它们会严重遮蔽池塘；热带蕨类，在寒冷的冬天会被冻死，因此需取出部分植株装在花盘中放在明亮、阴凉的环境过冬。

造型： 最重要的是可吸收养料，与藻类形成竞争关系；植株会随风摆动，因此也是很好的装饰植物；尽量避免与浮叶植物形成竞争。

凤眼蓝
Eichhornia crassipes

高度 / 宽度： 25—40cm/ 约 30cm
开花时间： 7 月到 9 月
水深： 30cm 以上

☀

形态特征： 毯状漂浮植物，美观，叶柄有气室；叶子直立在水面上；花朵呈滚筒状花序，粉色至粉紫色。

种植： 最后的晚霜结束后（5月底）放在水面上；富含养料的水体；能接受较大范围的水质硬度。

护理： 极易扩散，因此需定期切除匍匐茎上蔓生的嫩芽并清除；热带水生植物，需在 10℃ 左右明亮的环境中过冬。

造型： 由于极易扩散，只适合大型自然池塘；极具装饰性的叶子和漂亮的花，能在池塘中与竹子或大型观叶植物一起营造出亚热带风情。

浮萍
Lemna minor u. a. 种

高度 / 宽度： 浅 /1cm
开花时间： 4 月到 5 月
水深： 30cm 以上

☀ ◐

形态特征： 毯状；圆形漂浮的叶子长在极短的嫩枝上，有细小、垂挂的根；花很小，不显眼。

种植： 春天后种在水上（经常作为杂物和其他水生植物混合）；只生长在富含养料的水中。

护理： 生命力非常旺盛，养料（水中的氮）充足时会极其茂盛；必须定期清理，否则会遮蔽整片水体；抗冻。

造型： 虽然浮萍经常被当成"杂草"，但它们也有一定的优点：它们会使人怀想其古老的乡村池塘，能吸收水中的养料，压制藻类的生长；可栽培成漂浮的小岛。

大薸

Pistia stratiotes

高度 / 宽度： 5—10cm/15—20cm
开花时间： 几乎不开花
水深： 30—50cm 及以上

☀ ◑

形态特征： 生菜型的莲座丛叶，清晰的叶脉修饰叶子；花绿色，不明显（肉眼下）；根悬在水中。

种植： 最后一次夜霜（5月底）后种入水中，尽量选择阳光充足的位置；富含养料，温暖的水体，能接受较大范围的水质硬度。

护理： 最好不加干涉；可除去匍匐茎；从夏末会长出小的子株，可在泥炭细末中放在潮湿、明亮、温暖的环境过冬（更保险的方法是每年购买新的幼苗）。

造型： 像珠子一样滚落的水滴对孩子来说非常有趣，它们不会沾湿叶子的表面。也能为密植的观赏池塘和露台池塘营造热带风情。

槐叶萍

Salvinia natans

高度 / 宽度： 10—15cm 长的茎
开花时间： 不开花
水深： 20—50cm

☀ ◑

形态特征： 短小、几乎不长根的茎上定期会长出椭圆形漂浮的叶子；没有根和叶，变态的叶承担了根的作用；一年生蕨类植物，能通过下沉的孢子过冬。

种植： 从4月或5月放入水中；富含养料的水体；能接受较大范围的水质硬度。

护理： 容易护理；相对生长茂盛，因此需抑制繁茂的植株；保险起见，从夏末至秋天开始收集带有孢子（在未变态的叶上）的植株，在花盘中置于地窖过冬。

造型： 小小的浮叶会随风摆动；单独在水面上或长在其他浮叶间。

水剑叶

Stratiotes aloides

高度 / 宽度： 20—30cm/20—30cm
开花时间： 5月到7月
水深： 50—100cm

☀ ◑

形态特征： 叶子狭长，以莲座丛突出水面，边缘锯齿状；自由漂浮，在浅水中也会生根；花白色，略升出水面。

种植： 从4月或5月开始；幼苗压入底土中；含适量养料至养料丰富的水中，尽可能为硬水（含钙质）；秋天莲座丛叶会沉入水中，过冬后于下一年春天重新浮上水面。

护理： 容易护理；通过匍匐茎增殖。

造型： 生根的植株最适合在浅水区种于芦苇植物之间；也可与平矮的浮叶形成对比，与睡莲的组合也非常漂亮。

切花　　　　　　　　　有毒　　　　　　　　　可沿溪流种植

浮叶植物

马尿花

Hydrocharis morsus-ranae

高度：花朵直立可距水面 20cm
开花时间：6 月到 8 月
水深：20—50cm

☼ ◐

形态特征：茎干上长接近圆形的浮叶，叶裂，直径为 5—6cm，呈莲座丛；在底部生根；长匍匐茎；花开在无叶的茎上，白色，直径 2—3cm。

种植：从 4 月或 5 月开始；种在定植篮中，或直接种入浅水区的底部；富含养料的水体。

护理：非常茂盛，因此需切断匍匐茎，除去多余的植株；通过沉水的冬芽过冬。

造型：浮叶漂亮，与睡莲叶相似，花显眼，雪白色；只适合大型池塘设施；游泳池塘中重要的净水植物。

欧亚萍蓬草

Nuphar lutea

高度：花朵直立可距水面 10—15cm
开花时间：5 月到 7 月
水深：50—100cm，也可更深

☼ ◐ 〜 ☠

形态特征：茎干最长 5m；睡莲叶状的浮叶；花为蛋黄色，球形，直径 4—5cm，开在无叶的茎上；水面上长梨形果实，各个部位均含微毒。

种植：从 4 月或 5 月种入定植篮，用石块加重，防止浮起；水体含适量养料至富含养料，在水流缓慢的小溪深水区亦可种植。

护理：非常茂盛，因此最好选择大型自然池塘；定期清除增长的植株。

造型：可替代明显需要大量光照的睡莲。

莕菜

Nymphoides peltata

高度：花朵直立可距水面 10cm
开花时间：6 月到 9 月
水深：50cm 以上

☼ ◐

形态特征：数米长蔓生或漂浮的匍匐茎；与睡莲叶近似的浮叶，叶裂，长在叶柄上，上表面暗绿色至棕色，直径 6—10cm；花朵直径最大可达 7cm，金黄色，花瓣上被毛。

种植：从 4 月或 5 月种于定植篮中；富含养料的水体；能接受较大范围的水质硬度。每平方米 1—2 株。

护理：可移植沼泽区，能自己通过种子增殖；长势非常茂盛，因此需定期去除匍匐茎并疏枝；抗冻。

造型：不适合小池塘；对于自然池塘，是对密植的芦苇、菖蒲、鸢尾等岸边植物很好的补充。

🍂 **专家提醒**

　　对于较小的池塘，小萍蓬草（*Nuphar pumila*）更加适合。

☼　　　　　　　☀　　　　　　　▪
阳光充足　　　　半阴　　　　　多阴

浮叶眼子菜
Potamogeton natans

高度： 花朵距水面约 10cm
开花时间： 6 月到 8 月
水深： 40—100cm

形态特征： 在底土上蔓生的根茎；叶子大部分沉入水中，只有上面的部分漂浮在水面上，椭圆形，顶端尖，约 10cm 长；花朵成紧凑的滚筒形穗状花序，白绿色至红色。

种植： 从 4 月或 5 月开始；由于极具扩张性，只能在定植篮中栽培；在养料不太丰富的水中也能正常生长。

护理： 在秋天短截；不适合小池塘。

造型： 装饰价值很小，但由于其生态作用经常出现在大型自然池塘中。

菱角
Trapa natans

宽度： 40—50cm
开花时间： 7 月到 8 月
水深： 40—80cm

形态特征： 在池塘底部生根，茎分枝，结节处生根；叶有叶柄，呈莲座丛生长，叶柄带浮体，叶菱形，边缘锯齿，秋天变红色；花开在叶腋处，白色；暗棕色、有四角的核果。

种植： 一年生；预先栽培的植株可从 4 月或 5 月种植，果实则需提早种入池塘底部；清澈、富含养料的水体，最好为软水，也可在水流缓慢的小溪中。

护理： 秋天收集莲座丛叶，将果实沉入水底（在地窖中保存一些果实，保持湿润，防止受冻）。

造型： 规则的莲座丛叶极具装饰性，尤其在秋天变色后。

专家提醒
菹草（*P. crispus*）相对扩张没这么厉害。

其他豆类蔬菜和果类蔬菜品种

名字	水深	形态特征特性
长柄水蕹（*Aponogeton distachyos*）	50—80cm	叶狭长，20cm 长；花为香草香
泽苔草（*Caldesia parnassiifolia*）	15—35cm	白色花朵形成锥状花穗
沼生水马齿（*Callitriche palustris*）	沼泽区，最深 50cm	叶子在水面上形成星形；常绿；可接受阴生
白花驴蹄草（*Caltha natans*）	20—40cm	漂亮的黄色花朵
水车前（*Luronium natans*）	20—40cm	叶勺形；花白色，长花柄，花少；需要软水
日本萍蓬草（*Nuphar japonica*）	50—100cm	浮叶长形，水下的叶子心形
金棒芋（*Orontium aquaticum*）	30—50cm	只生长在很深的土中；金黄色肉棒状花序
两栖蓼（*Persicaria amphibia*）	20—60cm	狭长的浮叶；粉色花朵，不会蔓生
鹿角苔（*Riccia fluitans*）	20—90cm	密集漂浮在水面下的苔藓；也有陆地形态

 切花　　 有毒　　 可沿溪流种植

抗冻的睡莲——美且旺盛

白睡莲

Nymphaea alba

花朵直径: 9—12cm
开花时间: 6 月到 9 月
水深: 70—120cm 或更深

☀ ☠

形态特征: 手臂粗的根茎;浮叶最大达 40cm,革质,绿色;花白色,花瓣数量多,黄色花蕊,花香怡人;所有部位微毒。

种植: 从 5 月到 6 月中;种于定植篮中(至少 10 升容积),在大型自然池塘中也可直接种在池底烂泥中。

护理: 春天将揉成球形的肥料或长效有机肥(如角屑肥料)压入定植篮的土中;除去黄叶或有咬痕的叶子;秋天除去下沉的叶子;抗冻。

造型: 本土睡莲,能大力扩张,只有大型自然池塘能提供充足的空间。

睡莲

Nymphaea 杂交种

花朵直径: 最大 25cm
开花时间: 6 月到 9 月
水深: 25—300cm 及以上

☀ ☠

形态特征: 长茎,浮叶;花朵颜色和大小多样(见下页表格)。

种植: 从 5 月到 6 月中;种于定植篮中(至少 5—10 升容积)或直接种在池底烂泥中;购买时要确切注意该品种的种植深度,因为必须严格遵守这个数值。

护理: 春天将揉成球形的肥料或长效有机肥(如角屑肥料)压入定植篮的土中;除去黄叶或有咬痕的叶子;秋天除去下沉的叶子;抗冻。

造型: 虽然睡莲独立漂浮在水面上,但仍需注意花朵颜色与岸边的植物是否协调。

香睡莲

Nymphaea odorata

花朵直径: 约 10cm
开花时间: 6 月到 9 月
水深: 50—80cm

☀ ☠

形态特征: 根茎平躺于底土上;茎红色,叶子直径约 20cm;花纯白色,杯形,花瓣顶端尖。

种植: 从 5 月到 6 月中;种于定植篮中(至少 5 升容积)或直接种在池底烂泥中;每株植物 1.5 ㎡。

护理: 春天将揉成球形的肥料或长效有机肥(如角屑肥料)压入定植篮的土中;除去黄叶或有咬痕的叶子;秋天除去下沉的叶子;抗冻。

造型: 不易受损害,花朵自然、漂亮;比本土的白睡莲更适合中等大小的池塘。

👈 **专家提醒**

只有在咨询过专业人士后才能种植。

☀	◐	◖
阳光充足	半阴	多阴

"丹丹"（芳香睡莲）

Nymphaea odorata var. *rosea*

花朵直径： 12cm
开花时间： 6 月到 9 月
水深： 50—70cm

形态特征： 平躺于池塘底的根茎；叶子近圆形，直径最大为 25cm；花嫩粉色，老化的花朵花瓣向花茎弯曲，高出水面，亮黄色花蕊，与其他睡莲不同之处在于晚上也开花，花香。

种植： 从 5 月到 6 月中；种于定植篮中（至少 5 升容积）或直接种在池底烂泥中；每株植物 1.5 m²。

护理： 春天将揉成球形的肥料或长效有机肥（如角屑肥料）压入定植篮的土中；除去黄叶或有咬痕的叶子；秋天除去下沉的叶子；抗冻。

造型： 在美国自然形成的杂交种；诱人的色彩，不可抵抗的芳香。

"理查森"（块茎睡莲）

Nymphaea tuberosa
'Richardsonii'

花朵直径： 12—13cm
开花时间： 6 月到 9 月
水深： 65—90cm

形态特征： 叶几乎为圆形，20—35cm，叶柄有红色条纹；花纯白色，造型非常优雅，近似重瓣，黄色雄蕊，略高于水面，只在上午到午后早期开花。

种植： 从 5 月到 6 月中；种于定植篮中（至少 5—10 升容积）或直接种在池底烂泥中；每株植物 2 m²。

护理： 春天将揉成球形的肥料或长效有机肥（如角屑肥料）压入定植篮的土中；除去黄叶或有咬痕的叶子；秋天除去下沉的叶子；非常茂盛的品种，很容易分根；抗冻。

造型： 开阔的水面上没有其他植物为伴时非常优雅。

其他抗冻的睡莲品种		
名字	水深	花色 直径
"阿玛比利斯" (Amabilis)	50—80cm	嫩粉色 16—17cm
"贝特霍尔德" (Berthold)	40cm	嫩粉色至鲜粉色　7—9cm
"克里三萨" (Chrysantha)	20cm 以上	黄色至橙色 6—8cm
"A.J. 韦尔奇将军" (Colonel A. J. Welch)	100—200cm	淡黄色 20cm
"精品" (Exquisita)	50—80cm	枚红色 13cm
"弗里茨·荣格" (Fritz Junge)	50—80cm	桃粉色 18cm
"芙洛贝莉" (Froebelii)	25—50cm	鲜红色 8—10cm
"格莱斯顿娜" (Gladstonia-na)	80—200cm	纯白色 20cm
"霍兰迪亚" (Hollandia)	80cm 或更深	粉红色 20cm
"詹姆斯·布莱顿" (James Brydon)	50—80cm	樱桃红色 14cm
"莉莉·潘斯" (Lily Pons)	40—80cm	粉色，带饰边 15cm
"玛丽阿西亚·卡利亚" (Marliacea Carnea)	50—80cm	白色 18cm
"莫来" (Moorei)	25—50cm	浅黄色 10—15cm
"牛顿" (Newton)	50—80cm	朱红色 10—12cm
"派力的矮红" (Perry's Dwarf Red)	40—60cm	樱桃红色 10cm
"粉色陶瓷" (Pink Porcelain)	50cm	嫩粉色 15cm
"日出粉" (Sunny Pink)	80—100cm	蜜桃色 20cm
"沃尔特·帕格尔斯"(Walter Pagels)	20—50cm	奶白色 10cm

切花　　　有毒　　　可沿溪流种植

适合小型池塘和花桶的睡莲

小白睡莲

Nymphaea alba var. *minor*

花朵直径: 4—16cm
开花时间: 6 月到 9 月
水深: 40—70cm

☀ ☠

形态特征: 白睡莲的小型品种；叶圆形，鲜绿色；花纯白色，在上午（10点）至下午开花；果实可通过螺旋形卷曲的茎落入土中。

种植: 从 5 月到 6 月中；种在定植篮中或直接种入花桶的底土中；在较深的水中生长较好（50cm 以上）。

护理: 春天将揉成球形的肥料或长效有机肥（如角屑肥料）压入定植篮的土中；除去黄叶或有咬痕的叶子；秋天除去下沉的叶子；保持适度茂盛。抗冻。

造型: 装饰作用更多在于叶子；开花较少。

雪白睡莲

Nymphaea candida

花朵直径: 8—10cm
开花时间: 6 月到 8 月
水深: 25—50cm

☀ ☠

形态特征: 暗绿色圆形叶子（直径20cm）；花白色，高出水面数厘米，不像其他睡莲那样开得彻底，花瓣尖红色。

种植: 从 5 月到 6 月中；种在定植篮中（约 5 升）或直接种入花桶的底土中；也能接受更深（50—80cm）且凉爽的水。

护理: 春天将揉成球形的肥料或长效有机肥（如角屑肥料）压入定植篮的土中；除去黄叶或有咬痕的叶子；秋天除去下沉的叶子；相对茂盛，因此在观赏池塘中要注意控制；抗冻。

造型: 靠近观察时最佳，会发现小花在叶子间极具光彩。

"海尔芙拉"（黄花姬睡莲）

Nymphaea x *pygmaea* 'Helvola'

花朵直径: 2.5cm
开花时间: 6 月到 9 月
水深: 20—25cm

☀ ☠

形态特征: 不能扛过冬天的睡莲；叶暗橄榄绿色，有红色至红棕色条纹和斑点；花为星形，浅黄色。

种植: 从 5 月到 6 月中；种在定植篮中或直接种入花桶的底土中。

护理: 春天将揉成球形的肥料或长效有机肥（如角屑肥料）压入定植篮的土中；除去黄叶或有咬痕的叶子；长势较弱；在不会结冻的明亮的房间中过冬（不用加热的暖房、温室）。

造型: 最适合花桶栽培的睡莲之一；与其他花桶植物搭配时要注意突出黄色的花朵，如和边缘蓝色的多年生草本植物搭配。

☀
阳光充足

☀
半阴

●
多阴

雷德克杂交睡莲
Nymphaea x laydekeri 杂交种

花朵直径: 约 10cm
开花时间: 6 月到 9 月
水深: 25—50cm

☀ ☠

形态特征: 叶子偏椭圆形,"紫花"(Purpurata)品种叶子首先红色,后变成暗绿色;花朵浅紫粉,向内颜色变深〔"利来西"(Lilacea)〕或鲜亮的暗红色带白色花纹〔"紫花"(Purpurata)〕,花朵杯形,香;图上为品种'Lilacea'〔也称为"利拉西纳"(Lilacina)〕。

种植: 从 5 月到 6 月中;种在定植篮中或直接种入花桶的底土中。

护理: 春天将揉成球形的肥料或长效有机肥(如角屑肥料)压入定植篮的土中;除去黄叶或有咬痕的叶子;长势较弱。

造型: 所有品种都多花,非常适合较浅的观赏池塘或露台上的花桶。

四边睡莲
Nymphaea tetragona

花朵直径: 2.5cm
开花时间: 6 月到 9 月
水深: 10—25cm

☀ ☠

形态特征: 叶暗绿色,直径最大17cm;花星形,纯白色,花香,花芽底部为明显的四边形。

种植: 从 5 月到 6 月中;种在定植篮中或直接种入花桶的底土中;幼苗19cm,成熟植株 25cm 深。

护理: 春天将揉成球形的肥料或长效有机肥(如角屑肥料)压入定植篮的土中;除去黄叶或有咬痕的叶子;长势较弱;抗冻;在适合的池塘中会自己播种扩散。

造型: 非常具观赏性的睡莲,甚至能在浅花盘中生长(这种情况下不能在室外过冬)。

🌱 专家提醒

　　商店中该种睡莲也作为 *Nymphaea* x *pygmaea* 'Alba' 出售。

延药睡莲
Nymphaea stellata

花朵直径: 5—10cm
开花时间: 6 月到 7 月
水深: 30—60cm

☀ ☠

形态特征: 不能扛过冬天的热带睡莲;叶长形,苍绿色;花朵星形,花瓣狭长,尖顶,长在长茎上,高出水面,花朵浅蓝色至紫色,雄蕊蛋黄色。

种植: 只能种在光照充足的位置,水温超过 20℃(观赏池塘中必要时可使用供暖蛇形管以保持水温);从 5月后在定植篮中装入黏土、沙土和泥炭细末种植;幼苗可减少水深。

护理: 春天将揉成球形的肥料或长效有机肥(如角屑肥料)压入定植篮的土中;除去黄叶或有咬痕的叶子;秋天取出水池,在阴凉的环境中过冬(10—15℃)。

造型: 最好在温室或光照充足的露台上。

✄ 切花　　　　☠ 有毒　　　　🌿 可沿溪流种植

浅水区的明星

花蔺
Butomus umbellatus

高度 / 宽度: 50—100cm/30—40cm
开花时间: 6月到7月
水深: 0—30cm

形态特征: 多年生草本植物;像草的垫状;叶子为三角形,最宽1cm,似草;花朵为伞形花序,长在无叶子的茎上,花朵白色至粉色,暗色的脉络。

种植: 从5月开始;从沼泽区至浅水区均可种植,在沼泽区直接种植,深度台阶上则在定植篮中;需要富含养料的土壤,但也能接受较大范围的水质硬度。

护理: 如果长势过盛,春天疏枝,必要时分根。

造型: 成组种植在芦苇区前,突出花朵。

水芋
Calla palustris

高度 / 宽度: 15—20cm/15—20cm
开花时间: (5月)6月到7月
水深: 0—20cm

形态特征: 叶子直接从蔓生的根茎处长出,没有明显的茎干;叶柄长,叶子圆形至心形,约10cm宽;花朵为黄绿色肉穗花序,白色的顶叶具观赏价值;秋天结红色浆果(有毒)。

种植: 从4月底开始;根茎平方在培养土上(不容易扩散,不需要定植篮)用平坦的石块加重。

护理: 容易护理;去除死掉的叶子,根据需要切短根茎(同时可增殖);冬天可能会死。

造型: 在沼泽区和浅水区的过渡地带种植非常有趣;可与本土植物结合种植(有柄水苦荬、珍珠菜、睡菜)。

水罗兰
Hottonia palustris

高度 / 宽度: 20—40cm/ 丛生
开花时间: 6月到7月
水深: 0—40cm

形态特征: 常绿;茎和叶留在水下;花朵长在光秃的茎上,可高出水面40cm,白色至嫩粉色,远看呈涡旋状。

种植: 从4月底或5月开始;能接受一定的阴生;一定要在软水中生长,最好为酸性培养土(沼泽植物)。

护理: 适度茂盛;需要短截(春天),注意以叶子为居所的动物。

造型: 在冬天仍保持绿色的叶子是池塘中漂亮的视点;适合在湿地花坛中种在泽泻和慈姑之间。

🌿 **植物搭配**

· 泽泻　· 菖蒲
· 慈姑　· 黄菖蒲

🌿 **专家提醒**

　可扩展到沼泽区,形成陆生模式(在水位下降时也一样)。

☼	◑	●
阳光充足	半阴	多阴

水薄荷
Mentha aquatica

高度 / 宽度: 20—50cm/ 匍匐茎
开花时间: 7 月到 9 月
水深: 0—15cm

形态特征: 落叶多年生草本植物；长匍匐茎，能伸入水中；叶互生，卵形，尖顶，有时会出现红色；花朵呈紧实的头状涡旋，粉色至紫色。

种植: 从 4 月底或 5 月开始；在小池塘中尤其应尽可能种在固定的定植篮中；适度富含养料的培养土，但能接受较大范围的水质硬度。

护理: 能通过匍匐茎大肆扩张，因此需定期切除匍匐茎（生根的切段可增殖）。

造型: 可不加控根器在池塘边种植作为绿化；在较小的水景花园中在定植篮里与沟酸浆、鸢尾或千屈菜组合种植。

睡菜
Menyanthes trifoliata

高度 / 宽度: 15—30cm/ 匍匐茎
开花时间: 5 月到 6 月
水深: 0—30cm

形态特征: 落叶多年生草本植物；蔓生根茎，也可伸入水中；叶柄长，叶子显眼的三裂，但明显比三叶草大；花朵雪白色，边缘穗状，总状花序，花苞粉红色。

种植: 从 5 月开始；最理想的是养料含量不会过高的培养土，酸性软水（沼泽植物）；种在沼泽区，从此处向外扩散。

护理: 容易护理；注意监管匍匐茎的蔓生，必要时切下生根的块段，从 5 月或 6 月后重新种植。

造型: 特别迷人的沼泽和浅水植物。

🌿 **植物搭配**

· 泽泻   · 菖蒲
· 池塘壁架

长叶毛茛
Ranunculus lingua

高度 / 宽度: 60—150cm/ 匍匐茎
开花时间: 6 月到 7 月
水深: 0—40cm

形态特征: 多年生草本植物，在冰冻时仍能保持绿色；茎笔直，匍匐茎空心；叶为舌形，狭长，尖顶，全缘至锯齿状；花光泽，蛋黄色，直径 2—4cm。

种植: 从 4 月底或 5 月开始；含适量养料的培养土；能接受较大范围的水质硬度；由于极易扩生，因此需在定植篮中种植，大型池塘中绑上石头后沉入水中。

护理: 生命力旺盛的植物，由于长势茂盛需定期进行控制；完全去除匍匐茎，因为它也能通过碎片增殖。

造型: 自然的岸边和浅水地带植物，适合在芦苇（香蒲）、梭鱼草、睡菜和湿润带的岸边植物（如旋果蚊草子、千屈菜）之间。

切花

有毒

可沿溪流种植

自然的问候

菖蒲
Acorus calamus

高度 / 宽度： 80—100cm/ 匍匐茎
开花时间： 7 月到 8 月
水深： 0—25cm

形态特征： 落叶型多年生草本植物，根茎厚实；叶为剑形，笔直，明显的结节，"杂色"（Variegatus）品种的叶子有纵向条纹；小花形成侧生长的黄绿色肉状花序。

种植： 从 4 月底或 5 月开始；富含养料的培养土；为了控制茂盛的匍匐茎，小型水景花园中只能种在定植篮里；也能接受缓慢流动的水体。

护理： 容易护理；除去死掉的叶子；定期遏制匍匐茎。

造型： 在小溪中是非常漂亮的岸边植物，不适合小型水景花园。

泽泻
Alisma plantago-aquatica

高度 / 宽度： 20—90cm/30—40cm
开花时间： 6 月到 9 月
水深： 0—25cm

形态特征： 落叶植物，簇状生长的多年生草本植物；叶子最高可伸出水面 40cm，叶柄长，勺形（水中的叶子为带形）；花朵以极其疏松的结构长在光秃秃的圆锥花序上（最高达 40cm），白色；微毒（乳汁）。

种植： 从 4 月底或 5 月开始；富含养料的培养土；能接受较大范围的水质硬度；在小型水景花园中也可直接种在培养土中。

护理： 在春天短截；也可通过种子扩散（如果不想让它扩散可剪下花序）。

造型： 在芦苇区和水体过渡地带有多种种植方法，如在小香蒲边和花蔺与鸢尾一起栽培；干枯的花序—果序在冬天仍是漂亮的视点。

杉叶藻
Hippuris vulgaris

高度 / 宽度： 20—40cm/ 匍匐茎
开花时间： 6 月到 8 月
水深： 10—30cm

形态特征： 落叶多年生草本植物；在深水中为柔软的长条形水下叶子，在浅水中笔直的茎上长针状叶；花朵不显眼。

种植： 从 4 月底或 5 月开始；能接受适度含养料的培养土和较大范围的水质硬度；由于匍匐茎生长旺盛，需种在定植篮中或设置控根器。

护理： 容易护理；最重要的工作时定期修剪匍匐茎（生根的部分可用来增殖）。

造型： 紧密排列的茎干使杉叶藻成了芦苇丛前方的浅水区中一道有趣的风景，也可用于掩藏薄膜和过滤罐。

🌿 **植物搭配**

· 藨草　· 小香蒲

☀️	◐	●
阳光充足	半阴	多阴

西洋菜
Nasturtium officinale

高度 / 宽度： 10—30cm/50—60cm
开花时间： 5 月到 9 月
水深： 0—15cm

☀ ◐ ≋

形态特征： 大部分为常绿多年生草本植物，垫形；茎干大量分枝；叶子圆形至椭圆形，鲜绿色；花朵呈紧密的伞状花序，白色至浅紫罗兰色。

种植： 从 4 月底或 5 月开始；富含养料的沙质培养土；能接受较大范围的水质硬度；需要凉爽、清澈、最好是流动的水，因此最好种在溪流的岸边。

护理： 容易护理；偶尔疏枝，使保持相对紧凑；通过生根的枝条增殖。

造型： 非常自然的溪流岸边植物；新鲜、紧凑的叶子组成的垫状比花朵更具装饰作用。

🌱 专家提醒
叶子富含维生素 C，非常适合做成野菜沙拉和汤。

有柄水苦荬
Veronica beccabunga

高度 / 宽度： 20—30cm/ 垫状
开花时间： 4 月到 7 月
水深： 0—15cm

☀ ◐ ≋

形态特征： 落叶多年生草本植物；横长或笔直的茎干，在结节处生根；叶卵形，略呈革质；花朵为疏松的锥状花序，浅蓝色至深蓝色。

种植： 从 4 月底或 5 月开始；需要富含养料，尽可能含钙质的土壤，也能接受较大范围的水质硬度；在较小的设施中使用控根器，溪边种植在岸边区域。

护理： 容易护理；切除所有茂盛的枝条；摘除枯萎的花朵后还会二次开花。

造型： 是溪流的源头区域很好的装饰植物，能很快覆盖出水口；也可用于覆盖薄膜边缘和毛细渗漏防护带。

其他浅水植物		
名字	生长形态	花色 开花时间
膜果泽泻（*Alisma lanceolatum*）	簇状	白色 7 月到 8 月
大克拉莎草（*Cladium mariscus*）	匍匐茎（极多）	棕色 8 月到 9 月
沼泽荸荠（*Eleocharis palustris*）	垫状（极其茂盛）	棕色 5 月到 8 月
木贼（*Equisetum hyemale*）	匍匐茎（极多）	棕色 从 5 月后
水八角（*Gratiola officinalis*）	垫状（极其茂盛）	粉色 6 月到 8 月
鱼腥草（*Houttuynia cordata*）	匍匐茎	白色 6 月到 8 月
燕子花（*Iris laevigata*）	簇状	蓝色 6 月到 7 月
大百脉根（*Lotus uliginosus*）	垫状	红色，之后为黄色 6 月到 7 月
球尾花（*Lysimachia thyrsiflora*）	匍匐茎（大量）	黄色 5 月到 6 月
蓝花沟酸浆（*Mimulus ringens*）	匍匐茎（适量）	蓝色 7 月到 8 月
梭鱼草（*Pontederia cordata*）	匍匐茎（少量）	蓝色 6 月到 9 月
沼委陵菜（*Potentilla palustris*）	漂浮匍匐茎（大量）	红色 5 月到 6 月
欧洲慈姑（*Sagittaria sagittifolia*）	匍匐茎（大量）	白色和紫罗兰色 7 月
矮黑三棱（*Sparganium natans*）	匍匐茎（适量）	绿色 6 月到 9 月
沼泽蕨（*Thelypteris palustris*）	匍匐茎（适量）	蕨类植物

切花

有毒

可沿溪流种植

香蒲和芦苇

金碗苔草
Carex elata

高度 / 宽度: 60—100cm/60—80cm
开花时间: 4 月到 5 月
水深: 0—15cm

☀ ◐ ●

形态特征: 多年生草类,抗冻;笔直的叶子形成垫状,边缘锋利;紧凑的绿色穗状花序。

种植: 从 4 月末或 5 月开始;含适量养料的培养土;能接受较大范围的水质硬度;能形成大型的草丘。

护理: 能通过种子大量扩散;为了抑制扩张,在 5 月底后就要切除果序。

造型: 对于大型自然池塘,是芦苇区很好的补充;也可用于游泳池唐的生态净化;花卉中心通常出售较小(60cm)且更具装饰性的品种"鲍尔斯金"(Bowles Golden)。

高莎草
Cyperus longus ssp. *longus*

高度 / 宽度: 最高 100cm/ 匍匐茎
开花时间: 6 月到 7 月
水深: 10—25cm

☀

形态特征: 抗冻的草类,能长出匍匐茎;叶呈掌状伸展;花为棕色,形成大圆锥花序。

种植: 从 4 月底或 5 月开始;富含养料的培养土;能接受较大范围的水质硬度;在小型的池塘中最好还是在定植篮中种植。

护理: 虽然通常能抗冻,但在气候恶劣的地区仍推荐采取防冻措施(扎捆,并用干树枝覆盖);冬天结束后剪除冻死的枝条。

造型: 单独种植非常漂亮,与其他芦苇植物保持一定的距离;非常适合与香蒲搭配种植。

水甜茅
Glyceria maxima 'Variegata'

高度 / 宽度: 50—70cm/ 匍匐茎
开花时间: 7 月到 9 月
水深: 0—15cm

☀

形态特征: 多年生草类,非常茂盛,形成密实的簇状,大量匍匐茎,抗冻;叶细长,纵向有白绿色条纹;锥状花序最高可达 120cm,绿棕色。

种植: 从 4 月底或 5 月开始;富含养料的培养土;能接受较大范围的水质硬度;只能在大型的自然池塘或游泳池唐中直接种植,否则需要使用控根器或种在定植篮中。

护理: 定期控制增长的枝条;冬天结束后剪除冻死的叶子。

造型: 非常具装饰性的观叶植物;单独种植在花桶中放在露台水景花园中,或与其他芦苇植物一起种植形成色彩和形状的对比;该种水甜茅只适合用作加固池岸(极其茂盛)。

🌱 **专家提醒**

可以在专业商店里咨询其他适于种在岸边和沼泽区的苔草。

🌱 **专家提醒**

较小的池塘适合选择不能抗冻的较小的纤细莎草(*Cyperus gracilis*)。

☀
阳光充足

◐
半阴

●
多阴

沼生水葱

Schoenoplectus (Scirpus) lacustris

高度 / 宽度： 1—2 m/ 匍匐茎
开花时间： 7 月到 9 月
水深： 10—60cm

形态特征： 有明显大量匍匐茎的莎草，抗冻；暗绿色、手指粗，圆形封闭的叶子，向外垂吊；花暗棕色。

种植： 从 4 月底或 5 月开始；富含养料的培养土；能接受较大范围的水质硬度；一定要使用控根器或种在定植篮中；对水深度的适应力很强，也可在 1m 以上的深水中种植。

护理： 限制增殖（靠水边也一样），偶尔疏枝。

造型： 在一般的花园池塘中作为芦苇植物与其他种类一起种植，在大型池塘中作为生态净水器。

🌸 **植物搭配**

· 香蒲　· 鸢尾

· 芦苇

直立黑三棱

Sparganium erectum

高度 / 宽度： 60—80cm/ 匍匐茎
开花时间： 5 月到 7 月
水深： 0—30cm

形态特征： 落叶根茎多年生草本植物，有大量匍匐茎，抗冻；笔直、有力的茎干，笔直、草状狭长的叶子；花茎分枝，侧生，突出于叶外，球形的绿色花序，最上面的枝条通常只开雄花。

种植： 从 4 月底或 5 月开始；富含养料的培养土，含钙质，能接受较大范围的水质硬度；只在大型池塘中能直接种植，否则需要使用控根器或种在花桶中。

护理： 能很快长成密集的草丛，因此需定期切除匍匐茎；春天剪去冻死的茎和叶。

造型： 能在芦原（除了香蒲）和浅水区间形成非常自然的过渡。

小香蒲

Typha minima

高度 / 宽度： 40—60cm/ 匍匐茎
开花时间： 5 月到 6 月
水深： 0—15cm

形态特征： 能活过冬天的多年生草本植物；外形具装饰性，叶子带状，狭长，内部平坦，外部呈半圆形；雌花组成球形暗棕色肉状花序，雄花带雄蕊，相对较细弱。

种植： 从 4 月底或 5 月开始；贫瘠的培养土，含钙质的硬水；长势中等，因此在中等大小的池塘中也能直接种在沼泽区；在小型的池塘中最好还是在定植篮中种植。

护理： 容易护理；控制匍匐茎的扩张。

造型： 与较大的种类不同，暗棕色的肉状花序在 9 月就会掉落；在小型水景花园中是"真正的"香蒲（也包括长柄水苦荬，泽泻或珍珠菜）很好的替代品；也可单独种在花桶中。

切花

有毒

可沿溪流种植

沼泽区最漂亮的植物

沼泽区是自由的水域与固定的陆地间的过渡区。这里生长着与陆地紧密相连，但同时又能适应水域的多年生草本植物。无论是在自然还是人工的花园池塘体系中，这块区域的植物无论在花色、花形还是花的大小上都有着极大的多样性。但对园丁来说最大的优势是，就算没有池塘也能打造沼泽区，这样可完全避免对孩子的威胁。

浅水区与沼泽区的过渡地带是变动的。它始于水深 10cm 的位置，向上可达到水平面以上约 10cm 处。土壤经常是湿润至潮湿，自然界中偶尔也会出现干燥的情况。当 pH 值较低时，其环境与酸性的泥煤沼相似，pH 值较高时则与含钙质的沼泽地相似。沼泽区可在毛细渗漏防护带处直接转变成干燥的岸边区域。

要预先确定沼泽区的植物非常困难，因为可选择的范围很大。因此，以下列出的例子只能作为抛砖引玉之用，最终的决定还得留给你自己来做。

完美适应！

沼泽区的多年生草本植物已经适应了自己的生长环境：

·为了更好地通风，其组织通常穿透宽阔的气道。许多植物的茎干横截面展示出一种疏松、近乎海绵状的组织。

·叶子有气孔，可防止蒸腾作用，与普通的陆生植物相似。

·许多沼泽植物都和其浅水区的近邻相似，会长出大量蔓生的根块或匍匐茎，可伸展到浅水区中。用控根器或种植桶控制长势特别茂盛的种类，这样可预防不必要的怒气和更多的工作。

在沼泽区种植和护理植物时，还要特别注意小心，因为锋利的锄头尖很容易穿透浅层的薄膜，留下小孔。

沼泽中的春季花卉

驴蹄草
Caltha palustris

高度 / 宽度: 20—30cm/40—50cm
开花时间: 3 月到 6 月
水深: 最大 20cm

形态特征: 落叶植物,簇状生长的多年生草本植物;肉质茎干;叶心形,苍绿色,锯齿边缘;金黄色,单独开放的碗形花,五片花瓣;微毒。

种植: 从 4 月开始;土壤尽可能黏质、富含养料,但含适量养料的土壤也可;对水质硬度几乎无需求;与水接触种入培养土中。

护理: 茂盛,无特殊需求;每两年分根;如果驴蹄草断裂(长茎),说明种植环境过暗。

造型: 属于最早为池塘和溪流带来色彩的多年生草本植物,因此要选择一个从窗口可以看到的种植点;可种植在芦苇植物间,与沼生勿忘我或报春花为邻。

沼生大戟
Euphorbia palustris

高度 / 宽度: 60—100cm/80—100cm
开花时间: 4 月到 6 月
水深: 最深 10cm

形态特征: 簇状生长的落叶多年生草本植物;茎干笔直,分枝,秋天为紫红色;叶子长椭圆形,鲜绿色,秋天有红色的叶缘;花小,但有显眼的黄色顶叶;受伤时,整株植物都会流出有毒的乳液。

种植: 从 4 月开始;土壤尽量深,养料含量适量;对水质硬度无特别需求;与水接触种入培养土中。

护理: 茂盛,偶尔分根(戴手套)。

造型: 可能的话单独种植在岸边区域;种植的位置要能突出其在秋天漂亮的颜色。

黄菖蒲
Iris pseudacorus

高度 / 宽度: 80—100cm/30—40cm
开花时间: 5 月到 7 月
水深: 最深 20cm

形态特征: 落叶,簇状生长的根茎多年生草本植物,蔓生的根茎;茎笔直,肉质;叶剑形,适度坚硬;茎的顶部长有大量黄色大花;微毒。

种植: 从 4 月或 5 月开始;在大型池塘中可直接种植根茎,尽量富含养料;能接受较大范围的水质硬度;能扩张到浅水区;在小型的池塘中最好还是在定植篮中种植(可移植根茎)。

护理: 允许其生长;对于扩张严重的植株可对根茎分根并重新种植;也可通过种子增殖。

造型: 既可用于沼泽区,也可用于浅水区(种在长叶毛茛或泽泻边);相对较大的高起的花朵从远处就能看到。

阳光充足　　半阴　　多阴

变色鸢尾
Iris versicolor

高度 / 宽度： 70—80cm/20—30cm
开花时间： 6 月到 7 月
水深： 最深 20cm

形态特征： 叶子剑形，底部为红紫色；长根茎，簇状生长的形态，茎干底部分枝；每条茎 2—3 朵花，5cm 大，紫罗兰色至紫色，有些品种也有红色至百色。

种植： 开花后将根茎水平浅植；可接受积水；土壤富含腐殖质，酸性（也可接受中性土壤）；在花坛中甚至能接受短时间的干燥。

护理： 无要求，容易护理；开花结束后于夏末，最晚至春季进行短截；早春对根茎分根进行增殖；春天保持充分的湿度；只在开花减少时施肥。

造型： 最好与其他鸢尾和适合湿地的植物组合种植；相对较紧凑，因此也适合较小的池塘。

黄花水芭蕉
Lysichiton americanus

高度 / 宽度： 40—50cm/30—40cm
开花时间： 5 月到 6 月
水深： 最深 15cm

形态特征： 落叶多年生草本植物，蔓生的根茎；花朵形成直立的肉状花序，被前端张开的大型白色顶叶保卫；叶子在开花后才会形成莲座丛；植物的所有部位微毒。

种植： 从 4 月底或 5 月开始；土壤深，富含养料和腐殖质；最好是在树木稀疏的阴影下；软水或轻度酸性的水最佳，但能承受一定范围的水质硬度。

护理： 种在沼泽区的植物需要定期施用有机长效肥；最初几年使用干树枝和叶子防冻。

造型： 以小群体种植时壮观，具异域风情；可以单独作为观赏池塘的植被。在小池塘中也能营造出东亚的氛围。

溪堇菜
Viola palustris

高度 / 宽度： 5—12cm/15—20cm
开花时间： 4 月到 6 月
水深： 到沼泽区

形态特征： 具观赏性的落叶多年生草本植物，通过地下匍匐茎适度扩张；叶肾形，宽度大于长度；花朵约 1.5cm 大，浅紫色至紫粉色，无香气。

种植： 从 4 月开始；与水无直接接触，直接种入培养土中；需要酸性的泥沼地（不能种在含钙质的硬水池塘的沼泽区）。

护理： 不需要护理。

造型： 在沼泽花坛和湿地花坛中，在沼泽区的岸边地带；以小群体种植，这样可使花朵连成片；也可在装有湿润的泥沼土的露台花桶中种植。

> **专家提醒**
>
> 注意，不要让这种过于茂盛的观赏植物阻碍了周边植株的生长。

切花

有毒

可沿溪流种植

沼泽中的夏季花卉

蚊子草
Filipendula palmata 'Nana'

高度 / 宽度： 20—60cm/40—50cm
开花时间： 7月到8月
水深： 到水边为止

形态特征： 结构疏松的落叶多年生草本植物；茎笔直，分枝；叶掌状深裂；花朵深红色，形成疏松的圆锥花序，从远处看为羽状。

种植： 从4月开始；直接种在培养土中，富含养料至养料含量适中，壤土至黏土；对水质硬度要求低。

护理： 剪除枯萎的花；在秋天对茎干短截；每两年分根。

造型： 并不是特别的池塘植物，但其特性很适合岸边区域（旋果蚊子草会在溪流边长成密集的植物群）；溪流边2—3株植株或和开红花的夏季花卉（如千屈菜）一起种在向干燥的池塘边过渡的岸边区域。

千屈菜
Lythrum salicaria

高度 / 宽度： 70—120cm/50—60cm
开花时间： 7月到9月
水深： 最深20cm

形态特征： 落叶多年生草本植物，根块木质化，不会长出匍匐茎；茎笔直，四边形；叶狭长，种在池塘底；花紫红色，长成10—15cm高的滚筒状花序。

种植： 从4月开始；直接种在养料含量适度的培养土中；也可在定植篮中栽培于浅水区的芦苇植物间；对水质硬度要求低。

护理： 春天对茎干短截，此外无要求。

造型： 可作为沼泽区或沼泽花坛的背景。

锦花沟酸浆
Mimulus luteus

高度 / 宽度： 30—40cm/30—40cm
开花时间： 6月到9月
水深： 最深10cm

形态特征： 落叶多年生草本植物，少量匍匐茎；茎平躺至直立；叶卵形至椭圆形；茎顶端开数朵花，亮黄色，红色花心，形状独特。

种植： 从4月开始；直接种在培养土中；最好在光照充足的位置，水或土壤含钙质，也能接受硬度较小的水和一定程度的阴生。

护理： 容易护理，因为它们几乎不扩张；但种子会成为问题；夏初要对密集的植株群疏枝。

造型： 在岸边区域与千屈菜或开蓝色花的多年生草本植物形成鲜明的对比，或与色彩和谐的植物组合种植。

专家提醒

并不是所有品种都适合直接种在水边（购买时需咨询）。

阳光充足　　　半阴　　　多阴

翼果唐松草

Thalictrum aquilegifolium

高度／宽度：80—120cm/60—80cm
开花时间：5月到7月
水深：到沼泽区

形态特征：落叶植物，生长茂密的多年生草本植物；茎笔直，分枝；叶多回深裂；花小，看到的实际为约1cm长，嫩粉色至紫粉色的雄蕊；分枝的大型花序，蓬松羽状。

种植：从4月开始；直接种在培养土中，但不能直接近水，需要湿润、养料含量适中的土壤；对水质硬度要求低。

护理：容易护理；秋天或春天短截。

造型：在池塘边或溪流边的种植方式与旋果蚊草子很像，但更靠近干燥的区域；两者组合种植亦可（开花时间不同）。

兔儿尾苗

Veronica longifolia

高度／宽度：40—120cm/可变
开花时间：（6月）7月到9月
水深：到沼泽区

形态特征：落叶多年生草本植物。茎干笔直，无分枝或分枝较少；叶狭长，尖，边缘锯齿状；花朵形成25cm长疏松的花序，通常分枝，浅蓝色至紫蓝色，也有开白花或蓝花的品种。

种植：从4月开始；直接种在培养土中，不能直接与水接触，富含养料的土壤。

护理：容易护理；剪除枯萎的花，秋天或春天短截；每两年施用有机长效肥，每三至四年分根。

造型：与开蓝花至红花的沼泽多年生草本植物非常般配。

🌱 专家提醒

该植物现在在商店中的名字为 *Pseudolysimachion longifolium* ssp. *longifolium*。

沼泽区的其他多年生草本植物		
名字	生长形态	花色 开花时间
长舌蓍（*Achillea ptarmica*）	匍匐茎（适量）	白色 7月到8月
沼泽乳草（*Asclepias incarnata*）	簇状	紫罗兰色 7月到9月
红花蚊子草（*Filipendula rubra*）	匍匐茎（适量）	粉红色 7月到8月
柳叶龙胆（*Gentiana asclepiadea*）	簇状	蓝色 8月到9月
沼泽龙胆（*Gentiana pneumonanthe*）	簇状	蓝色 8月到9月
芙蓉葵（*Hibiscus moscheutos*）	簇状	粉色至红色 8月到9月
四翼金丝桃（*Hypericum tetrapterum*）	簇状	黄色 7月到8月
玉蝉花（*Iris-Kaempferi* 杂交种）	簇状	多色 6月到7月
墨西哥半边莲（*Lobelia fulgens*）	簇状	红色 7月到8月
无柄半边莲（*Lobelia siphilitica*）	簇状	蓝色 7月到8月
沟酸浆（*Mimulus* 杂交种）	匍匐茎（少量）	黄色和红色，有斑点 6月到8月
巨伞钟报春（*Primula florindae*）	簇状	黄色 7月到8月

切花

有毒

可沿溪流种植

沼泽中的秋季花卉

偏斜蛇头花
Chelone obliqua

高度 / 宽度：70—90cm/40—50cm
开花时间：6月（7月）到10月
水深：到沼泽区

☀ ◑

形态特征：落叶多年生草本植物，长匍匐茎，但茂密程度一般；茎笔直，几乎不分枝；叶子宽椭圆形，尖，边缘锯齿形，暗绿色；花最长2cm，粉红色，形状像蛇头，开花时间长。

种植：从4月开始；直接种在富含养料和腐殖质的培养土中，不能直接与水接触。

护理：在气候严酷的地区需要冬季防护措施（叶子、干树枝），在气候温和的地区植物可自己过冬。

造型：大朵的花和鲜绿色的叶子使蛇头花成了沼泽花坛中极具价值的搭配植物。

🌸 **植物搭配**

· 紫菀　　· 高天蓝绣球

· 沼泽大戟

大麻叶泽兰
Eupatorium cannabinum

高度 / 宽度：100—140cm/60—80cm
开花时间：7月到9月
水深：最深10cm

☀ ◑

形态特征：簇状生长的落叶多年生草本植物；茎笔直，不分枝；叶三到五回裂，边缘锯齿状；花朵很小，形成紧密的伞状花序，粉色至赤铜色（极少情况下也有白色）。

种植：从4月开始；直接种植在富含养料的培养土中，偏好轻度碱性的土壤，因此不适合酸性的湿地花坛；虽然能承受轻度的水涝，但不能直接种在水边。

护理：容易护理；短截为冬天做好准备。

造型：由于其高度，最好作为背景种植；非常适合需要一点野外风格的自然池塘；花色并不特别突出，但在远处也能清楚地看到。

红花半边莲
Lobelia cardinalis

高度 / 宽度：60—100cm/40—50cm
开花时间：7月到9月
水深：最深20cm

☀

形态特征：落叶多年生草本植物，轻度茂盛；茎笔直，不分枝；叶长形至圆形，通常有红色条纹；花朵鲜亮的暗红色（"鲜红色"）。

种植：从4月底或5月开始；尽量靠近水边直接种在培养土中（根系要能扩展到水中）；对水质硬度要求低。

护理：冬天需要防护，铺盖树叶和干树枝；长到浅水区的植株通常不需要冬季防护；能很好地抑制茂盛的周边植物。

造型：重要的晚花种类，其从远处就能看到的红色很容易与周围植物搭配，如种在晚花的萱草（黄色、橙红色）、草类前；既可以小群组种植，也可单独种植。

☀ 阳光充足　　　　　◑ 半阴　　　　　● 多阴

唇萼薄荷
Mentha pulegium

高度 / 宽度： 20—30cm/ 匍匐茎
开花时间： 7 月到 9 月
水深： 最深 10cm

☀ ◑ ☠

形态特征： 落叶多年生草本植物，蔓生的匍匐茎，会形成簇生的垫子；茎笔直，少数横卧；叶浅绿色，卵形；花朵在叶腋上端形成紧密的花序，粉色至紫罗兰色；植物芳香，微毒。

种植： 从 4 月开始；直接种在养料含量适度的培养土中；对水质硬度要求低；在小型池塘中一定要使用控根器。

护理： 容易护理，抗冻；抑制扩张。

造型： 单独种植并不合适，小型群组可以形成芳香的草坪，可从水域一直延伸到干燥的区域；与鸢尾笔直的叶子形成迷人的对比。

沼生勿忘我
Myosotis palustris

高度 / 宽度： 20—30cm/20—30cm
开花时间： 5 月到 9 月
水深： 最深 20cm

☀ ◑

形态特征： 落叶多年生草本植物，少量匍匐茎；茎笔直，分枝；叶长形，光亮；花天蓝色，黄色花心，形成宽松的花序。

种植： 从 4 月开始；种在富含养料的培养土中，直接种在水边；对水质硬度要求低；也可种在岸边干燥的区域。

护理： 容易护理；能自己播种，并由此扩散。

造型： 无论对如鸢尾和驴蹄草等的湿地植物，还是如粉背灯台报春等陆地植物，都是很好的搭配植物。

梅花草
Parnassia palustris

高度 / 宽度： 10—20cm/20cm
开花时间： 7 月到 9 月
水深： 到沼泽区

☀

形态特征： 落叶多年生草本植物，簇状生长，长势较弱；茎坚硬笔直，四边形；圆形叶叶柄长，心形的只有茎叶（也可能没有）；花朵白色，1—3cm 大；鳞茎形冬芽。

种植： 从 4 月开始；直接种在培养土上，不能直接靠近水边；只在养料贫瘠的土中能良好地生长。

护理： 容易护理；可控制长势茂盛的周边植物。

造型： 本土沼泽植物，外表不起眼；最好在湿地花坛中种在低矮的苔草之间；在池塘边种植时只适合接近自然的池塘。

 专家提醒

　　也有供应种子的种和品种，可直接播种。

✂　　　　　　　☠　　　　　　　↓
切花　　　　　　有毒　　　　　　可沿溪流种植

沼泽中的草类、芦苇等

芦荻

Arundo donax

高度 / 宽度: 2—3 m / 最宽 2 m
开花时间: 9 月到 12 月
水深: 最深 20cm

☼ ◑

形态特征: 长势非常茂盛,竹子形的草类;草茎长细弱的侧枝,基部可木质化;叶子狭长,"杂色"(Variegata)品种有显眼的黄色条纹;锥状花序最长达 70cm,分枝繁多。

种植: 从 4 月底或 5 月开始;含适量养料的培养土;种在花桶中或使用控根器,种在沼泽区与水域的边界地带;也可种在最上层的浅水梯级上,种在花桶中。

护理: 不完全抗冻(有些品种很脆弱);基部覆盖叶子,草茎捆扎;春天剪去水面上的部分。

造型: 大型自然池塘中极具装饰性的芦苇;也可单独种在露台上的花桶里。

似莎薹草

Carex pseudocyperus

高度 / 宽度: 60—90cm/50—60cm
开花时间: 5 月到 8 月
水深: 最深 10cm

☼ ◑ ●

形态特征: 落叶,形成疏松的簇状;茎干三角形;叶子锋利,最宽 12mm;花序最长 10cm,有雄花穗和雌花穗,悬垂。

种植: 从 4 月开始;直接种植在水域和沼泽区交界处富含养料的培养土中;对水质硬度要求小。

护理: 容易护理;可过冬,在春天剪去冻死的叶子;能充分扩散种子,因此要控制长势。

造型: 作为"芦苇"不适合较小的池塘;在自然池塘或游泳池唐中良好的生态"净化器"。

狭叶羊胡子草

Eriophorum angustifolium

高度 / 宽度: 30—50cm/ 匍匐茎
开花时间: 4 月到 6 月
水深: 最深 20cm

☼

形态特征: 落叶草类;茎干圆形;叶狭长,边缘有纵向裂纹;花穗不明显(4 月),此后会长出白色、棉花状的果序(5 月到 6 月)。

种植: 从 4 月开始;只在大型水景设施中可直接种在培养土中(长势茂盛),否则必须种在花桶中或使用控根器;需要养料含量适中的培养土,不含钙质,酸性,种在池塘和沼泽区之间长期湿润的区域。

护理: 容易护理,但要控制扩张。

造型: 非常适合酸性的湿地花坛或有着湿地池岸的池塘;果序显得尤其自然。

◗ **专家提醒**

宽叶的羊胡子草(*E. lati-folium*)不会扩张,因此比较适合小型的水景设施。

☼
阳光充足

◑
半阴

●
多阴

灯心草

Juncus effusus

高度 / 宽度： 40—60cm/ 匍匐茎
开花时间： 7 月到 8 月
水深： 最深 10cm

☀ ◐

形态特征： 落叶多年生草本植物，外观像草；光滑、亮泽的茎干；叶子管形封闭，暗绿色；疏松的花序，最长为 10cm，花细小。

种植： 从 4 月开始；该种类相对长势茂盛，必须加控根器种植，种于水域和沼泽区之间长期湿润的岸边区域；需要含黏土的酸性湿地土壤。

护理： 容易护理，但生存时间较短，因此每 3—4 年都需要分根，并重新种植。

造型： 漂亮的湿地植物；叶子彩色（'Aureus Striatus'，黄色条纹）或旋转（'Spiralis'）的品种更具有装饰性。

酸沼草

Molinia caerulea

高度 / 宽度： 40cm/40cm
开花时间： 8 月到 9 月
水深： 到沼泽区

☀ ◐

形态特征： 常绿，深根，成簇状生长；叶狭长，暗蓝绿色，悬垂，在秋天变色；草茎带花序最高 1 米，笔直，暗蓝色。

种植： 从 4 月开始；直接种在培养土中，从干燥的岸边直到沼泽区，但不能直接与水接触；土壤养料贫瘠。

护理： 容易护理；春天疏枝。

造型： 尽量作为背景种植，可与其他观叶植物在造型上形成对比（蕨类、鬼灯檠、玉簪）；不适合与花色鲜艳的植物形成竞争。

芦苇

Phragmites australis

高度 / 宽度： 1.6—2.5 m/ 匍匐茎
开花时间： 7 月到 8 月
水深： 最深 15cm

☀

形态特征： 常绿的根茎多年生草本植物；笔直有力的草茎，相对较宽的叶子，向外垂挂。

种植： 从 5 月或 6 月开始种植，也可播种，但不常见；极易扩散（伸向水中和地下的匍匐茎），因此必须使用控根器或种在固定的花桶中；在最外围的浅水区。

护理： 容易护理，但要控制扩张；可用生根的匍匐茎增殖；对草茎的损伤非常敏感。

造型： 作为芦苇植物单独种植，在大型池塘中可形成小岛（在高起的定植篮中）；其基部可种植睡菜，泽泻；可在游泳池塘中作为生态净水植物。

▶ **专家提醒**

　　酸沼草有多种不同颜色的品种，互相组合非常漂亮。

✄
切花

☒
有毒

⤳
可沿溪流种植

阳台和盆栽植物

阳台植物

在以下几页中，你将看到 60 多种不同的阳台植物，另外还有表格中简单的概要介绍。但即便如此，这些也不可能是完整的：因为市场上一直会引入新的植物，并引领暂时的潮流。或者此前受到欢迎，后来已几乎被遗忘的种类也会偶尔回归。能充分利用市场上供应的产品，经常尝试新植物的人，更有机会享受阳台花艺的乐趣。

最早的鲜花在春天就打开了一年的花季，如番红花或雪滴花。随之开放的是郁金香、毛茛或风信子等壮观的花卉，它们中一些晚花的种类为春季花卉与夏季花卉编织了严密无缝的过渡地带。有些夏季花卉比大部分其他种类都要早：有些两年生的种类如雏菊或桂竹香在前一年便已经开始生长，在春天就会开花。因此它们非常适合与早开花的球根和块根类花卉一起种植。

直到秋天一直繁花似锦

夏季的花卉当然是阳台花艺的重点，毕竟它们每天都在外面。某些植物群体在此毫无争议地扮演了重要角色：

·一年生的夏季花卉，在春天由种子发芽生成，通常从 6 月一直开花到秋天，开花茂盛，最后在最初的霜降后死亡。许多这种花卉在其温暖的故乡原本为多年生，但在我们这里（德国）还是每年重新播种或种植较好。

·此外，还有一些独具特征的一年生花卉能扩展造型的可能性；生长快速的攀缘植物和极具魅力的观叶植物也有同样的效果。

·像落新妇或岩白菜等多年生草本植物则能长期栽培，在容器中种植也可以欣赏多年。它们能充分丰富阳台上花卉的种类，尤其是可接受阴生的种类、早花和晚花的种类，以及观叶植物。

·幼年或生长形态较小的小型树木也可在阳台种植箱或种植盘中找到生长的位置。常绿植物有着非常重要的意义，它们通常有具观赏性的果实，可作为秋季和冬季的装饰。

精致、优雅的春季使者

雏菊
Bellis perennis

高度: 15—20cm
开花时间: 3 月到 6 月

形态特征: 两年生夏季花卉,紧凑的莲座丛叶;花白色、粉色、红色,大部分重瓣,也有球形或圆头型;叶刮铲形,浅绿色。

预培养: 6 月或 7 月播种,喜光性种子;置于半阴处,间苗移栽至单独的花盆中。

种植: 秋天(冬季防护,土壤不能干燥)或春天以 10—15cm 的距离种植。

护理: 适量浇水,只在温暖的日子大量浇水;每两周施肥;定期去除枯萎的花朵。

造型: 春季球根花卉很好的搭档,与蓝色或黄色的花形成漂亮的对比。

番红花
Crocus 种

高度: 5—10cm
开花时间: 2 月到 3 月

形态特征: 直立生长的块根植物,花茎较短;花黄色、白色、粉色、紫红色、紫罗兰色,也有多色品种,杯形或高脚杯形;开花时间根据种和品种的不同而不同;叶线形,苍绿色。

种植: 早春将买来的植株以 10cm 的株距种入土中,或在 9 月或 10 月将块根以 6—8cm 的深度埋入土中,之后盖上干树枝在室外过冬或在阴暗、凉爽的室内过冬。

护理: 少量浇水;开花后施一次肥。

造型: 不同品种和种类的番红花组合种植特别有吸引力。

雪滴花
Galanthus nivalis

高度: 10—15cm
开花时间: 2 月到 3 月

形态特征: 直立生长的观赏性球根植物;白色的花钟,内部花瓣有绿色边缘;叶线形,暗绿色。

种植: 早春将买来的植株以 4cm 的株距种入土中,或在 9 月将球根以 10cm 的深度埋入土中,之后盖上干树枝在室外过冬或在阴暗、凉爽的室内过冬。

护理: 发芽后放在明亮或半阴的位置,适量浇水;开花后施一次肥。

造型: 开花非常早的春季花卉,极有魅力,和番红花一起种在种植盘和种植箱中非常漂亮。

🌸 **植物搭配**

· 风信子　· 水仙
· 葡萄风信子　· 勿忘我

🌿 **专家提醒**

　　秋天种在种植箱中木本植物的下方,春天很早就能看到开花。

☀️ 阳光充足　　◐ 半阴　　● 多阴　　🪣 大量浇水

勿忘我

Myosotis sylvatica

高度： 15—25cm

开花时间： 4月到6月

形态特征： 茂盛紧凑的两年生夏季花卉；大量单独的小花，各种蓝色调，也有粉色或白色；叶为刮铲形，覆短毛，浅绿色。

预培养： 7月或8月播种，随后置于半阴环境中，之后单独间苗至花盆。

种植： 秋天（冬季防护）或春天以15cm的距离种植。

护理： 温暖的日子里充分浇水，但不能保持潮湿；不必要施肥。

造型： 蓝色的勿忘我与白色、黄色和红色的春季花卉能形成漂亮的对比；其灌木状的外形弱化了球根花卉硬挺的形状。

欧洲报春花

Primula vulgaris ssp. *vulgaris*

高度： 5—15cm

开花时间： 3月到5月

形态特征： 垫状生长的一年生多年生草本植物，莲座丛叶；花朵有各种颜色，除了纯蓝色，但有紫罗兰色，也有多色品种，碟状花，伞状花序；叶刮铲形，波浪形，鲜绿色。

种植： 2月后购买预先栽培过的植株，以15—20cm的株距种植。

护理： 保持土壤均衡轻度湿润；不必要施肥。

造型： 不同颜色的品种在花盘中混合种植非常迷人；樱草（报春花）很适合与色彩相配的郁金香、水仙和风信子搭配。

迷你角堇

Viola-Cornuta 杂交种

高度： 10—15cm

开花时间： 4月到7月（秋天）

形态特征： 两年生夏季花卉，外形紧凑，某些垂吊；花有各种颜色，大部分多色，通常有彩色的"花脸"，花小，数量很多；叶长卵形，暗绿色。

预培养： 7月播种的需要明亮、阴凉的过冬环境，这样植物不会疯长。最好购买经预先栽培的植株。

种植： 3月或4月以10—20cm的株距种植。

护理： 温暖的日子充分浇水，其他日子适量浇水；最多施一次肥；切除干枯的花茎。

造型： 种在晚花的郁金香和水仙下方，非常漂亮。

 植物搭配

· 桂竹香 · 水仙 · 报春花
· 三色堇 · 雏菊 · 郁金香

 专家提醒

　　如果你有花园，可以将开花后的樱草移植到露地。

适量浇水

少量浇水

适合悬挂花盆和挂篮

有毒或对皮肤刺激性

华丽的春季花卉

红花唐芥
Erysimum cheiri

高度： 25—35cm
开花时间： 4 月到 6 月

形态特征： 直立生长，灌木状分枝的两年生夏季花卉；花黄色、橙色、红色、棕色，2—3cm 大，总状花序，单瓣或重瓣，蜂蜜香；叶线形，苍绿色。

预培养： 5 月到 7 月播种，之后疏苗移植至单独的花盆中。

种植： 秋天（冬季防护）或春天以 15—20cm 的距离种植。

护理： 保持土壤均衡轻度湿润；每两周施肥；定期去除枯萎的花与枝条。

造型： 具有怀旧气息的植物，不同颜色组合非常漂亮，很适合花香阳台；和勿忘我与风信子一起种植也很漂亮。

> **专家提醒**
>
> 在种植箱和种植盘种植时选择紧凑的品种〔如"矮灌木"（Zwerg-busch）或"贝德"（Bedder）系列〕。

风信子
Hyacinthus orientalis

高度： 20—30cm/10—15cm
开花时间： 4 月到 5 月

形态特征： 硬挺的观赏性球根植物；花朵几乎包含所有颜色，大型滚筒状花序，迷人的花香；叶带状，浅绿色。

种植： 10 月以 15—20cm 的株距将球根种入土中，或春天购买预先栽培的植物并种植，株距 15cm。

护理： 种入的球根首先要在无霜冻、阴暗的环境中，土壤不能干燥；发芽后移至明亮的位置，适量浇水，开始开花后施一次肥；剪除枯萎的花序。

造型： 和两年生花卉如雏菊、勿忘我或桂竹香一起种植非常漂亮。

> **专家提醒**
>
> 风信子和其他球根花卉通常只有球根有毒。

水仙
Narcissus 种

高度： 10—40cm/10—15cm
开花时间： 3 月到 5 月（根据品种不同）

形态特征： 直立生长，单茎或多茎的球根植物；花黄色、橙色、白色，也有双色花，喇叭形或星形，部分有香味；叶带状，浅绿色。

种植： 春季将买来的植株以 10cm 的株距种入土中，或在 9 月将球根以 5—10cm 的深度埋入土中，在无霜冻、阴暗的环境中过冬。

护理： 发芽后放在明亮或半阴的位置；保持土壤轻度湿润；开始开花后施一次肥。

造型： 水仙花需要成组种植；与其他种类的花混合种植时需注意不同水仙品种的开花时间。

阳光充足

☀
半阴

●
多阴

大量浇水

花毛茛
Ranunculus asiaticus

高度： 15—60cm
开花时间： 12 月到 4 月

形态特征： 笔直、横向生长，多茎的块根植物；花白色、黄色、橙色、粉色、红色，大部分密集重瓣；叶子掌状裂，暗绿色。

种植： 4 月后以 20cm 的株距种入购买的植株或在春天或秋天将爪状的块根以最深 5cm 的深度种入（"爪尖"向下！）；秋天种植的要在无霜、阴暗的环境下过冬。

护理： 保持均衡湿润；每 1—2 周小剂量施肥。

造型： 不同的花色混合种植在大花盘中特别壮观，亮丽。

郁金香
Tulipa 种和杂交种

高度： 10—40cm/10—15cm
开花时间： 3 月到 5 月（根据品种不同）

形态特征： 直立生长，单茎球根植物；花朵包括蓝色外的所有颜色，也有双色，部分花香，钟形至漏斗形，野生郁金香还有星形；叶披针形，灰绿色，根据不同品种也有条纹或斑点。

种植： 早春将买来的植株以 10cm 的株距种入土中，或在 9 月将球根以 10cm 的深度埋入土中，在无霜冻、阴暗的环境中过冬，土壤不能干燥。

护理： 保持适度湿润；开始开花后施一次肥；枯萎的茎干剪去一半。

造型： 通常以 4—5 株的小群体种植。

三色堇
Viola x *wittrockiana*

高度： 15—25cm
开花时间： 3 月到 6 月（也可在秋季）

形态特征： 两年生灌木状紧凑生长的夏季花卉；花朵有各种颜色，也有多色，小花至大花；叶子卵圆形至长披针形，暗绿色。

预培养： 6 月或 7 月播种；置于半阴处，间苗移栽至单独的花盆中。

种植： 秋天（冬季防护）或春天以 10—15cm 的距离种植。

护理： 适量浇水，温暖的日子里足量浇水；每两周施肥；去除枯萎的花。

造型： 不同颜色的花成片种植时最漂亮；是较高的球根类花卉很好的底部植物；也适合秋季种植。

　 专家提醒

　　长势旺盛的块根之后也可移植至花园中，在此之前要在阴凉的环境中保存。

　 专家提醒

　　注意，秋天种植的三色堇不能干燥。

适量浇水

少量浇水

适合悬挂花盆和挂蓝

有毒或对皮肤刺激性

壮丽的垂吊植物

阿魏叶鬼针草
Bidens ferulifolia

高度: 15—30cm
开花时间: 5 月到 10 月

形态特征: 一年栽培的多年生草本植物,垂吊,植株宽,茎最长为 1m;花金黄色,星形;叶子二回裂,暗绿色。

预培养: 大部分只出售幼苗;从 1 月到 3 月培养种子;8 月切下插条,或对于过冬的植株则于 1 月到 3 月切插条。

种植: 从 5 月中以 25—30cm 的株距种植;非常茂盛,因此不能和长势不够旺盛的植物组合种植。

护理: 高需水量;每周施肥或种植时施用长效肥。

造型: 与蓝色、紫罗兰色或红色的垂吊矮牵牛和马鞭草一起种植非常迷人。

▶ **专家提醒**

　　非常茂盛的植物,会压制温和的搭配植物,并很快将其盖过。

小花矮牵牛
Calibrachoa 杂交种

高度: 20—30cm
开花时间: 5 月到 10 月

形态特征: 一年栽培的多年生草本植物,垂吊、圆形的生长形态;花红色、蓝色、紫罗兰色、黄色、橙色、白色,花小,漏斗形,数量很多;叶小,刮铲形,有黏性。

预培养: 不需;商店中只出售幼苗。

种植: 从 5 月中以 25—30cm 的株距种在 pH 值较低(约 5.5)的培养土中,最好使用矮牵牛专用土。

护理: 湿润,但不能长期潮湿,用钙含量低的水浇灌;每一到两周施肥;不必疏枝;新的品种抗雨,抗风。

造型: 和大花的垂吊矮牵牛或马缨丹一起种植很漂亮。

盾叶天竺葵
Pelargonium-Peltatum 组

高度: 25—35cm
开花时间: 5 月到 10 月

形态特征: 大部分为一年栽培的亚灌木,半垂吊或全垂吊,茎长最长 1.5m;花红色、粉色、淡紫色、白色,也有双色,单瓣或重瓣;叶盾形,肉质,鲜绿色。

预培养: 很少有能通过种子繁殖的品种;可在 8 月或 2 月—3 月切插条。

种植: 从 5 月中以 20—30cm 的株距种植。

护理: 保持均衡湿润;每周施肥;除去枯萎的花茎(可自洁的品种不需要);为了过冬,可在 8 月中施肥,降霜时放到 2—5°C明亮的位置。

造型: 多种组合种植法。

▶ **专家提醒**

　　并不是所有品种都适合直接种在水边(购买时需咨询)。

阳光充足

半阴

多阴

其他适合种植箱和悬挂花盆的垂吊植物		
名字	高度 茎长	花色 开花时间
适合光照充足的位置:		
鹅河菊 (*Brachyscome iberidifolia*)	20—30cm 最长 30cm	紫罗兰色、粉色 7 月到 9 月
垂吊风铃草 (*Campanula poscharskyana*)	15—20cm 最长 60cm	浅紫罗兰色、蓝色 6 月到 10 月
蓝旋花 (*Convolvulus sabatius*)	15—25cm 最长 1m	浅蓝色、钱紫罗兰色 5 月到 10 月
龙面花 (*Nemesia* 杂交种)	15—30cm 最长 1.5m	多色 5 月到 9 月
黑眼苏珊 (*Thunbergia alata*)	30—50cm 最长 1.5m	黄色、橙色、白色 6 月到 10 月
适合光照充足到半阴的位置:		
球根秋海棠 (*Begonia-Tuber-hybrida* 组)	15—35cm 最长 40cm	白色、粉色、黄色 5 月到 10 月
多花蔓性野牡丹 (*Centradenia* 杂交种)	20—25cm 最长 70cm	粉色、粉红色 4 月到 9 月
火红萼距花 (*Cuphea ignea*)	25—30cm 最长 30cm	红白色 5 月到 10 月
柳状紫扇花 (*Scaevola saligna*)	20—30cm 最长 1m	紫罗兰色、蓝色 5 月到 10 月
白可花 (*Sutera diffusus*)	20—25cm 最长 1m	白色、嫩粉色 5 月到 10 月
旱金莲 (*Tropaeolum majus*)	25—30cm 最长 1m	黄色、橙色、红色 7 月到 10 月
适合半阴至全阴的位置:		
倒挂金钟 (*Fuchsia* 杂交种) 垂吊品种	20—30cm 最长 40cm	红色、淡紫色、粉色、白色 5 月到 10 月

垂吊矮牵牛
Petunia 杂交种

高度: 15—30cm
开花时间: 5 月到 10 月

形态特征: 半垂吊或全垂吊,一年生至亚灌木植物,茎最长达 1.5m;大花或小花,漏斗形,几乎包含所有颜色,也有多色的种类,大部分单瓣,很少重瓣,部分有香气;叶小,刮铲形,浅绿色,有黏性。

预培养: 只有 F$_1$ 杂交种才可以,1 月到 3 月栽培。

种植: 从 5 月中以 20—30cm 的株距种植,最好使用特殊的矮牵牛土。

护理: 充分湿润,但不能长期潮湿,尽量使用钙含量低的水;不需要疏枝或短截。

造型: 和紫扇花、马鞭草或蓝眼菊一起种植很漂亮。

🐟 专家提醒
组合种植时需注意,某些品种,如"瑟菲尼亚"(Surfinia)矮牵牛非常茂盛。

垂吊马鞭草
Verbena 杂交种

高度: 20—25cm
开花时间: 6 月到 10 月

形态特征: 一年栽培的多年生草本植物,半垂吊或全垂吊;单独的小花,蓝色、紫罗兰色、红色、粉色、白色,伞状的花穗;叶长卵圆形,边缘锯齿状,暗绿色。

预培养: 很难,最好买幼苗。

种植: 从 5 月中以 20—30cm 的株距种植。

护理: 充分湿润,但不能长期潮湿;每周施肥;去除枯萎的花与枝条。

造型: 颜色鲜艳,生长茂盛的垂吊马鞭草,如"塔皮恩"(Tapien),"特马丽"(Temari)或"涂卡娜"(Tukana)组中的品种,与旺盛的植物如金币菊,小花矮牵牛或鬼针草搭配最协调。

适量浇水

少量浇水

适合悬挂花盆和挂篮

有毒或对皮肤刺激性

阳台植物中的经典

球根秋海棠
Begonia-Tuberhybrida 组

高度： 15—35cm
开花时间： 5 月到 10 月

形态特征： 宽型，笔直或垂吊生长的块根植物；花朵除了蓝色的各种颜色，大部分重瓣，垂吊品种通常花较小；叶尖椭圆形，肉质，橄榄绿至暗绿色，也有红色。

预培养： 于 2 月或 3 月种入块根（突出面向下），在 20℃明亮的环境中，保持湿润。

种植： 从 5 月中以 20—25cm 的株距种植。

护理： 保持充分湿润（但不能积水）；每 2 周小剂量施肥；去除枯萎的花与枝条；块根在 5—10℃的环境下通风过冬。

造型： 适合与六倍利和香雪球一起种植。

🌿 专家提醒
黄橙红的色彩混合就算在阴暗的阳台角落也能栩栩生辉。

皱叶荷包花
Calceolaria integrifolia

高度： 20—30cm
开花时间： 5 月到 9 月

形态特征： 一年栽培，茂盛，轻度垂吊的亚灌木；花黄色，有些有红色斑点，"拖鞋状"圆锥花序；叶长椭圆形，鲜绿色。

预培养： 可通过种子繁殖的品种于 1 月或 2 月在 15℃的环境中栽培；否则可通过插条，于 8 月或 9 月剪取，在明亮，5—10℃的环境中过冬。

种植： 从 5 月中以 20—25cm 的株距种植。

护理： 保持充分湿润；每周少量施肥；定期去除枯萎的花与枝条；尽量放在防雨的位置。

造型： 经典的组合种植；与红色的矮牵牛花和蓝色的六倍利组合种植。

🌸 植物搭配
· 秋海棠　· 一串红　· 熊耳草
· 六倍利　· 天竺葵　· 香水草

倒挂金钟
Fuchsia 杂交种

高度： 20—40cm
开花时间： 5 月到 10 月

形态特征： 茂密，笔直生长，半垂吊或全垂吊灌木；花红色、粉色、蓝紫色、白色，也有双色，漏斗形钟状，单瓣或重瓣；叶尖椭圆形，苍绿色，但也有彩色的叶子。

预培养： 通过插条，春天或夏末剪取。

种植： 从 5 月中以 20—25cm 的株距种植。

护理： 防风；长期保持湿润；每周施肥，直到 8 月中；去除枯萎的花与枝条；在 6℃的环境下在明亮或阴暗的位置过冬。

造型： 低矮和垂吊的品种适合种植箱和悬挂花盆，高植株的品种也可在花桶中种植。

🌿 专家提醒
非常漂亮的植物，可在荫蔽处生长；高株的品种在花桶中种植也很迷人。

阳光充足

半阴

多阴

大量浇水

苏丹凤仙花
Impatiens 杂交种

高度：20—40cm
开花时间：5 月到 10 月

形态特征：一年栽培的多年生草本植物，茂密至横向茂密发展，也有垂吊型；"沃勒里娜"（*Walleriana*）杂交种的花为白色、粉色、粉红色，"新几内亚"（*Neuguinea*）杂交种也有橙色、紫罗兰色，单瓣或重瓣；叶尖卵形，光亮的暗绿色，也有铜色。

预培养：种子可在 2 月、3 月种植，或通过插条在夏末或春天种植；幼苗打顶。

种植：5 月末以 20—30cm 的株距种植。

护理：放在防雨的位置；长期保持湿润；每 2 周小剂量施肥；定期打顶使植株更好地分枝。

造型：在大花盘中混合不同颜色的植株非常漂亮。

　　专家提醒

　　苏丹凤仙花在轻度遮阴的位置生长最佳。避免阳光直射的位置。

马蹄纹天竺葵
Pelargonium-Zonale 组

高度：30—35cm
开花时间：5 月到 10 月

形态特征：部分为一年栽培，笔直生长，茂盛的亚灌木；花粉色、红色、橙色、淡紫色、紫罗兰色，也有双色，单瓣或重瓣；叶圆形，轻微被毛或光滑。

预培养：可用种子繁殖的品种于 12 月—1 月播种（光亮，温度 20—24℃）；可在 8 月或 2 月、3 月切插条。

种植：从 5 月中以 20—25cm 的株距种植。

护理：保持适度湿润；每周施肥，去除枯萎的花等；8 月中施肥，在 2—5℃ 的条件下于光亮处过冬。

造型：作为主导的植物或与其他许多植物混合种植。

　　植物搭配

· 香雪球　　· 香妃草　　· 蓝雏菊
· 蒲包花　　· 高山类滨菊

直立矮牵牛
Petunia 杂交种

高度：20—30cm
开花时间：5 月到 9 月

形态特征：茂密直立或轻度垂吊生长，一年生夏季花卉；各种花色，也有多色，漏斗形或碟形，大花或小花，单瓣或重瓣；叶小，刮铲形，浅绿色，有黏性。

预培养：从 1 月开始（到 3 月）以种子繁殖，间苗移植至花盆。

种植：从 5 月中以 20—30cm 的株距种植。

护理：保持充分湿润；每周施肥；去除枯萎的花与枝条。

造型：与紫罗兰白色混合种植非常漂亮，或者作为高株花卉的附属植物，如花烟草、木茼蒿、天竺葵。

　　专家提醒

　　这种矮牵牛对气候的抗性不如垂吊矮牵牛（见 413 页）。尽量放在防雨的位置。

适量浇水　　　　少量浇水　　　　适合悬挂花盆和挂篮　　　　有毒或对皮肤刺激性

不畏风雨的花卉

熊耳草
Ageratum houstonianum

高度： 15—25cm
开花时间： 5 月到 10 月

形态特征： 一年栽培，横向茂盛、紧凑的亚灌木；花蓝色、紫罗兰色、粉红色、粉色、白色，伞状花序，花朵圆形；叶心形至卵圆形，苍绿色。

预培养： 从 1 月到 3 月播种，之后间苗移栽。

种植： 从 5 月中以 15—20cm 的株距种植。

护理： 保持均衡湿润；每两周施肥；定期去除枯萎的花；抗冻，也能承受雨水。

造型： 能与大部分其他阳台花卉组合种植的陪衬花卉；也适合在较高的植物前方种在种植箱边缘。

🌱 专家提醒

　　熊耳草也能过冬（明亮，10—15℃），春天可通过插条繁殖。

金币菊
Asteriscus maritimus

高度： 25—30cm
开花时间： 4 月或 5 月到 10 月

形态特征： 大部分为一年栽培，轻度垂吊的多年生草本植物；花金黄色，像小型的向日葵；叶小，线形，浓绿色。

预培养： 从 8 月切取不带花苞的嫩枝插条；在光亮、阴凉的环境中过冬。

种植： 从 5 月中以 20—25cm 的株距种植。

护理： 保持均衡湿润。每周施肥；定期去除枯萎的花与枝条；抗雨，也能接受阳光直射；可在 10℃左右的光亮环境下过冬。

造型： 在种植箱中作为轻度垂吊的"角落植物"非常漂亮，也可在大型花盘中作为前景植物。

🌱 专家提醒

　　要注意，金币菊长势非常茂盛，容易盖过长势较弱的植物。

落新妇
Astilbe 种

高度： 20—60cm
开花时间： 6 月到 9 月

形态特征： 茂盛、直立生长的多年生草本植物；花红色、粉色或白色，呈烛状或灌木状的花穗；叶子多回裂，暗绿色。

预培养： 可在春天播种或分根，在阳台上最好每年重新购买幼苗。

种植： 从 4 月开始，矮落新妇以 20—25cm 的株距种入种植箱。

护理： 长期保持充分湿润；每年春天施用长效肥；在室外采取防护措施过冬或在无霜、明亮或阴暗的环境中过冬。

造型： 高株品种单独种在花盆中；粉色、红色和白色的品种可组合种植。

🌼 植物搭配

· 岩白菜　· 常春藤　· 蕨类
· 倒挂金钟　· 玉簪
· 小型的常绿植物

阳光充足	半阴	多阴	大量浇水

蓝雏菊

Felicia amelloides

高度： 20—50cm
开花时间： 5 月到 10 月

形态特征： 大部分一年种植，垫状至灌木状生长的多年生草本植物；花朵和滨菊很像，浅蓝色花瓣，黄色花心，花开数量大；叶小，长椭圆形，卷毛，暗绿色。

预培养： 通过 8 月或 9 月切取的插条；在光亮、阴凉的环境中过冬；幼苗打顶，以达到灌木状的生长形态。

种植： 从 5 月中以 20—25cm 的株距种植。

护理： 保持土壤均衡轻度湿润；每两周施肥；可过冬（光亮，10—22℃）。

造型： 可在种植箱中混合种植，也可单独作为盆栽植物。

  植物搭配

· 龙面花　· 蒲包花　· 天竺葵
· 矮牵牛　· 万寿菊
· 高山类滨菊

万寿菊

Tagetes 种和杂交种

高度： 15—30cm
开花时间： 5 月到 10 月

形态特征： 直立生长，紧凑至灌木形，一年生夏季花卉；花黄色、橙色、红色、红棕色，也有多色；细叶万寿菊（*T. tenuifolia*）花球单瓣，法国万寿菊（*T.—Patula*）杂交种通常为重瓣至球形，散发草药味；叶缺刻，苍绿色。

预培养： 从 1 月到 3 月播种。

种植： 从 5 月中以 15—25cm 的株距种植。

护理： 保持适度湿润；每周施肥；定期去除枯萎的花与枝条；抗风雨，尤其是细叶万寿菊。

造型： 有多种组合方式，和蓝色和紫罗兰色花朵搭配尤其漂亮，或者与红色花搭配非常艳丽。

 专家提醒

　　注意，植物含有一种在阳光下会对皮肤产生刺激的物质。

其他生命力旺盛的阳台植物

名字	高度 生长形态	花色 开花时间
抗雨，对天气适应能力强：		
紫扇花 （*Scaevola saligna*）	20—30cm 垂吊型	紫罗兰色、蓝色 5 月到 10 月

此外：龙面花、现代品种（420 页）、双距花（422 页）、垂吊矮牵牛（413 页）、垂吊马鞭草（413 页）、天竺葵、非重瓣品种（412 和 415 页）、小花矮牵牛（412 页）、鬼针草（412 页）

防风：		
黄晶菊 （*Coleostephus multicaulis*）	20—25cm 灌木型	黄色 5 月到 9 月
膜冠菊 （*Hymenostemma paludosum*）	15—30cm 灌木型	白色 5 月到 10 月
雪花蔓（*Sutera diffusus*）	20—25cm 垂吊型	白色、嫩粉色 5 月到 10 月

其他：四季海棠（422 页）、双距花（422 页）、蓝眼菊（421 页）、天竺葵（412 页和 415 页）、小花矮牵牛（412 页）、鬼针草（412 页）

可接受阳光直射（但通常对雨水敏感）：		
勋章菊（*Gazania* 杂交种）	20—25cm 莲座丛	黄色、红色调、白色 6 月到 10 月
蜡菊 （*Helichrysum bracteatum*）	30—40cm 灌木型	黄色、红色调、白色 6 月到 10 月
金毛菊 （*Thymophylla tenuiloba*）	15—20cm 横向垂吊型	黄色 6 月到 10 月

其他：蓝眼菊（421 页）、彩虹菊（420 页）、大花马齿苋（423 页）、鬼针草（412 页）

可接受阴生：		
岩白菜 （*Bergenia* 种）	20—50cm 横向灌木型	粉色、红色、白色 3 月到 5 月
玉簪（*Hosta* 种）	30—60cm 垫状	白色、淡紫色、紫罗兰色 7 月到 8 月

其他：苏丹凤仙花（415 页）、倒挂金钟（414 页）、球根海棠（414 页）

 适量浇水　　　 少量浇水　　　适合悬挂花盆和挂篮　　　 有毒或对皮肤刺激性

多彩衬花

金鱼草
Antirrhinum majus

高度: 10—30cm

开花时间: 6 月到 9 月

形态特征: 灌木状至垫状，也有垂吊生长，一年生夏季花卉；花黄色、橙色、红色、粉色、白色，也有双色，总状花序，典型的"小嘴"形花朵；叶数量多，小，线形，苍绿色。

预培养: 从 1 月开始用种子繁殖；幼苗对主茎打顶，以达到灌木状的生长形态。

种植: 从 5 月以 20cm 的株距种植。

护理: 保持适度湿润，绝不能潮湿；每 2 周小剂量施肥；切除枯萎的枝条。

造型: 通常不同的颜色混合种植，且已柔和色调为主；有多种组合方式。

鹅河菊
Brachyscome iberidifolia

高度: 20—30cm

开花时间: 7 月到 9 月

形态特征: 一年生，半垂吊，横向茂盛的夏季花卉；花朵与滨菊很像，蓝色、紫罗兰色、紫色、粉色、白色，黄色花心，花香；叶柔和的缺刻，浅绿色。

预培养: 3 月或 4 月播种。

种植: 从 5 月中以 15—20cm 的株距种植。

护理: 保持均衡湿润；每两周少量施肥，叶子严重失绿时使用铁剂；定期去除枯萎的花。

造型: 在混合种植箱中种于前缘或侧边；在悬挂花盆种植或在高株植物下方种植都非常漂亮。

 **专家提醒**

你也可以选择类似但多年生的多裂鹅河菊（*Brachyscome multifida*）；这种可过冬。

加勒比飞蓬
Erigeron karvinskianus

高度: 20—30cm

开花时间: 6 月到 7 月（9 月）

形态特征: 大部分为一年栽培，宽阔的枕形，部分垂吊生长的多年生草本植物；花朵起初为白色，然后粉色至红色，与雏菊类似，小花，数量多；叶子倒卵形至长形，小，暗绿色。

预培养: 从 1 月到 3 月播种，喜光性种子。

种植: 从 5 月中以 20—30cm 的株距种植。

护理: 保持适度湿润；每两周施肥；定期去除枯萎的花；可在光亮无霜冻的环境中过冬，先要截短长枝条。

造型: 温和，适合作为所有长势不太茂盛的阳台花的陪衬；为地中海或近自然的植物带来温和、通透的氛围。

阳光充足	半阴	多阴	大量浇水

六倍利
Lobelia erinus

高度： 10—20cm
开花时间： 5 月到 10 月

形态特征： 一年栽培，灌木型至垫状或垂吊生长的多年生草本植物；花蓝色、紫罗兰色、粉色，部分有白色花心，花朵也有白色，小，数量多；叶小，线形，暗绿色。

预培养： 从 1 月到 3 月播种，喜光性种子；成簇间苗移植至花盆中。

种植： 从 5 月中以 20cm 的株距种植。

护理： 保持均衡湿润；每 2 周小剂量施肥；剪除枯萎的花。

造型： 作为种植箱或花盘边缘的填充花卉和前景植物（垂吊型），几乎适合所有种类的夏季花卉；作为高株植物的下层植物很漂亮。

🔸 **专家提醒**

　　第一次开花后，对植物进行约三分之一的短截，此后它还会开出大量新的花朵。

香雪球
Lobularia maritima

高度： 8—15cm
开花时间： 6 月到 10 月

形态特征： 一年生，垫状且轻度垂吊生长的夏季花卉；花白色、粉色、紫罗兰色，花小，形成最长 5cm 的总状花序，有轻微的蜂蜜香；叶狭长，暗绿色。

预培养： 3 月或 4 月播种。

种植： 从 5 月中以 15cm 的株距种植。

护理： 保持适度湿润；第一次开花结束后短截，之后施一次肥，可使植物重新大量长出新枝，结出花苞。

造型： 在种植箱边缘或前缘，以及混合花盘中的装饰性填充植物；是直立生长的芳香植物（如香水草或香豌豆）很好的陪衬品；也可作为高株植物的下层植物。

蛇目菊
Sanvitalia procumbens

高度： 8—15cm
开花时间： 6 月到 10 月

形态特征： 一年生夏季花卉，枝条垂吊，分枝；花黄色，大部分有黑色花心，星形，圆头状，开花量大；叶小，椭圆形至披针形，浅绿色。

预培养： 3 月播种。

种植： 从 5 月中以 10—15cm 的株距种植。

护理： 长期保持适度湿润；每 2 周小剂量施肥；定期切除枯萎的枝条；防雨。

造型： 作为红色、蓝色或紫罗兰色花朵的陪衬非常漂亮；也非常适合作为垂吊的前景植物种在种植箱边缘，作为陪衬在植物的下层植物，或者作为挂篮植物。

 适量浇水　　 少量浇水　　 适合悬挂花盆和挂篮　　 有毒或对皮肤刺激性

颜色特别鲜艳的花卉

大丽花
Dahlia 杂交种

高度： 20—45cm
开花时间： 5月或6月到10月

形态特征： 直立生长，灌木状块根植物；花白色、黄色、粉色、粉红色、红色，通常混合各种颜色，单瓣，半重瓣或重瓣；叶卵形，暗绿色或暗紫色。

预培养： 可用种子繁殖的品种于2月或3月播种，一个花盆中撒入2—3粒种子。

种植： 从5月中以30cm的株距种植。

护理： 天热时充分浇水，但不能保持潮湿；每周施肥；定期去除枯萎的花与枝条；支撑高株的品种；尽量放在防风的位置。

造型： 在阳台种植箱或花盘中组合种植不同颜色的矮株型紧凑品种。

彩虹菊
Dorotheanthus bellidiformis

高度： 5—15cm
开花时间： 7月到9月

形态特征： 一年生夏季花卉，平整展开的垫状生长形态；花白色、黄色、橙色、粉色、红色、紫罗兰色，与滨菊相像；叶小，线形，肉质。

预培养： 3月或4月单独在花盆中播种；也可5月初直接在阳台种植箱中播种。

种植： 从5月中以10cm的株距种植。

护理： 保持几乎干燥；不要施肥。

造型： 和其他极需要阳光的花朵如大花马齿苋非常般配；大部分以不同颜色混合为组，在花盘中非常漂亮。

🌱 专家提醒

彩虹菊需要一个能接受大量光照且防雨的位置，以保证开花。

龙面花
Nemesia 杂交种

高度： 15—30cm
开花时间： 5月到9月

形态特征： 一年生灌木状或垂吊生长的夏季花卉；花有各种颜色，数朵形成伞状花序，部分花香；叶小，披针形，叶缘锯齿，暗绿色。

预培养： 3月或4月播种，间苗移植，或从5月中直接种在种植箱中。

种植： 从5月中以15—20cm的株距种植。

护理： 适量浇水；6月或7月第一次开花后短截，以促进二次开花；只在短截后施肥；放在防风的位置。

造型： 混合不同的颜色，适合作为六倍利和香雪球的陪衬植物。

🌱 专家提醒

新的品种〔如"卡鲁"（Karoo）、"桑萨蒂亚"（Sunsatia）系列〕不能疏枝也不能短截。

阳光充足

半阴

多阴

大量浇水

蓝眼菊

Osteospermum 杂交种

高度: 20—40cm
开花时间: 5 月到 10 月

形态特征: 一年栽培的多年生草本植物,灌木型至枕形,直立生长的生长形态;花白色、黄色、橙色、粉色、红色、淡紫色,与滨菊相像,只在有阳光时开花;叶披针形,苍绿色。

预培养: 可通过 1 月或 2 月切取的插条繁殖,但很难。

种植: 从 5 月中以 15—20cm 的株距种植购买的幼苗。

护理: 保持轻度湿润,不能积水;每两周施肥;6 月底除去枯萎的花;放在防雨的位置。

造型: 和其他渴望阳光的花卉一起种植很漂亮,如勋章菊、彩虹菊、蓝雏菊。

一串红

Salvia splendens

高度: 20—30cm
开花时间: 5 月到 9 月

形态特征: 一年栽培的多年生草本植物,直立灌木状生长形态;红色、紫罗兰色和鲑粉色唇形花,形成单独或分枝的花序;叶中等大小,卵形,尖,鲜绿色。

预培养: 2 月或 3 月播种;幼苗长到 8cm 高时打顶,茎尖可作为插条使用。

种植: 从 5 月中以 20—30cm 的株距种植。

护理: 保持均衡湿润;每周少量施肥;定期切除枯萎的花序。

造型: 和黄色、蓝色或白色的花搭配种植很漂亮,如万寿菊和六倍利。

专家提醒

　　尽量将一串红种在防风防雨的位置,这样它们开花最美。

其他颜色鲜艳的花卉		
名字	高度 生长形态	花色 开花时间
适合光照充足的位置:		
黄晶菊 (*Coleostephus* *multicaulis*)	20—25cm 灌木型	黄色 5 月到 9 月
勋章菊 (*Gazania* 杂交种)	20—25cm 莲座丛	黄色、红色调、 白色 6 月到 10 月
向日葵 (*Helianthus* *annuus*)	40—60cm 笔直	黄色、橙色、 红棕色 7 月到 10 月
蜡菊 (*Helichrysum* *bracteatum*)	30—40cm 灌木型	黄色、红色调、 白色 6 月到 10 月
马缨丹 (*Lantana* *camara*)	30—50cm 灌木型	黄色、橙色、 红色 6 月到 10 月
美兰菊 (*Melampodium* *paludosum*)	20—40cm 灌木型	黄色 5 月到 9 月
小天蓝绣 球 (*Phlox* *drummondii*)	15—30cm 灌木型	白色、黄色、 粉色、紫罗兰 色 7 月到 9 月
金毛菊 (*Thymophylla* *tenuiloba*)	15—20cm 垂吊型	黄色 6 月到 10 月
百日菊 (*Zinnia* 种)	15—30cm 灌木型	多色 7 月到 9 月
适合光照充足至半阴的位置:		
蓝花琉璃繁 缕 (*Anagallis* *monelli*)	10—25cm 垂吊型	蓝色、红色 6 月到 10 月
金盏花 (*Calendula* *officinalis*)	15—30cm 笔直	黄色、橙色 6 月到 10 月
赛亚麻 (*Nierembergia* *hippomanica*)	15—20cm 垫状	蓝色、紫罗兰 色、红色、白 色 7 月到 10 月
旱金莲 (*Tropaeolum* *majus*)	25—30cm 灌木型、 垂吊型	黄色、橙色、 红色 7 月到 10 月

适量浇水

少量浇水

适合悬挂花盆和挂篮

有毒或对皮肤刺激性

五花八门的色彩游戏

四季秋海棠
Begonia-Semperflorens 组

高度： 15—30cm
开花时间： 5 月到 10 月

形态特征： 一年栽培的多年生草本植物，直立紧凑的生长形态；花白色、粉色、红色，也有双色，大部分单瓣，也有重瓣；叶不规整的卵形，肉质，苍绿色，部分也有棕红色或铜色，光泽。

预培养： 可在冬天播种，但较困难，最好购买幼苗。

种植： 从 5 月中以 15—25cm 的株距种植。

护理： 保持充分湿润，在光照充足的位置充分浇水，但不能潮湿；每 2—3 周小剂量施肥；摘除枯萎的花。

造型： 浅色花的品种和暗色的叶子组合非常漂亮。

🌼 植物搭配

· 彩叶草　·倒挂金钟
· 蒲包花　·矮牵牛　·香水草

风铃草
Campanula 种

高度： 10—30cm
开花时间： 6 月或 7 月到 9 月

形态特征： 一年或多年栽培，紧凑的灌木型或垂吊型多年生草本植物；蓝色、紫罗兰色、粉色或白色钟形花；叶圆形至心形，苍绿色。

预培养： 可用种子繁殖的品种在 2 月或 3 月播种；通过春天对多年生草本植物分根也可实现增殖。

种植： 从 4 月以 20—30cm 的株距种植。

护理： 保持适度湿润；每两周施肥；切除枯萎的枝条；在光亮、无霜冻的环境中过冬。

造型： 东欧风铃草（C. carpatica，见图）能很好地装饰种植箱和花盘；南欧风铃草（C. portenschlagiana）和垂吊风铃草（C. poscharskyana）（垂吊，茂盛）是漂亮的挂篮植物。

双距花
Diascia 杂交种

高度： 25—30cm
开花时间： 5 月到 10 月

形态特征： 大部分一年栽培，灌木型紧凑的多年生草本植物，部分垂吊的枝条；大量小花，粉色和红色调，白色；叶小，包围茎干，圆形，浅绿色。

预培养： 很少供应种子，从 1 月到 3 月播种。

种植： 从 5 月中以 20cm 的株距种植。

护理： 保持均衡湿润；每两周施肥；去除枯萎的花柄；可承受风雨；可在 8—10°C 左右的光亮环境下过冬。

造型： 在悬挂花盆、种植箱和花盘中种植，作为高株植物的下层植物种植都很迷人。

🌼 植物搭配

· 蓝旋花　·香雪球　·蛇目菊
· 六倍利　·紫高杯花

阳光充足

半阴

多阴

大量浇水

香水草
Heliotropium arborescens

高度: 30—60cm
开花时间: 5 月到 9 月

形态特征: 一年或多年栽培,紧凑、灌木型生长的多年生草本植物;花蓝色、紫罗兰色,大型伞状花序,傍晚香气尤盛;叶子椭圆形,顶端尖,有褶皱,暗绿色。

预培养: 2 月或 3 月播种(喜光性种子),幼苗打顶;在秋天或春天截取插条。

种植: 从 5 月中以 25cm 的株距种植。

护理: 保持土壤均衡轻度湿润;每周施肥;去除枯萎的花;放在防雨的位置;高株品种可在 12—15°C 左右的光亮环境下过冬。

造型: 非常适合种在香氛阳台上种植或用来打造地中海风情,紧凑的造型适合混合种植的种植箱,高株适合花桶和花盆。

红花烟草
Nicotiana x sanderae

高度: 30—35cm
开花时间: 7 月到 9 月

形态特征: 一年生,笔直生长的灌木型夏季花卉;花白色、奶白色、黄色、粉色、红色、紫罗兰色,通常为柔和的色调,但也有颜色鲜亮的品种,管状花,有星形的花冠,有些品种傍晚散发甜香;叶披针形,略呈波浪形,暗绿色。

预培养: 2 月或 3 月播种(喜光性种子),最好进行两次疏苗。

种植: 从 5 月中以 25—30cm 的株距种植。

护理: 对水的需求高,每周施肥;除去枯萎的花穗。

造型: 低矮的品种适合混合种植的种植箱或大花盘,总是 2—3 株成组种植。较高的品种可单独或两株一起种在花盆中。

大花马齿苋
Portulaca grandiflora

高度: 10—15cm
开花时间: 6 月到 8 月

形态特征: 一年生,横卧至垂吊生长的夏季花卉;碗形花,黄色、橙色、红色、粉色、粉红色或白色,花瓣丝状,单薄,只在太阳下开花;叶针形,多肉,浅绿色。

预培养: 3 月到 5 月播种;也可 5 月初后直接在种植箱中播种。

种植: 从 5 月中以 15cm 的株距种植。

护理: 少量浇水;每 4—6 周施肥;放在防雨的位置。

造型: 通常以明亮的柔和色调混合种植,虽然植株较矮,但也能在没有其他陪衬花的情况下很好地装饰种植箱、花盘或悬挂花盆。

专家提醒

大花马齿苋只能与不需要很多水分的种类组合种植。

适量浇水

少量浇水

适合悬挂花盆和挂篮

有毒或对皮肤刺激性

极具装饰性的叶子

岩白菜
Bergenia cordifolia, B. 杂交种

高度： 20—50cm
开花时间： 3 月到 5 月

形态特征： 横向茂盛生长的观叶多年生草本植物；粉色、红色或白色的钟花形成密集的聚伞花序；叶光亮的绿色或暗红色，可过冬。

种植： 从 5 月到秋天；较小的植株以 25cm 的株距和秋天植物混合种植，较大的植株单独或少量种在花盆中。

护理： 保持轻度湿润；在室外过冬，气候恶劣的区域需加冬季防护措施；春天施用长效肥。

繁殖： 可通过开花后分根实现。

造型： 各个季节都适合的生命力旺盛的观赏植物。

➤ **专家提醒**

用作阳台种植时我推荐"贝莱辛汉姆红宝石"（Bressingham Ruby）（红色叶子）和"洋娃娃"（Baby Doll）品种。

常春藤
Hedera helix

高度： 最高 5 m
开花时间： 9 月

形态特征： 常绿的攀缘灌木或垂吊灌木；花黄绿色（只有树龄较高的植株才开花，会结出高毒性黑色的浆果）；幼嫩的叶子三至五分瓣，老叶为菱形，绿色，也有白色或黄色花纹。

种植： 用于种植箱和悬挂花盆的幼小植株终年均可种植；作为攀缘植物种在花桶中最好春天种植。

护理： 保持适度湿润；4 月或 5 月施用长效肥；在室外过冬，需冬季防护措施。

繁殖： 通过插条。

造型： 也可在种植箱和悬挂花盆中作为垂吊的装饰植物；作为花桶中种植的攀缘植物非常漂亮。

➤ **专家提醒**

用攀缘架支撑攀缘的常春藤，否则其气生根可能会损坏墙壁。

香茶草
Plectranthus forsteri

高度： 15—30cm
开花时间： 8 月到 9 月

形态特征： 一年栽培的多年生草本植物，枝条最长为 2m，垂吊生长；花不明显，白色；叶心形，苍绿色，大部分有白边，药草香。

种植： 从 5 月中以 20—30cm 的株距种植。

护理： 保持适度湿润；每两周施肥直到 8 月中；可过冬（明亮，10℃左右），先要对长枝条短截。

繁殖： 通过插条繁殖，3 月或 4 月剪取，为实现灌木状生长形态对幼苗打顶。

造型： 漂亮，但长势非常茂盛，适合作为如天竺葵或菊花等夏季和秋季花卉的陪衬。

➤ **专家提醒**

香妃草也称为"衣蛾王"，因为它们的气味能驱赶衣蛾和蚊子。

阳光充足

半阴

多阴

大量浇水

银叶菊
Senecio cineraria

高度： 20—30cm
开花时间： 第一年不会开花

形态特征： 一年栽培的亚灌木；叶子根据品种不同有绿色、灰色或银白色，深裂。

种植： 从 5 月后为夏季种植，或从夏末为秋季种植，均以 20—30cm 的株距种植。

护理： 保持轻度湿润；每 2 周小剂量施肥；放在防雨的位置。

繁殖： 从 1 月到 3 月用种子繁殖。

造型： 五彩植物间视线的休息处；在谦逊高贵的蓝色、粉色、白色组合中非常漂亮；但也可作为单纯的观叶植物；和翠菀、灰色欧石楠（Topfheide）、帚石楠（Besenheide）或春花欧石楠（Schneeheide）等秋季植物一起种植非常漂亮。

五彩苏
Solenostemon scutellarioides

高度： 20—40cm
开花时间： 7 月到 9 月

形态特征： 大部分为一年栽培的灌木状多年生草本植物；花不明显，蓝白色，花穗；叶卵形至心形，大部分多色，有花纹，为绿色、红色、粉色和黄色调。

种植： 从 5 月中以 20—25cm 的株距种植。

护理： 保持均衡湿润；每两周施肥；一旦出现花穗立即摘除。

繁殖： 1 月或 2 月通过种子，或在秋天或春天通过切下的插条。

造型： 不同颜色的品种组合非常漂亮；单独种在花盆中也很好看。

🌷 **植物搭配**

· 鹅河菊　　· 琉璃繁缕
· 六倍利　　· 美兰菊

其他观叶植物		
名字	高度 生长形态	叶色
适合阳光充足的位置：		
金叶牛至 （*Origanum vulgare* 'Aureum'）	最高 30cm 灌木型到 垂吊型	黄绿色
观赏鼠尾草 （*Salvia officinalis* 品种）	最高 30cm 灌木型	黄绿色、白绿色 和红色
神圣亚麻 （*Santolina* 品种）	最高 30cm 灌木型	银色
香科科 （*Teucrium* 品种）	最高 30cm 灌木型	苍绿色、银绿色
适合光照充足到半阴的位置：		
匍匐剪股颖 （*Agrostis stolonifera* 'Green Twist'）	最高 1.3m 垂吊型	浅绿色
匍筋骨草（*Ajuga reptans* 品种）	最高 60cm 匍匐型到 垂吊型	红色、紫色、灰绿色或白色叶缘
鳞叶菊 （*Calocephalus brownii*）	最高 30cm 灌木型到 垂吊型	银色、绿色
银瀑马蹄金 （*Dichondra argentea* 'Silver Falls'）	最高 1.2m 垂吊型	银色
金钱薄荷 （*Glechoma hederacea* 'Variegata'）	最高 2m 垂吊型	绿色、银白色边
伞花麦秆菊 （*Helichrysum petiolare* 品种）	最高 50cm 灌木型， 半垂吊型	银色或黄绿色
适合半阴到全阴的位置：		
紫花野芝麻， 小野芝麻 （*Lamium maculatum,L. galeobdolon*）	最高 50cm 匍匐型到 垂吊型	银绿色、黄绿色

适量浇水

少量浇水

适合悬挂花盆和挂篮

有毒或对皮肤刺激性

绿色和开花的遮挡植物

电灯花
Cobaea scandens

高度: 最高 4 m
开花时间: 7 月到 10 月

形态特征: 大部分为一年栽培的攀缘植物;花紫罗兰色、红色、蓝色或白色,钟形;叶暗绿色,被毛,末端长有缠绕的卷须。

预培养: 3 月种植,每个花盆中竖直种两粒种子。

种植: 从 5 月中以 50—70cm 的株距种植。

护理: 对水的需求高;每两周施肥(含氮量低)或种植时施用长效肥;掐除顶尖可促进分枝。

造型: 当阳台门左右两边各种紫罗兰色和白色的品种,并使其在上方集合,造型非常漂亮。

日本葎草
Humulus japonicus

高度: 2—4 m
开花时间: 7 月—8 月

形态特征: 一年生茎蔓植物;花不明显;叶大,五至七回裂,浓绿色,"杂色"(Variegata)品种为白色。

预培养: 2 月或 3 月播种,之后单独疏苗移植至花盆中。

种植: 从 5 月中以 40—50cm 的株距种植。

护理: 在光照充足的位置充分浇水,但应避免水涝;每 6—8 周施肥;藤架或钢丝作为攀缘辅助。

造型: 种植后几周内就能形成密集的视线防护,且能防风;能快速覆盖不美观的墙面或栏杆;也适合北面。

三色牵牛
Ipomoea tricolor

高度: 2—3 m
开花时间: 7 月到 10 月

形态特征: 一年栽培,能快速生长的茎蔓植物;花蓝色或紫色,黄白色花心,漏斗形,在下午就会闭合;叶心形,叶端尖,苍绿色。

预培养: 3 月或 4 月播种,之后单独疏苗移植至花盆中;幼苗应打顶。

种植: 从 5 月中以 30—50cm 的株距种植。

护理: 长期充分湿润,但不能长期潮湿;每 1—2 周施肥;种植地最好防风雨;需要充足的攀缘辅助。

造型: 和黄色或白色花的下层植物一起种植特别迷人,如蛇目菊或香雪球。

专家提醒

　　注意,电灯花长势非常快且茂盛,很容易压制其他植物的生长。

专家提醒

　　预培养时注意:所有攀缘植物的种植盆里都需要小型的支撑杆。

阳光充足

半阴

多阴

大量浇水

	其他一年生攀缘植物	
名字	高度 生长形态	花色 开花时间
适合光照充足的位置:		
北美荷包藤（*Adlumia fungosa*）	最高 3m 茎须卷攀	白色、嫩粉色 6 月到 8 月
黑色毛籽草（*Asarina barclaiana*）	最高 3m 茎须卷攀	粉色、紫罗兰色、蓝色 6 月到 10 月
倒地铃（*Cardiospermum halicacabum*）	最高 3m 茎须卷攀	绿色—观赏果实 6 月到 8 月
观赏南瓜（*Cucurbita pepo*）	最高 4m 茎须卷攀	黄色—观赏果实 6 月到 9 月
扁豆（*Dolichos lablab*）	最高 4m 缠绕攀缘	紫罗兰色、白色 7 月到 9 月
悬果藤（*Eccremocarpus scaber*）	最高 4m 茎须卷攀	红色、橙色 7 月到 9 月
金鱼花（*Ipomoea lobata*）	最高 3m 缠绕攀缘	黄色、红色 6 月到 9 月
圆叶牵牛（*Ipomoea purpurea*）	最高 3m 缠绕攀缘	蓝色、红色、粉色 7 月到 10 月
葫芦（*Lagenaria siceraria*）	最高 4m 茎须卷攀	白色—观赏果实 7 月到 9 月
紫钟藤（*Rhodochiton atrosanguineus*）	最高 3m 茎须卷攀	红色、紫罗兰色 6 月到 10 月
适合阳光充足到半阴的位置:		
荷包豆（*Phaseolus coccineus*）	最高 3m 缠绕攀缘	白色、红色 6 月到 9 月
旱金莲（*Tropaeolum majus*）	最高 3m 茎须卷攀	黄色、橙色、红色 7 月到 10 月
裂叶旱金莲（*Tropaeolum peregrinum*）	最高 3m 茎须卷攀	黄色 7 月到 10 月

香豌豆
Lathyrus odoratus

高度: 1.5—2m
开花时间: 6 月到 9 月

形态特征: 一年生攀缘植物；花粉色、红色、淡紫色、白色、杏色，疏松的总状花序，香味浓郁；叶三裂，暗沉的浅绿色，轻微被毛。

预培养: 2 月或 3 月播种，每个盆中三到四粒；也可从 4 月中直接播种在种植的容器中；幼苗应打顶。

种植: 从 5 月中以 20—30cm 的株距种植。

护理: 保持均衡湿润；每周施肥；定期去除枯萎的花；放在防风的位置。

造型: 通常各种彩色品种混合种植；灌木型品种（20—40cm 高）也可种在混合种植的种植箱中。

黑眼苏珊
Thunbergia alata

高度: 1—2m
开花时间: 6 月到 10 月

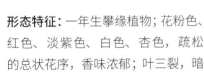

形态特征: 一年种植的茎蔓植物；花黄色、橙色、白色，大部分有黑色花心；叶柄长，叶心形，鲜绿色。

预培养: 2 月到 3 月播种，每个盆中三到四粒；幼苗应打顶。

种植: 从 5 月中以 20—40cm 的株距种植。

护理: 保持均衡的湿润，但一定要避免水涝；每两周施肥；偶尔修剪，使植株更好地分枝；尽可能放在防风雨的位置。

造型: 漂亮，生长并不过分繁茂的攀缘植物；没有支撑物也可在悬挂花盆中和混合种植的种植箱中作为垂吊植物。

专家提醒
　　植物只含轻微毒性；但要使毒性稍高的种子远离儿童。

秋季的漂亮花卉

翠菀
Aster-Dumosus 杂交种

高度： 15—35cm
开花时间： 9 月到 10 月

形态特征： 紧凑的垫状生长多年生草本植物；花朵有各种颜色，除了黄色，开花数量多；叶小，线形，暗绿色。

种植： 8 月或 9 月以 20—30cm 的株距种植。

护理： 保持适度湿润；过冬后（明亮、无霜的环境或在室外采用冬季防护措施）于春天施用长效肥，必要时夏天追肥。

繁殖： 通过春天分根或夏初插条。

造型： 蓝色、紫罗兰色和白色的品种尤其具有价值，因为它们能在秋天的粉色和红色调中起到协调作用。

🌼 **植物搭配**

· 景天　　· 菊花
· 翠菊　　· 灰色欧石楠

翠菊
Callistephus chinensis

高度： 15—35cm
开花时间： 7 月到 10 月

形态特征： 灌木型或横向笔直生长，一年生夏季花卉；花白色、粉色、红色、紫罗兰色或蓝色，通常有显眼的黄色花心，大部分重瓣，半球形至球形；叶小，披针形，暗绿色。

种植： 从 5 月中以 20—25cm 的株距种植。

护理： 天热时大量浇水，其他时候保持适度湿润；每周施肥；定期去除枯萎的花与枝条。

繁殖： 3 月或 4 月播种。

造型： 夏季和秋季植物。

 专家提醒

阳台种植箱中特别适合矮翠菊、盆栽翠菊或花坛翠菊（最高 20cm）。

秋菊
Chrysanthemum x grandiflorum

高度： 20—40cm
开花时间： 9 月到 11 月

形态特征： 大部分为一年栽培的多年生草本植物，灌木状分枝的生长形态；花朵各种颜色，除了蓝色，单瓣，重瓣或球形，大花或小花；叶深裂，暗绿色至灰绿色，芳香。

种植： 8 月或 9 月以 20—30cm 的株距种植。

护理： 保持均衡湿润；彻底开花后施一次肥；去除枯萎的花；不值得过冬。

繁殖： 终年均可通过根插条繁殖。

造型： 在大花盘中各种颜色混合种植非常具装饰性；种植箱和花盘可选择低矮的品种，高且茂盛的品种适合花桶和花槽。

🌼 **植物搭配**

· 香妃草　　· 银叶菊
· 白色灰色欧石楠或吊石楠
· 白色或蓝色的翠菀

☀ 阳光充足　　　　◑ 半阴　　　　● 多阴　　　　 大量浇水

秋水仙

Colchicum 杂交种

高度: 10—25cm
开花时间: 8 月到 10 月

形态特征: 直立生长的块根植物; 花粉色、紫罗兰色、白色,单瓣或重瓣; 叶宽披针形,苍绿色,春天才会出现。

种植: 7 月到 8 月将块根以 10—15cm 的深度种入土中,或种植购买的植株; 块根和植株间的距离为 15—20cm。

护理: 保持均衡的湿度(不能水涝!);在无霜冻的阴暗环境中过冬,也可采用冬季防护措施在室外过冬;从春季发芽后每三周施肥,直到 6 月,但开花时不用。

繁殖: 容器栽培时不用。

造型: 以小群组种植;和春花欧石楠等种植很漂亮。

灰色欧石楠

Erica gracilis

高度: 20—30cm
开花时间: 9 月到 12 月

形态特征: 一年栽培亚灌木,直立生长,灌木型分枝;红色、粉色或白色钟形花,非常茂盛,形成紧密的总状花序;叶小,针形,暗绿色。

种植: 从 8 月底以 20—25cm 的株距种植。

护理: 保持均衡湿润,最好只用含钙量低的水浇灌;抗寒能力较低。

繁殖: 不需要,因为只栽培一年。

造型: 在秋季种植箱和花盘中是翠菀、菊花、翠菊和矮型树木很好的搭配植物;作为秋季开花的盆栽树木的下层植物也很漂亮,如长阶花(Strauchveronika)。

紫八宝

Sedum telephium

高度: 30—50cm
开花时间: 9 月到 10 月

形态特征: 茂盛、直立生长的多年生草本植物;花粉色、紫红色,花小,大量花朵形成大型的伞状花序;叶偏圆椭圆形,多肉,浅绿色。

种植: 夏季种入容器植物,单独种在花盆中或以 30—40cm 的株距组合种植。

护理: 保持适度湿润;种植时施用长效肥,过冬后(明亮、无霜的环境或在室外采用过冬措施)从春天开始直至 8 月每四周施肥;在春天对花谢的枝条进行短截。

繁殖: 通过插条,能轻易且快速生根,在春天或夏初切取;分根也可实现。

造型: 在装饰性的花桶中特别漂亮。

▶ 专家提醒

　　注意,秋水仙毒性很强!有小孩的家里不要种植。

适量浇水

少量浇水

适合悬挂花盆和挂篮

有毒或对皮肤刺激性

冬季的花朵与果实装饰

帚石楠
Calluna vulgaris

高度: 20—30cm

开花时间: 根据品种不同6月到12月

形态特征: 常绿,直立至平卧生长的矮灌木;小巧的钟形花朵,粉色、白色、红色、紫罗兰色;叶小,鳞片形,苍绿色。

种植: 在夏季或秋初以10—20cm的距离种植,长期种植则为25—40cm;使用混合沙子的杜鹃土。

护理: 使用含钙量低的水浇灌;可在外面过冬,只在降霜严重时采取保护措施;春季短截三分之一左右,施用杜鹃肥料。

繁殖: 8月或9月通过插条繁殖。

造型: 适合搭配夏季和秋季植物。

春花欧石楠
Erica carnea

高度: 15—35cm

开花时间: 根据品种不同12月到4月

形态特征: 常绿,灌木状至垫状生长的矮灌木;花粉色、白色、红色、紫罗兰色;叶小,针形,绿色。

种植: 9月或10月以30cm的株距种在混有沙子的杜鹃土中。

护理: 使用含钙量低的水浇灌;可在室外过冬(但土壤量较少的容器要放入室内);春天施用杜鹃肥,根据需要到8月再追加1—2次。

繁殖: 夏天通过扦插增殖。

造型: 极有价值的冬季花卉,是矮型树木间彩色的视线焦点。

丽果木
Gaultheria mucronata

高度: 50—80cm

开花时间: 5月到6月

形态特征: 常绿,很像茂盛生长的小灌木;花白色至粉色;叶小,椭圆形,光亮的暗绿色;从秋天开始结球形浆果,红色、粉色或白色,微毒。

种植: 春天或秋天种入杜鹃土中,在混合种植的种植箱中保持30cm的株距。

护理: 保持土壤均衡轻度湿润(软化的水);到8月为止每八周施用杜鹃肥;可在室外过冬,注意充分的防护,气候恶劣的区域最好在室内(明亮,阴凉);每2—3年短截。

繁殖: 夏天通过扦插增殖。

造型: 幼株可种在混合的冬季种植箱中,较大的植株单独种植。

▶ 专家提醒

"蓓蕾花"品种的花不会完全开放,因此直到冬天还能看到花色。

▶ 专家提醒

注意:春花欧石楠和帚石楠在冬季无霜的日子里也需要浇水。

阳光充足

半阴

多阴

大量浇水

平铺白珠树
Gaultheria procumbens

高度： 最高 20cm

开花时间： 6 月到 7 月

形态特征： 常绿，垫状平展生长的矮灌木；白粉色总状花序；叶椭圆形，光亮的暗绿色，冬天为铜色；从 9 月开始结出红色球形浆果，微毒。

种植： 春天或秋天单独或以 30cm 的距离种在混入沙子的杜鹃土中。

护理： 保持土壤轻度湿润（软化的水）；到 8 月为止每八周施用杜鹃肥；可在室外过冬，必要时采取冬季防护措施；只需剪除芜杂的枝条。

繁殖： 春季通过分根或播种。

造型： 春花欧石楠和其他矮型木本植物漂亮的陪衬植物。

圣诞玫瑰
Helleborus niger

高度： 15—30cm

开花时间： 12 月到 3 月

形态特征： 疏松的垫状生长的多年生草本植物；花白色至白绿色，通常透出粉色；叶扇状裂，革质，暗绿色至青铜色。

种植： 从 10 月以 20—30cm 的株距种植。

护理： 保持轻度湿润；可在室外过冬，必要时包裹花盆；开花结束后除去枯萎的叶子；开始发芽时施肥。

繁殖： 容器栽培时不用。

造型： 和茵芋、矮型针叶树木一起种植很漂亮；在酸性土壤中生长不佳，因此和石楠或丽果木组合种植时最好各自使用单独的花盆。

🌰 专家提醒

通常开粉色或红色花的"铁筷子"(Helleborus) 杂交种直到 2 月后才开花。

日本茵芋
Skimmia japonica

高度： 50—100cm

开花时间： 4 月到 5 月

形态特征： 常绿，横向茂盛生长的小灌木；花小，白粉色，密集的花穗；叶大，像月桂叶；原始种和某些品种会在秋天后长出长柄的红色球形果实；其他品种，如"鲁贝拉"(Rubella) 是漂亮的春季花卉，有白粉色花穗。

种植： 春天或秋天种入土中，小植株在混合种植的种植箱中保持 25—30cm 的株距。

护理： 从夏初开始充分浇水；每四周施肥直到 8 月中；可在室外过冬，必要时采用冬季防护措施；只需剪除芜杂的枝条。

繁殖： 秋季通过扦插增殖。

造型： 很适合在种植箱和花盘中长期种植。

适量浇水

少量浇水

适合悬挂花盆和挂篮

有毒或对皮肤刺激性

盆栽植物和树木

从十七世纪开始，欧洲中部就开始了园艺的热潮：在花桶，即较大的花盆中栽培异国风情的木本植物。这样可使那些热爱温暖的植物——先是来自地中海地区，之后则来自全世界——整个冬天都能在有所防护的地方生长，并由此实现长久的栽培。今天，有大量的盆栽植物可供我们选择，大部分都能很好地适应夏季的室外时光。

从 5 月中到 10 月中大部分来自南欧、南美、亚洲、非洲或大洋洲的花草树木都能很好地装饰露台和阳台。其中许多也能适应阴凉或多云的夏天。但持续 0°C 以下的温度却只有极少部分能够承受。

多年的陪伴

最佳情况下，盆栽植物可为你的"绿色居室"提供多年的装饰。因此，购置时（另见 206—207 页）也需要考虑清楚：

· 不仅要考虑是否有适合夏季种植的位置，还应考虑合适的过冬位置，这些几乎占了半年的时间。大部分情况下，这个位置必须明亮且阴凉，但不受霜冻的侵害。幸运的是也有一些例外，可在植物肖像（过冬部分）中看到。

· 几年后植物会长高变宽；此时无论是夏季种植地还是冬季庇护所都仍应能轻松地容纳植株。用于阳台种植时最好选择紧凑、生长缓慢的种类。幸好：这些植物通常可通过插条繁殖，因此下代植物可以取代长得过大的植株。

· 随着植株的不断生长，花桶也越来越大，越来越重。这会使阳台承受过分的负担，至少会引起较大的运输问题。

这些规则同样适用于盆栽树木，即灌木、小乔木或亚灌木，这些植物通常我们直接种在花园里。它们的优势是多少具有一定的抗冻能力。通常你可以无须防护措施或只加简单的冬季防护措施（主要是隔绝花盆，另见 254—255 页）就将其留在室外。但前提是种花的容器必须抗冻。

花桶中的经典植物

木茼蒿
Argyranthemum frutescens

高度: 0.5—1.5 m
开花时间: 5 月到 10 月

形态特征: 常绿，笔直生长，横向茂盛发展的亚灌木；花粉色、黄色、白色，单瓣或重瓣；叶羽状深裂，灰绿色。

护理: 炎热的日子充分浇水；每周施肥，直到 8 月；除去棕色的叶子；定期切除枯萎的花或在第一次主花期后将枝条截短 1/3。

过冬: 尽可能明亮，保持 4—8℃，轻度湿润；紧急情况下放在阴暗处，此时需首先短截一半，保持几乎干燥。

繁殖: 夏天通过扦插增殖。

造型: 紧凑、低矮的品种适合阳台种植箱。

木本曼陀罗
Brugmansia 种和杂交种

高度: 最高 2.5 m
开花时间: 7 月到 9 月

形态特征: 灌木型至树型，横向茂密生长的植物；花白色、粉色、黄色、橙色、红色，漏斗形，垂吊，25—50cm 长，傍晚有浓郁花香；叶大，卵形至长形，苍绿色。

护理: 高需水量；每周施肥，直到 8 月；定期去除枯萎的花和叶子；需要放在防风的位置。

过冬: 在 4—12℃的环境下，明亮或阴暗，入室前短截；每年春天更换花盆，必要时疏枝。

繁殖: 从春季至秋季通过插条繁殖。

造型: 白色的品种特别高贵。

山茶花
Camellia 种和杂交种

高度: 最高 1.5 m
开花时间: 1 月到 4 月

形态特征: 常绿，茂盛的灌木，有部分垂吊的枝条；花白色、粉色、红色，也有双色，最大 12cm，单瓣或重瓣；叶宽卵形，光泽的暗绿色。

护理: 保持适度湿润（使用软化的水）；每周使用杜鹃专用肥；出现花蕾后（约 7 月底）减少浇水，开始施肥。

过冬: 降霜前放到明亮的位置，直到开花一直保持阴凉，开花时保持15℃左右，少量浇水；春季干旱时浇水。

繁殖: 夏天通过扦插增殖。

造型: 夏天是漂亮的观叶植物；在温室中开花最好。

专家提醒

木茼蒿在明亮的地方冬天也会开花，在温室中尤其茂盛。

专家提醒

注意，所有部分均有高毒性，对皮肤具刺激性，会引起头痛(花香)。

 阳光充足　　 半阴　　 多阴　　 大量浇水

小柑橘
Citrus 种

高度： 0.5—1.5 m
开花时间： 3 月到 8 月

形态特征： 常绿灌木或乔木；花白色至粉色，在明亮的环境中几乎终年开花；叶革质，椭圆形，暗绿色，有光泽。黄色或橙色果实。

护理： 保持土壤均衡湿润（软化的水！）；每周施肥，直到 8 月；较大的植株需要支撑。

过冬： 尽早搬入室内，放在明亮，4—8℃的位置，少量浇水，经常通风；直到 5 月底才能搬出室外；每两年短截，如果需要的话。

繁殖： 通过在春天或夏天扦插繁殖（困难），也可通过空中压条法。

造型： 也可作为小高秆植物栽培。

专家提醒
金橘（*x Citrofortunella microcarpa*）容易护理且长势不会过盛。

夹竹桃
Nerium oleander

高度： 1.5—2.5 m
开花时间： 6 月到 10 月

形态特征： 常绿，横向茂盛生长的灌木，疏松的分枝；花粉色、白色、红色、黄色，单瓣或重瓣，伞状花序；叶披针形，革质，暗绿色。

护理： 充分浇水，盆托装满水；每周施肥，直到 8 月；需要防雨的位置；经常控制介壳虫和蚜虫。

过冬： 4—8℃明亮的环境，几乎保持干燥，之前要剪去光树枝和过长的枝条。

繁殖： 夏天通过扦插繁殖，在水中能很好地生根。

造型： 有空间的情况下，尽量种植 2—3 株不同花色的植株。

专家提醒
当心，植物的所有部位剧毒。有孩子的家庭最好避免种植夹竹桃！

西番莲
Passiflora caerulea

高度： 1—2m
开花时间： 4 月到 10 月

形态特征： 常绿攀缘灌木，茎卷攀缘；花白色，有紫罗兰色、白色、看色的放射状条纹，有些品种也有红色，直径最大 10cm；叶裂片状，暗绿色，有光泽。

护理： 炎热的日子充分浇水；每周施肥，直到 8 月；枝条攀附在花盆中的支撑杆或环上，或使用攀缘架；尽量选择有防护的位置。

过冬： 搬入室内前短截较长的卷须，在 2—10℃光亮的环境中，保持近乎干燥。

繁殖： 在春天通过扦插繁殖或种子繁殖。

造型： 别致的花卉植物，单独种植最漂亮。

  适量浇水　少量浇水　适合悬挂花盆和挂篮　有毒或对皮肤刺激性

异国风情的壮丽的花卉

百子莲
Agapanthus 杂交种 , *A. praecox*

高度： 最高 1.2 m
开花时间： 7 月到 8 月

形态特征： 部分常绿的多年生草本植物，宽阔的叶簇，花茎笔直；花蓝色、紫罗兰色或白色，漏斗形，大量花朵形成伞状花序；叶带状，浅绿色。

护理： 炎热的日子充分浇水，但应避免水涝；至 8 月每 1—2 周施肥。

过冬： 适度光亮，4—8℃，常绿的保持轻度湿润，落叶的则几乎干燥（摘除死去的叶子）；很少换盆，只在少数情况下换稍大的容器。

繁殖： 春天通过分根繁殖。

造型： 在较宽的花桶中非常和谐。

光叶子花
Bougainvillea glabra, B. 杂交种

高度： 1—3 m
开花时间： 4 月或 6 月到 9 月

形态特征： 落叶灌木，笔直生长或攀缘生长，有木质化长刺的长枝条；花白色，小，但有显眼的淡紫色、白色或橙色顶叶包围；叶椭圆形，叶端尖，苍绿色。

护理： 炎热的日子充分浇水；每周施肥，直到 8 月；攀附在花盆中稳定的支撑杆上或攀缘架上；搬入室内前短截。

过冬： 8—12 °C 光亮的环境。

繁殖： 在春天通过半成熟的插条繁殖（困难）。

造型： 可作为攀缘植物加支撑杆以灌木形式栽培或作为高秆植物栽培。

美花红千层
Callistemon citrinus

高度： 1—2.5 m
开花时间： 5 月到 7 月

形态特征： 常绿，灌木型至坚硬笔直生长，且生长快速的灌木；红色的长花丝，以紧密的瓶刷形组成笔直的花序；叶披针形，长，革质，鲜绿色。

护理： 夏季充分浇水（使用含钙量低的水！）；到 8 月为止每两周施用杜鹃专用肥；为了使外形更加葱郁，将幼小植株的枝条剪短；种在杜鹃专用土中。

过冬： 5—10℃明亮的环境，不得已时也可稍暗。

繁殖： 在夏末通过扦插繁殖，幼苗多次打顶。

造型： 在蓝色或白色花桶中种植，或和其他地中海盆栽植物一起种植都非常漂亮。

◖ **专家提醒**

在过高的温度下过冬、肥料氮含量过高、频繁换盆只会降低开花的质量。

蓝花茄
Lycianthes rantonnetii

高度： 1.5—2.5 m
开花时间： 7 月到 10 月

形态特征： 落叶灌木，紧密茂盛，有部分垂吊的枝条，也可攀缘，外形非常喜人；花蓝紫色，黄色花心，花数量众多；叶披针形，浅绿色。

护理： 高需水量；每周施肥，直到 8 月；经常修剪幼嫩的植株。

过冬： 搬入室内前短截约一半，在 4—10℃阴暗的环境中，保持近乎干燥；3 月换盆，放在更亮更暖的位置。

繁殖： 在夏季通过半成熟的插条繁殖。

造型： 作为小高秆植物，下方种黄色、红色或白色花的植物，非常迷人。

蓝花丹
Plumbago auriculata

高度： 0.5—2m
开花时间： 6 月到 10 月

形态特征： 常绿，疏松浓密生长的灌木，枝条垂吊，脆弱；花浅蓝色，浅紫罗兰色，白色，花小，形成伞状花序；叶小，披针形，浅绿色，背面有浅色粉状物。

护理： 在高温下充分浇水，但应避免水涝；至 8 月每 2 周施肥；去除枯萎的花朵；必要时支撑枝条；偶尔疏枝；放在防风雨的位置。

过冬： 4—8 °C 光亮的环境；不得已时也可在阴暗的环境，但搬入室内前需大量短截。

繁殖： 夏末通过扦插增殖。

造型： 作为小高秆植物非常迷人；幼小的植物也可种在悬挂花盆和阳台种植箱中。

伞房决明
Senna corymbosa

高度： 1—2.5 m
开花时间： 6 月到 10 月

形态特征： 常绿，直立生长，有分枝的灌木；花黄色，大量花朵组成伞状花序；叶成单数羽状分裂，长，披针形，鲜绿色。

护理： 保持充分湿润，不能积水；每周施肥，直到 8 月；去除枯萎的花。

过冬： 不必过早搬入室内，能接受轻微的霜冻；2—5 °C 光亮的环境下过冬；不得已时，在短截后搬入室内，也可在阴暗的位置，落叶后需几乎保持干燥。

繁殖： 通过插条。

造型： 也可作为小高秆植物栽培，但通常枝条容易芜杂；最好保留下端的侧枝。

🌿　**专家提醒**

夏季剪短长而细的招摇的枝条，保持植株紧凑的造型。

适量浇水

少量浇水

适合悬挂花盆和挂篮

有毒或对皮肤刺激性

壮丽的观叶植物

食用象腿蕉
Ensete ventricosum

高度： 2—3 m
开花时间： 花桶中几乎不开花

形态特征： 常绿大型多年生草本植物，棕榈状生长，空心的叶茎；叶最长 3m，宽椭圆形，暗绿色，部分有红色凹纹。

护理： 均衡湿润，但不能长期潮湿；每周施肥，直到 8 月；选择防风的位置。

过冬： 尽可能明亮，保持 10—15° C；在光线较弱的环境中，移入室内前将叶子短截至嫩心，保持 10℃，少量浇水，绝不能浇到嫩心上。

繁殖： 从 1 月到 4 月通过种子繁殖，很费时。

造型： 令人印象深刻的观叶植物，但需要较多空间；在露台上和木曼陀罗或棕榈树一起种植很漂亮。

月桂
Laurus nobilis

高度： 1—2m
开花时间： 4 月到 5 月

形态特征： 常绿乔木或灌木，生长缓慢；花黄色偏绿，不明显，只在未经过修剪的植株上；叶椭圆形，革质，暗绿色，有光泽。

护理： 保持均衡湿润；至 8 月每 1—2 周施肥。

过冬： 稍晚移入室内，能接受一定的霜冻；明亮，不得已时也可在阴暗的环境，保持 0—6℃，少量浇水；4 月中就能重新移至室外。

繁殖： 通过扦插（培养很慢）。

造型： 适合修剪造型；但不要用剪，而是在夏末或春天将枝条分别截短。

加拿利海枣
Phoenix canariensis

高度： 1—3 m
开花时间： 花桶中几乎不开花

形态特征： 常绿乔木，茎干簇状，植株向外伸展；大型具装饰性的羽状棕榈叶，叶针细长。

护理： 一定要避免水涝和干燥（会使叶尖变成棕色）；至 8 月每 2—3 周施肥；剪去干枯的叶子。

过冬： 明亮，5—10℃，保持近乎干燥；5 月搬出室外，首先放在遮阴处，约两周后才能完全接受光照。

繁殖： 通过春天播种繁殖，费时。

造型： 只在相应宽阔的花桶中才能较好地生长，最好作为视线焦点单独放置。

🐚 **专家提醒**

整个夏天你都可以收获月桂的叶子作为香料。

阳光充足

半阴

多阴

大量浇水

竹子

Phyllostachys, Fargesia u. a.

高度： 1—3 m
开花时间： 很少开花

形态特征： 常绿，木质化的 草类，笔直生长至横向茂密生长的外形；叶通常较大，披针形，浅绿色；草茎通常异色，具观赏性。

护理： 保持均衡充分湿润，但要避免水涝；至 8 月每 4 周施肥；放在防风的位置。

过冬： 明亮，5—10℃，少量浇水，但要保持较高的空气湿度；春天切除老化的草茎。

繁殖： 春天通过分根增殖。

造型： 山茶花、杜鹃花或绣球花作为搭配植物，可营造出迷人的东亚风情。

 专家提醒

　　尽可能每 2—4 年在春天换用较宽的花桶。

棕榈

Trachycarpus fortunei

高度： 1.5—4 m
开花时间： 6 月到 7 月

形态特征： 常绿乔木，随着时间发展会向周围伸展；花绿色或黄色，形成花穗，但只有树龄较高的植株才会开花；叶超过 50cm，扇形分裂，光泽的绿色。

护理： 保持适度湿润；至 8 月每 3—4 周施肥。

过冬： 能接受一定的霜冻，可较晚收入室内，之前需剪除下方棕色的叶子；在阴暗，0—8℃的环境中，或在光亮的环境中作为室内植物，少量浇水；4 月中搬出室外后首先放在阴凉的位置。

繁殖： 通过播种，但非常缓慢。

造型： 非常迷人，生长缓慢的棕榈。

 专家提醒

　　幼年的棕榈最好种在半阴环境下，树龄较高的品种则在光照充足的位置。

千手丝兰

Yucca aloifolia, Y. elephantipes

高度： 1—4 m
开花时间： 8 月到 9 月

形态特征： 常绿乔木，笔直生长的形态，茎干纤细；花奶白色，在长柄上形成花穗，但只有老树才开花；叶长，剑形，暗绿色，背刺。

护理： 保持适度湿润；至 8 月每 4 周施肥，除去棕色的叶子；长得过大的植株在短截（锯）后能重新发芽。

过冬： 明亮，5—10℃，保持近乎干燥。

繁殖： 夏天通过嫩枝扦插或硬枝扦插（茎段），插条放在阴凉的位置。

造型： 适合南美或地中海风情。

专家提醒

　　短截时锯下的茎干就是很好的插条。

紧凑的美

苘麻
Abutilon 种和杂交种

高度: 1—3 m
开花时间: 4 月到 10 月

形态特征: 部分常绿的灌木，笔直生长，横生分枝；大朵高脚杯形的花，黄色、橙色、粉色、红色或白色，在明亮的位置终年开花；叶大，枫叶形裂片，浅绿色。

护理: 夏天保持充分的湿度；至 8 月每 1—2 周施肥；去除枯萎的花；尽量放在防风雨、无阳光直射的位置。

过冬: 5—10°C 光亮的环境。

繁殖: 春季通过插条或播种；幼苗多次打顶。

造型: 作为小高秆植物也很迷人；某些种和品种的叶有黄色或白色的装饰性斑点。

大座莲
Aeonium arboreum

高度: 最高 1 m
开花时间: 1 月到 2 月

形态特征: 常绿多肉植物，树状，有分枝；花黄色，形成大朵的花序，罕见，只在较老的植株上可见；多肉的绿色莲座丛叶，"黑法师"(Atropurpureum)品种叶子为棕红色至黑红色。

护理: 只在上层土干燥时浇水；至 8 月每 2 周施仙人掌专用肥。

过冬: 明亮，10—12°C，保持近乎干燥；不得已时可在明亮温暖的环境中作为室内植物栽培。

繁殖: 通过嫩枝扦插繁殖（带茎干的整个莲座丛叶）。

造型: 在陶土盆或蓝色的花盆中种植非常迷人。

美人蕉
Canna-Indica 杂交种

高度: 0.3—1.5 m
开花时间: 6 月到 10 月

形态特征: 笔直生长，不能抗冻的多年生草本植物；花粉色、红色、橙色、黄色、白色，也有双色，约 10cm 长；叶大，笔直，鲜绿色或蓝绿色，红色或青铜色，宽阔的莲座丛状。

护理: 夏天充分浇水；每周施肥，直到 8 月；去除枯萎的花。

过冬: 第一场霜降后将枝条剪至一掌长，挖出块状根茎，干燥后放入泥炭或沙子中，在阴暗的环境下以 5—10℃ 的温度条件保存；3 月种植，放在温暖、明亮的位置。

繁殖: 春季通过分割根茎。

造型: 不同的花色和叶色组合种植非常迷人；低矮的品种也适合在大花盘中种植。

🌸 **植物搭配**

单独花盆中种植的茂密的夏季花卉如万寿菊或香水草作为搭配。

阳光充足

半阴

多阴

大量浇水

朱槿

Hibiscus rosa-sinensis

高度: 1—2m
开花时间: 3 月到 10 月

形态特征: 常绿，笔直生长，横向茂盛发展的灌木；花黄色、橙色、红色、粉色或白色，花大，漏斗形，单瓣或重瓣；叶尖，椭圆形，光亮的暗绿色。

护理: 湿润，但不能长期潮湿；每周施肥，直到 8 月；去除枯萎的花；茎干较高的品种需要支撑；尽量不要阳光直射，放在防风雨的位置。

过冬: 12—16 °C 光亮的环境，适量浇水；较老的植株在春天短截约一半。

繁殖: 5 月通过扦插增殖。

造型: 作为灌木或小高秆植物都很适合。

绣球

Hydrangea macrophylla

高度: 0.5—1.5 m
开花时间: 5 月到 7 月

形态特征: 常绿，笔直生长，横向茂盛发展的灌木；花粉色、红色、蓝色、白色，形成最大 20cm 的伞状花序；叶大，椭圆形，顶端尖，浅绿色至暗绿色。

护理: 充分浇水（使用软化的水！）；到 8 月为止每 2 周施用杜鹃专用肥；定期去除枯萎的花。

过冬: 能接受一定的霜冻；光亮或阴暗，2—8℃，土球不能完全干燥；春季换盆（杜鹃专用土），放在更亮的位置。

繁殖: 夏初通过扦插增殖。

造型: 能很好地装点半阴的位置。

香桃木

Myrtus communis

高度: 0.5—1.5 m
开花时间: 6 月到 10 月

形态特征: 常绿，浓密，有分枝的灌木；花白色，小，星形，花香；叶小，披针形，革质，浓烈的暗绿色，撕破时散发芳香；偶尔结蓝黑色浆果。

护理: 保持均衡湿润，一定要避免干燥和水涝，使用含钙量低的水；每周施肥（杜鹃专用肥），直到 8 月；种在酸度较低的土中；经常对幼嫩的植株打顶。

过冬: 5—10 °C 光亮的环境。

繁殖: 夏末或春季通过扦插增殖。

造型: 与夹竹桃和小柑橘组合种植可传递地中海风情。

🌿 **专家提醒**

　　朱槿应尽量少挪动，因为这样经常会导致花蕾掉落。

　适量浇水　　　　　少量浇水　　　　　适合悬挂花盆和挂篮　　　　　有毒或对皮肤刺激性

健壮的花桶观赏植物

青木
Aucuba japonica

高度: 0.5—1.5 m
开花时间: 3 月到 4 月

形态特征: 常绿，笔直生长，横向茂密的灌木；花红色，形成花穗，不明显；叶最长 20cm，卵形，顶端尖，光亮，黄绿色斑点或圆点；部分结亮红色浆果（有毒）。

护理: 保持充分湿润；至 8 月每 4 周施肥；尽量放在防雨的位置。

过冬: 能接受一定的霜冻，较晚搬入室内；放在明亮，无霜冻的位置，少量浇水；4 月后重新搬出室外。

繁殖: 在春天和夏天通过半成熟的插条繁殖。

造型: 属于最迷人的观叶植物之一。

丛榈
Chamaerops humilis

高度: 1—3 m
开花时间: 3 月到 6 月

形态特征: 常绿乔木，紧凑、灌木状多茎的生长形态；花黄绿色，穗状（只有较老的植株开花）；棕榈叶扇形，宽度超过 50cm，蓝绿色。

护理: 保持均衡湿润；每周施肥，直到 8 月；尽量放在防雨的位置。

过冬: 在开始降霜时才移入室内；明亮，或不得已时也可阴暗，保持 5℃，在非常明亮的位置温度也应增高，少量浇水。

繁殖: 春天通过分根增殖。

造型: 漂亮的盆栽棕榈，地中海风味，生长缓慢。

鸡冠刺桐
Erythrina crista-galli

高度: 1—2m
开花时间: 7 月到 9 月

形态特征: 常绿，笔直生长，疏松，浓密的灌木，茎干粗壮，有大量枝条，通常长刺；花浓烈的橘红色，形成较长的总状花序；叶长椭圆形，革质，暗绿色。

护理: 高需水量；至 8 月每 2 周施肥。

过冬: 5—8℃，阴暗的环境，搬入室内前将干瘪的枝条短截至茎干，或只剩四个芽眼；春天新发芽后放到更亮更暖的位置，浇水。

繁殖: 春季通过插条或播种。

造型: 在白墙前或和黄色的夏季花卉搭配种植特别漂亮。

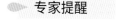 **专家提醒**

过冬时温度过高通常会导致叶斑病。

专家提醒

丛榈的茎带刺，因此转运时最好将植物包裹起来。

 阳光充足　　 半阴　　 多阴　　 大量浇水

无花果

Ficus carica

高度: 1—2.5 m
开花时间: (5 月到) 9 月

形态特征: 落叶灌木或矮秆的乔木；花开在小"罐"内，在适当的条件下会发展成果实；叶大，革质，掌状裂片，浓绿色。

护理: 炎热时充分浇水；每周施肥，直到 8 月。

过冬: 能接受一定的霜冻，较晚搬入室内；明亮，不得已时也可在阴暗的环境，保持 2—8℃，少量浇水；4 月后重新搬出室外。

繁殖: 春天通过扦插增殖。

造型: 非常壮观的观叶植物，具有地中海风情。

🐌 **专家提醒**

搬出室外时首先将无花果放在轻微遮阴的位置 1—2 周，之后再完全接受光照。

马樱丹

Lantana camara

高度: 0.3—1.5 m
开花时间: 6 月到 10 月

形态特征: 常绿，茂盛的灌木，有部分垂吊的枝条；大量小花形成头型伞状花序，大部分会变色，如从粉色变为红色或黄色变为橙色，也有白色和紫罗兰色调；叶卵形，有褶皱，暗绿色。

护理: 保持均衡湿润，每两周施肥直到 8 月。定期去除枯萎的花和绿色的浆果。

过冬: 明亮，6—10℃，秋季短截后也可在阴暗的环境，这种情况下需保持近乎干燥；搬入室内前或在春天将枝条截短一半。

繁殖: 春天通过扦插增殖。

造型: 作为小高秆植物非常迷人；小型或幼嫩的植物也很适合混合种植的阳台种植箱。

新西兰麻

Phormium tenax

高度: 1—1.5 m
开花时间: 8 月到 9 月

形态特征: 常绿植物，簇状生长的多年生草本植物；红色花穗，只有较老的植株开花；叶狭长，剑形，根据品种不同有绿色、红色、黄色或白色条纹，起初坚硬笔直，随着植株年龄增加会垂吊。

护理: 阳光充足的位置充分浇水，其他时候适量浇水；每周施肥，直到 8 月。

过冬: 可接受轻度霜冻，稍晚搬入室内；明亮，不得已时也可在阴暗的环境，保持 4—10℃，少量浇水；定期去除干枯的叶子。

繁殖: 春天通过分根增殖。

造型: 迷人的观叶植物；非常适合四边形的陶土花盆；在较大的花盆中可在下层种植夏季花卉或常春藤。

 适量浇水   少量浇水   适合悬挂花盆和挂篮   有毒或对皮肤刺激性

迷人的盆栽树木

锦熟黄杨
Buxus sempervirens 'Suffruticosa'

高度： 0.3—1 m
开花时间： 4 月到 5 月

形态特征： 常绿，浓密的小灌木；花小，绿色，香；卵形，有光泽，暗绿色的小叶。

护理： 保持适度湿润；每 4 周施肥直到 8 月中；最好在 5 月底和 8 月修剪造型。

过冬： 室外过冬，降霜严重时采取防护措施；如果土壤非常干燥，可在无霜的日子浇灌微温的水。

繁殖： 夏初通过扦插增殖。

造型： 可按照喜好修剪成各种造型；圆球造型在陶土花盆中非常迷人，门边左右各放一盆特别漂亮。

银环藤
Fallopia baldschuanica

高度： 3—6 m
开花时间： 7 月到 10 月

形态特征： 落叶，生长快速的攀缘植物；花白色至嫩粉色，小，形成长花穗，香；叶心形，暗绿色。

护理： 夏天充分浇水；至 8 月每 2 周施肥；需要稳定的攀缘辅助。可大量短截，推荐每 3—5 年进行一次。

过冬： 在室外过冬，需冬季防护措施。

繁殖： 通过插条，在开花前截取。

造型： 通过茂密的外形和侧枝可覆盖大块面积，能很快形成视线防护；大量蓬松的花朵非常壮观。

山樱
Prunus serrulata, P. subhirtella

高度： 1.5—3 m
开花时间： 3 月到 4 月或 5 月

形态特征： 落叶灌木或乔木，细长或横向伸展的外形；花浅粉色至深粉色、白色，单瓣或重瓣；叶椭圆形，暗绿色。

护理： 保持适度湿润；春季施用长效肥；去除嫁接砧木上长出的野枝；根据需要在开花后短截。

过冬： 在室外过冬，气候恶劣的区域需加冬季防护措施。

繁殖： 无，大部分为嫁接。

造型： 作为小高秆植物非常漂亮，下层种植春季球根花卉；秋季叶子染色后通常更加壮观。

专家提醒

注意，银环藤会损害屋檐水槽和雨水管，因此需定期清除。

专家提醒

注意选择长势不会太旺，适合盆栽的山樱品种。

阳光充足

半阴

多阴

大量浇水

杜鹃花

Rhododendron 种和杂交种

高度: 0.5—1 m
开花时间: 根据品种不同 4 月到 6 月

形态特征: 常绿，横向浓密生长的灌木；花红色、粉色、淡紫色、白色或黄色，形成伞状花序；叶暗绿色，有光泽，粗糙。

护理: 春季—夏季充分浇水，此外只需保持轻度湿润（软化的水！）；从 4 月到 6 月每 3—4 周使用杜鹃专用肥；除去枯萎的花序；种在杜鹃专用土中；放在防风的位置。

过冬: 在室外过冬，需冬季防护措施。

繁殖: 盆栽时不用。

造型: 小型的"钻石"（Diamant）杜鹃花适用种植箱，较大的品种则单独种在花盆中。

 专家提醒

　　杜鹃花不喜欢阳光直射，因此最好将它们放在半阴的位置。

月季

Rosa 品种

高度: 0.3—1.5 m
开花时间: 6 月到 10 月

形态特征: 落叶灌木，灌木状或匍匐状至垂吊型生长形态；花各种颜色，除了蓝色，大部分重瓣，部分花香；叶子单数，缺刻，暗绿色。

护理: 保持适度湿润；春季施用长效肥或到 7 月底为止每周施肥；定期切除枯萎的花序。

过冬: 室外过冬，做好充分的防护，在气候恶劣的区域最好放在无霜且明亮的位置，不得已时也可在暗处；在春天短截。

繁殖: 无，因为是嫁接。

造型: 花桶中适合低矮的壮花月季，高秆月季或地被月季；微型月季也可以 25cm 的株距种在种植箱中。

 专家提醒

　　不要直接放在明亮的南墙前，这里容易过热，害虫的威胁也会增加。

其他迷人的盆栽树木

名字	高度 种植环境	颜色—观赏物 开花时间
观花木本植物		
心叶石蚕 (*Caryopteris* x *clandonensis*)	50—100cm 光照充足	蓝色、蓝紫色 8 月到 10 月
金雀花 (*Genista, Cytisus*)	30—60cm 光照充足	黄色 4 月到 7 月
狭叶薰衣草 (*Lavandula angustifolia*)	30—90cm 光照充足	蓝色、紫罗兰色、白色 6 月到 8 月
金露梅 (*Potentilla fruticosa*)	60—100cm 光照充足	黄色、白色、粉色 6 月到 10 月
黄花柳（*Salix caprea* "Pendula"）	最高 1.5m 光照充足至半阴	黄色、银色 3 月到 4 月
小叶丁香 (*Syringa microphylla*)	最高 2m 光照充足	粉色 6 月到 9 月
观叶或果实的木本植物		
蕊帽忍冬 (*Lonicera nitida, L. pileata*)	最高 80cm 光照充足至半阴	常绿、紫色或紫罗兰色浆果
桂樱 (*Prunus laurocerasus*)	1—1.5m 光照充足至全阴	光泽的叶子、常绿、白色花
火棘 (*Pyracantha* 杂交种)	最高 2m 光照充足至半阴	常绿、黄色或橙色果实
藤本植物		
铁线莲 (*Clematis* 杂交种)	最高 3m 光照充足至半阴	多色 根据品种不同夏初或夏末
爬山虎 (*Parthenocissus* 杂交种)	最高 6m 光照充足至半阴	秋天叶子红色、黑蓝色浆果
迎春花 (*Jasminum nudiflorum*)	1—3m 光照充足至半阴	黄色 1 月到 3 月

 适量浇水　　　 少量浇水　　　 适合悬挂花盆和挂篮　　　 有毒或对皮肤刺激性

小型针叶树：长久的绿色

香脂冷杉	**日本花柏**	**兰星铺地柏**
Abies balsamea 'Nana'	*Chamaecyparis pisifera* 'Filifera'	*Juniperus squamata* 'Blue Star'

香脂冷杉

Abies balsamea 'Nana'

高度 / 宽度：30—40cm/40—60cm
生长形态：矮球形，宽

针叶：上端暗绿色，下端两条白色纹路，最长 1.5cm，紧密排列，淡香味。

护理：保持适度湿润；春天施用长效肥，6 月或 7 月追肥；对热敏感，不能放在明亮的南墙前。

过冬：室外过冬；必要时包裹容器。

造型：花槽、宽的花盆或大花盘中都很漂亮。

其他品种：落基山冷杉，*Abies lasiocarpa* 'Compacta'，锥形，60cm，蓝绿色；适合花槽种植。

日本花柏

Chamaecyparis pisifera 'Filifera'

高度 / 宽度：30—40cm/30—40cm
生长形态：锥形

针叶：紧密排列，线形、垂吊的小枝条，"金线矮"（Filifera Aurea Nana）（见图）品种呈金黄色。

护理：保持均衡湿润；春天施用长效肥，6 月或 7 月追肥。

过冬：室外过冬；必要时包裹容器。

造型：适合花槽，幼小的植株也适合混合种植的保温种植箱。

其他品种：美国扁柏，*Chamaecyparis lawsoniana* 'Ellwoodii'（锥形，笔直），矮蓝美国扁柏 'Minima Glauca'（圆形，蓝绿色）；矮绿日本扁柏，*Chamaecyparis obtusa*，'Nana gracilis'（锥形）。

兰星铺地柏

Juniperus squamata 'Blue Star'

高度 / 宽度：20—40cm/50—60cm
生长形态：宽圆形，多分枝

针叶：银蓝色，紧密排列，非常精细、尖。

护理：保持均衡湿润；春天施用长效肥，6 月或 7 月追肥。

过冬：室外过冬；必要时包裹容器。

造型：适合花槽和宽花桶，幼小植株适合保温种植箱；是红色、粉色和黄色花卉漂亮的背景。

其他品种："金羽"桧，*Juniperus chinensis* 'Plumosa Aurea'（黄色，茂密）；"美亚"欧刺柏，*Juniperus communis* 'Meyer'（银绿色，柱状），"雷奔达"欧刺柏，'Repanda'（银绿色，簇状，宽）。

🍃 **专家提醒**

　　最好用针叶树专用肥为针叶树施肥。

🌸 **植物搭配**

　　冬季与红色的春花欧石楠，夏季在盆栽月季和其他开花的盆栽植物间都很漂亮。

☀	◐		
阳光充足	半阴	多阴	大量浇水

锥形白云杉
Picea glauca 'Conica'

高度 / 宽度: 30—50cm/20—40cm
生长形态: 锥形

针叶: 蓝绿色，最长 1cm，疏松地攒聚。

护理: 炎热时充分浇水；春天施用长效肥，6 月—7 月追肥。

过冬: 室外过冬；必要时包裹容器。

造型: 适合花槽或混合种植箱。

其他品种: 欧洲云杉 "小珠宝"，*Picea abies* 'Little Gem'（绿色，半球形）；白云杉，*Picea glauca* 'Echiniformis'（蓝绿色，矮球形）；塞尔维亚矮云杉，*Picea omorika* 'Nana'（绿色，锥形）；北美蓝云杉，*Picea pungens* 'Glauca Globosa'（银蓝色，矮球形）。

山松
Pinus-mugo 品种

高度 / 宽度: 20—40cm/40—60cm
生长形态: 半球形至球形

针叶: 暗绿色，最长 4cm，簇状。

护理: 保持均衡湿润；春天施用长效肥，6 月或 7 月追肥。

过冬: 室外过冬；必要时包裹容器。

造型: 适合花槽或种植箱；也可作为地中海风格盆栽植物的陪衬。

其他品种: 赤松，"狗头人"，*Pinus densiflora* 'Kobold'（绿色，球形）；多隆中欧山松，*Pinus mugo* 'Humpy'（见图），袖珍中欧山松（'Gnom'），矮山松（'Mops'），迷你矮山松（'Mini Mops'），矮山松（'Pumilio'）；偃松，'Glauca'，*Pinus pumila* 'Glauca'（蓝绿色，横向茂密）。

北美香柏
Thuja occidentalis 'Danica'

高度 / 宽度: 20—40cm/20—40cm
生长形态: 锥形

针叶: 鲜绿色，冬天轻度棕绿色，鳞片型攒聚。

护理: 保持均衡湿润；春天施用长效肥，6 月或 7 月追肥；尽量放在防雨的位置。

过冬: 室外过冬；必要时包裹容器。

造型: 保温种植箱，大花盘和花盆。

其他品种: 矮北美香柏 *Thuja occidentalis* 'Recurva Nana'（绿色，宽球形），橘黄崖柏，'Rheingold'（黄色，锥形），桑科斯特北美香柏，'Sunkist'（黄色，锥形），小蒂姆北美香柏，'Tiny Tim'（绿色，球形）。

　　🐌 **专家提醒**

　　在轻微遮阴的位置最有利，不要放在明亮、炎热的南墙前（蜘蛛螨的威胁会增加）。

　　🐌 **专家提醒**

　　黄色针叶的品种很适合为冬天的植物增添一点色彩。

适量浇水

少量浇水

适合悬挂花盆和挂篮

有毒或对皮肤刺激性

香草、蔬菜、水果

气味怡人的香草，多汁的番茄，脆爽的苹果——从阳台或露台上就能新鲜采摘：享受过这种味觉的人，很容易就会爱上这种味道。事实上，许多作物也确实能在花桶或阳台种植箱中很好地生长。或许收获的产品不多，无法储存，但花盆组成的小花园完全可以满足新鲜采用香草的需求，而少量的阳台蔬菜也足以让你偶尔享受一番。

在阳台或露台上栽培作物时也需要首先清楚两件事情：

· 几乎所有香草、蔬菜和水果都需要阳光，以获得美味。

· 定期小心地护理比对观赏植物更加重要。偷懒只会让你丧失收获的乐趣。

新手的收获乐趣

通常香草的种植几乎不会有什么问题。它们只需要少量的泥土和肥料，而且对种植位置的需求不高。一年生香草通过实用的种子盘供应，只要将其放入花盆或种植箱中，盖上少量泥土，保持充分湿润等其发芽即可。

大部分 454—455 页介绍的蔬菜，只要注意其需求，在栽培时也不会遇到什么困难。蔬菜新手建议购买预先栽培过的幼苗，如果不是，也可以选择水萝卜之类的植物，直接在容器中播种。对于长得较高的番茄，西葫芦和其他较大的种则需要具有充裕空间的花桶，装入足量的泥土。

这也适用于果木。小株型的果树越来越多，不仅是盆栽的选择更广，也简化了对植株的照料。一些矮株果树可以不用修枝，柱状的则只需少量修剪即可。尽可能在购买时就要咨询好相关的信息。否则我建议你在修枝时咨询一下有经验的园丁，因为这个过程根据种类、栽培形状和植株的年龄都大不相同。

广受欢迎且几经验证的厨房香草

细香葱
Allium schoenoprasum

高度: 20—30cm
收获时间: 4 月到 11 月

形态特征: 多年生调味香草,管状的暗绿色叶子形成紧密的簇状;从 6 月开始有力的茎干上出现浅紫罗兰色伞状花序。

栽培: 3 月到 4 月播种,之后在花盆或种植箱中成簇(10—20 株)种植幼苗;从 4 月后放到室外,降霜时需覆盖。

护理: 长期保持充分湿润;至 8 月每 2 周施肥;想长出更多的叶子,则需切除花朵;在明亮、阴凉的环境过冬,保持近乎干燥;每 2—3 年在春天或秋天分根并重新种植。

收获: 播种约 6 周后将叶子剪至距地面 2cm 处,促进新芽的萌发。

莳萝
Anethum graveolens

高度: 50—100cm
收获时间: 从 6 月后一直可收获

形态特征: 一年生,笔直生长的调味香草,叶羽状全裂,浅绿色,浅黄色小花,形成疏松的伞状花序。

栽培: 从 4 月到 7 月广播种子,撒在高种植箱中或花盆中;幼苗过密的位置间苗,在 5 月最后的晚霜前用无纺布垫防护;可作为其他香草或蔬菜的搭配植物。

护理: 保持轻度湿润;不必要施肥。

收获: 整个夏天尽量采摘幼嫩的叶子;盆栽不需要收集种子,但任其生长的话,夏天会开出具观赏性的黄色伞状花序。

水芹(家独行菜)
Lepidium sativum

高度: 20—30cm
收获时间: 几乎整年

形态特征: 笔直生长的一年生调味植物或生菜植物,浅绿色的小叶子,先为长卵形,之后开裂。

栽培: 从 3 月到 9 月每两周后续播种,直接撒在种植箱或花盘中;种子广播,只需压实,盖少量土即可。

护理: 保持均衡湿润;不要施肥;在温度足够的情况下荫蔽处也可生长。

收获: 在播种 10 天后就能直接在土面上方收割幼嫩的茎条,约 6cm 大;收割太晚或长期干燥都会产生令人不快的刺激性气味。

> **专家提醒**
>
> 水芹可和作为地被植物和其他香草和蔬菜组合种植。

阳光充足

半阴

多阴

大量浇水

罗勒

Ocimum basilicum

高度: 20—40cm
收获时间: 6 月到 9 月

形态特征: 一年生茂密笔直生长的调味香草, 叶卵形, 顶端尖, 有隆起, 根据品种不同叶子颜色为光亮的绿色、红色或红棕色; 花小, 白色, 7 月后出现。

栽培: 3 月底或 4 月播种, 喜光性种子, 不要盖土; 幼苗疏苗移栽; 5 月中后, 在气候恶劣的区域 5 月底后, 种入花盆或阳台种植箱, 25cm 株距。

护理: 在凉爽的 5 月夜晚前用无纺布垫保护; 保持均衡湿润; 每 4 周施肥; 放在防风雨的位置。

收获: 整个夏天都可收获叶子和幼茎; 收获茎尖后, 植物会长得更加茂密; 开花前香气最浓。

牛至

Origanum vulgare

高度: 20—60cm
收获时间: 5 月到 9 月

形态特征: 横向茂密生长的落叶亚灌木; 叶小, 卵形, 顶端尖, 略粗糙, 苍绿色, 芳香; 从 7 月开始小巧的粉色、红紫色或白色花形成聚伞花序。

栽培: 从 3 月开始播种, 喜光性种子; 种在较宽的容器中, 20—30cm 株距; 养料贫瘠的培养土 (如疏苗土), 混入沙子; 从 5 月初放至室外, 防霜冻。

护理: 保持轻度湿润; 不用施肥; 10 月短截, 在有冬季防护的前提下在室外过冬, 或放在室内无霜冻, 适度明亮的地方。

收获: 可一直收获叶子和幼嫩的茎尖; 开花时香气最盛。

香芹

Petroselinum crispum

高度: 20—40cm
收获时间: 几乎整年

形态特征: 两年生茂密生长的调味香草, 叶缺刻, 暗绿色, 根据品种不同光滑或卷曲; 第二年 6 月或 7 月在高柄上会长出黄色的伞状花序。

栽培: 3 月中—6 月直接在容器中播种 (发芽需 5 周); 幼苗以 10cm 的距离间苗; 从 4 月后放到室外, 降霜的夜晚需覆盖。

护理: 保持均衡湿润; 每 2 周小剂量施肥; 在室外采用防冻措施过冬或在无霜、明亮的位置过冬。

收获: 播种后 8—10 周, 3 月播种从 6 月开始; 可一直收获叶子, 直到第二年开花前。

◗ **专家提醒**

　　将牛至放在阳光尽可能充足的地方。花朵采摘后用于干燥使用。

适量浇水

少量浇水

适合悬挂花盆和挂篮

有毒或对皮肤刺激性

美食家的调味香草

琉璃苣
Borago officinalis

高度： 60—80cm
收获时间： 6 月到 9 月

形态特征： 一年生茂密生长的调味香草，叶大，有褶皱，被毛；在高起的茎干上从 6 月后会开出具装饰性的蓝色花朵，形成疏松的总状花序。

栽培： 4 月到 6 月直接在至少 20cm 高的种植箱或花盆中播种，用泥土盖好；以 25—30cm 的距离对幼苗间苗，只留下健壮的植株。

护理： 光照充足的日子充分浇水；每 4 周小剂量施肥；去除枯萎的花。

收获： 整个夏天均可采摘幼嫩的叶子；花也可食用，也可作为装饰。

咖喱草
Helichrysum italicum

高度： 25—50cm
收获时间： 5 月到 8 月

形态特征： 多年生茂密生长的调味香草，叶小，狭长，灰色；从 7 月开出黄色的头状花。

栽培： 3 月到 5 月播种，从 5 月中开始种到花槽或大种植箱中（25—35cm 株距）或单独种在花盆中；培养土混合沙子。

护理： 保持土壤轻度湿润，可接受短时间的干燥；开花后短截，放在室内无霜冻、明亮的环境中过冬；生长期开始时少量施肥。

收获： 可一直收获幼嫩的叶子和茎条；开花的植物会失去芳香；气味和口味真的像咖喱。

迷迭香
Rosmarinus officinalis

高度： 40—100cm
收获时间： 3 月到 10 月

形态特征： 横向茂密，分枝紧密，常绿灌木；叶针形，蓝绿色，芳香；从 3 月开始茎尖会开出蓝色至紫罗兰色的花。

栽培： 播种繁殖非常费时；最好购买幼苗，单独种在花盆中；可在 7 月或 8 月通过扦插繁殖。

护理： 保持土壤均衡轻度湿润；至 8 月每 8 周施肥；在明亮的环境中，2—8℃过冬，5 月中后才能重新放到室外；春天开始生长后施肥；较老的植株尽量少换盆。

收获： 可一直收获叶子和幼嫩的茎尖；夏季收获叶子可干燥使用。

植物搭配

· 金盏花　· 万寿菊　· 番茄
· 西葫芦　· 散叶和皱叶生菜

专家提醒

迷人、芳香的盆栽植物，开蓝色花朵，适合地中海风情的布局。

阳光充足

半阴

多阴

大量浇水

药用鼠尾草
Salvia officinalis

高度: 30—60cm
收获时间: 整年

形态特征: 横向茂密的亚灌木; 叶长椭圆形, 有褶皱, 灰绿色, 调料香; 从 6 月开始开蓝紫色的唇形花。

栽培: 从 2 月在容器中播种, 之后幼苗以 30cm 的距离间苗; 或者每个盆中种入 1—2 株植株; 可在夏季通过扦插繁殖。

护理: 保持轻度湿润; 放在完全接受光照的温暖位置; 在室外采取防护措施过冬, 或室内在明亮、无霜的环境过冬; 春天短截至三分之一或二分之一, 之后小剂量施肥。

收获: 可一直采摘幼嫩的叶子; 开花前收获茎条干燥使用。

香薄荷
Satureja hortensis

高度: 30—40cm
收获时间: 6 月到 10 月

形态特征: 茂密生长的一年生调味香草, 叶狭长, 香气浓郁, 浅绿色; 从 6 月开始开浅紫罗兰色小花。

栽培: 4 月播种作为预培养 (喜光性种子), 5 月中后种植; 或 5 月中直接在种植箱中播种, 以 25cm 的株距间苗; 从 6 月初开始后续播种。

护理: 在凉爽的 5 月夜晚前用无纺布垫保护; 保持均衡轻度湿润; 在生长期少量施用一次肥料; 放在防风的位置。

收获: 可一直收获幼嫩的茎条; 开花前和开花时香气最浓; 开花的枝条可干燥使用。

银斑百里香
Thymus vulgaris

高度: 20—40cm
收获时间: 4 月到 10 月

形态特征: 常绿亚灌木, 茂密至簇状生长; 叶小, 狭长, 暗绿色; 从 5 月开粉色至紫罗兰色的小花。

栽培: 播种繁殖非常费时; 最好购买幼苗, 5 月以 20cm 的株距种植; 较老的植株可在夏季通过扦插繁殖, 在春季以压条 (4 月或 5 月) 和分根繁殖也可。

护理: 保持轻度湿润; 放在尽可能光照充足的位置; 室内过冬, 明亮、阴凉, 保持几乎干燥; 春季短截, 之后少量施肥。

收获: 可一直收获幼嫩的叶子和茎尖; 开花前香气最浓, 之后采摘的可干燥使用。

🌿 **专家提醒**

三色鼠尾草 'Tricolor' 叶子有黄白红三色图纹, 特别漂亮。

🌿 **专家提醒**

多年生的香薄荷 (*Satureja montana*) 也很适合在花盆中种植。

 适量浇水　　 少量浇水　　 适合悬挂花盆和挂篮　　 有毒或对皮肤刺激性

广受喜爱的阳台蔬菜

西葫芦
Cucurbita pepo

高度： 50—60cm
收获时间： 7 月到 9 月

形态特征： 一年生果类蔬菜，植株向外伸展；叶大，浅绿色或银色斑点，粗糙被毛；从 6 月开始金黄色至橙色漏斗形大花。

栽培： 从 4 月开始每个花盆播种 2 粒，发芽后除去长势较弱的植株；种在较宽的花桶中，5 月中后搬出室外；通常 1—2 株便足够。

护理： 长期保持充分湿润，但不能积水，不要把水浇在花上；每周施肥。

收获： 种植后约 6 周；可一直采摘成熟的果实，最长 20cm。

芝麻菜
Eruca sativa

高度： 10—20cm
收获时间： 5 月到 10 月

形态特征： 一年栽培的生菜植物，裂片或深锯齿状的叶子，叶长，暗绿色，形成莲座丛；从 6 月在高茎上开黄色小花。

栽培： 从 3 月到 9 月持续直接在容器中播种；条播，株距为 15—20cm，或直接撒播，种子只需盖少量土。

护理： 均衡湿润，但不能长期潮湿，避免水涝；播种 1—2 周后少量施一次肥。

收获： 种植后约 3—5 周；在叶子还幼嫩时即可收获，夏季老叶很快就会产生令人不快的辛辣味。

散叶和皱叶生菜
Lactuca sativa var. *crispa*

高度： 20—30cm
收获时间： 从 4 月或 5 月开始

形态特征： 一年栽培的生菜植物，疏松或紧密的莲座丛叶；叶光滑或卷曲，全缘或波浪状，绿色，红色或棕色。

栽培： 2 月或 3 月放在室内；皱叶生菜分两行播种或直接在种植箱中撒播；散叶生菜需预先栽培，以 25—30cm 的株距种植；从 4 月后在有保护的前提下移至室外；皱叶生菜从 4 月开始后续播种，散叶生菜从 7 月开始。

护理： 均衡湿润，但不能长期潮湿；每次收割后施少量肥料。

收获： 种植后约 4—6 周；皱叶生菜收获整株植物，散叶生菜可一直收获最下层的叶子。

◄ **专家提醒**

不能扯下果实，应该用剪，这样对果实和植株都好。

阳光充足

半阴

多阴

大量浇水

阳台和盆栽植物　455

番茄
Lycopersicon esculentum

高度： 25—150cm
收获时间： 7 月到 10 月

形态特征： 一年生果实蔬菜，根据品种不同有高且茂盛、灌木型或垂吊型生长形态；叶粗裂，暗绿色，芳香；从 5 月后开黄色花，形成疏松的总状花序。

栽培： 2 月底或 3 月播种；单独间苗移植至花盆中；种在较大的容器中，株距至少为 35cm；5 月中后移至室外。

护理： 植株高的品种绑在支撑杆上；保持充分湿润；每周施肥；树状番茄需定期去除叶腋处长出的嫩芽，长出第五朵花序后掐除主茎的顶尖。

收获： 采摘完全成熟的果实。

樱桃萝卜
Raphanus sativus var. *sativus*

高度： 10—15cm
收获时间： 5 月到 9 月

形态特征： 一年栽培的块根蔬菜，有多种块根形状和颜色；叶椭圆形，粗糙被毛，暗绿色。

栽培： 从 3 月底到 8 月间可直接在种植箱或花盆中播种，每两周后续播种；春季和夏季播种使用不同的品种（注意种子袋上的描述）；长出的幼苗以 6—8cm 的距离进行间苗。

护理： 保持均衡湿润，不必要施肥。

收获： 春季约播种后 6 周，夏季 3—4 周；不要等得太久，否则块根会"干涸"；首先收获最厚实的萝卜。

 专家提醒

　　所有绿色的植物部分，包括未成熟的绿色果实都含有具毒性的生物碱。

 植物搭配

· 琉璃苣　· 菾菜　· 生菜
· 香芹　· 番茄

其他适合阳台和露台上盆栽的蔬菜

名字	种植时间 株距	收获时间
苤蓝 (*Brassica oleracea* var. *gongylodes*)	从 4 月开始 25—30cm	从 6 月开始
西兰花 (*Brassica oleracea* var. *italica*)	5 月底到 6 月 35—40cm	7 月到 9 月
亚洲生菜 (*Brassica* 种)	从 5 月开始 30cm	从 7 月开始
菾菜 (*Beta vulgaris* ssp. *cicla*)	4 月底到 6 月 直接播种 以 20—30cm 的距离间苗	7 月到 10 月
南瓜 (*Cucurbita pepo*)	5 月中到 5 月底 单独种在大花桶中	从 6 月开始
菜蓟 (*Cynara scolymus*)	5 月中到 5 月底 单独种在大花桶中	封闭的花球， 从 7 月开始
辣椒 (*Capsicum annuum*)	5 月中到 5 月底 单独种在大花桶中	从 7 月底开始
荷包豆，菜豆 (*Phaseolus coccineus, Phaseolus vulgaris*)	5 月中 2—3 粒种子或植株种在大花桶中，加支撑	从 7 月开始
四季豆 (*Phaseolus vulgaris* var. *nanus*)	5 月开始播种， 5 月中后种植 30—40cm	从 7 月开始
冬马齿苋 (*Montia perfoliata*)	9 月到 4 月直接播种或种植 20cm	一直可以，防冻

适量浇水

少量浇水

适合悬挂花盆和挂篮

有毒或对皮肤刺激性

阳台水果和盆栽水果

草莓
Fragaria 种

高度： 15—25cm
收获时间： 6月到10月

形态特征： 多年生，灌木型至垂吊型多年生草本植物，大部分有匍匐茎；从5月后开花，白色至粉色；三出复叶，暗绿色。

种植： 7月至9月或春天单独种在容器中或以30cm的株距种在种植箱中；每2—3年种新的植株或匍匐茎。

护理： 保持均衡湿润；春季施用长效肥；秋天和春天除去枯萎的叶子；在室外加防护措施过冬。

合适的品种： 果实小，数量多的品种〔野草莓（Monatserdbeeren）〕和大果实的品种；垂吊草莓（Hängeerdbeere）（匍匐茎最长40cm）；攀缘草莓（最长140cm，需要攀缘架）。

> ### 专家提醒
> 8月或9月充分浇水，之后就会开出新的花。

苹果
Malus domestica

高度： 1—2.5m
收获时间： 8月到10月

形态特征： 落叶乔木，有多种不同的生长形态（柱形苹果，纺锤形灌木，矮金字塔）；花白色至粉色，簇状，4月或5月；叶卵形，叶端尖，苍绿色，有光泽。

种植： 为了确保结果，需要种植2—3种不同的品种；种植时，突起的嫁接点应位于地面以上一掌的位置。

护理： 保持均衡湿润；春天施用长效肥，必要时7月追肥；在室外采取防护措施过冬；根据不同的形状定期修剪。

合适的品种： "芭蕾舞伶"（Ballerina）品种（狭长，最高2.5m），以及"波莱罗"（Bolero），"波尔卡"（Polka）；矮型苹果（高约1m）；此外几乎所有嫁接在长势不茂盛的砧木上的品种均可。

欧洲酸樱桃
Prunus cerasus

高度： 1—2.5m
收获时间： 6月到7月

形态特征： 落叶乔木，有不同的生长形态；花白色，紧密的簇状，4月或5月；叶椭圆形，细齿，革质，暗绿色。

种植： 大部分品种自花授粉，因此不需要授粉品种；种植时，突起的嫁接点应位于地面以上一掌的位置。

护理： 保持均衡湿润；春季施用长效肥；采摘后适度短截（除了矮型樱桃），剪短长且下垂的枝条；在室外采取防护措施过冬。

合适的品种： 专门的矮型樱桃（高仅1m左右）或适度茂盛的品种如"格瑞美"（Gerema）和"莫来冷法埃尔"（Morellenfeuer）嫁接在长势较弱的砧木上。

阳光充足　半阴　多阴　大量浇水

桃、油桃

Prunus persica

高度: 1—2.5 m

收获时间: 根据品种不同 6 月到 10 月

☀ 🪣

形态特征: 落叶乔木,有不同的生长形态;花浅粉色,3 月或 4 月;叶狭长卵形,暗绿色。

种植: 大部分为自花授粉;春季种入,嫁接点位于培养土表面上方。

护理: 开花、结果的时期充分浇水,其他时候则适量浇水;春季施用长效肥;灌木树在采摘后定期修剪,矮株型不需要;在室外采取良好的防冻措施过冬,或在室内明亮、凉爽的环境中。

合适的品种: 专门的矮型桃和油桃;早熟的品种如 "早红因格尔海姆" (Früher Roter Ingelheimer) 和 "奈克塔洛斯" (Nektarose)。

🌱 **专家提醒**

桃和油桃都对寒冷很敏感,开花时若降霜需要覆盖。

梨

Pyrus communis

高度: 1—2m

收获时间: 8 月底到 10 月

☀ 🪣

形态特征: 落叶乔木,有不同的生长形态;花白色,4 月或 5 月;叶椭圆形,顶端尖,有光泽,暗绿色。

种植: 为了确保结果,需要种植 2—3 种不同的品种;种在含钙量低,微酸性的土中,嫁接点要露出培养土表面。

护理: 保持均衡湿润;春天施用长效肥,必要时 7 月追肥;支撑结果的枝条;在室外加防护措施过冬;需要定期修剪(除了矮型梨)。

合适的品种: "居特露易丝" (Gute Luise),"统一德尚" (Vereinsdechant)(两种都是很好的授粉品种),"童格" (Tongern),"朱莉比恩" (Julibirne)。

红醋栗

Ribes rubrum

高度: 1—1.5 m

收获时间: 7 月到 8 月

☀ ◐ 🪣

形态特征: 落叶,横向茂盛的灌木,也有高株或矮株的矮秆植物;花绿色,垂吊总状花序,4 月或 5 月;叶尖心形,三裂,苍绿色。

种植: 自花授粉(不需要授粉品种);偏向于微酸性的土壤。

护理: 长期保持充分湿润;春季施长效肥,至 8 月每 8 周追肥;茎干较高的品种需要支撑;采摘后对较老的枝条疏枝,小高秆植物将枝条修剪掉三分之一;在室外采取防冻措施过冬。

合适的品种: "容克黑尔范特兹" (Jonkher van Tets),"白色凡尔赛" (Weiße Versailler)。

🌱 **专家提醒**

虽然为自花授粉品种,种植另一个品种的果树可改善结果。

适量浇水

少量浇水

适合悬挂花盆和挂篮

有毒或对皮肤刺激性

术语检索

文中使用的某些术语对不熟悉园艺的人可能比较生僻，在此列举并加以解释。

ADR 测试： 全德新月季品种测试。1950 年首次举办，1985 年开始高抗性成了主要测试标准。

pH 值： 表示土壤或水酸碱度的测量值，通过如试纸条（药店有售）等工具显示。pH 值 7 为中性，7 以下则为酸性，7 以上（到 14）我们称为基性或碱性。高 pH 值表明钙含量较高，因此，对钙质过敏的植物只能使用酸性培养土，如杜鹃。对园艺植物和池塘而言，最佳 pH 值通常为 6.5—8.5 之间。

矮秆乔木： 低矮的乔木树种，树干笔直，上方有明显的树冠（就果树而言通常距地 40—60cm）。

矮株月季： 树干高 40cm 左右的树状月季。

半常绿： 指在温度适宜时冬天仍保持常绿状态，而环境恶劣时则会落叶的植物。

半成熟插穗： 指已轻微木质化，但树皮还未长硬的插穗枝条。对某些木本植物和盆栽植物来说这种插穗是最理想的。

半阴： 一种植物生长环境，指半天处于全阴状态或阳光整天处于半遮状态。

包衣种子： 由生产商在其表面包裹一层覆盖物（如木屑或石粉）的种子，使播种更加方便。

不定根： 母株位于地下的侧枝，其顶端能长成新的子株（如薄荷、山莓）。

侧枝： 从树干上的蓓蕾以不同分支方式长出的侧枝，通常会开花。

插穗： 通常是草本或木本植物当年的嫩枝，已经不再柔软，但尚未木质化。将其放在水或土中就会长出根、茎和芽，并进而长成新的植株（如迷迭香、薰衣草、夹竹桃）。

缠绕攀缘植物： 通过以茎缠绕支撑物向上生长的攀缘植物，如啤酒花、豆角、牵牛花。

长效肥： 见控释肥。

常绿植物： 指有别于落叶植物，终年不落叶的植物，尤指木本植物。如环境不佳，有些常绿植物也会在冬天落叶，即半常绿植物。其他的通常在春季落叶，因而被称为"冬青"。

沉水植物： 完全没入水下的池塘植物，沉水植物可以通过光合作用向水中输送氧气，因此起着非常重要的作用。

池塘土： 由沙土和黏土以 3∶1 的比例混合成的养料贫瘠的混合土，用于在养鱼槽中栽种植物。也有成品的池塘土供应。

池塘吸尘器： 可以吸收池塘中水和其他浮游杂质的吸尘器。

重瓣花： 有多层花瓣的花。与单瓣花植物不同，重瓣花有多层花瓣。根据花瓣的层数还可以分为半重瓣花或完全重瓣花，相应地也表现为相对不丰满或更丰满。

垂枝型树状月季： 在 140cm 高的树状月季上嫁接蔓性月季，蔓性月季的枝条下垂形成树冠。这种树状月季又称为瀑型树状月季。

雌雄异株： 指雌花和雄花不长在同一植株上的植物，如沙棘。

打顶： 指摘除植物的顶芽，以促进侧芽的发芽和生长，使植物生长更加茂密，开花更盛。

大量营养元素： 植物大量需要的矿物元素，氮（N），磷（P），钾（K）和镁（M），石灰或钙（Ca）以及硫（S）。有时铁（Fe）也被包括在内（又见→微量营养元素）。

单瓣花： 只有一层花瓣包裹雌蕊和雄蕊的花，如野蔷薇。

单季月季： 每年只开一次花的月季，花期通常在初夏时节。

低养分需求蔬菜： 不同的蔬菜按照对养分的不同需求可分为高养分需求

和低养分需求蔬菜。低养分需求蔬菜需要的营养物质较少，如四季豆。

地被植物：指靠近地表生长的木本植物或多年生草本植物。它们紧紧地覆盖在地表上，能抑制杂草的生长。

堆肥：由有机垃圾堆肥形成的腐殖质土壤，也可作为营养丰富的苗床垫土。

多季月季：从初夏到秋季能多次开花的月季。

多年生草本植物：多年生草本植物（未木质化）。多年生的根或根茎使其总能在经过冬天的休眠后重新发芽。植物学上，球根类花卉也属于多年生草本植物。

多年生植物：多年生草本植物或树木，能存活多年，每年都能发芽、开花、结果。

多肉植物：叶子肥厚多肉的植物，可以储存较多水分。这些植物通常产自沙漠干旱地区。如：龙舌兰、青锁龙。

防冻器：一种用聚苯乙烯硬质泡沫板制成，且带有泡沫板盖的圆形装置，可以防止池塘在冬天结冰。

丰花月季：也称为地被月季或小灌木月季，这种月季通常匍匐扩张生长，适合大规模种植。

浮叶：睡莲或其他浮叶植物漂浮在水面上的叶子。通过有力而灵活的叶柄与根茎相连，即便水波晃动也不会被扯断。叶片上的大气室保证了必要的浮力。

浮叶植物：长有浮叶的水生植物。

浮游藻类：单细胞或细胞数较少的藻类，只存在于营养非常丰富的池塘中，能随着水流飘动。

腐烂：有机垃圾在微生物作用下分解的过程称为腐烂。

腐殖质：含养料丰富的表层土，由腐烂的有机物组成。

腐殖质含量高的土壤：腐殖质土的有机质含量很高，能提供充足的养料，而且这种土中含有活跃的土壤生物，可以分解养料，使其为植物所吸收。

富营养化：营养物质（主要是硝酸盐和磷酸盐）增多而导致水体负担增加的表现。

钙化的土壤：钙质土或碱性土是指土壤酸碱度或 pH 值超过 7 的土壤。

高秆乔木：乔木的一种形态，在笔直的树干上方有明显的树冠，就果树而言通常距地 160—180cm。

高养分需求蔬菜：指对养分需求较高的蔬菜，如白菜。

隔离花坛：一种特殊的花坛形式，通常沿着道路、墙体和篱笆而建。

根插条：带有能生发的芽眼的根切块，可以长成新的植株。

根茎：肉质增厚、储存养料的地下根茎（实质是变形的茎）。根茎密集地生长于地下，有时甚至也会长出土表，可以帮助植物扩张。

根颈：根和露出地面的茎之间的部分。

古代月季：指按时间分类，诞生于 1867 年前的月季或按风格分类，外观古朴的月季。

观赏池：几何形的池塘，其重点在于美学效果，而不在于养殖。

灌木：指有多条主茎，进而分支成侧枝的木本植物。

灌木花坛：种满灌木的花坛，在灌木间的空隙处，春天可种植球根类花卉，夏天可种植多年阴生植物。

光合作用：指植物利用水分和空气中的二氧化碳生成有机糖分的能力。光合作用所需的能量来自日光，吸收光能的是绿叶中的叶绿素。

过滤器：通过水泵驱动来净化池塘水体的各种机器的总称。好的过滤器通常由多层过滤装置组成。机械过滤器去除漂浮物，生物过滤器包含能分解有害物质的微生物，而所谓的沸石过滤网则能去除水中的有毒物质。

护根物：花坛、菜畦与普通地表的覆盖层，能保持土壤湿度，抑制杂草，改善土壤结构。碎草、落叶、细碎的树皮和树枝均可用作护根物。

花： 花的总称。有些植物有着明显的主花期和相对长势较弱的第二次花期。

花斑叶： 有白绿色或黄绿色斑点的叶子。

花期： 指植物生长周期中，自然开花的一段时间。如果定期摘除植物凋谢的花朵，通常还会有第二次花期。

棘刺攀缘植物： 通过倒长的侧枝、刺或棘刺等攀附生长的蔓生植物，如黑莓、藤本月季。

嫁接： 大部分果树和月季都经过嫁接，即在生命力旺盛的砧木上嫁接优良品种的接穗，砧木负责长根，接穗长成茎和树冠，并进而开花、结果。

嫁接口： 果树和月季的接穗在该点插入野生砧木中，它对霜冻特别敏感，因此需要做好抗冻防护工作。

嫁接位置： 为了使茎干更好地成长，需去除高树状月季靠近茎干下端砧木上的枝条。

间苗移植： 将由种子萌发长出的幼苗进行分散移植。通过间苗移植，单独的植株能获得更多的阳光，更易从培养土中获得养分。

结构丰富的土壤： 结构丰富的土壤中含有许多粗糙的有机物以及各种不同大小和颗粒的土壤成分。

茎须卷攀植物： 指利用增长的卷须进行攀爬的蔓生植物，如葡萄、豌豆。

控根器： 塑料制品（很少有金属制的），放在土中阻碍多年生草本植物类植物侧根向外蔓生。大的塑料盆也可以直接用作控根器。

控释肥： 又称长效肥，指包有透气性树脂膜的颗粒无机肥，能缓慢释放养分，且其释放速率受温度影响。

枯萎的花： 花瓣一旦枯萎，营养就开始集中于种子和果实的生长。如果人们定期去除凋谢的花朵，植物就会将养分投入到新的花朵中。

块根： 多年生草本植物的地下储存器官，由幼芽或根部长出。块根（如大丽花）起到与球根相同的作用，根据花期可在春天（大丽花、唐菖蒲）或秋天（仙客来）种植。

老鹳草： 天竺葵的俗称，严格来讲这种叫法是不正确的。这种数百年来倍受青睐的花卉起初被认为是老鹳草属（Geranium），老鹳草种，1789年后在植物学上属于天竺葵属（Pelargonium）。

凉棚： 没有侧墙的开放式横梁结构，例如露台上方的结构，通常覆盖植物。

凉亭： 开放式园林建筑，无侧墙，通常覆有绿色或开花的藤蔓植物。

两年生植物： 指第一年发芽，但开花、结子通常在第二年发生的植物。它们通常在夏季播种，过冬后在下一年开花，种子成熟后枯萎。如三色紫罗兰、雏菊、桂竹香和香芹。

鳞茎： 由肉质叶形成储存养料的器官，肉质叶包裹着休眠的嫩芽。开花后绿叶又会为下一年做好新的营养储备。

芦苇丛： 过渡到沼泽岸边的浅水区，通常长有如香蒲、芦苇、水葱等的芦苇类植物。植物的根长在水中，茎叶则冲出水面。

绿肥： 是在土地上未种植作物时为改善土质而播种的植物。它可以防止土壤干化，抑制杂草生长，改善土壤结构，并提供养料。

落差： 溪流的"斜度"，即根据溪流长度计算的高度减少量（如对1m长的河流来说，10%的落差就是10cm的高度差，20%即为20cm的高度差）。

蔓性月季： 藤本月季的一种，与攀缘月季区别在于蔓性月季只开一次花，藤蔓较长、柔软，花朵较小。

盲枝： 指不开花的新枝。

毛细渗漏防护带： 池塘向陆地过渡处填有砾石的水沟。通过覆膜，它切断了地面与水塘的直接接触，从而防止了土壤不断从池塘中吸水。

母株：成熟、健康的植株，可以通过如插穗的形式从中分出新的植株。

木本植物：树干和新枝均为木本的植物，如树和灌木。

木质化插条：通常指落叶灌木已生长一年的成熟枝条，不带叶。

嫩枝扦插：指从新梢获得的插穗。

黏土陶粒：指经高温烧胀而成的黏土粒，可用作无土栽培的基底。轻质的黏土陶粒是保持花盆中水平衡的优质排水材料。

攀缘月季：藤本月季的一种，比蔓性月季开花次数多，花更大，长得较直。

泡沫喷头：连接在水泵上的喷头，可以增加水中空气的含量，形成泡沫状且高度较低的水流。最适合用于向池塘中输送氧气。

培土：在植物根部将泥土、叶子或护根物垒成小堆。培土可作为冬天的防护（如玫瑰），也可以起到稳固植物的作用。

培养土：出自"培养基"，园艺中指的是由泥炭、黏土、腐殖质或泥炭替代品组成的混合物。园丁通常将其作为盆栽用土和添加土。但有时人们也将花园中的泥土称为培养土。

喷泉：指由水泵加压，不借助其他设施喷入空中后又落回地面的水流。喷泉的形状由喷嘴决定，其高度则由水泵的功率决定。

喷泉石：穿孔的石头，借助水泵的压力可使水流从中涌出。

皮刺：长在植物茎表面的赘生物，很容易被掰除，如玫瑰的刺。（与棘刺不同，后者是茎的一部分，如黑刺李。）

漂浮植物：脱离底泥漂浮在水上的植物。茎、叶柄或叶上的气室—气泡可提供浮力。

撇渣器：沉入水中的设备，可以吸收表层水，除去漂浮在上面的灰尘、花粉和花瓣，这些物质被收集在滤网中。定期使用撇渣器可以减少有机垃圾沉入池底的危险。

品种：一个种内同一类栽培植物的统称。按照惯例，品种通常以引号或前置的 cv. 标注，如"红玉"苹果（Malus 'Jonathan'）。不同的品种不仅体现在花朵颜色、大小上，还可能有不同的生长高度、形状和对环境的要求（如光需求）。

匍匐茎：某些植物，如草莓，会长出位于地面上的侧枝，它们会自己生根，并长成新的植株。但从地下的根状茎上长出的新枝也称为匍匐茎，如覆盆子和野玫瑰。

潜水泵：完全潜入水中的水泵，是最易于操作、功能最强大的水泵之一。

浅根性植物：指根系分布在土壤表层，且根系生长茂密的植物，多见于生长在干旱地的植物。

蔷薇果：蔷薇的果实，种子外面包有厚实的果肉。高度重瓣的蔷薇通常不结果。

乔木：具有鲜明的树干和冠的木本植物。

容器：栽种多年生草本植物和木本植物的塑料容器。

容器植物：木本植物或多年生草本植物植物幼苗的特殊形式。它们从一开始就被种在苗圃的塑料花盆里，土球紧压在根系周围，这样的生长状况需要持续近一年。

撒播：指播撒种子，之后再将其埋入或压入土中。种子发芽后需进行间苗（除去较弱的植株）。

深层土：在深层土中，植物的根能不受致密的黏土层或岩层的阻挠一直长到 80cm 深处。

深根性植物：指主根和少量侧根深入土壤的植物。

生态平衡：一个生态系统，如一个池塘中所有生物和谐共处的状态。

石墙：由天然石块砌成，不使用砂浆的矮墙。在用泥土填补的缝隙中，人们会种上喜爱干旱环境的多年生草本植物或装饰植物。

授粉树： 一种专用于为自花不实的果树在开花时提供授粉的果树。

疏花： 修剪叶腋处的花芽（如番茄），使植物将营养集中于已经长出的果实上，而不再开新花。

属： 植物学分类中具有相同特征的种的集合，同属不同种的植物可以进行杂交（杂交种）。

树干： 植物生长最旺盛的枝干，上面可长出侧芽。

水泵曲线： 用来表示水泵性能的曲线图。在坐标系统中绘有水泵抽起的水量（升每分钟）和扬程（米）的关系。从曲线中可看出特殊水泵可将几升水扬至某一高度，如 5m 的高度。曲线图上扬程与水量的交叉点即为工作点。

水涝： 在低地，深层土为黏土或土壤严重压实的土地中，雨水不容易流失，就会积留在土壤中，形成水涝。如果对培养土过度浇水，盆栽植物也可能发生水涝。水涝对所有非水生植物都非常危险，发生水涝时，根会霉烂，进而死亡，球根类植物也不例外。

水生植物： 终生都长在水中的植物。

水质硬度： 水质总硬度的另一种表达方法。主要指水中钙盐和镁盐的含量，用德国硬度单位 °dH 表示。自来水的硬度通常在 0°dH 到 30°dH 之间。几乎所有植物都更适合用软水浇灌，像山茶这种对钙质土不耐的植物则必须用软水。

水质总硬度： 是指所有溶解于水中的矿物盐的含量，可分为碳酸盐硬度和非碳酸盐硬度（NKH）。非碳酸盐硬度由硫酸盐组成。硬度可以用德国硬度单位 °dH（1°dH=10mg/L）来表示。又见→水质硬度。

丝藻： 多细胞藻类，表现为体积相对较大的丝状体。

死枝： 由于病虫害、霜冻或年老而枯死，不会再发新芽的枝条。

酸性培养土： pH 值较低的培养土。

碳酸盐硬度： 指水体中碳酸盐（碳酸钙和碳酸镁）的浓度，以硬度单位 °dH 表示。碳酸盐是一种缓冲剂，会使水体 pH 值增加。

藤架： 一种节约空间的果树种植方式，即使果树依墙或篱笆生长。

条播： 按行播种，可以更好地分配种子间距，方便翻土、除草。行距和播种深度由不同品种的种子和种子包决定。

透气佳的土壤： 这种土壤结构疏松，含砂量或一和有机质含量高，不容易结块。这样的土壤中水分很容易到达根部，多余的水分也容易渗透。

土球： 指通过侧根和网状的根须以球形附着在根上的泥土。

土壤肥力衰竭： 当一种植物在同一块土地上耕种多年后，同种植物再在这块土地上耕种就可能出现这种情况。这种现象可见玫瑰、香芹等植物。

脱氮： 一种自然分解过程。微生物在缺氧的情况下将有机物中所含的硝酸盐转化成气体氮（N_2）并释放到空气中。

微量元素： 植物需求量不大的矿物元素，但对植物的生长、开花和健康起着非常重要的作用，如铁（Fe）、锰（Mn）和锌（Zn）。优质的复合肥不仅应包含大量元素，还需以适当的比例包含所有重要的微量元素。

萎黄病： 叶子颜色变黄，通常是由缺铁引起的。

污水泵： 前置过滤器和泵室只允许一定大小颗粒通过的水泵。

无纺布垫： 塑料制造，铺设在池塘防漏垫下方的保护垫层，可以防止相对较薄弱的防漏垫不受石块和植物根的破坏。较薄的园艺无纺布垫可以盖在菜畦上防冻防害，还可以保护大乔木的树冠免受霜冻。

无机肥： 工业制造的肥料，含有植物所需的全部（复合肥）或者部分（单质肥）无机营养。它能很快将养分释放到泥土中被植物吸收。无机肥大多是颗粒状或液态的，通常比有机肥生效快。

吸附攀缘植物： 利用攀缘根向上攀附的攀缘植物，如常春藤。

吸盘： 攀缘植物的嫩芽上长出的吸附结构，可以附着在基底上，使植物不用借助于攀缘物就能固定。

喜光性种子： 需要一定量的光线才能发芽的植物种子。这类种子不能埋入泥土中（可参见种子包所附的说明书）。

夏季花卉： 所有只持续一个生长期的花卉，即一年生或两年生。通常人们也将不耐寒的多年生花卉归为夏季花卉。

夏绿（落叶）： 落叶的别称，与常绿植物相对。

嫌光性种子： 有些植物的种子只能在暗处发芽。因此，在播种这类植物时，要用泥土盖住种子（可参见种子包所附的说明书）。

硝化： 有机物自然分解的一个阶段。首先，动植物的蛋白质被分解成有毒的氮化合物（如氨），其他细菌再将这些物质转化为同样有毒的亚硝酸盐，最后才转化成硝酸盐。

硝酸盐： 氮元素的盐根（-NO$_3$）。微生物分解产生硝酸盐，它是一种重要的植物养料，易于吸收。过度施肥会使土壤中硝酸盐含量增加，容易被雨水冲刷。池塘中硝酸盐含量的增高会引起藻类过度繁殖，可造成富营养化污染。

休耕期： 有些植物因其根部的分泌物会让其后的植物，尤其是同种植物"过敏"，即会阻碍植物的生长。因此，在同一片土地上重新种植该植物前，通常需要有几年的休耕期。

修枝： 修枝是对木本植物的枝条进行修剪，以释放其生长空间。修枝时会除去病弱或者横生的嫩枝。

穴播： 将许多种子按穴播种，这样一个坑里就能长出多株植物，如大豆。

压条： 一种植物的无性繁殖方法。将靠近地面的老枝条下拉压入土中，这些枝条很多本身就已垂到了地面。之后，枝条结节的地方会生根，待生根成熟后便可将其与母株切断（如鼠尾草、薰衣草、红醋栗、鹅莓等）。

芽： 花、叶和侧芽长出前被萼叶包围的状态被称为芽。

芽接： 一种嫁接和繁殖的方法。即将优良品种的蓓蕾（芽眼）嫁接到品种相对较差的砧木上。

芽眼： 位于叶腋处或多年生草本植物和木本植物的嫩枝底部处于休眠期的萌芽，即芽眼。芽眼处会长出新的侧枝。

亚灌木： 多年生植物，其基部的茎随着时间推移已木质化，上半部分则仍属于草质，如薰衣草和天竺葵。

扬程： 扬程与坡度无关，指的是盛接池与水源间的水平垂直高度差。水泵的扬程能力取决于其功率和所抽压的水流总体积（管道直径和长度）。

养料： 土壤中的无机物，是植物成长必要的元素。

氧化器： 不会引起波浪的池塘附加仪器，可增加池塘供氧。

野枝： 嫁接的植物有时会在砧木上长出野枝，需要将其除去。

叶柄卷攀植物： 可通过其丝状拉长的叶柄向上生长的攀缘植物。

一年生： 顺其自然的话，真正的一年生植物在播种当年就会开花结子，然后死去。除了许多夏季花卉，还有很多蔬菜和草类都属于一年生植物。许多阳台花卉在它们温暖的故乡可能是多年生的多年生草本植物或者灌木，但在较冷的地方就成了一年生植物。

异花授粉： 植物（尤其是果树）在结果时需要另一种同时开花的植物的花粉来完成授粉过程。

营养繁殖： 植物不通过种子进行的繁殖。通常仅限于多年生草本植物和树木，通过扦插、切下的根茎或匍匐茎来长出新的植株。多年生草本植物也可以通过分根实现营养繁殖。

硬枝扦插： 不带顶芽的插穗，即取枝条的中间段。

涌泉： 流动水从人工龙头流入碗槽中，并至少在其中停留一小段时间。

有机肥： 指自然生成的肥料，如厩肥、堆肥、植物护根物、绿肥和鸟粪之类的终产物。有机肥生效较慢，且有效时间较长。

幼苗： 由种子长成的幼苗。幼苗先长出两片子叶，子叶与之后长出的叶子有明显的区别。

羽片： 蕨类植物的叶子。

杂交种： 两种或多种植物的杂交，能结合不同种植物的优势，如矮牵牛杂交种。这些杂交种也被视为单独的品种。此外，和一年生花卉和蔬菜中常见的一代杂交种一样，不同品种植物间也存在杂交。

藻华（水华）： 池塘中藻类大量繁殖，形成富营养化污染，将水体染成绿色。

藻类： 生活在水下的单细胞或多细胞绿色植物。

增氧器： 一种用于池塘的科技产品，可以增加水中的含氧量。

沼气： 在隔绝空气的情况下，池塘底部的淤泥中发生分解作用产生的含硫气体。沼气有恶臭，且对水生生物有毒。

沼泽地： 沼泽形基底，其 pH 值呈酸性。

沼泽植物： 生长在水和陆地过渡地带的植物。通常它们需要长久湿润的土壤，有些还能直接长在水中，但短时间内它们也能承受较为干燥的土壤。

针叶树： 其叶子呈针状的树。

砧木： 在果树或玫瑰嫁接时充当支撑基础的野生或培育品种。砧木用来承接优良品种的接穗。

植物学名： 这种植物的科学命名由大写的属名（如 Bellis）和小写的种名（如 perennis）组成。雏菊（Bellis perennis）别名春菊或延命菊，在民间还有幸福花等俗称。植物学名 Bellis perennis（雏菊）是国际通用的，不会引起歧义。这种为植物命名的双名法还可以在其后附上变种（缩写为 var.）、亚种（缩写为 subsp. 或 ssp.）或变形（缩写为 f.）。

中秆乔木： 乔木的一种形态，在笔直的树干上方有明显的树冠，就果树而言通常距地 100—120cm，月季树通常距地 90cm。

中耕机： 用于垂直切割草皮的手动或电动机器，可以除去乱草，改善排水。

种： 指的是植物的一种分类。如一串红和鼠尾草是鼠尾草属下明显不同的两个物种，而其下又可以分为不同的亚种。同一种内的个体其主要特征基本一致。又见→植物学名。

子株： 由匍匐茎、压条或插穗长成的新植株。

自根月季： 通过扦插，而非嫁接繁殖的月季。它们的根也是本株植物的根。

自花授粉： 能在同一株或同一种植物内完成授粉过程的植物，尤其是果树。

自洁： 自洁种类的植物会自动脱落凋谢的花朵或将其藏到密实的叶下，因而通常不需要定期进行修剪。

自然池塘： 有深度差的池塘，通过栽培植物使池塘尽可能具有自然特色。

自吸： 指位于水平面之上的水泵。它们会自己吸水，同时耗电量也相对较高。大部分公园用的都是非自吸式水泵，其抽水口需低于水平面才能吸水。

作物： 蔬菜、生菜、香料、药用植物，以及果树。

作者简介

沃尔夫冈·汉泽尔是于波恩大学、明斯特大学工作多年的权威植物学家，主讲花园、园艺、植物学和生态学课程，自 1990 年起积极从事自由写作和翻译。他撰写了本书以下章节：《花园的布置与护理》《水景的布置与护理》《观赏植物》和《池塘植物》。

里纳特·胡达克是一名认证园艺工程师，曾多年从事苗圃和园林策划工作，目前供职于奥格斯堡植物园，主管咨询、公关和媒体关系。此外，里纳特·胡达克还进行有关花园、自然和植物的讲座。她撰写了本书的《菜园的布置与护理》与《水果、蔬菜和香草》章节。

埃洛伊斯·鲁特是一名资深观赏植物园艺师和景观维护工程师。他目前供职于一家景观设计公司。月季是他最喜欢的植物。他撰写了本书的植物肖像部分。

乔钦姆·梅杰是一名园艺和自然专栏记者。多年园丁和学习农学的经验使他在这一领域获得了广博的知识。他撰写了本书的《阳台和盆栽植物》章节。

鸣谢

出版社和作者感谢位于埃默塔尔的 W. 诺伊多夫有限合伙公司及位于乌尔姆的花园国际有限公司提供的友情帮助。

出版社和摄影师亚赖斯、文德利希感谢以下单位和个人为摄影提供的友情帮助：

阿格特一家，塞尔布；S. 邦内坎普，雷奥；布兰德尔一家，马克特雷德维茨 – 洛伦茨罗伊特；杜普雷一家，霍恩堡；弗利斯纳一家，赛尔布；格莱姆斯苗圃，马克特雷德维茨；R. 哈克，阿茨贝格；哈默施密特一家，塞尔布；海涅一家，塞尔布；希拉斯一家，塞尔布；亚赖斯一家，塞尔布；耶梅尔卡一家，塞尔布；科勒一家，霍恩堡；H. 莱曼，瓦尔德斯霍夫 – 波彭 – 罗伊特；梅纳女士，霍恩堡；M. 马尔科夫斯基，塞尔布；迈尔一家，塞尔布；蒙德罗茨克，塞尔布；T. 米勒，马克特雷德维茨 – 洛伦茨罗伊特；尼恩贝格尔一家，塞尔布；佩茨一家，上科曹；R. 普夫劳姆，阿茨贝格；普福尔特纳一家，霍恩堡；B. 波尔，塞尔布；波拉克苗圃，塞尔布；鲁斯乌尔姆一家，霍恩堡；施密特一家，塞尔布；N. 斯卡拉，塞尔布；R. 福斯，塞尔布；沃尔福罗姆一家，马克特雷德维茨 – 洛伦茨罗伊特；文德利希一家，马克特雷德维茨 – 洛伦茨罗伊特；G. 文德利希，塞尔布。

图书在版编目（CIP）数据

花园百科：一步一步学园艺 ／（德）汉泽尔等著；黄华丹译 . —南京：译林出版社，2016.5
ISBN 978-7-5447-6081-2

Ⅰ . ①花… Ⅱ . ①汉… ②黄… Ⅲ . ①园艺－基本知识 Ⅳ . ① S6

中国版本图书馆 CIP 数据核字（2016）第 000480 号

Garten—Das grüne von GU by Wolfgang Hensel, Renate Hudak,
Alois Leute, Joachim Mayer
ISBN 978-8-38338-2233-9，© 2011
By GRÄFE UND UNZER VERLAG GmbH München
Chinese translation (simplified characters) copyright：
© 2016 by Phoenix-Power Cultural Development Co., Ltd
through Bardon-Chinese Media Agency.

书　　名	花园百科：一步一步学园艺
作　　者	〔德国〕W. 汉泽尔等
译　　者	黄华丹
责任编辑	陆元昶
特约编辑	申丹丹
原文出版	GRÄFE UND UNZER VERLAG GmbH München
出版发行	凤凰出版传媒股份有限公司
	译林出版社
出版社地址	南京市湖南路 1 号 A 楼，邮编：210009
电子信箱	yilin@yilin.com
出版社网址	http：//www.yilin.com
印　　刷	北京京都六环印刷厂
开　　本	889×1194 毫米　　1/16
印　　张	29.25
字　　数	280 千字
版　　次	2016 年 5 月第 1 版　2016 年 5 月第 1 次印刷
书　　号	ISBN 978-7-5447-6081-2
定　　价	268.00 元

译林版图书若有印装错误可向承印厂调换